动物遗传改良优化

DONGWU YICHUAN GAILIANG YOUHUA

梅步俊 ◎ 编著

中国农业科学技术出版社

图书在版编目（CIP）数据

动物遗传改良优化 / 梅步俊编著. —— 北京：中国农业科学技术出版社，2025.3. —— ISBN 978-7-5116-7274-2

Ⅰ．Q953

中国国家版本馆CIP数据核字第2025X1R630号

责任编辑　张国锋
责任校对　李向荣
责任印制　姜义伟　王思文

出 版 者	中国农业科学技术出版社
	北京市中关村南大街12号　邮编：100081
电　　话	（010）82109705（编辑室）（010）82106624（发行部）
	（010）82109709（读者服务部）
网　　址	https://castp.caas.cn
经 销 者	各地新华书店
印 刷 者	北京建宏印刷有限公司
开　　本	185 mm×260 mm　1/16
印　　张	19
字　　数	450千字
版　　次	2025年3月第1版　2025年3月第1次印刷
定　　价	98.00元

━━━━▲ 版权所有·侵权必究 ▲━━━━

前 言

农业和畜牧业一直是人类社会发展的支柱,支撑着全球约 82 亿人口的生计与粮食安全。作为农业生产的核心组成部分,家畜遗传改良不仅决定了生产效率和产品质量,还直接关系到可持续发展、环境保护及人类健康福祉的诸多重要议题。随着全球气候变化、人口增长和资源短缺等挑战的日益严峻,如何通过科学技术推动家畜遗传改良,实现经济效益与生态平衡的和谐共生,成为全球关注的焦点问题。

本书便是在这一背景下应运而生的。我们致力于从遗传学、育种学、经济学等多学科的交汇点出发,探索如何系统性地优化家畜遗传性状,以实现生产力的提升和经济收益的最大化。本书集结了近年来家畜育种领域的最新研究成果和技术进展,涵盖了从基因组选择、育种值评估到成本效益分析等多个核心议题,力求为读者呈现一个全面、深入的学术探索之旅。

本书的编撰是基于对遗传优化的深入理解。遗传学家们早已认识到,基因型的优化不仅在于选择优良性状的个体,更在于通过精细的育种策略,综合考虑环境因素、市场需求及经济价值,逐步积累目标性状,实现种群的持续进化与改良。近年来,基因组技术的飞速发展,尤其是单核苷酸多态性(SNP)标记和全基因组关联分析(GWAS)的广泛应用,使我们能够更加精准地识别与经济性状相关的基因位点,为育种决策提供了科学依据。借助这些技术,育种者不仅能够提升动物的生产性能,还能够提高其抗病能力和环境适应性,确保养殖业的可持续发展。

然而,遗传改良并非一蹴而就,它要求我们在追求遗传进展的同时,时刻关注成本与收益的平衡点。每一个基因型选择、每一项遗传策略的制定,都需要在资源利用和经济效益之间找到最佳的契合点。在遗传优化的过程中,我们既要考虑到短期的经济回报,也要为长期的遗传增益奠定坚实的基础。例如,在选择性育种计划中,除了要考虑遗传增益的速度,还需要防止因过度近交导致的遗传多样性丧失和近交衰退现象的出现。

本书还特别关注了未来育种的机遇与挑战。随着全球对畜牧业生产效率和产品质量的要求不断提高,育种目标的设定也变得愈发复杂和多样化。例如,如何在市场需求、环保要求和动物福利之间找到平衡,如何应对新兴病原体和气候变化带来的威胁,如何在资源有限的情况下实现遗传潜力的最大化,都是未来遗传改良领域不可回避的重要课题。

通过本书,我们希望为读者提供一个完整的、系统的遗传改良优化框架,从基础理论到前沿技术，从成本效益分析到市场策略，帮助育种者、科学家及相关领域的从业人员全面理解并掌握遗传改良的核心原理与应用方法。同时，本书结合了大量的实例分析和数据模型，为读者提供实操指南，帮助其在实际育种过程中运用这些理论和工具，解决实践中的复杂问题。

古语云："种优则农盛。"在当前科技迅猛发展的时代，这句话依然历久弥新。我们坚信，通过科学的遗传改良，我们不仅能够培育出更优质的家畜品种，提升生产力，更能为全球农业的可持续发展贡献重要力量。希望本书能为读者带来启迪与帮助，共同见证遗传改良的光明未来。

在本书的编撰和出版过程中，有一群优秀的学生为我提供了宝贵的支持和帮助。张佳宁、郝冬冬、邓颖、何佳璘、冯亚娇、项志远和肖潼在研究、数据整理和审校等各个方面都作出了重要贡献，他们的敬业精神和卓越才华为本书的顺利完成奠定了坚实基础。在此，我特别感谢他们的不懈努力和付出，感谢他们为本书的出版所作的杰出贡献。

本书的出版发行获得了以下几项重要资助：内蒙古自治区自然科学基金项目（项目编号：2024MS03011）、2024年度内蒙古自治区人才开发基金所设立的高层次人才个人项目，以及内蒙古自治区科技计划项目（项目编号：2020GG0201）。这些资助对于推动相关学科的深入发展、促进人才培养以及提升科研水平，均起到了不可或缺的积极作用。

编著者

2024年10月

目 录

第一章 基于 R 语言的计量经济学入门 ·· 1
　第一节　向量 ·· 1
　第二节　函数 ·· 11
　第三节　二次函数 ·· 15
　第四节　微分 ·· 26
　第五节　积分 ·· 56
　第六节　多变量微积分 ·· 62
　第七节　受约束的优化问题 ·· 68
　第八节　差分方程 ·· 77

第二章 动物遗传改良优化基础 ·· 91
　第一节　遗传改良优化概述 ·· 91
　第二节　育种学基础 ··· 93
　第三节　模拟繁育计划 ·· 111
　第四节　选择反应基础 ·· 122
　第五节　估计育种值的确定性模型 ··· 143
　第六节　选择引起的配子相不平衡 ··· 163

第三章 生产体系中的家畜遗传学 ··· 175
　第一节　养殖业生产体系 ··· 176
　第二节　生产体系的遗传 ··· 176
　第三节　生物学成分 ··· 177
　第四节　基于基因组选择的育种计划 ·· 179
　第五节　案例研究 ··· 181

第四章 整合基因型的生产模型 ·· 183
　用方程式表达收益和成本 ·· 183

第五章 基因型比较中的管理优化 ··· 201

第六章 经济评价与基因型排名 ·· 219

第七章　定义和使用聚合基因型 …………………………………………… 227

第八章　多性状选择反应预测 ……………………………………………… 248

第九章　遗传改良策略的限制与成本 ……………………………………… 265

第十章　未来遗传改良的机遇与挑战 ……………………………………… 272

附录　程序脚本 …………………………………………………………… 277

参考文献 …………………………………………………………………… 296

第一章 基于R语言的计量经济学入门

第一节 向量

一、内积

两个向量 u 和 v 的内积：
$$u \cdot v = u_1 v_1 + u_2 v_2 + \cdots + u_n v_n$$

u <-c（4, 6）
v <-c（3, 2）
uv <- sum（u * v）
uv
［1］24
class（uv）
［1］"numeric"
uv <- u% * %v
uv
　　［, 1］
［1,］　24
class（uv）
［1］"matrix" "array"

二、外积

$$u \otimes v = A = \begin{bmatrix} u_1 v_1 & u_1 v_2 & \cdots & u_1 v_n \\ u_2 v_1 & u_2 v_2 & \cdots & u_2 v_n \\ \vdots & \vdots & & \vdots \\ u_m v_1 & u_m v_2 & \cdots & u_m v_n \end{bmatrix}$$

u <-c(1, 2, 3)
v <-c(4, 5, 6, 7)
u %o% v
　　　［,1］［,2］［,3］［,4］
［1,］　4　　5　　6　　7

```
[2,]   8  10  12  14
[3,]  12  15  18  21
outer(v, u)
     [,1] [,2] [,3]
[1,]   4    8   12
[2,]   5   10   15
[3,]   6   12   18
[4,]   7   14   21
```

三、向量投影

向量 u 在向量 v 上的投影被定义为：

$$proj_v u = \frac{u \cdot v}{\|v\|^2} v$$

```
library("pracma")
library("plot3D")
u <-c(3, 5)
v <-c(4, 6)
pvu <- (sum(u*v)/Norm(v)^2) * v
pvu
[1] 3.230769 4.846154
x0 <-c(0, 0, 0)
y0 <-c(0, 0, 0)
x1 <-c(3, 4, pvu[1])
y1 <-c(5, 6, pvu[2])
cols <-c("blue", "red", "green")
arrows2D(x0, y0, x1, y1, col = cols, lwd = 2)
```

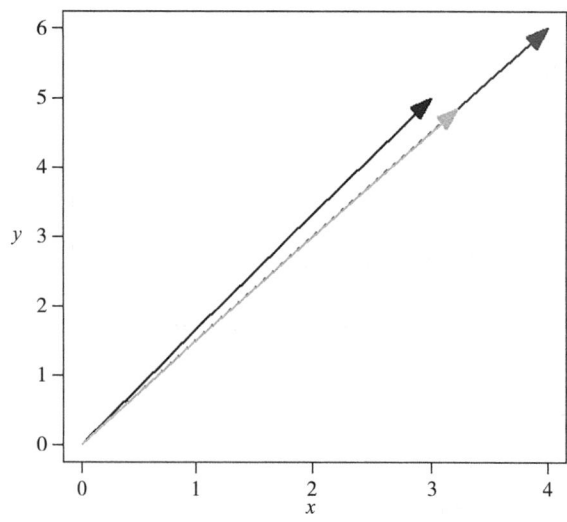

其中绿色的箭头代表向量投影。
u <- c(1, 2)
v <- c(3, 0)
pvu <- (sum(u * v)/Norm(v)^2) * v
pvu
[1] 1 0
upvu <- u - pvu
round(sum(upvu * v), 7)
[1] 0
upvu
[1] 0 2
x0 <- c(0, 0, 0, 1)
y0 <- c(0, 0, 0, 0)
x1 <- c(1, 3, pvu[1], (1+upvu[1]))
y1 <- c(2, 0, pvu[2], (0+upvu[2]))
cols <- c("blue", "red", "green", "yellow")
arrows2D(x0, y0, x1, y1, col = cols, lwd = 2)

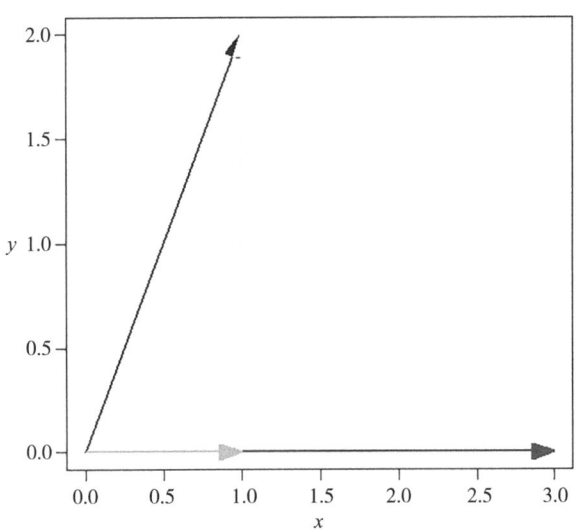

四、经济学应用

1. 预算集问题

$$p_1 x_1 + p_2 x_2 \leqslant Y$$

此处，
① x_1 和 x_2 代表两种商品；
② p_1 代表商品 x_1 的价格，假设它等于 10 元；
③ p_2 代表商品 x_2 的价格，假设它等于 5 元；
④ Y 代表一个消费者的收入，假设它等于 100 元。

```r
df <- data.frame(x1 = seq(0, 10, 1))
p1 <- 10
p2 <- 5
Y <- 100
x2 <- function(x1) Y/p2 - (p1*x1)/p2
bl_plot <- ggplot() +
          stat_function(data = df,
          aes(x1),
          fun = x2,
          xlim = c(0, 10),
          geom = "area",
          fill = "blue",
          alpha = 0.5) +
   geom_point(aes(x = 7,
          y = 7),
          size = 2.5) +
   xlab("cinema") + ylab("pizza") +
   theme_minimal() +
   geom_hline(yintercept = 0) +
   geom_vline(xintercept = 0)
bl_plot +
   geom_segment(aes(x = Y/p1,
          y = 0,
          xend = 0,
          yend = Y/p2),
          color = "blue",
          linewidth = 1.5) +
   annotate("text", x = c(7.5, 8),
          y =c(7.5, 15),
          label =c("(7, 7)",
          "Not affordable"))
```

如果收入为以前的2倍,则

```r
Y2 <- 2*Y
x2Y2 <- function(x1){
              res <-Y2/p2 - (p1*x1)/p
              return(res)
              }
bl_plot +
   geom_segment(aes(x = c(Y/p1, Y2/p1),
          y =c(0, 0),
```

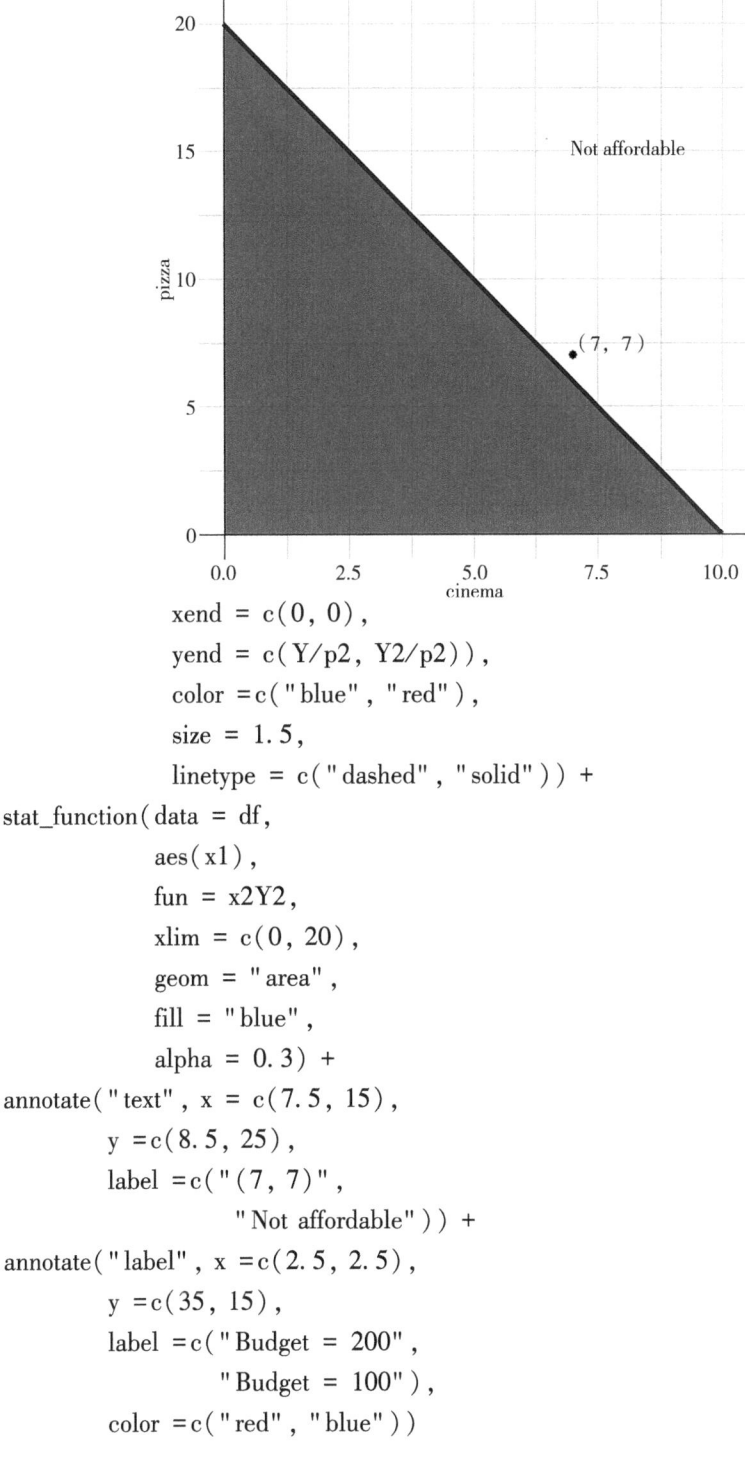

```
              xend = c(0, 0),
              yend = c(Y/p2, Y2/p2)),
              color = c("blue", "red"),
              size = 1.5,
              linetype = c("dashed", "solid")) +
stat_function(data = df,
              aes(x1),
              fun = x2Y2,
              xlim = c(0, 20),
              geom = "area",
              fill = "blue",
              alpha = 0.3) +
annotate("text", x = c(7.5, 15),
         y = c(8.5, 25),
         label = c("(7, 7)",
                   "Not affordable")) +
annotate("label", x = c(2.5, 2.5),
         y = c(35, 15),
         label = c("Budget = 200",
                   "Budget = 100"),
         color = c("red", "blue"))
```

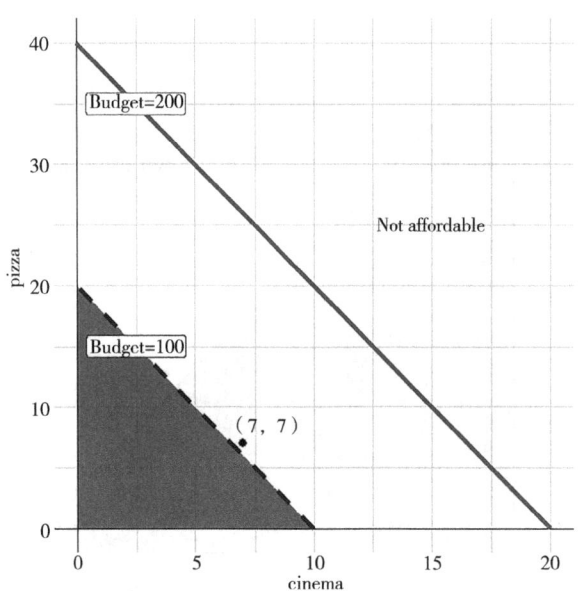

最后，考虑一个商品价格变化对消费者在 100 元预算下能购买的商品组合的影响。假设比萨价格上涨至 8 元。这将使预算线向内旋转。消费者用 100 元购买的最大电影票数量不变，因为电影票价格不变。这意味着如果消费者希望将全部收入用于看电影（即他在比萨上的预算为 0 元），他 1 周只能去看 10 次电影。另外，如果消费者现在希望将全部收入用于购买比萨，他只能购买 12 个比萨，而不是当比萨价格为 5 元时的 20 个。

```
p28 <- 8
x2p28 <- function(x1) Y/p28 - (p1 * x1)/p28
bl_plot +
  geom_segment(aes(x = c(Y/p1, Y/p1),
                   y = c(0, 0),
                   xend = c(0, 0),
                   yend = c(Y/p2, Y/p28)),
               color = c("blue", "red"),
               size = 1.5) +
  stat_function(data = df,
                aes(x1),
                fun = x2p28,
                xlim = c(0, 10),
                geom = "area",
                fill = "red",
                alpha = 0.3) +
  annotate("text", x = c(7.5, 8),
           y = c(7.5, 15),
           label = c("(7, 7)",
                     "Not affordable")) +
```

```
annotate("label", x = c(2.5, 2.5),
         y = c(15, 9.5),
         label = c("Price Pizza = ¥5",
                   "Price Pizza = ¥8"),
         color = c("blue", "red"))
```

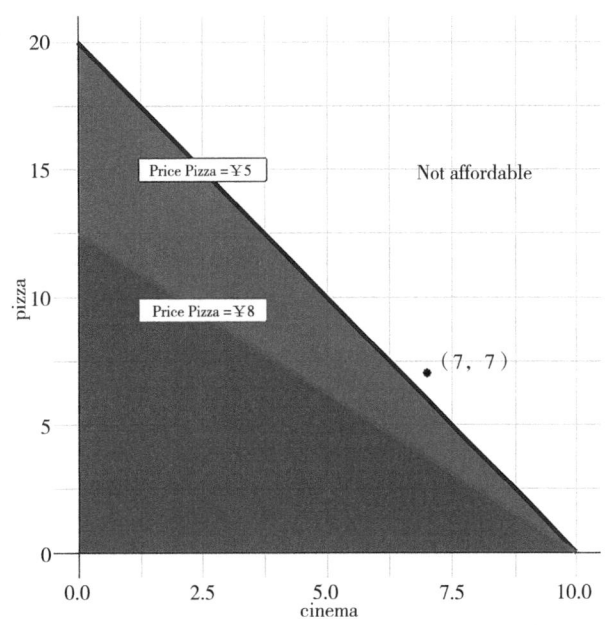

2. 列昂捷夫的输入-输出模型

假设已经获得了经济的输入-输出表，由 3 个部门组成，农业（AGR）、制造业（MFG）和服务业（SER）。以货币价值（例如，亿元）来衡量这些商品的价值。行表示各个部门的输入，列表示产出。因此，例如农业使用 20 亿元，制造业使用 40 亿元，服务业使用 15 亿元作为输入，以生产自己的产出。制造业和服务业不使用任何农业作为输入来生产产品。制造业使用来自其自身的 70 亿元和来自服务业的 30 亿元生产其产品。服务业使用来自其自身的 15 亿元和来自制造业的 30 亿元生产产品。

```
sectors <-c("AGR", "MFG", "SER")
AGR <-c(200, 400, 150)
MFG <-c(0, 700, 300)
SER <-c(0, 300, 150)
MT <-data.frame(AGR, MFG, SER, row.names = sectors)
MT
    AGR MFG SER
AGR 200   0   0
MFG 400 700 300
SER 150 300 150
```

添加原始要素的总增加值（GVA），即这 3 个部门的劳动力和资本的输入。使用 row.bind.data.frame（）函数将 GVA 附加到 MT 上。然后重新命名 GVA 的行名。

GVA <-c(50, 4500, 1000)
MT <-rbind.data.frame(MT, GVA)
rownames(MT)[4] <- "GVA"
MT

```
      AGR  MFG  SER
AGR   200    0    0
MFG   400  700  300
SER   150  300  150
GVA    50 4500 1000
```

使用 colSums（）函数计算总产出（TOT），即每一列值的总和。然后将其附加到 MT 上并重新命名其行名。

TOT <-colSums(MT)
TOT
AGR MFG SER
800 5500 1450
MT <-rbind.data.frame(MT, TOT)
rownames(MT)[5] <- "TOT"
MT

```
      AGR  MFG  SER
AGR   200    0    0
MFG   400  700  300
SER   150  300  150
GVA    50 4500 1000
TOT   800 5500 1450
```

假设：① 它是一个封闭经济体，即不与世界其他地区进行贸易；
② 农业需求为 600 亿元，制造业为 4100 亿元，服务业为 850 亿元。

D <-matrix(c(600,
             4100,
             850))
D
```
     [,1]
[1,]  600
[2,] 4100
[3,]  850
```
其交易表为

	AGR	MFG	SER	D	TOT
AGR	200	0	0	600	800
MFG	400	700	300	4100	5500
SER	150	300	150	850	1450
GVA	50	4500	1000		
TOT	800	5500	1450		

其一般形式为

	部门1	部门2	部门3	总需求	总国内生产
x_{11}	x_{12}	x_{13}	D_1	X_1	
部门2	x_{21}	x_{22}	x_{23}	D_2	X_2
部门3	x_{31}	x_{32}	x_{33}	D_3	X_3
总增加值	V_1	V_2	V_3		
总国内生产	X_1	X_2	X_3		

供求平衡方程：

$$\begin{cases} x_{11} + x_{12} + x_{13} + D_1 = X_1 \\ x_{21} + x_{22} + x_{23} + D_2 = X_2 \\ x_{31} + x_{32} + x_{33} + D_3 = X_3 \end{cases}$$

收支平衡方程：

$$\begin{cases} x_{11} + x_{21} + x_{31} + V_1 = X_1 \\ x_{12} + x_{22} + x_{32} + V_2 = X_2 \\ x_{13} + x_{23} + x_{33} + V_3 = X_3 \end{cases}$$

以单位产出为基准来定义输入-产出表

$$a_{ij} = \frac{x_{ij}}{X_{ij}}$$

例如 a_{11} 代表从部门1生产1单位产品所需的内部需求。通过将每一列的值除以该列的总产出，使用sweep()函数，其中的2表示将除法操作/应用到列上（使用1表示应用到行上）。在代码的第一行中，产生输入系数矩阵M，该矩阵表示每一单位产出对应各部门的投入需求。

```
M <-as.matrix.data.frame(MT)
M <-sweep(M, 2, M[nrow(M), ], "/")
M
         AGR        MFG        SER
AGR    0.2500   0.00000000   0.0000000
MFG    0.5000   0.12727273   0.2068966
SER    0.1875   0.05454545   0.1034483
GVA    0.0625   0.81818182   0.6896552
TOT    1.0000   1.00000000   1.0000000
```

在这个矩阵中，如第一个元素是产出1单位的农业（AGR）产品，需要0.25单位的农业（AGR）输入。GPA的值 $v_{ij} = \dfrac{V_{ij}}{X_{ij}}$，可以被视为这些生产要素的投入单位。以上方程可以转换为：

$$\begin{cases} a_{11} X_1 + a_{12} X_2 + a_{13} X_3 + D_1 = X_1 \\ a_{21} X_1 + a_{22} X_2 + a_{23} X_3 + D_2 = X_2 \\ a_{31} X_1 + a_{32} X_2 + a_{33} X_3 + D_3 = X_3 \end{cases}$$

转换为矩阵形式：

$$\begin{bmatrix} a_{11} & a_{12} & a_{13} \\ a_{21} & a_{22} & a_{23} \\ a_{31} & a_{32} & a_{33} \end{bmatrix} \begin{bmatrix} X_1 \\ X_2 \\ X_3 \end{bmatrix} + \begin{bmatrix} D_1 \\ D_2 \\ D_3 \end{bmatrix} = \begin{bmatrix} X_1 \\ X_2 \\ X_3 \end{bmatrix}$$

生产要素系数矩阵为：

$$A = \begin{bmatrix} a_{11} & a_{12} & a_{13} \\ a_{21} & a_{22} & a_{23} \\ a_{31} & a_{32} & a_{33} \end{bmatrix}$$

从第1行至第3行（nrow（M）-2）对M对象进行子集提取，即只保留前3行。
A <- M[1:(nrow(M)-2),]
A

	AGR	MFG	SER
AGR	0.2500	0.00000000	0.0000000
MFG	0.5000	0.12727273	0.2068966
SER	0.1875	0.05454545	0.1034483

可以将以上方程写为：

$$Ax + d = x$$

此处，$x = \begin{bmatrix} X_1 \\ X_2 \\ X_3 \end{bmatrix}, d = \begin{bmatrix} D_1 \\ D_2 \\ D_3 \end{bmatrix}$

以上方程的左侧表示包括进入生产过程的输入需求 Ax 和消费需求 d 在内的总需求，右侧代表了总供给。如果农产品需求增加至8亿元，则：
D[1,1] <- 800
D
　　[,1]
[1,] 800
[2,] 4100
[3,] 850

根据农产品需求的增加来计算相应的产出，以上方程可以改写为：

$$x - Ax = d$$
$$(I - A) x = d$$
$$x = (I - A)^{-1} d$$

其中 $(I-A)$ 被称为 Leontief 矩阵。矩阵可逆要求是非奇异矩阵。Leontief 矩阵无须检验奇异性，因为其具有以下性质：每个元素非负，每列元素之和小于 1。

解以上输入-输出模型的 R 代码如下：

```
Id <-diag(3)
Id
     [,1] [,2] [,3]
[1,]  1    0    0
[2,]  0    1    0
[3,]  0    0    1
Ainv <- solve(Id - A)
Ainv
          AGR        MFG         SER
AGR   1.3333333  0.00000000  0.0000000
MFG   0.8421409  1.16260163  0.2682927
SER   0.3300813  0.07073171  1.1317073
X <-Ainv %*% D
X
          [,1]
AGR   1066.667
MFG   5668.428
SER   1516.016
```

检测 $x - Ax = d$ 是否成立，其 R 代码为：

```
X-A%*% X
       [,1]
AGR     800
MFG    4100
SER     850
```

根据模型的结果，由于农产品需求增加至 8 亿元，总产出量为：

$$x^* = \begin{bmatrix} 1066.667 \\ 5668.428 \\ 1516.016 \end{bmatrix}$$

第二节　函　数

一、成本函数（Cost Function）

成本函数描述了成本与生产数量之间的关系。当生产数量发生变化时，成本也会随之变化。事实上，为了增加生产数量，企业需要增加例如公用事业和原材料等生产所需的成本。我们可以将企业承担的总成本分解为固定成本（FC）和可变成本（VC）。固定成本是不随生产水平变化的成本，而可变成本是随生产数量变化的成本。成本的变化取决于成本函数。

假设 A 公司的固定成本（FC）为 5000 元，单位产出的可变成本（VC）为 125 元。我们使用线性函数来描述 A 公司的总成本（TC）：

由 $TC(x) = FC + VC(x)$ 得：
$$TC(x) = 5000 + 125x$$

R 代码如下：

```
x <-seq（0，50，1）
FC <- 5000
VC <- 125
TC <- FC + VC * x
df <- data.frame（output = x, total_cost = TC）
head（df, 10）
ggplot（df, aes（x = output,
              y =total_cost））+
geom_line（）+
geom_hline（yintercept = 0）+
geom_hline（yintercept = FC,
           linetype = " dashed"）+
geom_vline（xintercept = 0）+
theme_minimal（）+
xlab（" Output"）+
ylab（" Total Cost, US dollar"）+
annotate（" text", x = 30, y = c（2500, 6000），
         label =c（" FIXED COST", " VARIABLE COST"））
```

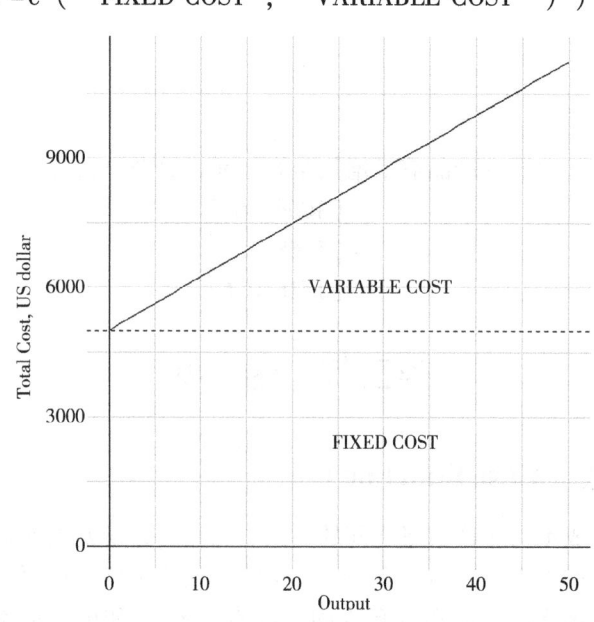

这个成本函数的斜率是 125，这个斜率可以解释为一个恒定的边际成本。因此，线性

函数只适用于边际成本恒定的成本结构。

二、平衡点（Break-Even）

在经济学中，平衡点是指企业或项目在销售收入与成本相等时所达到的产量或销售额。在平衡点上，企业的总收入正好可以覆盖总成本，不会出现盈利或亏损。平衡点分析是企业经济分析和经营决策中重要的工具之一。它可以帮助企业确定需要达到的销售额或产量，以实现盈亏平衡。通过分析平衡点，企业可以评估其经营计划的可行性和风险。平衡点分析通常涉及计算固定成本、可变成本、销售价格以及每单位产品的边际成本。其中，固定成本是与产量无关的成本，可变成本是随产量变化的成本，销售价格是每单位产品的售价，边际成本是每额外生产 1 单位产品所需的成本。通过计算平衡点，企业可以了解到达该点所需的最低销售额或产量。这对于制定定价策略、生产计划和经营预算都至关重要。企业可以根据平衡点分析的结果来调整经营策略，进一步优化利润和经营效益。

$$\pi(x) = R(x) - C(x)$$

其中：

π 表示利润；

R 表示收入，即价格乘以销售数量；

C 表示成本。

在平衡点分析中，利润为零，即 $\pi = 0$。这意味着收入和成本相等，企业没有盈利也没有亏损。利润的正值表示企业盈利，而利润的负值则表示企业亏损。上例中，

$$\pi(x) = 250x - (5000 + 125x)$$

```r
p <- 250
R <- p * x
pi <- R - TC
df <- cbind(df, revenue = R, profit = pi)
head(df)
tail(df)
df $ R <- "Revenue"
df $ TC <- "Total Cost"
df $ pi <- "Profit"
ggplot(df) +
  geom_line(aes(x = output, y = total_cost,
            color = TC),
            size = 1) +
  geom_line(aes(x = output, y = revenue,
            color = R),
            size = 1) +
  geom_line(aes(x = output, y = profit,
            color = pi),
            size = 1) +
  geom_hline(yintercept = 0) +
```

```
geom_vline(xintercept = 0) +
theme_minimal() +
xlab("Output") + ylab("") +
scale_y_continuous(labels = scales::dollar) +
theme_minimal() +
theme(legend.title = element_blank(),
      legend.position = "bottom")
```

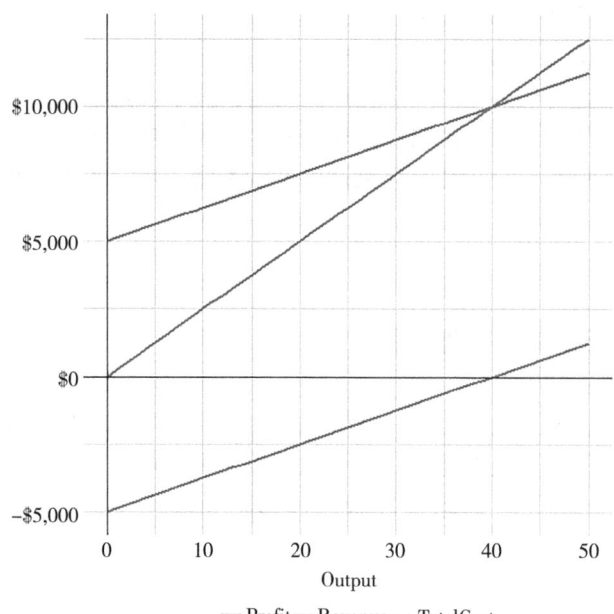

上图中，只要收入低于成本，利润就是负值。当收入等于成本时，利润为零。这可以通过收入线与成本线的相交点以及利润线与 x 轴的交点来表示。在这一点上，企业实现了盈亏平衡。在此点之后，利润的增长取决于收入和成本函数的形状。在这个例子中，A 公司在销售了 40 个产品时达到了盈亏平衡点。

```
df[38:42, 1:4]
   outputtotal_ cost revenue profit
38    37         9625    9250   -375
39    38         9750    9500   -250
40    39         9875    9750   -125
41    40        10000   10000      0
42    41        10125   10250    125
```

经济理论告诉我们，在长期内，当价格 p 高于平均成本（AC，即 Average Cost）时，企业将进入该行业，即 $p > AC$，因为它们可以获利；而当价格低于平均成本时，即 $p < AC$，企业将退出该行业，因为它们会亏损。当价格等于平均成本的最低点时，利润为 0。因此，企业不会进入或退出该行业时，它们处于均衡状态。但是为什么企业会处于利润为零的状态？尽管 A 公司的利润为零，但所有必要的成本和费用都已得到支付。企业可以持续获得稳定的收入，支付员工工资和满足其他开支。有时，企业可能出于其他因素，如市

场份额、品牌价值或长期增长潜力等，愿意接受利润为零的状态。因此，企业不仅要关注利润，还需要综合考虑各种因素，如成本、收入和其他会计指标，以决定是否继续在该行业中运营。

三、加价率（Mark-Up）和利润率（Margin）

在经济学中，"加价率"是指在产品的成本基础上加上一定比例的额外金额或百分比，以确定最终的销售价格。加价率可以用来衡量企业在定价过程中的利润预期或确保覆盖成本和获得利润的能力。"利润率"（也可称为"毛利率"）是指产品销售价格与其成本之间的差额与销售价格之间的比例。利润率反映了企业在销售产品时所获得的利润水平。这两个概念在企业的定价和盈利分析中起着重要的作用。加价率决定了产品的最终售价，而利润率则评估了每单位产品销售所获得的利润水平。企业需要在考虑市场需求、成本结构和竞争压力的基础上，合理地设定加价率，以确保能够覆盖成本并获得可持续的利润。需要注意的是，加价率和利润率可以根据行业、产品类型、市场竞争和企业战略的不同而有所差异。企业必须综合考虑许多因素，以确定适当的加价率和实现可持续的利润水平。

不完全竞争的企业为了追求利润最大化，会制定高于边际成本的价格。这是因为在这种市场结构下，企业面临较小的竞争压力，可以通过设定较高的价格来增加利润。加成率是指为了确定销售价格而增加的产品成本的金额。有时人们会将加成率和利润率混淆。加成率是以绝对金额或百分比的形式表示的，它表示销售价格与成本之间的差额。而利润率是以销售价格为基础计算的利润与销售价格的比例。尽管加成率和利润率有关，但它们并不相同。总之，不完全竞争的企业为了最大化利润而定价高于边际成本。为了确定销售价格，产品成本增加的金额称为加成率。有时候人们对加成率和利润率之间存在一些混淆，但它们并不相同。

在经济学专业中，成本×（1 + 加成率）= 销售价格。这个公式表示了将成本与加成率相乘，以确定销售价格的计算方法。企业根据产品的成本基础上加上一个加成率，得到最终的销售价格。加成率代表了额外的金额或百分比，它被用来确保销售价格能够覆盖成本并获得利润。以上公式经过变形得：

$$加成率 = \frac{销售价格 - 成本}{成本} = \frac{利润}{成本}$$

而利润率公式为

$$利润率 = \frac{销售价格 - 成本}{销售价格} = \frac{利润}{销售价格}$$

加价率和利润率的关系：

$$加成率 = \frac{利润率}{1 - 利润率}$$

$$利润率 = \frac{加成率}{1 + 加成率}$$

第三节 二次函数

二次函数的一般形式是：

$$y = f(x) = ax^2 + bx + c$$

其中 a、b 和 c 是常数，且 a 不等于 0。

一、二次成本函数例子

$$C(x) = 0.01x^2 + x + 10$$

绘制总成本、固定成本、变动成本和平均成本图。首先计算固定成本（FC），变动成本（TVC）和总成本（TC），将它们作为 FC 和 TVC 的和存储在 df 中。

```
x <- seq(0, 50, 1)
FC <- 10
VC <- 1
VC2 <- 0.01
TVC <- VC2 * x^2 + VC * x
TC <- FC + TVC
df <- data.frame(output = x,
                 total_cost = TC,
                 fixed_cost = FC,
                 variable_cost = TVC)
```

现在，让我们计算平均成本（AC），公式为 AC = TC / x。

```
df$average_cost <- df$total_cost / df$output
```

请注意，由于我们除以零，导致平均成本的第一个值未定义。因此，让我们从数据集中删除第 1 行，以避免绘制它。

```
df <- df[-1, ]
```

接下来，让我们使用 data.table 包中的 melt() 函数将数据集从宽转换为长格式。这样做会更容易在 ggplot() 函数中进行数据映射。在 melt() 函数中，参数 id.vars = 是一个包含 id 变量的向量，即用于标识每行数据的变量。它可以是整数（变量位置）或字符串（变量名称）。参数 measure.vars = 是一个包含测量变量的向量。它可以是整数（变量位置）或字符串（变量名称）。我们可以使用 variable.name = 和 value.name = 重命名新的变量。

```
df_l <- melt(setDT(df), id.vars = "output",
             measure.vars = c("total_cost", "fixed_cost", "variable_cost", "average_cost"),
             variable.name = "costs", value.name = "CNY")
```

最后，让我们用 ggplot() 来绘制图表。我们使用 group = 和 color = 来映射 ggplot() 中的数据。

```
ggplot(df_l, aes(x = output, y = CNY, group = costs, color = costs)) +
    geom_line(size = 1) +
    geom_hline(yintercept = 0) +
    geom_vline(xintercept = 0) +
    theme_minimal() +
    xlab("Output") +
```

```
    ylab("Cost") +
    scale_y_continuous(labels = scales::dollar_format(prefix = "¥"))
```

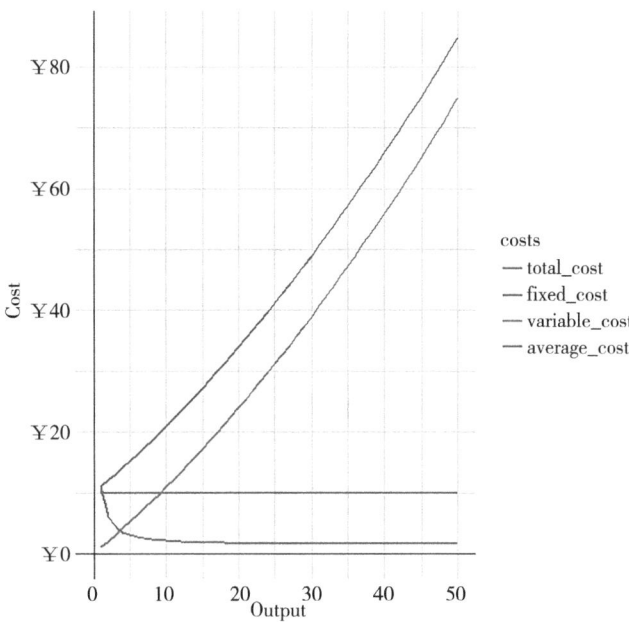

二、指数和投资

一个投资者将一笔钱 P（称为本金）存入银行，年利率为 r，并且每年复利 m 次，投资时间为 t。我们使用以下公式计算投资结束时累积的金额 A：

$$A = P\left(1 + \frac{r}{m}\right)^{mt}$$

```
future_value <- function(P, r, m, t){
                A <- P * (1 + r/m)^(m * t)
                return(A)
                }
```

假设以 6% 的利率投资 10000 元，持续 20 年。以下为分别每年复利、每 6 个月复利、每季度复利和每月复利的情况。

```
future_value(10000, 0.06, 1, 20)
future_value(10000, 0.06, 2, 20)
future_value(10000, 0.06, 4, 20)
future_value(10000, 0.06, 12, 20)
```

如果假设利息是连续复利 $m \to \infty$，那么

$$\lim_{m \to \infty}\left(1 + \frac{r}{m}\right)^{mt} = e^{rt}$$

因此，以年复利的方式投资的 P 金额会按以下方式增长：

$P\left[\left(1 + \frac{r}{m}\right)^{m/r}\right]^{rt} = P\left[\left(1 + \frac{1}{\omega}\right)^{\omega}\right]^{rt}$，此处 $\omega = \frac{m}{r}$，随着 $m \to \infty$，$\omega \to \infty$，则

$$A = P e^{rt}$$

在 20 年之后，以 6%的连续复利计算，对 10000 元的投资将变为 33201.17 元。

P <- 10000
r <- 0.06
t <- 20
A <- P * exp(r * t)
A

[1] 33201.17

另外，如果投资者想知道应该存入多少金额 PV（现值），以便在已知利率 r、年数 t 和复利次数 m 的情况下获得金额 A，可以使用以下公式：

$$PV = \frac{A}{\left(1 + \frac{r}{m}\right)^{mt}}$$

present_value <- function(A, r, m, t){
    PV <- A / ((1 + r/m)^(m * t))
    return(PV)
}

present_value(150000, 0.06, 4, 20)
present_value(200000, 0.06, 4, 20)
present_value(250000, 0.06, 4, 20)
present_value(300000, 0.06, 4, 20)

因此，如果投资者在 20 年内以每季度 6%复利的情况下，希望达到：

①总额为 150000 元，他应该投资 45583.52 元
②总额为 200000 元，他应该投资 60778.03 元
③总额为 250000 元，他应该投资 75972.54 元
④总额为 300000 元，他应该投资 91167.04 元

上式相应的连续贴现公式为：

$$PV = \frac{A}{e^{rt}} = A e^{-rt}$$

此处 e^{-rt} 被称为折现因子。在下一个例子中，我们将调查需要多长时间投资才能产生所需金额，也就是我们需要解出 t 的值。

$$\frac{A}{P} = \left(1 + \frac{r}{m}\right)^{mt}$$

上式两边取对数得：

$$\log\left(\frac{A}{P}\right) = \log\left[\left(1 + \frac{r}{m}\right)^{mt}\right]$$

则

$$\log\left(\frac{A}{P}\right) = mt \cdot \log\left(1 + \frac{r}{m}\right)$$

$$t = \frac{\log\left(\frac{A}{P}\right)}{m \cdot \log\left(1 + \frac{r}{m}\right)}$$

同样，可得

$$\frac{A}{P} = e^{rt}$$

$$\log\left(\frac{A}{P}\right) = \log(e^{rt})$$

$$\log\left(\frac{A}{P}\right) = rt$$

则

$$t = \frac{\log\left(\frac{A}{P}\right)}{r}$$

```
time_invest <- function (A , P, r, m = 1, e = FALSE) {
            t <- log (A/P) / (m * log (1 + r/m) )
            t_e <- log (A/P) /r
            ifelse (e == FALSE,
            return (t),
            return (t_e) )
            }
```

假设投资者想要知道如果利率为6%，采用每季度、每天复利和连续复利的方式，投资将需要多长时间才能翻倍。

time_invest(2000, 1000, 0.06, 4)
time_invest(2000, 1000, 0.06, 365)
time_invest(2000, 1000, 0.06, e = TRUE)

经过计算，投资要翻番需要超过11年时间。

三、指数增长和Logistic增长

一个指数增长函数的形式如下：

$$N(t) = N_0 e^{rt}$$

其中N表示群体总数，N_0表示初始群体数，r表示增长率，t表示时间。

指数增长的特殊之处在于群体无限增长。然而，在现实生活中，资源是有限的。因此，更有可能的情况是群体以指数方式增长，直到某一点开始以递减的速率增长，并逐渐接近上限。这可以用一个逻辑增长函数来建模，其形式如下：

$$N(t) = \frac{K}{1 + \left(\frac{K - N_0}{N_0}\right) e^{-rt}}$$

其中，K代表环境的承载能力，即所关注的群体出现的限制条件（较大的K意味着环境可以支持较高密度的群体）。r代表内禀增长率，N表示一个群体，N_0表示初始群体，t

表示时间。

假设 $N_0 = 50$，$K = 10000$，并且第一年的群体数量为 80，即 $N_1 = 80$。根据上式，我们可以通过将其与 N_1 相等来确定 r，即 $t = 1$。

$$80 = \frac{10000}{1 + \left(\frac{10000 - 50}{50}\right)e^{-r}}$$

$$80 = \frac{10000}{1 + 199\,e^{-r}}$$

将两边乘以分母，然后两边同时除以 80：

$$80(1 + 199\,e^{-r}) = 10000$$
$$1 + 199\,e^{-r} = 125$$
$$199\,e^{-r} = 124$$
$$e^{-r} = \frac{124}{199}$$

接下来，对两边取自然对数：

$$log(e^{-r}) = log\left(\frac{124}{199}\right)$$
$$-r = -0.473$$
$$r = 0.473$$

现在找到了 r（近似为 0.5），将其代回到上式中，并计算出 5 年后的群体数量。

$$N(t=5) = \frac{10000}{1 + \left(\frac{10000-50}{50}\right)e^{-0.5 \cdot 5}}$$

这意味着 N_5 约等于 576.87（或者如果只考虑整数部分，则为 576）。在 R 中表示指数函数和 Logistic 增长函数。请注意，在下图中，我们添加了 Logistic 函数的最大增长点。在这点的左边，Logistic 增长函数以递增的速率增加；在这点右边，Logistic 增长函数以递减的速率增加。

```
t <- seq(0, 100, 1)
N_0 <- 50
K <- 10000
r <- 0.5
N_logi <- K / (1 + ((K - N_0)/N_0) * exp(-r * t))
N_expo <- N_0 * exp(r * t)
df <- data.frame(t, "exponential" = N_expo, "logistic" = N_logi)
df_l <- melt(setDT(df), id.vars = "t", measure.vars = c("exponential", "logistic"),
             variable.name = "growth")
point_max <- data.frame(x = log((K - N_0)/N_0)/r, y = K/2)
ggplot(df_l, aes(x = t,
                 y = value,
                 group = growth,
```

```
color = growth)) +
geom_line(size = 1.2) +
geom_hline(yintercept = 0) +
geom_vline(xintercept = 0) +
geom_hline(yintercept = 10000,
color = "red",
linetype = "dashed",
size = 1) +
coord_cartesian(ylim = c(0, 15000)) +
theme_minimal() +
xlab("years") +
ylab("Population") +
theme(legend.position = "bottom",
legend.text = element_text(size = 12),
legend.title = element_blank()) +
geom_point(aes(x = point_max $ x, y = point_max $ y),
colour = "blue") +
annotate("text", x = 30, y = 5000,
label = "point of maximum growth")
```

下图显示，在12年之前，指数增长函数突破了上限。另外，使用Logistic增长函数，群体在不到25年的时间就达到了环境资源所限制的上限，并没有超过它。请注意，指数增长函数具有"J"形状，而Logistic增长函数具有"S"形状。

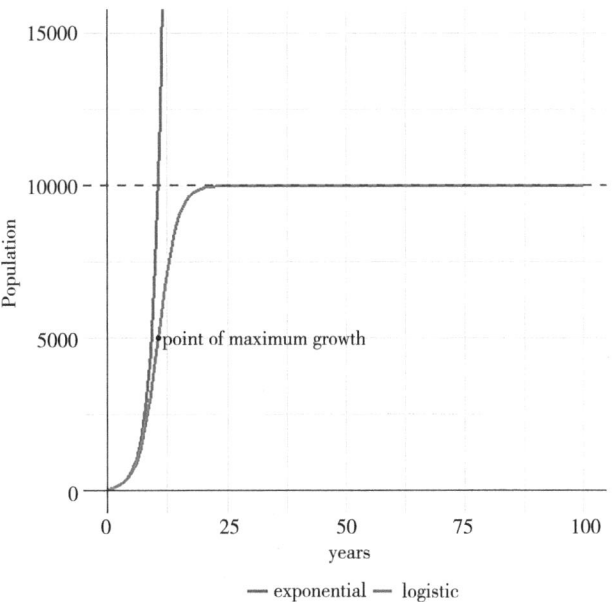

四、生产函数

假设一家公司仅使用劳动力（L）来生产其产出（Q），可以将其生产函数表示为：
$$Q = f(L)$$
设生产函数 $Q = \sqrt{L}$。这是一个具有单一输出和输入的柯布-道格拉斯函数的例子。

```
L <- 0:100
Q <- sqrt(L)
df <- data.frame(output = Q, labour = L)
df_s <- data.frame(x = c(25, 0), y = c(0, 5), xend = c(25, 25), yend = c(5, 5))
ggplot(df, aes(x = labour,
        y = output)) +
    geom_line(size = 1) +
    theme_classic() +
    ylab("Units of Output") +
    xlab("Units of Labour") +
    geom_segment(data = df_s,
        aes(x = x, y = y, xend = xend, yend = yend), linetype = "dashed")
```

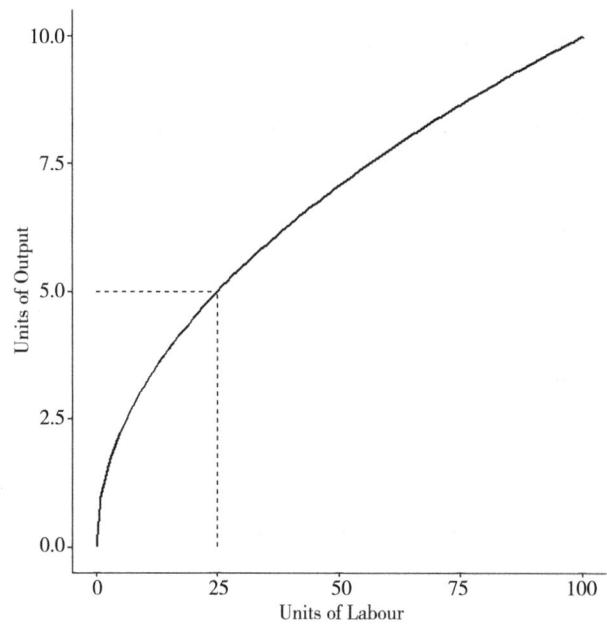

如果将生产函数翻转，得到以下函数。
$$L = g(Q)$$
这个函数说明生产给定产量 Q 所需的最低劳动力 L。这个函数被称为劳动力需求函数。如劳动力需求函数是 $L = Q^2$。因此，为了生产 5 个单位的产量，公司需要 25 个单位的劳动力，即 $25 = 5^2$。请注意，在 R 代码中，对 df_s 中的行进行了反转，并在 geom_segment() 中对坐标进行了调整。

```
ggplot(df, aes(x = output,
```

```
    y = labour)) +
geom_line(size = 1) +
theme_classic() +
xlab("Units of Output") +
ylab("Units of Labour") +
geom_segment(data = df_s[c(2, 1), ],
    aes(x = y, y = x, xend = yend, yend = xend),
    linetype = "dashed")
```

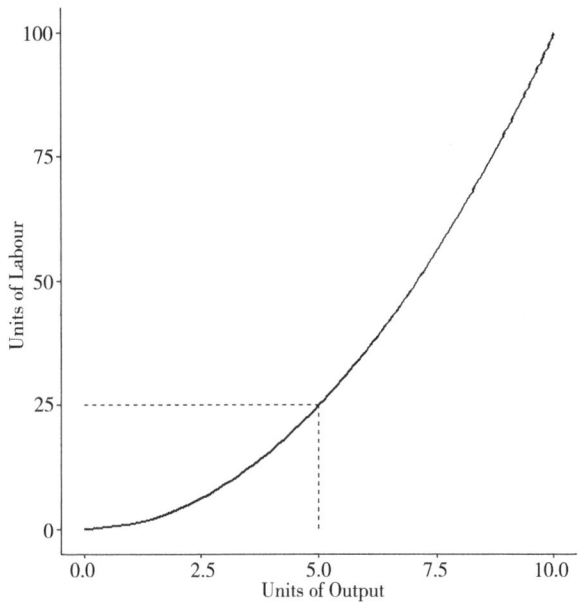

五、无差别曲线

效用函数表示消费者对一种商品的偏好，它用数字刻度表示。让我们假设该效用函数如下所示：

$$U = U(x, y) = xy$$

以下假设 3 个效用函数。我们用任意常数替换 U，选择 25、50 和 100。

```
U1 <- 25
U2 <- 50
U3 <- 100
x <- seq(0, 25, 0.1)
y1 <- U1/x
y2 <- U2/x
y3 <- U3/x
df <- data.frame(x, y1, y2, y3)
df <- df[-1, ]
df_l <- melt(setDT(df), id.vars = "x", measure.vars = c("y1", "y2", "y3"), val-
```

ue.name = "y")
在 df_1 中添加 U。with() 函数会在 df_1 中计算 x * y。
df_1 $ U <- with(df_1, x * y)
ggplot(df_1, aes(x, y,
　　　　group = variable,
　　　　color = variable)) +
　　geom_line(size = 1) +
　　theme_classic() + ylab("y") +
　　coord_cartesian(xlim = c(0, 20),
　　　　ylim = c(0, 20)) +
　　theme(legend.position = "none") +
　　annotate("label", x = c(5, 7, 10),
　　　　y = c(5, 7, 10),
　　　　label = c("Utility = 25",
　　　　"Utility = 50",
　　　　"Utility = 100"),
　　　　color = c("red", "green", "blue"))

下图代表了 3 条无差异曲线。在无差异曲线上，商品组合具有相同的效用水平。效用水平最高的无差异曲线代表了首选的商品组合。

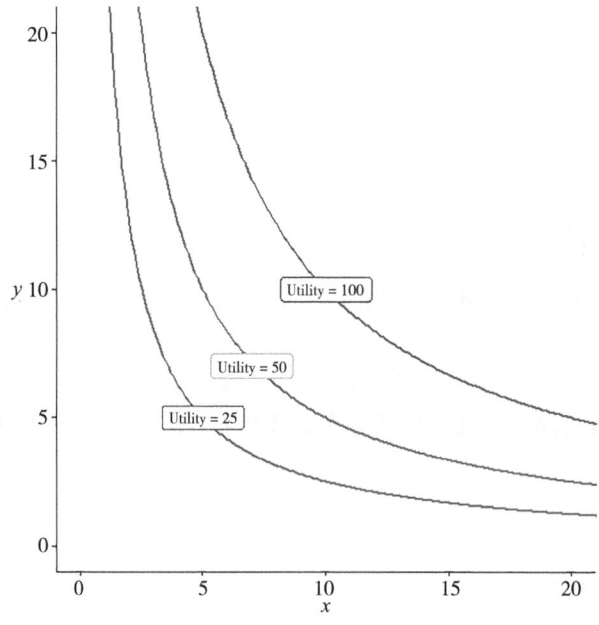

具体例子，某公司收到一项工作委托，需要派遣员工（N）去做工作（W），需要天数（T）来完成该项工作，这项工作的关系表示如下：

$$N \times T = W$$

因此

$$N = \frac{W}{T}$$

假设需要用1d来搬运设备。因此，需要将总时间（TT）增加1d，$TT = T+1$。因此，关系式变化如下：

$$N \times (TT - 1) = W$$

则

$$N = \frac{W}{TT - 1}$$

此外，假设需要聘请其他公司1位员工，因此工人的总人数（TN）为$TN = N+1$，因此，

$$TN - 1 = \frac{W}{TT - 1}$$

$$TN = \frac{W}{TT - 1} + 1$$

对下面3种情况绘图，假设有50个工作量在20d内完成工作。

```
W <- 50
TT <- 1:20
N1 <- W/TT
N2 <- W/(TT - 1)
N3 <- W/(TT - 1) + 1
df <- data.frame(TT, N1, N2, N3)
df <- df[-1, ]
df_l <- melt(setDT(df), id.vars = "TT", measure.vars = c("N1", "N2", "N3"),
            variable.name = "Nname",
            value.name = "N")
ggplot(df_l, aes(x = TT, y = N,
        group = Nname,
        color = Nname)) +
    geom_line(size = 1) +
    theme_classic() +
    theme(legend.title = element_blank())
```

下图显示，如果工作需要在5d内完成，在$N1$情况下需要10名工人，在$N2$情况下需要13名工人，在$N3$情况下需要14名工人。另外，对于10d的期限，只需要在$N1$情况下5名工人，在$N2$情况下6名工人，在$N3$情况下7名工人。

```
df[df$TT == 5 | df$TT == 10, ]
    TT    N1        N2          N3
1:  5     10        12.500000   13.500000
2:  10    5         5.555556    6.555556
```

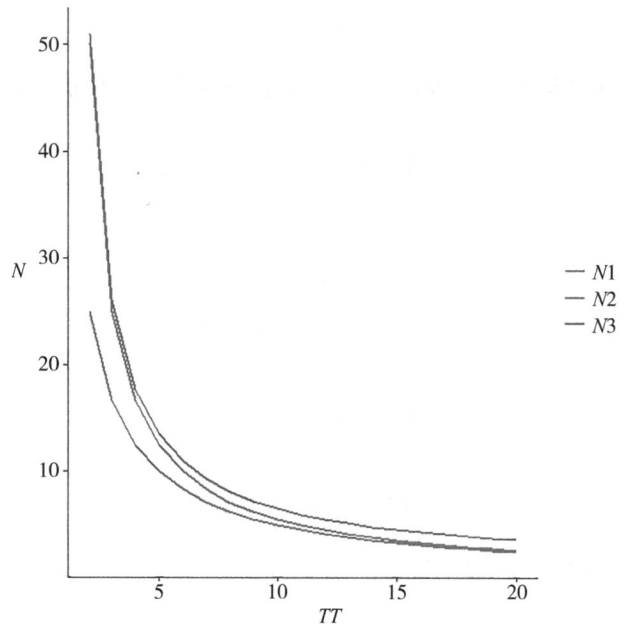

第四节 微 分

一、函数的极限

函数的极限是微积分中的重要概念之一。极限描述了当自变量逼近某个特定值时，函数对应的因变量的趋势和行为。数学上，给定一个函数$f(x)$，当x趋近某个特定值c时，我们可以通过计算$f(x)$的取值来找到函数$f(x)$的极限。如果存在一个唯一的实数L，使得当x趋近c时，$f(x)$的值无论如何变化都趋近于L，那么我们称函数$f(x)$在x趋近c时的极限为L，可以表示函数$f(x)$在x趋近c时的极限为：

$$\lim_{x \to c} F(x) = L$$

其中，lim 表示极限，x->c 表示 x 趋近 c，$f(x)$是函数的取值，L是极限的值。通过计算极限，我们可以研究函数在某个值附近的行为和性质。极限在微积分中有广泛的应用，例如求导和积分等。求极限的 R 语言函数代码：

```
LiMiT <- function(expr, x, z = 7, LEFT = TRUE){
                        a <- 1/10^(1:z)
                        if(LEFT == TRUE){
                          res <-gsub("x","(x-a)",expr)
                        }else{
                          res <-gsub("x","(x+a)",expr)
                        }
                        res <-eval(parse(text = res))
                        return(res)
```

由以上函数求 $\lim_{x \to 2} 3x^2$ 左右两侧极限：

format(LiMiT("3*x^2", 2), nsmall = 20)
[1] "10.83000000000000007105" "11.88030000000000008242"
[3] "11.98800300000000262912" "11.99880002999999994984"
[5] "11.99988000029999923868" "11.99998800000300036572"
[7] "11.99999880000003038560"
format(LiMiT("3*x^2", 2, LEFT = FALSE), nsmall = 20)
[1] "13.23000000000000042633" "12.12029999999999674287"
[3] "12.01200299999999998590" "12.00120003000000323823"
[5] "12.00012000030000081097" "12.00001200000300194404"
[7] "12.00000120000002823417"

二、导数

导数（derivative）是微积分中的一个重要概念，用于描述函数在某一点处的变化率。对于函数 $f(x)$，其在某一点 x 处的导数可以表示为 $f'(x)$ 或 df/dx。导数可以通过极限的概念来定义，即函数在某一点的导数是函数在该点处的斜率。

$$f'(x) = \lim_{\Delta x \to 0} \frac{\Delta y}{\Delta x} = \lim_{\Delta x \to 0} \frac{f(x + \Delta x) - f(x)}{\Delta x}$$

R 语言函数代码如下：

```
dfdx <- function(func, x0, deltax = 0.001){
    (func(x0 + deltax) - func(x0))/deltax
}
```

分别求 $f(x) = 4 + 3x$ 和 $f(x) = x^2 + x + 1$ 在 1 处和 3 处的导数：

```
fn <- function(x){
    4+3*x
}
dfdx(fn, x0 = 1)
[1] 3
dfdx(fn, x0 = 3)
[1] 3
fn <- function(x){
    x^2 + x - 1
}
dfdx(fn, x0 = 1)
[1] 3.001
dfdx(fn, x0 = 3)
[1] 7.001
```

三、Newton-Raphson 方法

Newton-Raphson 方法，也称为牛顿迭代法，是一种求解方程或方程组根的数值逼近方法。该方法利用函数的局部线性近似来逼近方程的根。

假设我们要寻找函数 $f(x)$ 的根 $x*$，可以从一个初始近似解 x_0 开始，然后使用 Newton-Raphson 迭代公式进行迭代：

$$x_{n+1} = x_n - \frac{f(x_n)}{f'(x_n)}, [f'(x_n) \neq 0]$$

其中，x_n 是第 n 次迭代得到的近似解，$f'(x_n)$ 是 $f(x_n)$ 的导数。

通过不断迭代，当迭代过程中得到的近似解与实际解的差距足够小，我们可以得到一个接近方程根的解。Newton-Raphson 方法通常以快速收敛和高精度著称，特别适用于连续且具有二阶导数的函数。

需要注意的是，Newton-Raphson 方法可能会出现迭代发散、振荡或陷入局部最小值的情况。因此，在应用该方法时，需要选择合适的初始近似解，并对函数的性质进行充分的分析和了解，以确保获得正确的根。

```
newton <-function(func, x0, deltax = 0.001, maxIterations = 500, tolerance = 1e-12){
            res <- numeric(maxIterations)
            count <- 1
            while(count <= maxIterations){
                x1 <- x0 - (func(x0)/dfdx(func, x0, deltax))
                res[count] <- x1
                if(abs(x1 - x0) < tolerance){
                    break
                }
                x0 <- x1
                count <- count + 1
            }
            1 <-list("root" = res[count],
            "iterations" = res[1:count],
            "number iterations" = count)
            return(1)
        }
```

这个函数有 5 个参数：
①func：要找到根的函数。
②$x0$：初始猜测值。
③deltax：两个点之间的微小距离。默认为 0.001。
④maxIterations：最大迭代次数。默认为 500 次。
⑤tolerance：所需的精度（收敛容限）。默认为 12 位精确度。

```
fn <- function(x){
    x^2 + x - 1
```

```
}
r <-newton(fn, x0 = 0)
r
$ root
[1] 0.618034
$ iterations
[1] 0.9990010 0.6665557 0.6190635 0.6180349 0.6180340 0.6180340 0.6180340
$ `number iterations`
[1] 7
```

请注意，第 5、第 6 和第 7 次迭代的结果在 7 位小数上相同。如果我们展开小数部分：

```
format(r $ iterations[5:7], nsmall = 20)
[1] "0.61803398916737795066" "0.61803398875008141999" "0.61803398874989490253"
```

观察到这些数值之间有微小的差异。通过将差值 x_6-x_5 和 x_7-x_6 与阈值比较，来检查为什么在 7 次迭代后停止了。

```
abs(diff(r $ iterations[6:5])) < 1e-12
[1] FALSE
abs(diff(r $ iterations[7:6])) < 1e-12
[1] TRUE
```

x_7-x_6 满足条件跳出循环。

四、函数的切线

绘制二次函数 $y = x^2 + 2x - 15$，找到当 $x=0$ 时的切线，以及其他两个点（4，9）和（-3，-12）的切线。

1. 计算函数的导数，以找到该特定点的斜率

$$\frac{dy}{dx} = 2x + 2$$

2. 评估函数的导数，当 $x = 0$

$$\left.\frac{dy}{dx}\right|_{x=0} = 2 \cdot 0 + 2 = 2$$

在 $x=0$ 处的切线斜率因此为 2。

3. 设切线的方程为 $y = a + bx$，并将斜率在 $x=0$ 处替换

$$y = a + 2x$$

根据原方程，我们知道当 $x = 0$ 时，$y = -15$，因此 $-15 = a + 2 \cdot 0$，从而得出 $a = -15$。因此，过点（0，-15）的切线的方程是：

$$y = 2x - 15$$

类似可得在点（4，9）和（-3，-12）处的切线方程是：

$$y = 10x - 31$$
$$y = -4x - 24$$

接下来绘制函数和切线。R 语言函数 tangent_ line () 的代码如下，该函数封装了重新排列和绘制数据的代码。该函数引入了 tidyr 包中的 pivot_ longer () 函数，将数据框从

宽格式转换为长格式。pivot_longer()中的感叹号标记！表示除了列 *x* 以外，重新排列数据框的其他列。%>%是一个管道操作符，它将一个对象传递到一个函数或表达式中。

```r
tangent_line <- function(df_fn, df_points, XLIM = NULL, YLIM = NULL,
                         XLAB = "x", YLAB = "y"){
    require("ggplot2")
    require("tidyr")
    df_l <- df_fn %>% pivot_longer(! x)
    g <-ggplot() +
        geom_line(data = df_l,
                  aes(x = x, y = value,
                      group = name,
                      color = name),
                  size = 0.8) +
        geom_point(data = df_points,
                   aes(x = x, y = y),
                   color = "blue") +
        geom_hline(yintercept = 0) +
        geom_vline(xintercept = 0) +
        coord_cartesian(xlim = XLIM,
                        ylim = YLIM) +
        theme_minimal() +
        xlab(XLAB) + ylab(YLAB) +
        theme(legend.position = "bottom",
              legend.text = element_text(size = 12),
              legend.title = element_blank())
    return(g)
}
```

我们需要向函数提供两个数据框：一个包含函数数据的数据框（df_fn），另一个包含点数据的数据框（df_points）。XLIM 和 YLIM 控制坐标轴的范围。

```r
x <-seq(-10, 10, 0.1)
y <- x^2 + 2 * x - 15
tg1 <- 2 * x - 15
tg2 <- 10 * x - 31
tg3 <- -4 * x - 24
df <- data.frame(x, y, tg1, tg2, tg3)
df_points <- data.frame(x = c(0, 4, -3), y = c(-15, 9, -12))
tangent_line(df, df_points, XLIM = c(-10, 10), YLIM = c(-20, 30))
```

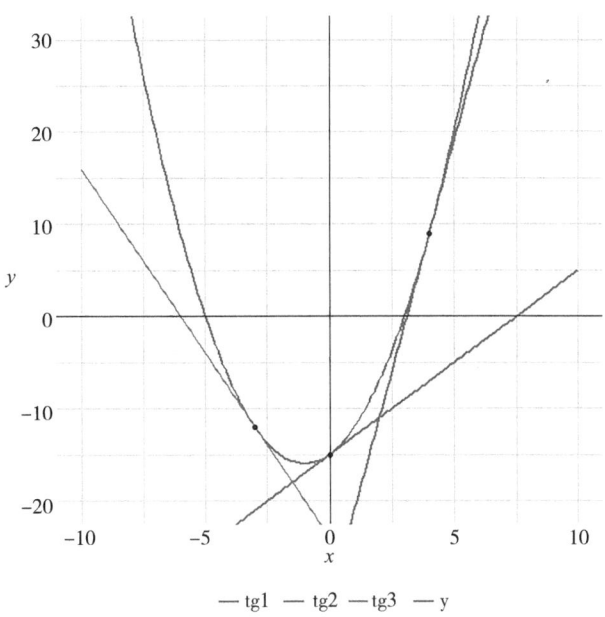

— tg1 — tg2 — tg3 — y

五、最小值、最大值和拐点

导数是描述函数变化率的工具，在找到函数的临界点（包括最小值、最大值和拐点）时非常有用。通过计算函数的导数，我们可以确定函数在特定点的斜率和曲线的凹凸性质。具体来说，当导数为零或不存在时，我们可以推断出函数可能存在极值点或拐点。当导数为零时，可能是一个局部极值点，而当导数不存在时，可能是一个拐点。通过分析导数的符号变化，我们可以确定函数的上升和下降区间，从而找到最小值和最大值点。当导数大于零时，函数在该区间上升；当导数小于零时，函数在该区间下降。总而言之，导数提供了一种分析函数性质的有效工具，帮助我们找到函数的临界点以及判断函数的变化趋势。

例如求 $y = -x^3 + 2x^2 + 4x$ 的极值。

$$\frac{dy}{dx} = -3x^2 + 4x + 4$$

令

$$-3x^2 + 4x + 4 = 0$$

得

$$x_1 = 2, \quad x_2 = -\frac{2}{3}$$

将以上 x 值代入原函数，得

$$y(x=2) = -(2)^3 + 2 \cdot 2^2 + 4 \cdot 2 = 8$$

$$y\left(x = -\frac{2}{3}\right) = -\left(-\frac{2}{3}\right)^3 + 2 \cdot \left(-\frac{2}{3}\right)^2 + 4 \cdot \left(-\frac{2}{3}\right) = -\frac{40}{27}$$

因此，我们的两个关键点是 (2, 8) 和 (-2/3, -40/27)，切线方程是 $y = 8$ 和 $y = -40/27$。研究函数在关键值 2 和 -2/3 左右的行为，以确定其增减情况。首先，让我们在

dy/dx 中插入一个小于 -2/3 的值，如选择 -1。

$$-3 \cdot (-1)^2 + 4 \cdot (-1) + 4 \Rightarrow -3 < 0$$

在 -2/3 的左边，斜率是负的，即函数是递减的。现在在 -2/3 和 2/3 之间找一个值，如选择 0。

$$-3 \cdot (0)^2 + 4 \cdot (0) + 4 \Rightarrow 4 > 0$$

在 -2/3 到 2 之间，斜率是正的，即函数是递增的。现在取一个大于 2 的值，如选择 10。

$$-3 \cdot (10)^2 + 4 \cdot 10 + 4 \Rightarrow -256 < 0$$

在数字 2 右边的斜率是负的，也就是说函数是递减的。可以将函数性质信息汇总如下：

$x < -\dfrac{2}{3}$	$x = -\dfrac{2}{3}$	$-\dfrac{2}{3} < x < 2$	$x = 2$	$x > 2$
$f'(-1) = -3$	$f'\left(-\dfrac{2}{3}\right) = 0$	$f'(0) = 4$	$f'(2) = 0$	$f'(10) = -256$
-	0	+	0	-\
\	-	/	-	\

函数的二阶导数可以告诉我们函数的凹凸性。如果在 $x = x^*$ 处，$f'(x^*) = 0$，那么二阶导数可得：

① 如果 $f''(x^*) > 0$，y 在 x^* 处具有局部最小值。
② 如果 $f''(x^*) < 0$，y 在 x^* 处具有局部最大值。
③ 如果 $f''(x^*) = 0$，可能存在一个拐点。

现在我们来应用二阶导数：

$$\frac{d^2 y}{d x^2} = -6x + 4$$

将 x 的临界值代入：

$$\left.\frac{d^2 y}{d x^2}\right|_{x=2} = -6 \cdot 2 + 4 = -8 < 0$$

二阶导数为负，意味着函数在点 (2, 8) 处是向下凹的。因此，这是一个局部极大点。

$$\left.\frac{d^2 y}{d x^2}\right|_{x=-\frac{2}{3}} = -6 \cdot -\frac{2}{3} + 4 = 8 > 0$$

二阶导数是正的，这意味着函数在点 (-2/3, -40/27) 是向上凹的。因此，这是一个局部最小值。最后，将二阶导数设为零：

$$\frac{d^2 y}{d x^2} = -6x + 4 = 0$$

$$x = \frac{2}{3}$$

这意味着当 $x = 2/3$ 时，有一个拐点。然而，由于我们找到的临界值与 $x = 2/3$ 不同，这意味着该点不是一个水平拐点，而是一个垂直拐点。通过将 $x = 2/3$ 代入函数，发现该临界点位于点（-2/3，88/27）。让我们在 $\frac{d^2y}{dx^2} = 0$ 的两侧测试凹凸性，左侧取0，在右侧取1。
$$-6 \cdot 0 + 4 = 4 > 0$$
表明函数在 $\frac{d^2y}{dx^2} = 0$ 的左边是凹向上的。
$$-6 \cdot 1 + 4 = -2 < 0$$
表明该函数在 $\frac{d^2y}{dx^2} = 0$ 的右侧是向下凹的。

最后，可以定义函数的相对（或局部）最大值和相对最小值如下：

①如果在所有 $P(x, f(x))$ 点中 $f(x^*) \geq f(x)$，则函数在点 $P(x^*, f(x^*))$ 处具有相对最大值。

②如果在所有 $P(x, f(x))$ 点中 $f(x^*) \leq f(x)$，则函数在点 $P(x^*, f(x^*))$ 处具有相对最小值。

```
x <-seq(-10, 10, 0.1)
y <- -x^3 + 2 * x^2 + 4 * x
tg1 <- 8
tg2 <- -(40/27)
df <- data.frame(x, y, tg1, tg2)
df_points <- data.frame(x = c(2, -(2/3), (2/3)), y = c(8, -(40/27), (88/27)))
tangent_line(df, df_points, XLIM = c(-5, 5), YLIM = c(-5, 15)) +
    annotate("text", x = c(2.2, -1, 1.5),
             y =c(8.5, -(40/23), 88/24),
             label =c("(2, 8)", "(-2/3, -40/27)", "(2/3, 88/27)"))
```

下图表示具有局部最小值和局部最大值以及竖直拐点的函数。

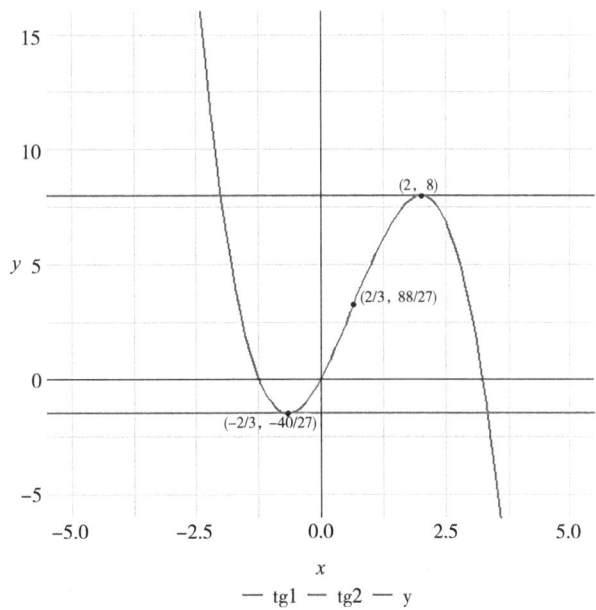

六、泰勒展开式

泰勒展开式是一种将一个函数表示为无穷级数的方法，它使用函数在某个点的导数来逼近函数在该点附近的值。泰勒展开式的一般形式如下：

$$f(x) = \frac{f(a)}{0!}(x-a)^0 + \frac{f'(a)}{1!}(x-a)^1 + \frac{f''(a)}{2!}(x-a)^2 + \cdots + \frac{f^n(a)}{n!}(x-a)^n$$

其中，$f(x)$ 是要展开的函数，a 是展开点，$f'(a)$、$f''(a)$、$f^n(a)$ 等表示函数在点 a 的一阶、二阶、n 阶导数，$n!$ 表示 n 的阶乘。

通过使用泰勒展开式，我们可以近似计算函数在展开点附近的值，或者将函数表示为一个无穷级数的形式，便于进一步地计算和分析。展开的级数项数目越多，近似的精度就越高。

此外，一个在 $x=0$ 处求值的泰勒级数被称为麦克劳林级数：

$$f(x) = f(0) + f'(0)x + \frac{f''(0)}{2!}x^2 + \cdots + \frac{f^n(0)}{n!}x^n$$

此外，可以用求和符号将以上两个公式以更紧凑的方式进行书写，分别如下所示：

$$f(x) = \sum_{n=0}^{\infty} \frac{f^n(a)}{n!}(x-a)^n$$

$$f(x) = \sum_{n=0}^{\infty} \frac{f^n(0)}{n!}x^n$$

例如求 $f(x) = x^5 - 3x^4 + x^3 + 2x^2 - x + 2$ 的麦克劳林级数。

x <-seq(-10, 10, 0.01)
f <- x^5 - 3*x^4 + x^3 + 2*x^2 - x + 2

首先在 $x=0$ 处评估函数：

$$f(x=0) = 0^5 - 3 \cdot 0^4 + 0^3 + 2 \cdot 0^2 - 0 + 2 = 2$$

因此找到的第一个系数是2。

$$f(x) = 2 + f'(0)x + \frac{f''(0)}{2!}x^2 + \frac{f'''(0)}{3!}x^3 + \frac{f^4(0)}{4!}x^4 + \frac{f^5(0)}{5!}x^5$$

n0 <- 2

接下来计算一阶导数，然后在 $x=0$ 处进行评估：

$$f'(x) = 5x^4 - 12x^3 + 3x^2 + 4x - 1$$

$$f'(x=0) = 5 \cdot 0^4 - 12 \cdot 0^3 + 3 \cdot 0^2 + 4 \cdot 0 - 1 = -1$$

因此，$f(x) = 2 - x + \frac{f''(0)}{2!}x^2 + \frac{f'''(0)}{3!}x^3 + \frac{f^4(0)}{4!}x^4 + \frac{f^5(0)}{5!}x^5$

n1 <- 2 - x

接下来计算二阶导数，然后在 $x=0$ 处进行评估：

$$f''(x) = 20x^3 - 36x^2 + 6x + 4$$

$$f''(x) = 20 \cdot 0^3 - 36 \cdot 0^2 + 6 \cdot 0 + 4 = 4$$

因此

$$f(x) = 2 - x + \frac{4}{2!}x^2 + \frac{f'''(0)}{3!}x^3 + \frac{f^4(0)}{4!}x^4 + \frac{f^5(0)}{5!}x^5$$

$$f(x) = 2 - x + 2x^2 + \frac{f'''(0)}{3!}x^3 + \frac{f^4(0)}{4!}x^4 + \frac{f^5(0)}{5!}x^5$$

```
n2 <- 2 - x + 2 * x^2
```
重复同样的步骤，$n = 3$，$n = 4$，$n = 5$。
$$f'''(x) = 60x^2 - 72x + 6 = 6$$
$$f(x) = 2 - x + \frac{4}{2!}x^2 + \frac{6}{3!}x^3 + \frac{f^4(0)}{4!}x^4 + \frac{f^5(0)}{5!}x^5$$
$$f(x) = 2 - x + 2x^2 + x^3 + \frac{f^4(0)}{4!}x^4 + \frac{f^5(0)}{5!}x^5$$

```
n3 <- 2 - x + 2 * x^2 + x^3
```
$$f^4(x) = 120x - 72 = -72$$
$$f(x) = 2 - x + 2x^2 + x^3 - 3x^4 + \frac{f^5(0)}{5!}x^5$$

```
n4 <- 2 - x + 2 * x^2 + x^3 - 3 * x^4
```
$$f^5(x) = 120$$
$$f(x) = 2 - x + 2x^2 + x^3 - 3x^4 + x^5$$

```
n5 <- 2 - x + 2 * x^2 + x^3 - 3 * x^4 + x^5
```

即获得了初始函数。换句话说，麦克劳林级数正确地表示了给定的函数。接下来，建立包含所有步骤的数据集。使用 ggplot2 包和 gganimate 包绘制数据，以使图形动态显示。首先需要重新排列数据。

```
df <- data.frame(x, f, n0, n1, n2, n3, n4, n5)
df_l <- melt(setDT(df), id.vars = c("x", "f"), measure.vars = c("n0", "n1", "n2", "n3", "n4", "n5"))
order <- numeric(nrow(df_l))
for(i in 0:5){
    order[(i * nrow(df)) + 1:nrow(df)] <- rep(i, nrow(df))
}
df_l$order <- order
```

在通常的 ggplot() 结构中添加 transition_states() 函数使其具有动态效果。

```
ggplot() +
  geom_point(data = df_l, aes(x = x,
                              y = value,
                              group = variable,
                              color = variable),
             size = 3) +
  geom_line(data = df, aes(x = x, y = f),
            size = 1) +
  geom_hline(yintercept = 0) +
  geom_vline(xintercept = 0) +
  ggtitle("") + ylab("y") +
  coord_cartesian(xlim = c(-5, 5),
                  ylim = c(-10, 10)) +
```

```
    theme_minimal() +
    theme(legend.position = "bottom",
          legend.title = element_blank()) +
    transition_states(order,
      transition_length = 2,
      state_length = 1)
```

通过移除 transition_states() 生成的静态版本图片。

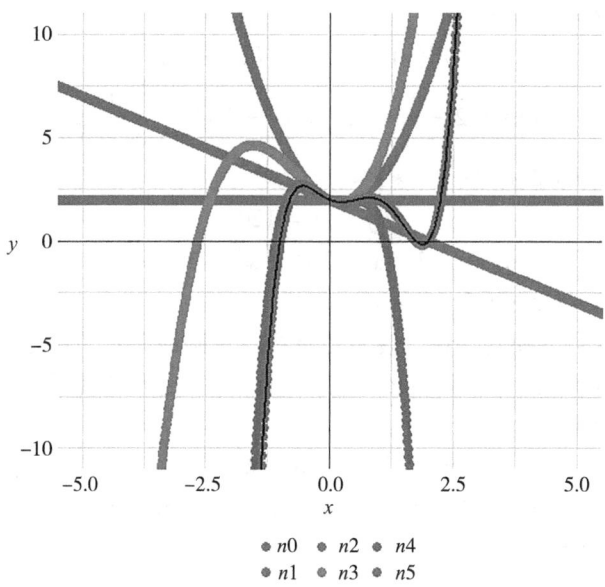

七、用 R 软件求导

可以使用 R 中的 D() 和 deriv() 函数进行求导，这些函数是 R 中的基础函数，还可以使用 Deriv 包中的 Deriv() 函数。

$$y = x^2$$

```
y <- expression(x^2)
dydx <- D(y, "x")
dydx
2 * x
```

可以按照以下方式计算二阶导数：

```
y <- expression(x^2)
d2ydx2 <- D(D(y, "x"), "x")
d2ydx2
[1] 2
```

八、用 R 软件进行 Taylor 展开

在 R 中，可以使用 pracma 包中的 taylor() 函数来计算泰勒展开。

```
f <- function(x) {x^5 - 3 * x^4 + x^3 + 2 * x^2 - x + 2}
```

```
taylor(f, 0, 5)
[1]   0.9999968  -2.9999993   1.0000027   1.9999999  -1.0000000   2.0000000
f <- function(x) {log(x)}
round(taylor(f, 1, 4), 4)
[1]  -0.2500   1.3334  -3.0000   4.0000  -2.0833
```

九、经济学中的应用

1. 边际成本

将边际成本定义为数量变化时总成本的变化。因此，如果将成本画在 y 轴上，数量画在 x 轴上，那么边际成本就是斜率，其中垂直方向是成本的变化，而水平方向是数量的变化。

$$MC = \lim_{\Delta Q \to 0} \frac{\Delta \text{成本}}{\Delta \text{数量}}$$

因此，边际成本代表着成本函数的斜率。例如，对于以下的总成本函数：

$$TC = VC3 \cdot Q^3 - VC2 \cdot Q^2 + VC1 \cdot Q + FC$$

边际成本（MC）是：

$$MC = \frac{dTC}{dQ} = 3 \cdot VC3 \cdot Q^2 - 2 \cdot VC2 \cdot Q + VC1$$

例如 $TC = 0.009 Q^3 - 0.5 Q^2 + 15Q + 35$

```
FC <- 35
VC1 <- 15
VC2 <- -0.5
VC3 <- 0.009
TC <-" VC3 * Q^3 + VC2 * Q^2 + VC1 * Q + FC"
MC <-Deriv(TC, "Q")
MC
VC3 * (3 * Q^2) + VC2 * (2 * Q) + VC1
Q <-seq(0, 50, 1)
MC <-eval(parse(text = MC))
TC <-eval(parse(text = TC))
```

下一步编写3个函数：total_cost()用于计算总成本，marginal_cost()用于计算边际成本，以及yinter()用于计算线性函数的纵轴截距。这3个函数的结果将用于计算成本函数的切线。立方项的系数采用默认值0。因此，在默认情况下，这两个函数是二次函数。此外，要注意marginal_cost()函数中 $n = 1$ 的作用。

```
total_cost <- function(Q, VC1, VC2, FC, VC3 = 0){
                TC <- VC3 * Q^3 + VC2 * Q^2 + VC1 * Q + FC
                return(TC)
                }
marginal_cost <- function(Q, VC1, VC2, FC, VC3 = 0,n = 1){
                require("Deriv")
                tc <- "VC3 * Q^3 + VC2 * Q^2 + VC1 * Q + FC"
```

```
                    mc <-Deriv(tc, "Q", nderiv = n)
                    return(eval(parse(text = mc)))
                    }
yinter <- function(TC, MC, Q){
                    a <- TC - MC * Q
                    return(a)
                    }
```

现在找到成本函数在 $Q=10$ 和 $Q=45$ 处的切线。

```
Q10 <- 10
TC10 <-total_cost(Q10, VC1, VC2, FC, VC3)
TC10
[1] 144
Q45 <- 45
TC45 <-total_cost(Q45, VC1, VC2, FC, VC3)
TC45
[1] 517.625
MC10 <-marginal_cost(Q10, VC1, VC2, FC, VC3)
MC10
[1] 7.7
MC45 <-marginal_cost(Q45, VC1, VC2, FC, VC3)
MC45
[1] 24.675
a10 <-yinter(TC10, MC10, Q10)
a10
[1] 67
a45 <-yinter(TC45, MC45, Q45)
a45
[1] -592.75
tg10 <- a10 + MC10 * Q
tg45 <- a45 + MC45 * Q
df <- data.frame(x = Q, total_cost = TC, marginal_cost = MC,
            tangent10 = tg10, tangent45 = tg45)
df_points <- data.frame(x = c(Q10, Q45), y = c(TC10, TC45))
tangent_line(df, df_points, XLAB = "Output",
        YLAB = "Cost", YLIM =c(0, 600)) +
    geom_segment(aes(x = c(Q10, 0, Q45, 0, 0, 0),
                y =c(0, TC10, 0, TC45, MC10, MC45),
                xend = c(Q10, Q10, Q45, Q45, Q10, Q45),
                yend = c(TC10, TC10, TC45, TC45, MC10, MC45)),
                linetype = c(rep("dotted", 4), rep("dashed", 2)),
```

```
                color = c(rep("black", 4), "green", "blue"),
                size = 1) +
scale_y_continuous(labels = scales::dollar_format(prefix = "¥"))
```

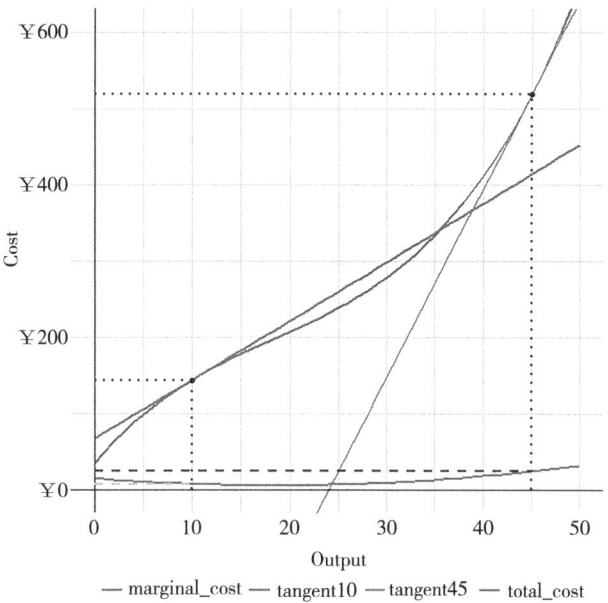

可以看到,当公司生产 10 个单位的产量时,总成本是 144 元,边际成本是 7.7 元。边际成本一开始是递减的,直到产量达到第 19 个单位。在这个单位之后,边际成本开始增加。例如,当公司生产 45 个单位的产量时,总成本是 517.65 元,边际成本是 24.675 元。

```
df[c(10:21, 46), 1:3]
    x  total_cost  marginal_cost
10   9     136.061          8.187
11  10     144.000          7.700
12  11     151.479          7.267
13  12     158.552          6.888
14  13     165.273          6.563
15  14     171.696          6.292
16  15     177.875          6.075
17  16     183.864          5.912
18  17     189.717          5.803
19  18     195.488          5.748
20  19     201.231          5.747
21  20     207.000          5.800
46  45     517.625         24.675
```

当公司增加产量时,例如从 10 个单位增加至 11 个单位,边际成本从 7.7 元降低至 7.2 元,即斜率为负值。由于边际成本在减小,公司有动力增加生产。绘制出边际成本曲线在点 (Q10, MC10) 和点 (Q45, MC45) 处的切线。即需要对总成本函数进行二次导数,将在 marginal_cost() 函数中设置 $n=2$ 来进行二次导数运算。

```
MC10d2 <-marginal_cost(Q10, VC1, VC2, FC, VC3, n = 2)
MC10d2
[1] -0.46
MC45d2 <-marginal_cost(Q45, VC1, VC2, FC, VC3, n = 2)
MC45d2
[1] 1.43
a10d2 <-yinter(df $ marginal_cost[11], MC10d2, Q10)
a10d2
[1] 12.3
a45d2 <-yinter(df $ marginal_cost[46], MC45d2, Q45)
a45d2
[1] -39.675
tg10d2 <- a10d2 + MC10d2 * Q
tg45d2 <- a45d2 + MC45d2 * Q
df2 <-cbind.data.frame(x = df $ x,
                       marginal_cost = df $ marginal_cost,
                       tangent10d2 = tg10d2,
                       tangent45d2 = tg45d2)
df_points <- data.frame(x = c(Q10, Q45), y = c(MC10, MC45))
tangent_line(df2, df_points, XLAB = "Output",
             YLAB = "Cost", YLIM =c(0, 30)) +
  scale_y_continuous(labels = scales::dollar_format(prefix = "¥"))
```

2. 边际成本和平均成本

添加有关该公司成本结构的额外信息：平均成本（AC）。请注意，在代码中将列名 x

设置为 output,并删除数据集的第一行,因为第一行包含 AC 的除以零情况。此外,代码 df2[which.min(df2 $ average_cost),c(1,2,5)]的作用:希望搜索平均成本的最小值,并比较输出、边际成本和平均成本的结果。

```
colnames(df2)[1] <- "output"
average_cost <- TC/Q
df2 <-cbind(df2, average_cost)
df2 <- df2[-1, ]
df2 $ AC <- "AC"
df2 $ MC <- "MC"
df2[which.min(df2 $ average_cost), c(1, 2, 5)]
#output marginal_cost average_cost
#31     30           9.3        9.266667
ggplot(df2) +
    geom_line(aes(x = output,
                  y =average_cost,
                  color = AC), size = 1) +
    geom_line(aes(x = output,
                  y =marginal_cost,
                  color = MC), size = 1) +
xlab("Output") + ylab("Costs") +
theme_minimal() +
theme(legend.title = element_blank(),
      legend.position = "bottom") +
scale_y_continuous(labels = scales::dollar_format(prefix = "￥"))
```

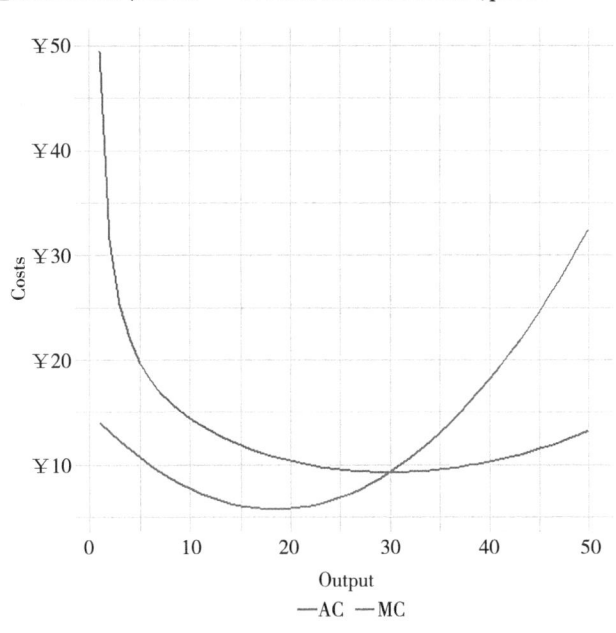

上图显示了边际成本与平均成本之间的关系。当边际成本低于平均成本时，它将使平均成本下降。然而，当边际成本高于平均成本时，它将推动平均成本上升。

3. 利润最大化

当边际成本等于边际收入时，一家公司可以最大化其利润。同样地，可以定义边际收入。将边际收入定义为在给定的数量变化下总收入的变化。因此，以收入为纵坐标，数量为横坐标，边际收入就是纵向与横向运动的比值，其中纵向是收入的变化，横向运动是数量的变化。

$$MR = \lim_{\Delta Q \to 0} \frac{\Delta\ 收入}{\Delta\ 数量}$$

因此，边际收入代表着收益函数的斜率。在这种情况下，目标函数是利润函数，可以用数量 Q 来表示选择变量：

$$\pi(Q) = R(Q) - C(Q)$$

第一步是求上式得一阶导数，并设为 0。

$$\pi'(Q) = R'(Q) - C'(Q) = 0$$

注意 $R'(Q)$ 是边际收益 MR，$C'(Q)$ 是边际成本 MC。另外，上式仅在 $MR = MC$ 时等于 0。接下来，为了确保达到的是极大值而不是极小值，求二阶导数。

$$\pi''(Q^*) = R''(Q^*) - C''(Q^*)$$

如果在最优数量 Q^* 处计算得的上式小于 0，则达到最大值。首先定义成本函数和收入函数。假设成本函数未知，给定产量，以下是固定成本和可变成本。

output <- seq(0, 50, 1)

fixed_cost <- rep(35, 51)

variable_cost <- c(0.000, 14.509, 28.072, 40.743, 52.576, 63.625, 73.944, 83.587, 92.608, 101.061, 109.000, 116.479, 123.552, 130.273, 136.696, 142.875, 148.864, 154.717, 160.488, 166.231, 172.000, 177.849, 183.832, 190.003, 196.416, 203.125, 210.184, 217.647, 225.568, 234.001, 243.000, 252.619, 262.912, 273.933, 285.736, 298.375, 311.904, 326.377, 341.848, 358.371, 376.000, 394.789, 414.792, 436.063, 458.656, 482.625, 508.024, 534.907, 563.328, 593.341, 625.000)

df <- data.frame(output = output, fixed_cost = fixed_cost, variable_cost = variable_cost)

通过把固定成本和可变成本相加来得出总成本。

df $ total_cost <- df $ fixed_cost + df $ variable_cost

假设公司产品的需求函数如下：

$$Q = 100 - \frac{5}{2}p$$

此处，Q 表示数量，p 表示价格。通过重新排列上式，可以得到以 Q 为函数的反需求函数：

$$p = 40 - \frac{2}{5}Q$$

销售额，即每个售出数量的价格是：

$$R = pQ = \left(40 - \frac{2}{5}Q\right)Q = 40Q - \frac{2}{5}Q^2$$

df $ price <- 40 - (2/5) * Q

```
df $ revenue <- df $ output * df $ price
head(df)
  output fixed_cost variable_cost total_cost price revenue
1      0         35         0.000     35.000  40.0     0.0
2      1         35        14.509     49.509  39.6    39.6
3      2         35        28.072     63.072  39.2    78.4
4      3         35        40.743     75.743  38.8   116.4
5      4         35        52.576     87.576  38.4   153.6
6      5         35        63.625     98.625  38.0   190.0
```

到目前为止,已经找到了给定产量的总成本和总收入。然而,只知道总收入的函数,而不知道总成本的函数。绘制数据图表来了解这些函数的形状。在 ggplot() 中使用 geom_point() 生成散点图,以便确定函数的形状。

```
sp_cost <- ggplot(df) +
  geom_point(aes(x = output, y = total_cost)) +
  ggtitle("Cost function")
sp_rev <- ggplot(df) +
  geom_point(aes(x = output, y = revenue)) +
  ggtitle("Revenue function")
#install.packages("ggpubr")
#library(ggpubr)
ggarrange(sp_cost, sp_rev, ncol = 1, nrow = 2)
```

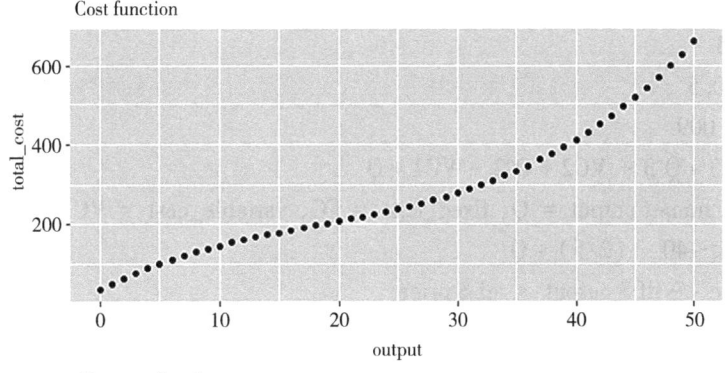

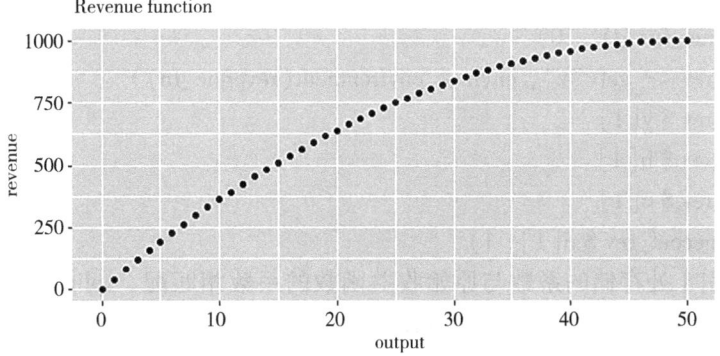

成本函数看起来像是一个三次函数。使用 splinefun( ) 函数根据观测数据来近似这些函数。将数据与 cost_fn( ) 的输出进行比较。

cost_fn <- splinefun(x = df $ output, y = df $ total_cost)

head(df $ total_cost, 10)

[1]   35.000   49.509   63.072   75.743   87.576   98.625 108.944 118.587 127.608
[10] 136.061

head(cost_fn(Q), 10)

[1]   35.000   49.509   63.072   75.743   87.576   98.625 108.944 118.587 127.608
[10] 136.061

通过以下方式进行系数的外推：

splinecoef_cost <- get("z", envir = environment(cost_fn))

splinecoef_cost $ y[1]

splinecoef_cost $ b[1]

splinecoef_cost $ c[1]

splinecoef_cost $ d[1]

请注意，splinefun( ) 通过对给定数据点进行三次样条（或 Hermite 样条）插值的数值近似来计算系数。使用它是因为根据数据的绘图，我们发现它可能是一个三次函数。但是，请记住，该函数并不返回像 $f(x) = ax^2 + bx^2 + cx + d$ 这样的三次方程。在这里，我们只提取近似的第一个系数。这个近似也返回了所需的系数。

此示例的数据集可按以下方式构建完成。

Q <-seq(0, 50, 1)

FC <- 35

VC1 <- 15

VC2 <- -0.5

VC3 <- 0.009

VC <- VC3 * Q^3 + VC2 * Q^2 + VC1 * Q

df <- data.frame(output = Q, fixed_cost = FC, variable_cost = VC)

df $ price <- 40 - (2/5) * Q

df $ revenue <- df $ output * df $ price

revenue_fn <- splinefun(x = df $ output, y = df $ revenue)

head(df $ revenue, 10)

head(revenue_fn(Q), 10)

splinecoef_rev <- get("z", envir = environment(revenue_fn))

splinecoef_rev $ y[1]

splinecoef_rev $ b[1]

splinecoef_rev $ c[1]

round(splinecoef_rev $ d[1], 1)

此外，索引 1 处存储的系数与原始收益函数的系数相匹配。splinfun( ) 函数接受一个参数 deriv =，能够直接计算导数。因此，根据总成本函数和收益函数，可以轻松计算边际成本和边际收益。

head(cost_fn(Q, deriv = 1))

head(revenue_fn(Q, deriv = 1))

使用 ggplot() 中的 stat_function() 来绘制边际成本和边际收益曲线。fun = 函数，而在 args 中，使用 deriv = 1 来实现一阶导数。使用 scale_color_manual() 手动改变图表的颜色。

```
ggplot(data = df,
       mapping = aes(x = output)) +
  geom_hline(yintercept = 0) +
  geom_vline(xintercept = 0) +
  stat_function(fun = cost_fn, size = 1, args = list(deriv = 1),
                aes(color = "Marginal cost")) +
  stat_function(fun = revenue_fn, size = 1, args = list(deriv = 1),
                aes(color = "Marginal revenue")) +
  xlab("Quantity") + ylab("Price") +
  scale_y_continuous(labels = scales::dollar_format(prefix = "¥")) +
  scale_color_manual(values = c("Marginal cost" = "red", "Marginal revenue" = "blue"),
                     name = "Legend") +
  theme_minimal() +
  theme(legend.position = "bottom")
```

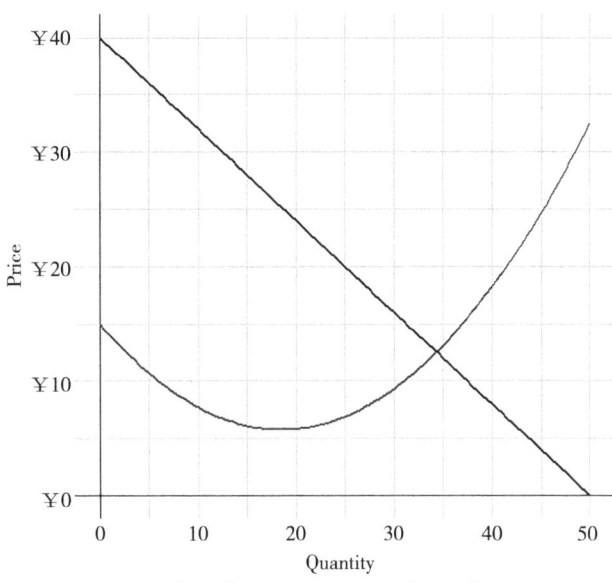

上图显示最佳生产数量为 MC 和 MR 的交点。因此，我们也可以通过 MR 和 MC 的交点找到最佳产出。

$$MR = 40 - \frac{4}{5}Q$$
$$MC = 0.027Q^2 - Q + 15$$

最终得到了

$$-0.027Q^2 + \frac{1}{5}Q + 25$$

等同于 $\pi'(Q) = R'(Q) - C'(Q)$，需要将其设为 0 并解出 Q。由于这是一个二次函数，可以使用 quadratic_formula( ) 函数。

```r
quadratic_formula <- function(a, b = 0, c = 0, graph = FALSE){
    if(a == 0){
        stop("a cannot be 0")
    }
    D <- b^2 - 4*a*c
    if(D >= 0){
        x1 <- (-b - sqrt(D)) / (2 * a)
        x2 <- (-b + sqrt(D)) / (2 * a)
    } else {
        x1 <- (-b - sqrt(as.complex(D))) / (2 * a)
        x2 <- (-b + sqrt(as.complex(D))) / (2 * a)
    }
    res <- data.frame("x1" = x1, "x2" = x2, row.names = "solutions")
    if(graph == FALSE){
        return(res)
    } else {
        require("ggplot2")
        x <- seq(-10, 10, 0.1)
        y = a * x^2 + b * x + c
        df <- data.frame(x, y)
        g <- ggplot(df, aes(x = x, y = y)) +
            geom_line(color = "blue") +
            geom_hline(yintercept = 0) +
            geom_vline(xintercept = 0) +
            theme_bw()
        l <- list(res, g)
        return(l)
    }
}
quadratic_formula(-0.027, (1/5), 25)
              x1         x2
solutions 34.35731 -26.9499
```

有两个解，但需要排除负解，因为没有负的输出数量。用 uniroot( ) 函数来看另一种解法，寻找边际成本和边际收益在给定范围内交叉的点。当 $MR = MC$ 时，利润最大化，即当 $MR - MC = 0$ 时。

```
optimalq <- uniroot(function(x) {revenue_fn(x, deriv = 1) - cost_fn(x, deriv = 1)}, c(1, 50))
q_opt <- optimalq $ root
q_opt
[1] 34.35731
```

因此，34.4 个单位是最佳产量。不过，验证一下是否确实达到了最大值。

```
revenue_fn(q_opt, 2) - cost_fn(q_opt, 2) < 0
[1] TRUE
```

可以得出结论，当公司生产 34.4 个商品时，它能最大化利润。在数据表中检查一下这个结果。

```
df $ mc <- cost_fn(Q, deriv = 1)
df $ mr <- revenue_fn(Q, deriv = 1)
head(df[33:37, c(1, 4, 5, 6, 7)])
     output  price  revenue  mc      mr
3332  27.2   870.4  10.648   14.4
3433  26.8   884.4  11.403   13.6
3534  26.4   897.6  12.212   12.8
3635  26.0   910.0  13.075   12.0
3736  25.6   921.6  13.992   11.2
```

可以得出的结论，在 34 个和 35 个单位之间，MC 和 MR 是相等的。由于该公司不生产 34.4 个单位的商品，应该说当公司生产 35 个单位时，它使利润最大化。通过将最优数量 Q^* 代入利润函数中，可以找到最大化的利润为 $\pi^* = \pi(Q^*) = 577$

```
revenue_fn(q_opt) - cost_fn(q_opt)
[1] 576.9693
```

此外，由于最佳数量对应的价格为 26.3 元，大于边际成本，可以得出结论，该公司具有垄断地位。

```
p_opt <- 40 - (2/5) * q_opt
p_opt
[1] 26.25708
```

将平均成本和消费者需求添加到图表中，以提供更多信息。

```
df $ total_cost <- df $ fixed_cost + df $ variable_cost
df $ average_cost <- df $ total_cost/df $ output
df2 <- df[, c("output", "price", "mc", "mr", "average_cost")]
head(df2)
df2 <- df2[-1, ]
df2[33:37, ]
demand <- function(output) 40 - (2/5) * output
```

垄断市场中的公司并不以 $MC = MR$ 的价格收费，而是收取消费者愿意支付的价格 p^*。根据这个事实，可以计算出在最优数量下的总收入为 $TR^* = p^* \cdot Q^*$。下图中的粉色区域代表总收入。一家公司承担的总成本为 $AC = FC + VC$。由于平均成本等于 $AC = \dfrac{TC}{Q} =$

$\frac{FC}{Q} + \frac{VC}{Q}$，在最优数量下，$AC = \frac{TC}{Q^*}$。因此，$TC = AC \cdot Q$。这是下图中平均成本曲线下的区域。最后，总收入和总成本之间的差额是公司的利润（$\pi = TR - TC$）。

```
TC_opt <- FC + VC3 * q_opt^3 + VC2 * q_opt^2 + VC1 * q_opt
TC_opt
[1] 325.1533
AC_opt <- TC_opt/q_opt
AC_opt
[1] 9.463874
df_l <- melt(setDT(df2), id.vars = "output",
             measure.vars = c("price", "mc", "mr", "average_cost"),
             variable.name = "var",
             value.name = "CNY")
ggplot(df_l, aes(x = output, y = CNY, group = var, color = var)) +
    geom_line(size = 1) +
    stat_function(data = df_l[1:50,],
                  mapping = aes(output),
                  fun = demand,
                  xlim = c(0, q_opt),
                  geom = "area",
                  fill = "pink",
                  alpha = 0.5,
                  show.legend = FALSE) +
    geom_hline(yintercept = p_opt, linetype = "dotted") +
    geom_hline(yintercept = AC_opt, linetype = "dotted") +
    geom_vline(xintercept = q_opt, linetype = "dashed", size = 0.8) +
    geom_hline(yintercept = 0) +
    geom_vline(xintercept = 0) +
    theme_minimal() +
    xlab("Output") + ylab("") +
    scale_y_continuous(labels = scales::dollar_format(prefix = "¥")) +
    scale_color_manual(labels = c("demand", "mc", "mr", "average_cost"),
                       values = c("green", "red", "blue", "yellow"),
                       name = "Legend") +
    annotate("text", x = c(q_opt, -1, 15, 15),
             y = c(-1, p_opt + 1, 5, p_opt),
             label = c("Q*", "p*", "Total Cost", "Profit"))
```

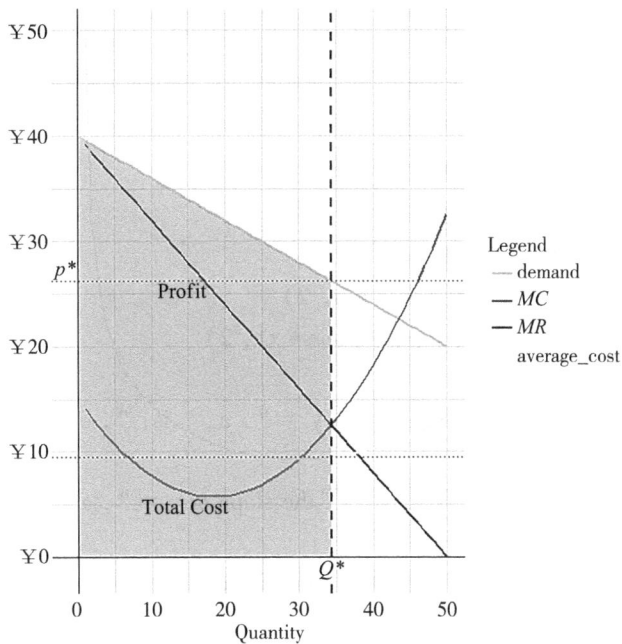

4. 弹性

假设价格为 20 元时，公司销售 15 个单位的产出，即 $q_1 = 15$；而价格为 15 元时，公司销售 35 个单位的产出，即 $q_2 = 35$。

```
p1 <- 20
q1 <- 15
p2 <- 15
q2 <- 35
a <- 23.75
slope <- -0.25
slope_linfun <- function(x1, x2, a = NULL, b = NULL, y1 = NULL, y2 = NULL, eq = TRUE,
                        graph = FALSE){
    if(eq == TRUE){
        y1 <- a + b * x1
        y2 <- a + b * x2
        rise <- y2 - y1
        run <- x2 - x1
        slope <- rise / run
        crd <- paste0("coordinates are ", "(",x1,",", y1, ")", " and ", "(",
x2,",", y2, ")")
        res <-if(b == 0){
            paste0("the slope of y = ", a, " is：", 0)
        } elseif(a ! = 0){
```

```r
            ifelse(b > 0, paste0("the slope of y = ", a, " + ", b, "x is: ", slope),
                          paste0("the slope of y = ", a, " ", b, "x is: ", slope))
        } else paste0("the slope of y = ", b, "x is: ", slope)
        res <-list(res, crd)
    } elseif(eq = = FALSE){
        rise <- y2 - y1
        run <- x2 - x1
        slope <-round(rise / run, 2)
        a <-round(y1 + -1 * slope * x1, 2)
        res <-if(slope = = 0){
            paste0("the slope of y = ", a, " is: ", 0)
    } elseif(a ! = 0){
            ifelse(slope > 0, paste0("the slope of y = ", a, " + ", slope, "x is: ",
            slope),
                              paste0("the slope of y = ", a, " ", slope, "x is: ",
                              slope))
        } else paste0("the slope of y = ", slope, "x is:", slope)
    }
    if(graph = = FALSE){
        return(res)
    } else{
        require("ggplot2")
        x <-seq(-10, 10, 0.1)
        y <- a + slope * x
        df <- data.frame(x, y)
        g <-ggplot(df, aes(x = x, y = y)) +
            geom_line() +
            geom_hline(yintercept = 0) +
            geom_vline(xintercept = 0) +
            theme_minimal() +
            coord_cartesian(xlim = c(-10, 10), ylim = c(-10, 10))
        l <-list(res, g)
        return(l)
    }
}
```

使用这些信息，求逆需求函数 $P = f^{-1}(Q)$ 的斜率，使用以上 slope_linfun() 函数，使用 graph=TRUE 选项来绘制函数图，绘图代码如下：

```r
x <-seq(0, 50, 1)
y <- a + slope * x
df <- data.frame(x, y)
```

```
g <-ggplot(df, aes(x = x, y = y)) +
    geom_line() +
    geom_hline(yintercept = 0) +
    geom_vline(xintercept = 0) +
    theme_minimal() +
    xlab("Q") + ylab("P") +
    theme(axis.title.y = element_text(angle = 360),
        axis.title.x = element_text(hjust = 1))
```

在 theme() 中,将 y 轴标题旋转,并将 x 轴标题向右移动。因此发现逆需求函数为 $P=23.75-0.25Q$。

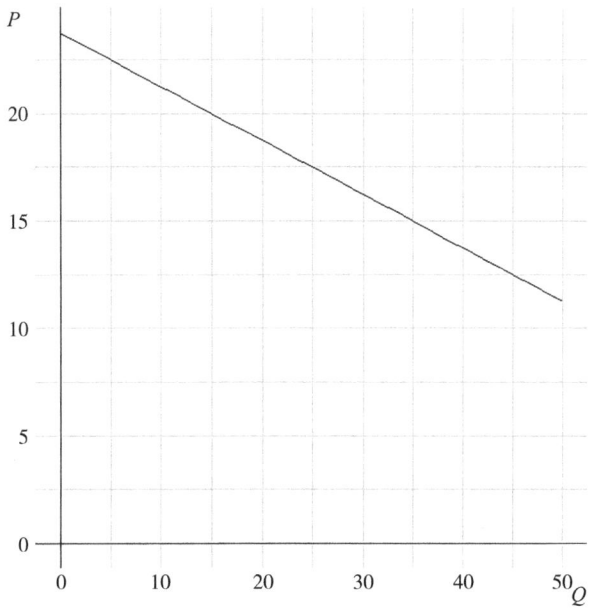

```
slope_linfun(q1, q2, y1 = p1, y2 = p2, graph = T, eq = F)
[[1]]
[1] "the slope of y = 23.75 -0.25x is: -0.25"
```

用 $P=23.75-0.25Q$ 替换收入函数 $R(Q)=PQ$,发现 $R(Q)=(23.75-0.25Q)Q=23.75Q-0.25Q^2$。

在下图的代码中,增加来自 gganimate 包的 transition_reveal() 函数(同时需要加载 gifski 和 png 包),使绘图具有动态效果。此外还添加了 geom_point() 函数。

```
Q <- 0:50
P <- (23.75 - 0.25 * Q)
R <- P * Q
TC <-total_cost(Q, VC1, VC2, FC, VC3)
df <- data.frame(output = Q, revenue = R, costs = TC, price = P)
df_1 <- melt(setDT(df), id.vars = "output", measure.vars = c("revenue", "costs"))
ggplot(df_1, aes(x = output, y = value, group = variable, color = variable)) +
```

```
geom_line( size = 1) +
geom_hline( yintercept = 0) +
geom_vline( xintercept = 0) +
theme_minimal( ) +
xlab( "Q") + ylab( "P") +
theme( axis. title. y = element_text( angle = 360) , axis. title. x = element_text( hjust =
1) ) +
theme( legend. title = element_blank( ) , legend. position = "bottom") +
scale_y_continuous( labels = scales::dollar_format( prefix = " ¥") )
```

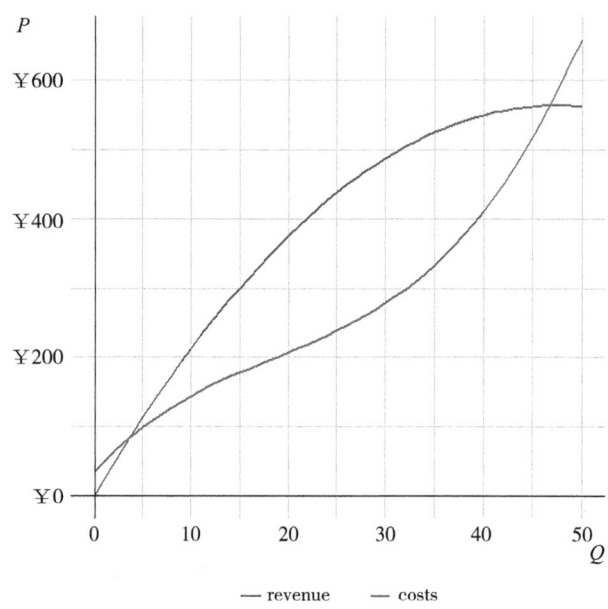

```
MC <-marginal_cost( Q, VC1, VC2, FC, VC3, n = 1)
revenue_fn <- splinefun( x = df $ output, y = df $ revenue)
MR <-revenue_fn( Q, deriv = 1)
df <- cbind. data. frame( df, MC, MR)
ggplot( df) +
  geom_line( aes( x = output, y = MC, color = "MC") , size = 1) +
  geom_line( aes( x = output, y = MR, color = "MR") , size = 1) +
  geom_point( aes( x = output, y = MC) ) +
  geom_point( aes( x = output, y = MR) ) +
  geom_hline( yintercept = 0) +
  geom_vline( xintercept = 0) +
  theme_minimal( ) + ylab( "Price") +
  scale_y_continuous( labels = scales::dollar_format( prefix = " ¥") ) +
  scale_color_manual( values = c( "MC" = "red", "MR" = "blue") ) +
  theme_minimal( ) +
```

theme(legend. position = "bottom", legend. title = element_blank()) #+
#transition_reveal(output) #动态图

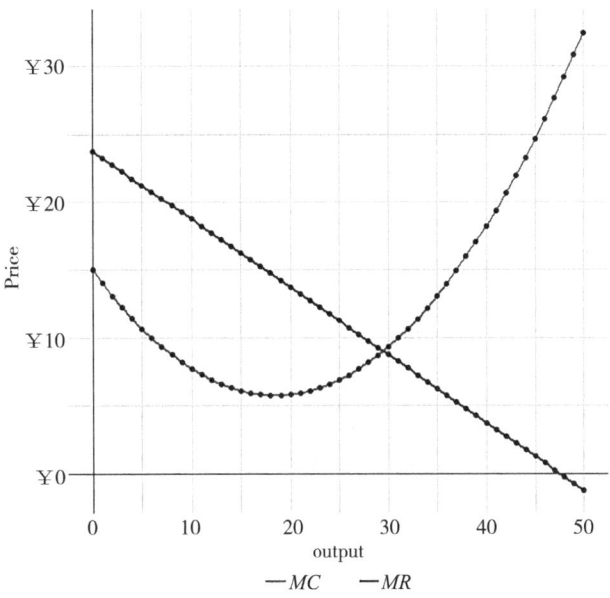

最后，找到了满足 $MC=MR$ 的能够最大化利润的输出。

cost_fn <- splinefun(x = df $ output, y = df $ costs)
optimalq <- uniroot(function(x) cost_fn(x, deriv = 1) - revenue_fn(x, deriv = 1), c(0, 50))
optimalq $ root
[1] 29.50298

可以看到，当输出在 29~30 时，价格在 16.50~16.25 元，而边际收益在 9.25~8.25 元。换句话说，价格高于边际收益。这意味着不是处于完全竞争市场的情况下。

df[27:32,]

	output	revenue	costs	price	MC	MR
27	26	448.5	245.184	17.25	7.252	10.75
28	27	459.0	252.647	17.00	7.683	10.25
29	28	469.0	260.568	16.75	8.168	9.75
30	29	478.5	269.001	16.50	8.707	9.25
31	30	487.5	278.000	16.25	9.300	8.75
32	31	496.0	287.619	16.00	9.947	8.25

rev_fn <- function(Q) {23.75 * Q - 0.25 * Q^2}
mr <- Deriv(rev_fn, "Q")
mr
function (Q)
23.75 - 0.5 * Q
mr(optimalq $ root)

[1] 8.998511

如果处于完全竞争的市场中，当 $P=MR$ 时，价格将为 9 元。然而，根据反需求函数 inv_ demand_ fn ( )，当 $MC=MR$ 时，价格为 16.4 元。

inv_demand_fn <- splinefun(x = Q, y = P)

inv_demand_fn(optimalq $ root)

inv_demand_fn_coef <- get("z", envir = environment(inv_demand_fn))

inv_demand_fn_coef $ y[1]

inv_demand_fn_coef $ b[1]

df[5:16,]

	output	revenue	costs	price	MC	MR
5	4	91.0	87.576	22.75	11.432	21.75
6	5	112.5	98.625	22.50	10.675	21.25
7	6	133.5	108.944	22.25	9.972	20.75
8	7	154.0	118.587	22.00	9.323	20.25
9	8	174.0	127.608	21.75	8.728	19.75
10	9	193.5	136.061	21.50	8.187	19.25
11	10	212.5	144.000	21.25	7.700	18.75
12	11	231.0	151.479	21.00	7.267	18.25
13	12	249.0	158.552	20.75	6.888	17.75
14	13	266.5	165.273	20.50	6.563	17.25
15	14	283.5	171.696	20.25	6.292	16.75
16	15	300.0	177.875	20.00	6.075	16.25

可以看到当 $P=22$ 时，$Q=7$；当 $P=20$ 时，$Q=15$。那么需求的价格弹性是多少呢？逆需求函数是：

$$P = 23.75 - 0.25Q$$

让我们求解 Q，以找到需求函数。

$$Q = 95 - 4P$$

通过代入 $P=20$ 和 $P=22$ 来验证是否正确。

$$Q = 95 - 4 \times 20 = 15$$

$$Q = 95 - 4 \times 22 = 7$$

弹性的公式是

$$\varepsilon = \frac{dQ}{dP} \cdot \frac{P}{Q}$$

代入 $P=20$ 和 $Q=15$ 到上式中，求导 $\frac{dQ}{dP} = -4$。可以构建一个名为 elas ( ) 的函数来计算弹性。

P20 <- 20

Q15 <- 15

Q <- "95 - 4 * P"

elas <- function(Q, p1, q1, p2 = 0, q2 = 0, point_elas = TRUE){

```
require("Deriv")
dQdP <- Deriv(Q, "P")
dQdP <- eval(parse(text = dQdP))
if(point_elas == TRUE){
    e <- dQdP * (p1/q1)
} else {
    e <- ((p1 + p2)/(q1 + q2)) * dQdP
}
return(e)
}
```
ELAS <- elas(Q, P20, Q15)
ELAS
[1] -5.333333

$$\varepsilon = -4 \times \frac{20}{15} = -5.333333$$

需求的点价格弹性等于-5.33，即在需求曲线上的这一点上，价格增加1%会导致需求量减少5.3%。如果只考虑弹性的绝对值，根据需求法则，即价格和需求量呈反向关系，可以得出以下结论：

①如果|ε|<1，需求是非弹性的，即数量对价格变化不敏感。例如，价格增加不会对商品的需求产生显著影响。因此，总收入会增加；

②如果|ε|>1，需求是弹性的，即数量对价格变化敏感。例如，价格的增加导致消费者明显减少对该商品的消费。因此，总收入会减少；

③如果|ε|=1，需求是单位弹性的，即价格的变化和需求量变化相同。因此，总收入不变。

一旦知道需求的点价格弹性，就可以轻松计算边际收入：

$$MR = P\left(1 + \frac{1}{\varepsilon}\right) = 20\left(1 + \frac{1}{-5.3333}\right) = 16.25$$

MR <- P20 * (1 + (1/ELAS))
MR
[1] 16.25
df[df$price == 20,]
    output revenue costs   price MC   MR
16 15   300   177.875 20   6.075 16.25

elas()函数也可以计算弧弹性。弧弹性的定义如下：

$$\varepsilon = \frac{dQ}{dP} \cdot \frac{P_1 + P_2}{Q_1 + Q_2}$$

P2025 <- 20.25
Q14 <- 14
ELAS_arc <- elas(Q, P20, Q15, P2025, Q14, point_elas = F)

ELAS_arc

[1] -5.551724

第五节 积 分

一、曲线下的面积

以下代码绘制了在 x 轴上方、$y=x^2$ 曲线下的区域，并且该区域的 x 值在 $1 \leqslant x \leqslant 4$ 分为 n 个子区间，每个子区间的宽度为 x。我们生成了 4 个图表：第一张图中 $x=1$，第二张图中 $x=0.5$，第三张图中 $x=0.1$，第四张图中填充了曲线下的区域，假设 $n\to\infty$，即 x 趋近于无限小。下图显示随着 n 趋近于无穷大，矩形的面积和逼近曲线下的面积。

```
x <-seq(-10, 10, 0.1)
df <- data.frame(x)
y <- function(x) {x^2}
pbase <- ggplot() + stat_function(data = df, aes(x), fun = y, color = "red", size = 1) +
    theme_minimal() +
    geom_hline(yintercept = 0) +
    geom_vline(xintercept = 0) +
    coord_cartesian(xlim = c(0, 5), ylim = c(0, 25))
x1 <-seq(1, 4, 1)
y1 <- x1^2
df1 <-data.frame(x1, y1)
p1 <-pbase + geom_bar(data = df1, aes(x = x1, y = y1), fill ="blue", stat = "identity", width = 1) +
    ggtitle(expression(Delta * x == 1))
x2 <-seq(1, 4, 0.5)
y2 <- x2^2
df2 <-data.frame(x2, y2)
p2 <-pbase +
    geom_bar(data = df2,
    aes(x = x2, y = y2),
    fill ="blue",
    stat = "identity",
    width = 0.5) +
    ggtitle(expression(Delta * x == 0.5))
x3 <-seq(1, 4, 0.1)
y3 <- x3^2
df3 <-data.frame(x3, y3)
p3 <-pbase +
```

```
        geom_bar(data = df3,
           aes(x = x3, y = y3),
           fill = "blue",
           stat = "identity",
           width = 0.1) +
        ggtitle(expression(Delta * x == 0.1))
parea <- pbase +
    stat_function(data = df, aes(x), fun = y, xlim = c(1, 4),
           geom = "area",
           fill = "blue") +
        ggtitle(expression(n %->% infinity))
ggarrange(p1, p2, p3, parea, ncol = 2, nrow = 2)
```

可以通过将曲线下方矩形的面积相加来近似计算图形下的面积。矩形的面积可以通过将底边 b 乘以高度 h 来得到。一个矩形的底边长度等于增量的宽度 Δx，而高度等于函数 $F(\Delta x)$。因此，曲线下的面积由所有矩形的总和近似计算。

$$S = \sum_{i=1}^{n} \Delta x \cdot F(x_i)$$

```
delta_x1 <- 1
A1 <- sum(delta_x1 * df1 $ y1)
A1
```

delta_x2 <- 0.5
A2 <- sum(delta_x2 * df2 $ y2)
A2
delta_x3 <- 0.1
A3 <- sum(delta_x3 * df3 $ y3)
A3

二、使用 R 语言求积分

可以使用 mosaicCalc 软件包中的 antiD() 函数来计算不定积分，另一个可用于符号积分的软件包是 Ryacas。

antiD(4 * x^3 ~ x)
antiD(x^(-2) ~ x)
antiD(6 * x^(1/2) ~ x)
antiD(4 * (3 * x - 5)^3 ~ x)

首先在 integrand 中存储一个函数对象。这个对象是 integrate() 函数的第一个输入。lower= 和 upper= 是积分的上限和下限，也可以是无穷大 Inf。

例如求 $\int_1^4 x^2 dx$ ：

integrand <- function(x) {x^2}
integrate(integrand, lower = 1, upper = 4)

求 $\int_1^3 x^3 - 6x^2 + 11x - 6 dx$

integrand1 <- function(x) {x^3 - 6 * x^2 + 11 * x - 6}
int1 <-integrate(integrand1, 1, 2)
int1 <- abs(int1 $ value)
integrand2 <- function(x) {x^3 - 6 * x^2 + 11 * x - 6}
int2 <-integrate(integrand2, 2, 3)
int2 <- abs(int2 $ value)
int1 + int2
[1] 0.5

此外，也可以使用 pracma 包中的 integral() 函数计算积分。

int1 <-abs(integral(integrand1, 1, 2))
int2 <-abs(integral(integrand2, 2, 3))
int1 + int2
[1] 0.5

integrand <- function(x) {1/x^2}
int <-integrate(integrand, 1, Inf)
int $ value
[1] 1

```
integrand <- function(x){1/sqrt(x - 1)}
int <-integrate(integrand, 1, 4)
int $ value
[1] 3.464102
integrand <- function(x) {1/x}
int <-integrate(integrand, 1, Inf)
Error inintegrate(integrand, 1, Inf) :
    maximum number of subdivisions reached
```

三、经济学中的应用

1. 边际成本和成本函数

让我们使用积分来找到具有 $MC = 0.027 Q^2 - Q + 15$ 和 $FC = 35$ 元 的公司的总成本（TC）函数。

```
MC <- function(Q) {0.027 * Q^2 - Q + 15}
int <-integrate(MC, 10, 20)
int $ value
[1] 63
```

在以前的数据框 df 中，$TC(Q=20) = 207$ 和 $TC(Q=10) = 144$。也就是说，差值为 63。

```
>df[11:21, ]
```

	output	total_cost	marginal_cost	tangent10	tangent45
11	10	**144.000**	7.700	144.0	-346.000
12	11	151.479	7.267	151.7	-321.325
13	12	158.552	6.888	159.4	-296.650
14	13	165.273	6.563	167.1	-271.975
15	14	171.696	6.292	174.8	-247.300
16	15	177.875	6.075	182.5	-222.625
17	16	183.864	5.912	190.2	-197.950
18	17	189.717	5.803	197.9	-173.275
19	18	195.488	5.748	205.6	-148.600
20	19	201.231	5.747	213.3	-123.925
21	20	**207.000**	5.800	221.0	-99.250

2. 设备购买示例

每年节约 10% 的运营成本的新设备安装：

$$\frac{ds}{dt} = 10000t + 5000$$

此处 t 是公司设备的使用年数，s 是 t 年后的总存款。在新设备安装后的第十年后的存款通过以下积分给出。

$$\int_0^{10} 10000t + 5000 \, dt$$

integrand <- function(t){10000 * t + 5000}

int <-integrate(integrand, 0, 10)

int $ value

[1] 550000

在前10年内，公司将节省55万元。新设备的成本为45万元。为了确定从安装新设备开始需要多长时间来节省足够的资金支付，设积分方程如下，其中上限是未知量 x。

$$\int_0^x 10000t + 5000 \, dt = 5000 \, t^2 + 5000t \big|_0^x = 5000 \, x^2 + 5000x$$

$$5000 \, x^2 + 5000x = 450000$$

quadratic_formula(5000, 5000, -450000)

     x1 x2

solutions -10 9

答案是9年，排除了负解。

3. 消费者和生产者的过剩

消费者盈余（CS）由以下公式给出：

$$\int_0^{q_e} D(q) \, dq - p_e q_e$$

生产者剩余（PS）由以下公式给出：

$$p_e q_e - \int_0^{q_e} S(q) \, dq$$

假设一个商品的需求和供应函数分别为：

$$p = D(q) = -2q + 21$$
$$p = S(q) = q + 3$$

Q <- 0:25

D <- -2 * Q + 21

S <- Q + 3

df <- data.frame(Q, D, S)

demand_fn <- function(Q) {-2 * Q + 21}

supply_fn <- function(Q) {Q + 3}

Qe <- uniroot(function(Q){demand_fn(Q) - supply_fn(Q)}, c(0, 25)) $ root

Qe

Pe <-Qe + 3

Pe

df $ Qe <- Qe

df $ Pe <- Pe

ggplot(df, aes(Q, D)) +

  geom_line(aes(Q, D), color = "red", size = 1) +

  geom_line(aes(Q, S), color = "blue", size = 1) +

```
geom_ribbon(data = subset(df, 0 <= Q & Q <= 6),
    aes(ymin = Pe, ymax = D), fill = "yellow", alpha = 0.8) +
geom_ribbon(data = subset(df, 0 <= Q & Q <= 6),
    aes(ymin = S, ymax = Pe), fill = "green", alpha = 0.8) +
theme_minimal() +
ylab("P") + xlab("Q") +
geom_hline(yintercept = -1.2) +
geom_vline(xintercept = 0) +
coord_cartesian(ylim = c(0, 25))
```

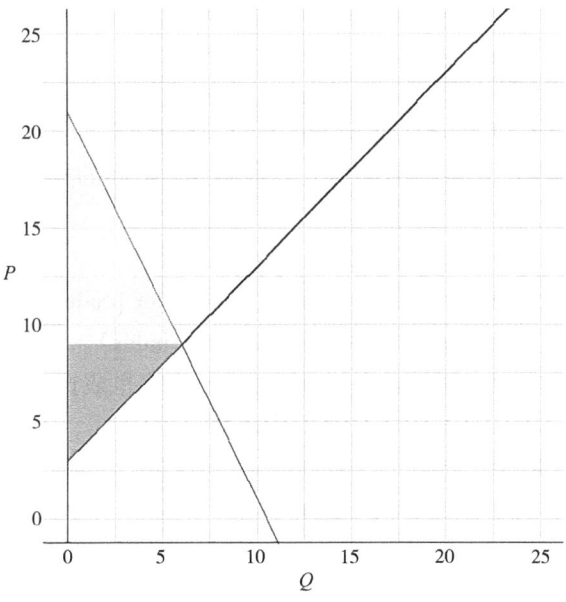

左侧浅色区域代表消费者剩余，深色区域代表生产者剩余，计算平衡数量：

$$D(q) = S(q)$$
$$-2q + 21 = q + 3$$
$$3q = 18$$
$$q_e = 6$$

平衡价格因此为

$$p_e = 6 + 3 = 9$$

最后，可以分别计算消费者和生产者的剩余：

$$CS = \int_0^6 -2q + 21 \, dq - (9 \times 6)$$
$$CS = -q^2 + 21q \big|_0^6 - 54$$
$$CS = (-36 + 126) - 54 = 36$$
$$PS = (9 \times 6) - \int_0^6 q + 3 \, dq$$
$$PS = 54 - \frac{q^2}{2} + 3q \big|_0^6$$

$$PS = 54 - (18 + 18) = 18$$

```
CS <-integrate ( demand_ fn, 0, Qe) $ value - ( Pe * Qe)
CS
[1] 36
PS <- ( Pe * Qe) - integrate ( supply_ fn, 0, Qe) $ value
PS
[1] 18
```

第六节　多变量微积分

一、柯布-道格拉斯函数

柯布-道格拉斯函数（Cobb-Douglas function）是经济学中常用的生产函数形式之一。它描述了产出（Y）与生产要素（劳动力 L 和资本 K）之间的关系。柯布-道格拉斯函数的一般形式为：

$$Y = f(L, K) = A L^\alpha K^\beta$$

其中，Y 表示产出，A 表示全要素生产率（total factor productivity），L 表示劳动力，K 表示资本，α 和 β 表示生产函数的弹性指数（elasticity index）。柯布-道格拉斯函数的特点是具有规模不变性，即在生产要素成比例地增加时，产出也成比例地增加，而每单位生产要素的边际贡献是恒定的。如 $Y = 50 L^{0.45} K^{0.55}$ 函数：

```
CD <-function(L, K){
    50 * (L^(0.45)) * (K^(0.55))
   }
plotFun(CD(L, K) ~ L & K,
    xlab = "L",
    ylab = "K",
    zlab = "Q",
    L. lim = range(0, 10),
    K. lim = range(0, 10),
    alpha = 0.5,
    surface = T)
plotFun(CD(L, K) ~ L & K,
    xlab = "L",
    ylab = "K",
    zlab = "Q",
    L. lim = range(0, 10),
    K. lim = range(0, 10),
    filled = F)
```

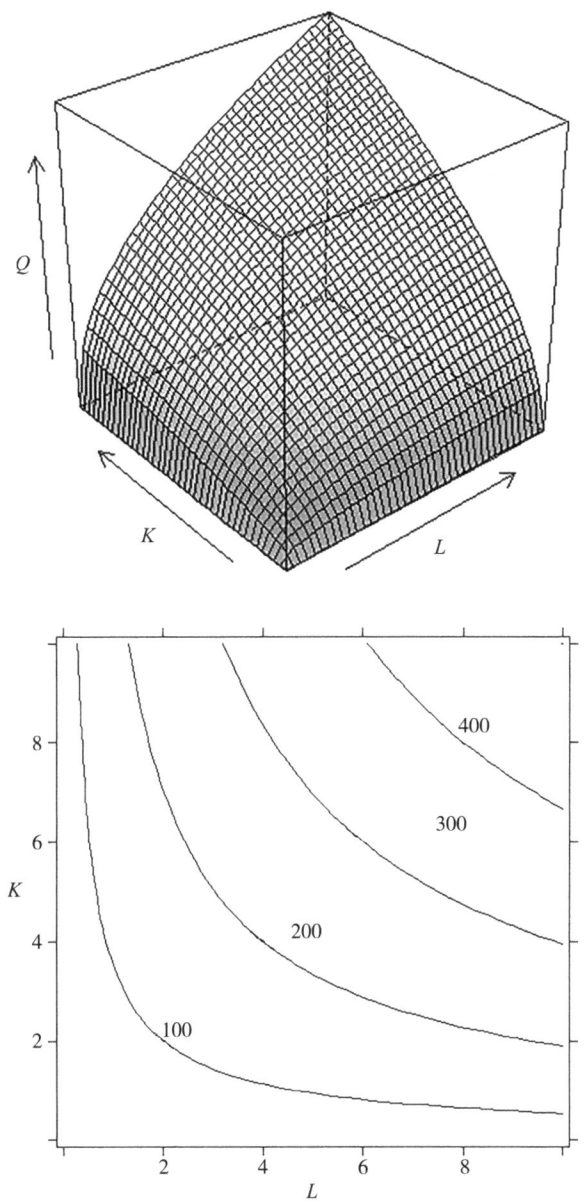

从上图可以看出，当 $L = 2$ 和 $K = 2$ 时，总产量 $Q = 100$。
50 * (2^0.45) * (2^0.55)
[1] 100

二、柯布-道格拉斯生产函数的估计

构建关于劳动力（以工时计）和资本（以元计）的虚拟数据。可以将构建模拟数据集的步骤归纳如下：
①确定要模拟的模型；
②确定模型的系数；
③基于概率分布生成独立变量和误差项的数据；

④使用系数、模拟的独立变量数据和误差项计算因变量。

```
l <- 500:1000
k <- 8000:25000
set.seed(123)
L <-sample(l, 100, replace = T)
K <-sample(k, 100, replace = T)
df <- data.frame(L, K)
```

使用 Cobb-Douglas 函数计算总产量：

```
df $ Q <- with(df, 50 * (L^0.45) * (K^0.55))
```

请注意，在 df 中使用 with() 函数来计算 $50 * (L\wedge 0.45) * (K\wedge 0.55)$。假设我们不知道 α 和 β，我们想从 df 收集的数据中对其进行估计，可以通过取对数来线性化非线性函数。用统计术语即参数线性，待估计的模型中的未知参数不以指数形式出现，也不与其他参数相乘。

$$\log(Q) = \log(A L^{\alpha} K^{\beta})$$
$$\log(Q) = \log(A) + \alpha\log(L) + \beta\log(K)$$

我们可以使用 OLS 来估计：

$$\log(Q) = \gamma + \alpha\log(L) + \beta\log(K) + e$$

γ 代表截距，e 代表误差项，使用 lm() 函数来做回归分析。

```
CD_reg <- lm(log(Q) ~ log(L) + log(K), data = df)
coefficients(CD_reg)
(Intercept)      log(L)        log(K)
 3.912023      0.450000      0.550000
```

预期的 α 和 β 结果分别为 0.45 和 0.55，但 γ 代表 $\log(A)$，取逆对数运算发现：

```
exp(coef(CD_reg)[1])
(Intercept)
    50
```

三、常弹性替代（CES）函数

$$Q = A\left[\delta L^{-\rho} + (1-\delta) K^{-\rho}\right]^{-\frac{1}{\rho}}$$

其中，A 为有效参数，是技术状态的指标，L 和 K 代表劳动和资本，δ 是分配参数，涉及产品中要素份额的相对比例，而 ρ 是替代参数，确定了常弹性替代值。

假设 CES 函数为 $Q = 5\left[0.6 L^{-2} + (1-0.6) K^{-2}\right]^{-\frac{1}{2}}$，R 代码如下：

```
CES <-function(L, K){
    5 * ((0.6 * L^(-2)) + (0.4 * K^(-2)))^(-1/2)
}
plotFun(CES(L, K) ~ L & K,
    xlab = "L",
    ylab = "K",
    zlab = "Q",
    L.lim = range(0, 10),
```

```
  K.lim = range(0, 10),
  alpha = 0.5,
  surface = T)
```

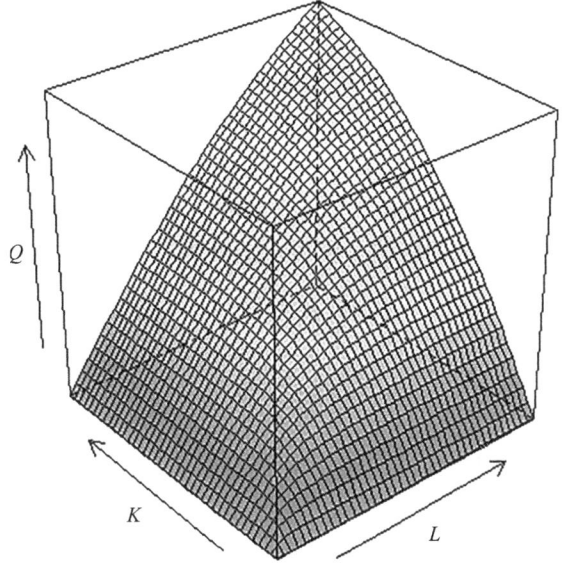

```
plotFun(CES(L, K) ~ L & K,
  xlab = "L",
  ylab = "K",
  zlab = "Q",
  L.lim = range(0, 10),
  K.lim = range(0, 10),
  filled = F)
```

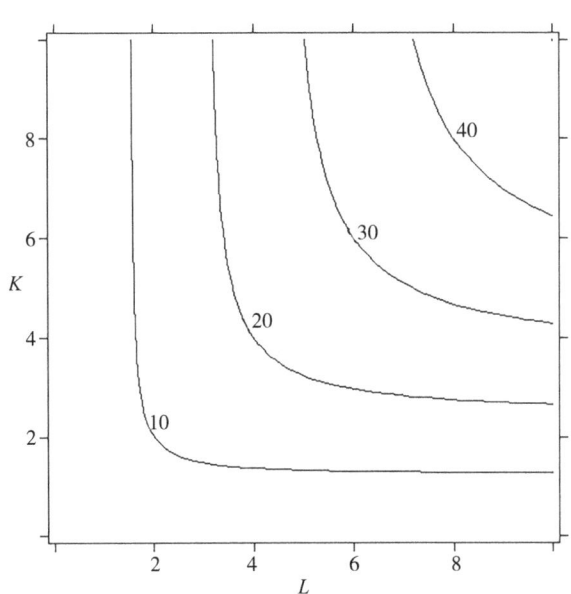

根据上图,当 $L = 4$ 和 $K = 4$ 时,总产量 $Q = 20$。
5 * ((0.6 * 4^(-2)) + (0.4 * 4^(-2)))^(-1/2)
[1] 20

四、雅可比矩阵的应用

假设商品 1(Q_1)和商品 2(Q_2)的需求函数如下:

$$Q_1 = 4 P_1^{3/2} P_2^{1/2} Y$$
$$Q_2 = 2 P_1^{1/2} P_2^{1/2} Y$$

鉴于目前价格 $P_1^* = 4$ 和 $P_2^* = 6$,以及当前收入 $Y^* = 2000$,希望分析收入下降 0.1($dY = -0.1$)对两种商品需求的影响。雅可比矩阵为:

$$J = \begin{bmatrix} \frac{\partial Q_1}{\partial P_1} & \frac{\partial Q_1}{\partial P_2} & \frac{\partial Q_1}{\partial Y} \\ \frac{\partial Q_2}{\partial P_1} & \frac{\partial Q_2}{\partial P_2} & \frac{\partial Q_2}{\partial Y} \end{bmatrix} = \begin{bmatrix} 4 \cdot \frac{3}{2} P_1^{3/2-1} P_2^{1/2} Y & 4 \cdot \frac{1}{2} P_1^{3/2} P_2^{1/2-1} Y & 4 P_1^{3/2} P_2^{1/2} \\ 2 \cdot \frac{1}{2} P_1^{1/2-1} P_2^{1/2} Y & 2 \cdot \frac{1}{2} P_1^{1/2} P_2^{1/2-1} Y & 2 P_1^{1/2} P_2^{1/2} \end{bmatrix}$$

使用当前的价格和收入来评估 J,使用 R 语言 pracma 包中的 jacobian() 函数。

```
f <- function(x){
    c(4 * x[1]^(3/2) * x[2]^(1/2) * x[3],
    2 * x[1]^(1/2) * x[2]^(1/2) * x[3])
    }
J <-jacobian(f, c(4, 6, 2000))
J
         [,1]        [,2]       [,3]
[1,] 58787.75   13063.945   78.383672
[2,]  2449.49    1632.993    9.797959
```

$P_1^* = 4$,$P_2^* = 6$,$Y^* = 2000$,J 乘以一个价格和收入变化的向量。由于收入下降了 0.1,即 $dY = -0.1$,$dP_1 = dP_2 = 0$ 价格保持不变:

```
D <-matrix(c(0, 0, -0.1), nrow = 3, ncol = 1)
D
      [,1]
[1,]   0.0
[2,]   0.0
[3,]  -0.1
J% * % D
         [,1]
[1,] -7.8383672
[2,] -0.9797959
```

那么,$dQ_1 = -7.8$,$dQ_2 = -0.98$。

五、多产品公司

一个生产两种商品的公司,希望最大化其产量水平,需要使用偏导数来找到这个问题的解决方案。第一步是确定目标函数。因利润等于收入减去成本。产品一销售获得的收入，$R_1 = P_1 Q_1$，以及从产品二的销售中获得的收入，$R_2 = P_2 Q_2$。鉴于成本是两种商品的生产数量的函数，$C = C(Q_1, Q_2)$，这个问题的目标函数是

$$\pi = R_1 + R_2 - C$$

假设

$$P_1 = 38 - Q_1 - 2Q_2$$
$$P_2 = 90 - 2Q_1 - 4Q_2$$
$$C = 3Q_1^2 - 2Q_1Q_2 + 2Q_2^2 + 100$$

因此，要最大化的目标函数是

$$\pi = (38 - Q_1 - 2Q_2)Q_1 + (90 - 2Q_1 - 4Q_2)Q_2 - (3Q_1^2 - 2Q_1Q_2 + 2Q_2^2 + 100)$$
$$\pi = -4Q_1^2 - 6Q_2^2 - 2Q_1Q_2 + 38Q_1 + 90Q_2 - 100$$

```
profit <- function(Q){
  (-4*Q[1]^2 - 6*Q[2]^2 -
  2*Q[1]*Q[2] + 38*Q[1] + 90*Q[2] - 100)
  }
gr <- function(Q) c(-8*Q[1] - 2*Q[2] + 38, -2*Q[1] - 12*Q[2] + 90)
profit_opt <- optim(c(1,3), profit, gr, hessian = T, control = list(fnscale = -1))
profit_opt $ par
[1] 3.000042 7.000176   #临界点 $Q_1^*$、$Q_2^*$
H_37 <- profit_opt $ hessian
H_37
     [,1] [,2]
[1,]  -8   -2
[2,]  -2  -12
```

需要构建一个名为 LPM() 的函数，计算主子式。该函数接受一个参数，该参数需要方阵。

```
LPM <- function(A){
  stopifnot(nrow(A) == ncol(A))
  n <- dim(A)[1]
  lpm <- numeric(n)
  for(i in 1:n){
    lpm[i] <- det(A[1:i, 1:i, drop = FALSE])
  }
  return(lpm)
}
LPM(H_37)
[1] -8 92
```

由于前导主子式的符号与它们被评估的位置无关，且 $|H_1| < 0$ 和 $|H_2| > 0$，可以得出结论：海森矩阵在任何地方均为负定。因此，该解使利润最大化（目标函数严格凹且具有唯一的绝对最大值）。

第七节 受约束的优化问题

被优化的函数是 $z = 2\omega x + xy$，受两个约束条件限制，即 $x + y = 4$ 和 $\omega + x = -8$。第一步：

$$L = 2\omega x + xy + \lambda(4 - x - y) + \mu(-8 - \omega - x)$$

第二步

$$\frac{\partial L}{\partial \omega} = 0 \rightarrow 2x - \mu = 0$$

$$\frac{\partial L}{\partial x} = 0 \rightarrow 2\omega + y - \lambda - \mu = 0$$

$$\frac{\partial L}{\partial y} = 0 \rightarrow x - \lambda = 0$$

$$\frac{\partial L}{\partial \lambda} = 0 \rightarrow 4 - x - y = 0$$

$$\frac{\partial L}{\partial \mu} = 0 \rightarrow -8 - \omega - x = 0$$

第三步，使用 Gauss-Jordan 消元法来求解，使用 matlib 包中的 echelon（）函数。首先，将常数移到方程的右侧。

$$2x - \mu = 0$$
$$2\omega + y - \lambda - \mu = 0$$
$$x - \lambda = 0$$
$$-x - y = -4$$
$$-\omega - x = 8$$

其次，以矩阵形式来表述：

$$\begin{bmatrix} 0 & 2 & 0 & 0 & -1 \\ 2 & 0 & 1 & -1 & -1 \\ 0 & 1 & 0 & -1 & 0 \\ 0 & -1 & -1 & 0 & 0 \\ -1 & -1 & 0 & 0 & 0 \end{bmatrix} \begin{bmatrix} \omega \\ x \\ y \\ \lambda \\ \mu \end{bmatrix} = \begin{bmatrix} 0 \\ 0 \\ 0 \\ -4 \\ 8 \end{bmatrix}$$

A <-matrix (c (0, 2, 0, 0, -1,
              2, 0, 1, -1, -1,
              0, 1, 0, -1, 0,
              0, -1, -1, 0, 0,
              -1, -1, 0, 0, 0),
              nrow = 5, ncol = 5, byrow = T)
b <-c (0, 0, 0, -4, 8)
echelon (A, b)
     [, 1] [, 2] [, 3] [, 4] [, 5] [, 6]
[1,]   1   0   0   0   0   -6

[2,]	0	1	0	0	0	-2
[3,]	0	0	1	0	0	6
[4,]	0	0	0	1	0	-2
[5,]	0	0	0	0	1	-4

因此，$\omega* = -6$、$x* = -2$、$y* = 6$、$\lambda* = -2$、$\mu* = -4$

$$L^* = 2(-6)(-2) + -2 \times 6 + -2(4+2-6) + -4(-8+6+2) = 12$$

一、拉格朗日乘数

优化函数 $z = xy + 2x$，约束条件为 $2x + 5y = 90$。

$$L(x, y, \lambda) = xy + 2x + \lambda(90 - 2x - 5y)$$

对 x, y, λ 分别求导得

$$\frac{\partial L}{\partial x} = y + 2 - 2\lambda = 0 \to y = 2\lambda - 2$$

$$\frac{\partial L}{\partial y} = x - 5\lambda = 0 \to x = 5\lambda$$

$$\frac{\partial L}{\partial \lambda} = 90 - 2x - 5y = 0$$

即

$$y = 2\lambda - 2$$
$$x = 5\lambda$$
$$90 - 2(5\lambda) - 5(2\lambda - 2) = 0 \to \lambda^* = 5$$

因此

$$x^* = 25$$
$$y^* = 8$$

在优化数值下，约束条件将会消失。事实上，$L^* = (25 \times 8) + (2 \times 25) + 0 = 250$。因此，需要 x^* 和 y^* 来找到 L 的稳定值。

$$L^* = (25 \times 8) + (2 \times 25) + 0 = 250$$

二、不平等约束

lpSolve 包用于线性规划问题，它是一个具有线性目标函数和线性约束条件的优化问题。例如，

$$\max 15x + 22y$$
$$s.t.\ 11x + 17y \leqslant 5400$$
$$23x + 19y \leqslant 4100$$
$$x \geqslant 100$$
$$y \geqslant 50$$

在 R 语言中，第一，将目标函数的系数存储在一个对象 f.obj 中。第二，将约束条件的变量系数存储在一个矩阵中，每个约束条件为一行，每个变量为一列（f.con）。第三，确定约束条件的方向。在这个例子中，使用不等式约束"<="和">="。其他选项包括："==","<",">"。第四，生成一个数值向量作为约束条件的右侧。最后使用 lp() 函数来

解决问题，选择"max"来求解最大化问题，选择"min"来求解最小化问题。

f. obj <-c(15, 22)
f. con <- matrix (c (11, 17,
      23, 19,
      1, 0,
      0, 1),
      nrow = 4,
      ncol = 2,
      byrow = TRUE)
f. dir <- c("<=", "<=", ">=", ">=")
f. rhs <- c(5400, 4100, 100, 50)
lp("max", f. obj, f. con, f. dir, f. rhs)
Success：the objective function is 3584. 211
lp("max", f. obj, f. con, f. dir, f. rhs) $ solution
[1]100.00000 94.73684

因此，$f(x^*, y^*) = 3584.2$，其中 $x^* = 100$，$y^* = 94.7$。

三、效用最大化问题

$$\max U(x, y) = xy$$
$$s.t. \ 10x + 5y = 100$$
$$L = xy + \lambda(100 - 10x - 5y)$$
$$\frac{\partial L}{\partial x} = y - 10\lambda = 0$$
$$\frac{\partial L}{\partial y} = x - 5\lambda = 0$$
$$\frac{\partial L}{\partial \lambda} = 100 - 10x - 5y = 0$$

即

$$y = 10\lambda$$
$$x = 5\lambda$$
$$100 - 50\lambda - 50\lambda = 0 \rightarrow \lambda^* = 1$$
$$x^* = 5$$
$$y^* = 10$$

因此，稳定值是 $U(x^*, y^*) = 50$，以下确认其是一个最大值。

$$|\bar{H}| = \begin{vmatrix} 0 & \cdots & 10 & 5 \\ \vdots & & \vdots & \vdots \\ 10 & \cdots & 0 & 1 \\ 5 & \cdots & 1 & 0 \end{vmatrix}$$

bH <- matrix (c (0, 10, 5,
      10, 0, 1,

```
                        5, 1, 0),
                  nrow = 3, ncol = 3, byrow = T)
bH
      [, 1]   [, 2]    [, 3]
[1,]    0      10       5
[2,]   10       0       1
[3,]    5       1       0
det(bH)
[1] 100
```
这证实我们找到了一个最大值,下图展示了这个问题。
```
L <- 50
x <- seq(0, 25, 1)
y <- L/x
Y <- 20 - 2 * x
ggplot() +
  geom_line(map = aes(x = x, y = y), size = 1) +
  geom_line(map = aes(x = x, y = Y), size = 1, color = "blue") +
  geom_point(aes(x = 5, y = 10), color = "red", size = 2) +
  coord_fixed(xlim = c(0, 25), ylim = c(0, 25)) +
  theme_classic() +
  xlab("x") + ylab("y")
```

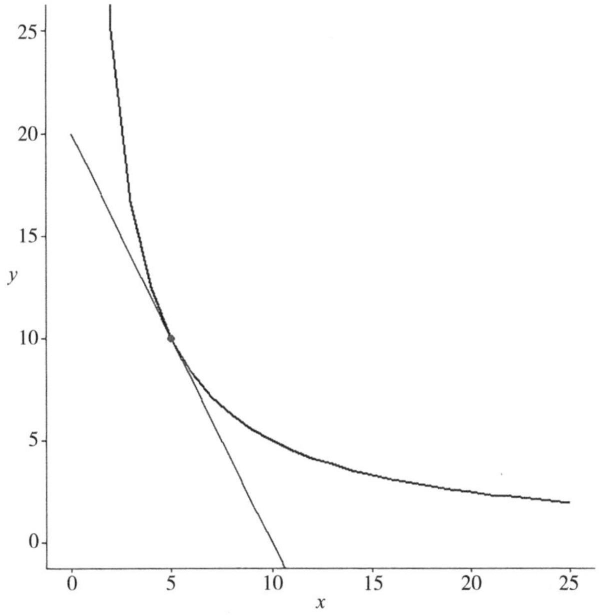

四、成本最小化问题

假设公司需要生产90个输出单位 Q。该公司的成本由每单位劳动力 L 的21元(工资）和每单位资本 K 的 3 元（资本价格）决定：$C(L, K) = 21L + 3K$。假设根据以下的 Cobb-Douglas 函数来生产输出：$Q(L, K) = L^{0.7} K^{0.3}$，可以将这个问题转化为以下公式：

$$\min 21L + 3K$$

$$s.t. \; 90 = L^{0.7} K^{0.3}$$

$$L = 21L + 3K + \lambda(90 - L^{0.7} K^{0.3})$$

$$\frac{\partial L}{\partial L} = 21 - 0.7\lambda L^{-0.3} K^{0.3} = 0$$

$$\frac{\partial L}{\partial K} = 3 - 0.3\lambda L^{0.7} K^{-0.7} = 0$$

$$\frac{\partial L}{\partial \lambda} = 90 - L^{0.7} K^{0.3} = 0$$

即

$$0.7\lambda L^{-0.3} K^{0.3} = 21 \rightarrow \lambda = \frac{21}{0.7} \frac{L^{0.3}}{K^{0.3}} \rightarrow \lambda = 30 \frac{L^{0.3}}{K^{0.3}}$$

$$0.3\lambda L^{0.7} K^{-0.7} = 3 \rightarrow \lambda = \frac{3}{0.3} \frac{K^{0.7}}{L^{0.7}} \rightarrow \lambda = 10 \frac{K^{0.7}}{L^{0.7}}$$

$$30 \frac{L^{0.3}}{K^{0.3}} = 10 \frac{K^{0.7}}{L^{0.7}}$$

$$3 \frac{L^{0.3}}{K^{0.3}} = \frac{K^{0.7}}{L^{0.7}}$$

$$3 L^{0.3} L^{0.7} = K^{0.7} K^{0.3} \rightarrow 3L = K$$

$$90 - L^{0.7} (3L)^{0.3} = 0 \rightarrow L^* = 64.73$$

$$K^* = 3 \times 64.73 = 194.19$$

则

$$C(L^*, K^*) = 21 \times 64.73 + 3 \times 194.19 = 1941.9$$

输入的组合 (L^*, K^*) 代表了企业在最低成本下生产给定数量产出所应使用的最优输入组合。

$$1941.9 = 21L + 3K \rightarrow K = \frac{1941.9}{3} - 7L$$

$$90 = L^{0.7} K^{0.3} \rightarrow K = \left(\frac{90}{L^{0.7}}\right)^{\frac{1}{0.3}}$$

下图显示了以下代码的输出，添加了两个标签：等成本线，它展示了成本相同的输入组合；等产量线，它展示了在不同的输入组合下产出相同数量的输出。

```
dfL <- data.frame(L = seq(0, 300, 1))
isoquant <- function(L){(90/L^(0.7))^(1/0.3)}
isocost <- function(L){1941.9/3 - 7*L}
ggplot(data = dfL) +
stat_function(aes(L), fun = isoquant, color = "red", size = 1) +
stat_function(aes(L), fun = isocost, color = "blue", size = 1) +
geom_point(aes(x = 64.73, y = 194.19), color = "green", size = 1.5) +
```

```
geom_hline(yintercept = 0) +
geom_vline(xintercept = 0) +
coord_fixed(xlim = c(0, 300), ylim = c(30, 650)) +
theme_minimal() +
xlab("L") + ylab("K") +
annotate("label", x = c(70, 75), y = c(35, 600), label = c("Isocost", "Isoquant"),
color =c("blue", "red")) +
annotate("text", x = 110, y = 195, label = "(L*, K*)")
```

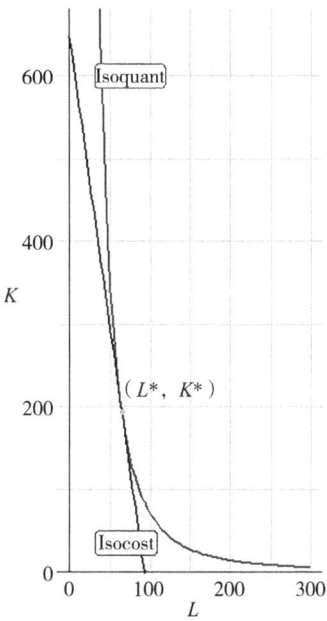

五、可计算一般均衡（CGE）

CGE 模型模拟政策变化对经济的影响。因此，它成为支持政策决策的重要工具。没有税收的 Shoven-Whalley 模型是一个包含两种最终产品（制造业和非制造业）、两种生产要素（资本和劳动力）以及两类消费者（富裕家庭和贫困家庭）的模型。富裕家庭拥有全部资本，而贫困家庭拥有全部劳动力。该模型的具体规定如下。

首先，描述了模型的生产方面，其中使用了常弹性替代（CES）来表示两种商品的生产：

$$Q_i = \Phi_i \left[\delta_i L_i^{\frac{\sigma_i-1}{\sigma_i}} + (1-\delta_i) K_i^{\frac{\sigma_i-1}{\sigma_i}} \right]^{\frac{\sigma_i}{\sigma_i-1}}$$

其中，$i = \{制造业=1, 非制造业=2\}$，Q_i 是第 i 个行业的产出，i 是规模参数，δ_i 是分配参数，K_i 和 L_i 分别是资本和劳动要素投入量，σ_i 是要素替代弹性。

从上式中，以下因素需求被推导出作为成本最小化问题的解。

$$L_i = \Phi_i^{-1} Q_i \left[\delta_i + (1-\delta_i) \left[\frac{\delta_i r}{(1-\delta_i) \omega} \right]^{1-\sigma_i} \right]^{\frac{\sigma_i}{1-\sigma_i}}$$

$$K_i = \Phi_i^{-1} Q_i \left[\delta_i \left[\frac{(1-\delta_i)\omega}{\delta_i r} \right]^{1-\sigma_i} + (1-\delta_i) \right]^{\frac{\sigma_i}{1-\sigma_i}}$$

其中，ω 和 r 是因素价格。随后，该模型的消费方面以 CES 效用函数描述。

$$U^c = \left[\sum_{i=1}^{2} (\alpha_i^C)^{\frac{1}{\mu_C}} \cdot (X_i^C)^{\frac{\mu_C-1}{\mu_C}} \right]^{\frac{\mu_C}{\mu_C-1}}$$

其中，X_i^C 是消费者 c 对商品 i 的需求量，α_i^C 是份额参数，μ_C 是消费者 c 的 CES 效用函数中的替代弹性。需求函数是上式的最大化中推导出来的，同时满足预算约束 $p_1 X_1^C + p_2 X_2^C \leq I^C$，其中，$p_1$ 和 p_2 是两种商品的消费者价格，I^C 是消费者 c 的收入，等于 $r \bar{K}^C + \omega \bar{L}^C$，其中 $\bar{K}^C$ 和 $\bar{L}^C$ 是消费者 c 的资本和劳动的资本拥有量。

$$X_i^C = \alpha_i^C \frac{r \bar{K}^C + \omega \bar{L}^C}{p_i^{\mu_C}(\alpha_1^C p_1^{1-\mu_C} + \alpha_2^C p_2^{1-\mu_C})}$$

最终，该模型的均衡条件，完成了对因素市场的建模：

$$\sum_{i=1}^{2} K_i(r, \omega, Q_i) = \sum_{c=R, P} \bar{K}^C$$

$$\sum_{i=1}^{2} L_i(r, \omega, Q_i) = \sum_{c=R, P} \bar{L}^C$$

对于商品市场：

$$X_1^1(p_1, p_2, r, \omega) + X_1^2(p_1, p_2, r, \omega) = Q_1$$
$$X_2^1(p_1, p_2, r, \omega) + X_2^2(p_1, p_2, r, \omega) = Q_2$$

零利润条件：

$$r K_1(r, \omega, Q_1) + \omega L_1(r, \omega, Q_1) = P_1 Q_1$$
$$r K_2(r, \omega, Q_2) + \omega L_2(r, \omega, Q_2) = P_2 Q_2$$

模型的参数及其值列在下表中。此外，ω 已被赋予计量单位。

生产参数	值	需求参数	值	资产	值
Φ_1	1.5	α_1^R	0.5	$\bar{K}^R$	25
Φ_2	2.0	α_2^R	0.5	$\bar{K}^P$	0
δ_1	0.6	α_1^P	0.3	$\bar{L}^R$	0
δ_2	0.7	α_2^P	0.7	$\bar{L}^P$	60
σ_1	2.0	μ^R	1.5	—	—
σ_2	0.5	μ^P	0.75	—	—

以下使用 R 中的 nleqslv 包来解决这个非线性方程组。nleqslv 包提供了两种算法，Broyden 和 Newton，用于解决（密集的）非线性方程组。首先定义参数，存储在矩阵和向量中。

#需求值
ALPHA <-matrix(c(0.5, 0.5,
                 0.3, 0.7),
               nrow = 2, byrow = T)
colnames(ALPHA) <- c("manufacturing", "non-manufacturing")

```r
rownames(ALPHA) <- c("rich","poor")
ALPHA
FACTORS <-matrix(c(25,0,0,60),nrow = 2,byrow = T)
colnames(FACTORS) <- c("K","L")
rownames(FACTORS) <- c("rich","poor")
FACTORS
MU <-matrix(c(1.5,0.75),nrow = 2,byrow = T)
rownames(MU) <- c("rich","poor")
MU
#生产价值
phi <-c(phi1 = 1.5,phi2 = 2)
phi
delta <-c(delta1 = 0.6,delta2 = 0.7)
delta
sigma <-c(sigma1 = 2,sigma2 = 0.5)
sigma
w <- 1
```

编写函数 SWmodel(),SWmodel() 为 x 的函数。使用方括号确定 13 个未知数。

```r
SWmodel <- function(x){
  #r =>x[1]
  #p1 =>x[2]
  #p2 =>x[3]
  #X1_r =>x[4]
  #X2_r =>x[5]
  #X1_p =>x[6]
  #X2_p =>x[7]
  #L1 =>x[8]
  #L2 =>x[9]
  #K1 =>x[10]
  #K2 =>x[11]
  #Q1 =>x[12]
  #Q2 =>x[13]
  #函数
  y <-numeric(13)
  #需求函数
  ##等式2
  y[1:2] <- (c(x[8],x[9]) - ((1/phi * c(x[12],x[13])) * ((delta + ((1-delta) *
  ((((delta * x[1])/((1-delta) * w))^(1-sigma))))^(sigma/(1-sigma)))))
  ##等式3
  y[3:4] <- (c(x[10],x[11]) - ((1/phi * c(x[12],x[13])) * ((((delta * ((((1-
```

```
delta)*w)/(delta*x[1]))^(1-sigma)))+(1-delta))^(sigma/(1-sigma)))))
    #需求函数
    ##等式5
    ###富人
    y[5:6] <- (c(x[4],x[5]) - (ALPHA["rich",] * (sum(c(x[1],w) * FACTORS
["rich",])/((c(x[2],x[3])^MU["rich",]) * sum(ALPHA["rich",] * c(x[2],x[3])^
(1 - MU["rich",]))))))
    ##等式5
    ###穷人
    y[7:8] <- (c(x[6],x[7]) - (ALPHA["poor",] * (sum(c(x[1],w) * FACTORS
["poor",])/((c(x[2],x[3])^MU["poor",]) * sum(ALPHA["poor",] * c(x[2],x
[3])^(1 - MU["poor",]))))))
    #需求等于要素的供给
    ##等式6和7
    y[9:10] <- c((x[10] + x[11]),(x[8] + x[9])) - colSums(FACTORS)
    #两个行业都满足零利润的条件
    ##等式10和11
    y[11:12] <- c(x[2],x[3]) - c((w*x[8]/x[12]) + (x[1] * x[10]/x[12]),(w
*x[9]/x[13]) + (x[1] * x[11]/x[13]))
    #需求与商品的供应相等
    ##等式8
    y[13] <- (x[12] - (x[6] + x[4]))
    return(y)
}
```

模型已经构建完成,可以使用nleqslv()函数来求解。nleqslv()的第一个参数是一个数值向量,代表函数根的初始值,将其存储在xstart中。第二个参数是一个函数,输入为x,返回一个与向量x长度相同的函数值向量。在这种情况下,它是SWmodel()函数。最后,将求解方法设置为Newton来解非线性方程组,将结果存储在sol中。

```
xstart <- c(1, 1, 1, 5, 10, 10, 15, 20, 25, 2, 10, 15, 30)
sol <- nleqslv(xstart, SWmodel, method = "Newton")
```

最优解为

```
sol $ x
sol $ x [1]         #r 的最优值
[1] 1.373471
```

平衡时的解

```
opt_sol <- sol $ x
names(opt_sol) <- c("r", "p1", "p2", "X1_r", "X2_r", "X1_p", "X2_p", "L1",
                    "L2", "K1", "K2","Q1", "Q2")
opt_sol
        r         p1         p2       X1_r       X2_r       X1_p       X2_p
 1.373471   1.399111   1.093076  11.514649  16.674506  13.427824  37.703664
```

L_1	L_2	K_1	K_2	Q_1	Q_2
26.365584	33.634416	6.211776	18.788224	24.942473	54.378170

r	1.373471	L_1	26.365584
p_1	1.399111	L_2	33.634416
p_2	1.093076	K_1	6.211776
X_1^R	11.514649	K_2	18.788224
X_2^R	16.674506	Q_1	24.942473
X_1^P	13.427824	Q_2	54.378170
X_2^P	37.703664	—	

因此，如果想计算制造业部门的收入：
RevMan <- opt_sol[["p1"]] * opt_sol[["Q1"]]
RevMan
[1] 34.89728
最后，通过运行 sol 可以访问 nleqslv() 的完整报告。
$ x
[1] 1.373471 1.399111 1.093076 11.514649 16.674506 13.427824 37.703664
[8] 26.365584 33.634416 6.211776 18.788224 24.942473 54.378170
$ fvec
[1] 4.455103e-12 3.552714e-13 -4.471978e-12 -9.308110e-13 7.815970e-14
[6] 1.076472e-12 -2.652101e-12 -1.286082e-12 -2.131628e-14 -2.842171e-14
[11] -6.417089e-14 -1.110223e-14 1.278977e-13
$ termcd
[1] 1
$ message
[1] "Function criterion near zero"
$ scalex
[1] 1 1 1 1 1 1 1 1 1 1 1 1 1
$ nfcnt
[1] 5
$ njcnt
[1] 5
$ iter
[1] 5

第八节　差分方程

一、利率

一个银行账户上有 5000 元，年复利的利率是 5%。每年末将 1000 元添加到投资中。

计算 5 年投资后的累积金额，其差分方程为：
$$y_{t+1} = 1.05 y_t + 1000$$

```
iter_de <- function (rhs, y0, order = 1, periods = 100, graph = FALSE) {
    y <-numeric (periods + 1)
    y [1: order] <- y0
    for (t in 1: (periods - order + 1) ) {
        y [t+order] <- eval (parse (text = rhs) )
    }
    if (graph = = FALSE) {
        return (y)
    } else {
        require (" ggplot2" )
        require (" scales" )
        df <- data. frame (Time = 0: (length (y) -1), y)
        p <-ggplot (df, aes (x = Time, y = y) ) +
        geom_ point (size = 1, color = " red" ) +
        theme_ classic () +
        scale_ y_ continuous (breaks = pretty_ breaks () ) +
        scale_ x_ continuous (breaks = pretty_ breaks () )
        l <-list (results = y,
        graph_ simulation = p)
        return (l)
    }
}
RHS <- " 1.05 * y [t] + 1000"
iter_de (RHS, y0 = 5000, periods = 5)
[1]   5000.000  6250.000  7562.500  8940.625 10387.656 11907.039
```

推导这个问题的通解：
$$y_{t+1} = y_t + r y_t + a$$

y_t 是在时间 t 投资的金额，r 是年利率，a 是每个周期末的额外存款，可以将其重写为：
$$y_{t+1} = (1 + r) y_t + a$$

令 $R = 1+r$
$$y_{t+1} = R y_t + a$$

第一步
$$y_{t+1} - R y_t = 0$$

第二步
$$A b^{t+1} - RA b^t = 0$$
$$A b^t (b - R) = 0 [A b^t \neq 0]$$
$$b = R$$

第三步
$$y_C = A R^t$$

第四步
$$k - Rk = \alpha$$
$$k(1 - R) = \alpha$$
$$k = \frac{\alpha}{1 - R}$$
$$y_p = \frac{\alpha}{1 - R}$$

第五步
$$y_t = A R^t + \frac{\alpha}{1 - R}$$

第六步
在 $t = 0$, $y_t = y_0$
$$y_0 = A + \frac{\alpha}{1 - R}$$
$$A = y_0 - \frac{\alpha}{1 - R}$$

第七步
$$y_t = \left(y_0 - \frac{\alpha}{1 - R}\right) R^t + \frac{\alpha}{1 - R}$$
$$y_t = y_0 R^t - \frac{\alpha R^t}{1 - R} + \frac{\alpha}{1 - R}$$

经过推导可得
$$y_t = y_0 R^t + a\left(\frac{1 - R^t}{1 - R}\right)$$

```
y0 <- 5000
a <- 1000
r <- 0.05
R <- 1 + r
t <- 5
y0 * R^t + a * (1 - R^t)/(1 - R)
[1] 11907.04
```

在银行账户中，当利率 r 连续复利时，本金 P 的增长可以用以下微分方程来描述。
$$\frac{dP}{dt} = rP$$

$\frac{dP}{dt}$ 是本金价值变化的速率。该数量等于利息增加的速率，即利率乘以当前本金的价值。可以使用变量分离法来解这个微分方程：
$$\frac{dP}{P} = rdt$$

$$\int \frac{1}{P} dP = r \int dt$$

$$\log |P| = rt + c$$

$$e^{\log |P|} = e^{rt+C}$$

$$P = c\, e^{rt}$$

让 A 表示 $t=0$ 时的本金，意味着 $c=A$。因此，

$$P(t) = A\, e^{rt}$$

现在假设存款以恒定速率 d 进行。微分方程变为：

$$\frac{dP}{dt} = rP + d$$

可以使用积分因子的方法来求解：

第一步，将微分方程改写为标准形式：

$$\frac{dP}{dt} - rP = d$$

第二步，计算积分因子：

$$\mu(t) = e^{\int -r\,dt} = e^{-rt}$$

第三步，将微分方程的两边都乘以积分因子：

$$e^{-rt}\left[\frac{dP}{dt} - rP = d\right]$$

第四步，将两边进行积分：

$$e^{-rt} P = -\frac{d\, e^{-rt}}{r} + c$$

$$P = -\frac{d}{r} + c\, e^{rt}$$

让 P_0 表示 $t=0$ 时的本金。

$$P(t) = -\frac{d}{r} + \left(P_0 + \frac{d}{r}\right) e^{rt}$$

可以改写为

$$P(t) = P_0\, e^{rt} + \frac{d}{r}(e^{rt} - 1)$$

$P(t)$ 第一项是与初始金额 P_0 的利率有关的部分，第二项是与存款利率 d 有关的部分。

P0 <- 5000

d <- 1000

r <- 0.08

t <- seq(0, 40, 0.01)

Pt <- P0 * exp(r * t) + (d/r) * (exp(r * t) - 1)

tail(Pt)

[1] 415105.4 415447.7 415790.1 416132.9 416476.0 416819.3

library(deSolve)

invest <- function(t, P, parms){

```
        d <-parms[1]
        r <-parms[2]
        dP <- r * P+d
        list(dP)
}
out <-ode (y = P0, times = t, func = invest, parms = c(1000, 0.08), method = "rk4")
tail(out)
          time          1
[3996,]   39.95    415105.4
[3997,]   39.96    415447.7
[3998,]   39.97    415790.1
[3999,]   39.98    416132.9
[4000,]   39.99    416476.0
[4001,]   40.00    416819.3
```

在40年的投资之后，累计金额为 $P(40) = 416819$ 元，由以下部分组成：

```
P0 * exp(r * 40)
[1] 122662.7
(d/r) * (exp(r * 40) - 1)
[1] 294156.6
```

即122663元是由于初始金额支付的利息，294157元是由于存款利率支付的。

二、蜘蛛网模型

蜘蛛网模型是一个市场模型，其中需求依赖于当前价格，而供应则取决于前一个时间段的价格。这一设定基于生产者在实际销售之前必须提前一期对产量水平做出决策的考虑。

需求函数为

$$Q_{dt} = \alpha - \beta p_t$$

滞后的供应函数为

$$Q_{st} = \gamma + \delta p_{t-1}$$

由于市场在任何期间都会清算

$$Q_{dt} = Q_{st}$$

则

$$\alpha - \beta p_{t+1} = \gamma + \delta p_t$$
$$\beta p_{t+1} = \alpha - \gamma - \delta p_t$$
$$p_{t+1} = \frac{\alpha - \gamma}{\beta} - \frac{\delta}{\beta} p_t$$

第一步：

$$p_{t+1} + \frac{\delta}{\beta} p_t = 0$$

第二步，令 $p_t = A b^t$，因此 $p_{t+1} = A b^{t+1}$：

$$A b^{t+1} + \frac{\delta}{\beta} A b^t = 0$$

$$A b^t \left(b + \frac{\delta}{\beta} \right) = 0 \, [A b^t \neq 0]$$

$$b + \frac{\delta}{\beta} = 0$$

$$b = -\frac{\delta}{\beta}$$

$$p_C = A \left(-\frac{\delta}{\beta} \right)^t$$

第三步，为了特定的解，尝试 $p_t = k$，因此 $p_{t+1} = k$：

$$k + \frac{\delta}{\beta} k = \frac{\alpha - \gamma}{\beta}$$

$$k \left(1 + \frac{\delta}{\beta} \right) = \frac{\alpha - \gamma}{\beta}$$

$$k \left(\frac{\beta + \delta}{\beta} \right) = \frac{\alpha - \gamma}{\beta}$$

$$k = \frac{\alpha - \gamma}{\beta + \delta}$$

$$p_P = \frac{\alpha - \gamma}{\beta + \delta}$$

第四步：

$$p_t = A \left(-\frac{\delta}{\beta} \right)^t + \frac{\alpha - \gamma}{\beta + \delta}$$

第五步，当 $t = 0$，$p_t = p_0$：

$$p_0 = A \left(-\frac{\delta}{\beta} \right)^0 + \frac{\alpha - \gamma}{\beta + \delta}$$

$$p_0 = A + \frac{\alpha - \gamma}{\beta + \delta}$$

$$A = p_0 - \frac{\alpha - \gamma}{\beta + \delta}$$

第六步：

$$p_t = \left(p_0 - \frac{\alpha - \gamma}{\beta + \delta} \right) \left(-\frac{\delta}{\beta} \right)^t + \frac{\alpha - \gamma}{\beta + \delta}$$

使用以下的需求和供应函数进行模拟。

$$Q_{dt} = 22 - 3 p_t$$
$$Q_{st} = 2 + p_{t-1}$$

假设初始价格 $p_0 = 10$，并将 α，β，γ，δ 和 p_0 的值代入第六步的解决方案中。

```
alpha <- 22
beta <- 3
gamma <- 2
delta <- 1
p0 <- 10
```

```
t <- 0:20
((p0- (alpha - gamma)/(beta + delta)) * (-delta/beta)^t+ (alpha - gamma)/(beta + delta))
```
 [1] 10.000000 3.333333 5.555556 4.814815 5.061728 4.979424 5.006859
 [8] 4.997714 5.000762 4.999746 5.000085 4.999972 5.000009 4.999997
[15] 5.000001 5.000000 5.000000 5.000000 5.000000 5.000000 5.000000
```
abs(-delta/beta) < 1
```
[1] TRUE

$\left|-\dfrac{\delta}{\beta}\right| < 1$ 表明系统收敛。

```
ALPHA <- (alpha - gamma)/beta
BETA <- -delta/beta
cw <- "ALPHA + BETA * y[t]"
iter_de(cw, y0 = 10, periods = 20)
```
 [1] 10.000000 3.333333 5.555556 4.814815 5.061728 4.979424 5.006859
 [8] 4.997714 5.000762 4.999746 5.000085 4.999972 5.000009 4.999997
[15] 5.000001 5.000000 5.000000 5.000000 5.000000 5.000000 5.000000
```
cobweb <-function(alpha, beta, gamma, delta, p0, periods = 20){
    require("tidyr")
    require("ggplot2")
    require("scales")
    pstar <- (alpha - gamma)/(beta + delta)
    qstar <- (alpha * delta + beta * gamma)/(beta + delta)
    pt <-numeric(periods + 1)
    pt[1] <- p0
    Qt <-numeric(periods + 1)
    Qt[1] <- NA
    for(t in 1:(periods)){
      pt[t+1] <- ((alpha - gamma)/beta) - (delta/beta) * pt[t]
      Qt[t+1] <- gamma + delta * pt[t]
    }
    t <-0:periods
    df <- data.frame(t = t, pt = pt, Qt = Qt)
    df_l <- df %>% pivot_longer(! t)
    g <-ggplot(df_l, aes(x = t, y = value, group = name, color = name)) +
      geom_line(size = 1) +
      theme_classic() + ylab("pt, Qt") +
      scale_y_continuous(breaks = pretty_breaks()) +
      scale_x_continuous(breaks = pretty_breaks()) +
      theme(legend.position = "bottom", legend.title = element_blank())
```

```
            equilibrium <-c(pstar = pstar, qstar = qstar)
            l <-list(equilibrium = equilibrium, data = df, plot = g)
            return(l)
        }
```

这个函数返回均衡价格 pstar 和数量 qstar，模拟数据和图表（交易数量 Q_t 是从供给曲线中获得的）。

```
cobweb(22, 3, 2, 1, 10)
pstar qstar
    5     7
```

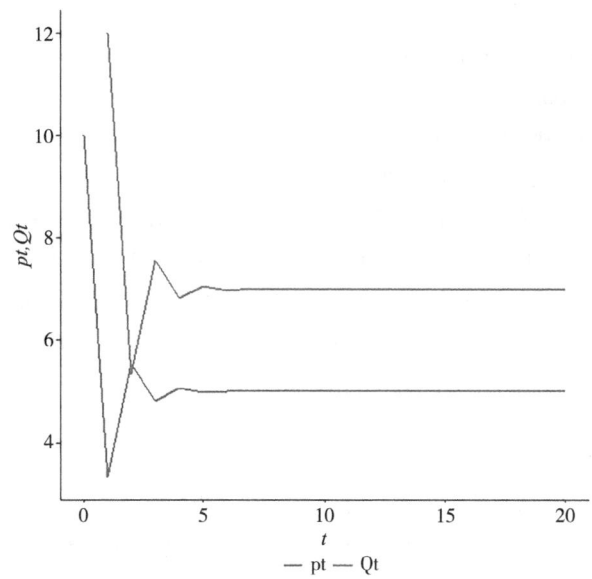

上图显示，经过初期的振荡后，价格和数量会趋于均衡价格和数量。

三、索洛经济增长模型

索洛经济增长模型（Solow growth model）是由经济学家罗伯特·索洛（Robert Solow）于1956年提出的一种经济增长模型。该模型旨在解释长期经济增长的原因和影响因素。

索洛经济增长模型的核心假设如下。

①资本积累：经济增长取决于资本积累。模型假设劳动力人口增长率和技术进步率是恒定的，因此长期经济增长的主要驱动力是资本积累；

②边际报酬递减：模型中引入了边际产出递减的概念，意味着每增加一单位资本，产出的增加逐渐减少；

③技术进步：虽然模型中假设技术进步是外生的（即与经济活动无关），但技术进步的引入使每单位资本能够产生更多的产出。

基于以上假设，索洛经济增长模型得出以下结论：

①没有技术进步时，经济增长率最终会趋于零，因为边际产出递减会限制增长；

②技术进步是实现长期经济增长的关键因素，它可以抵消边际产出递减的影响，使得每单位资本产生更多的产出；

③储蓄率的增加可以促进经济增长,因为储蓄可以用于资本积累。

索洛经济增长模型为我们理解经济增长提供了一个基本的框架,强调了资本积累和技术进步对经济增长的重要性。然而,该模型也存在一些限制,例如没有考虑到其他生产要素(如劳动力和自然资源)的影响,以及技术进步在现实中与经济活动的相互作用等。因此,现代经济学已经发展出了更复杂和全面的增长模型来解释实际经济中的经济增长现象。

模型可以简要描述如下。

①产出函数 $Y=f(K, L)$:连续、二次可微且一次齐次;

②劳动力 L:劳动力以恒定速率 n 增长,$\dot{L}=nL$;

③储蓄 S:储蓄是产出的固定比例,$S=sY$;

④投资 I:投资等于资本存量的变化与资本的替换之和,$I=\dot{K}+\delta K$;

⑤储蓄等于投资 $S=I$。

假设一个柯布-道格拉斯生产函数:

$$Y = A K^{\alpha} L^{1-\alpha}, 0 < \alpha < 1$$

将两边都除以 L

$$\frac{Y}{L} = \frac{A K^{\alpha} L^{1-\alpha}}{L}$$

$$\frac{Y}{L} = A K^{\alpha} L^{-\alpha}$$

$$\frac{Y}{L} = A \left(\frac{K}{L}\right)^{\alpha}$$

让 $y = \frac{Y}{L}$ 表示产出/劳动力比例,$k = \frac{K}{L}$ 表示资本/劳动力比例。

$$y = f(k) = A k^{\alpha}$$

对 k 关于时间进行求导,即

$$\frac{dk}{dt} = \dot{k} = \frac{L\frac{dK}{dt} - K\frac{dL}{dt}}{L^2}$$

重新排列和简化

$$\dot{k} = \left(\frac{1}{L}\right)\frac{dK}{dt} - \left(\frac{K}{L}\right)\left(\frac{1}{L}\right)\frac{dL}{dt}$$

替代 $\frac{1}{L} = \frac{K}{L}\frac{1}{K}$

$$\dot{k} = \left(\frac{K}{L}\right)\left(\frac{1}{K}\right)\frac{dK}{dt} - \left(\frac{K}{L}\right)\left(\frac{1}{L}\right)\frac{dL}{dt}$$

代替 $k = \frac{K}{L}$,$\dot{K} = \frac{dK}{dt}$,$\dot{L} = \frac{dL}{dt}$,并进行重排

$$\dot{k} = k\left(\frac{\dot{K}}{K} - \frac{\dot{L}}{L}\right)$$

投资方程

$$\dot{K} = I - \delta K$$

因为 $S = I$

$$\dot{K} = sY - \delta K$$

因此

$$\frac{sY - \delta K}{K} = \frac{sY}{L}\left(\frac{L}{K}\right) - \delta = \frac{sf(k)}{k} - \delta$$

$$\frac{sA\,k^\alpha}{k} - \delta$$

因 $n = \dfrac{\dot{L}}{L}$

$$\dot{k} = sA\,k^\alpha - \delta k - nk$$

$$\dot{k} = sA\,k^\alpha - (\delta + n)\,k$$

将上式进行重排

$$\dot{k} + (\delta + n)\,k = sA\,K^\alpha$$

上式为伯努利方程

$$v = k^{1-\alpha}$$

$$\frac{dv}{dt} = (1 - \alpha)\,k^{-\alpha}\,\dot{k}$$

$$\dot{k} = \frac{k^\alpha}{1 - \alpha}\frac{dv}{dt}$$

$$\frac{k^\alpha}{1 - \alpha}\frac{dv}{dt} + (\delta + n)\,k = sA\,k^\alpha$$

两边同除 $\dfrac{k^\alpha}{1 - \alpha}$

$$\frac{dv}{dt} + \frac{k^\alpha}{1 - \alpha}(\delta + n)\,k = \frac{k^\alpha}{1 - \alpha}sA\,k^\alpha$$

$$\frac{dv}{dt} + (1 - \alpha)(\delta + n)\,k^{1-\alpha} = s(1 - \alpha)\,A$$

代替 $v = k^{1-\alpha}$

$$\frac{dv}{dt} + (1 - \alpha)(\delta + n)\,v = s(1 - \alpha)\,A$$

上式是关于 v 的线性方程，可以使用积分因子的方法来求解它。积分因子是

$$\mu(t) = e^{\int (1-\alpha)(\delta+n)\,dt} = e^{(1-\alpha)(\delta+n)\,t}$$

$$e^{(1-\alpha)(\delta+n)\,t}[v' + (1-\alpha)(\delta+n)] = e^{(1-\alpha)(\delta+n)\,t}s(1-\alpha)\,A$$

两边积分得

$$e^{(1-\alpha)(\delta+n)\,t}v = \frac{s(1-\alpha)\,A}{(1-\alpha)(\delta+n)}e^{(1-\alpha)(\delta+n)\,t} + c$$

$$v = \frac{sA}{\delta + n} + c e^{-(1-\alpha)(\delta+n)t}$$

当 $t = 0$, $v = v_0$

$$v_0 = \frac{sA}{\delta + n} + c e^{-(1-\alpha)(\delta+n) \times 0}$$

$$v_0 = \frac{sA}{\delta + n} + c \rightarrow c = v_0 - \frac{sA}{\delta + n}$$

$$v(t) = \frac{sA}{\delta + n} + \left(v_0 - \frac{sA}{\delta + n}\right) e^{-(1-\alpha)(\delta+n)t}$$

替代 $v = k^{1-\alpha}$ 和 $v_0 = k_0^{1-\alpha}$

$$k^{1-\alpha} = \frac{sA}{\delta + n} + \left(k_0^{1-\alpha} - \frac{sA}{\delta + n}\right) e^{-(1-\alpha)(\delta+n)t}$$

$$k(t) = \left[\frac{sA}{\delta + n} + \left(k_0^{1-\alpha} - \frac{sA}{\delta + n}\right) e^{-(1-\alpha)(\delta+n)t}\right]^{\frac{1}{1-\alpha}}$$

```
A <- 1
alpha <- 0.3
delta <- 0.05
n <- 0.01
s <- 0.4
k0 <- 0.1
t <-seq (0, 1, by = 0.01)
kt <- ( (s*A) / (n + delta) + exp (- (1 - alpha) * (n + delta) *t) * (k0^
(1 - alpha) - (s*A) / (n + delta) ) ) ^ (1/ (1 - alpha) )
res <-data.frame (t, kt)
head (res)
      t        kt
1 0.00 0.1000000
2 0.01 0.1019500
3 0.02 0.1039104
4 0.03 0.1058812
5 0.04 0.1078622
6 0.05 0.1098533
tail (res)
        t        kt
96  0.95 0.3221114
97  0.96 0.3247683
98  0.97 0.3274307
99  0.98 0.3300984
100 0.99 0.3327715
101 1.00 0.3354499
solow_ model <- function (t, k, parms) {
```

```
A <-parms[1]
alpha <-parms[2]
delta <-parms[3]
n <-parms[4]
s <-parms[5]
dk <- s * A * k^(alpha) - (n +delta) * k
list(dk)
}
out <-ode(y = k0, times = t, func = solow_model,
    parms =c(1, 0.3, 0.05, 0.01, 0.4),
    method = " rk4")
head(out)
        time           1
[1,]    0.00 0.1000000
[2,]    0.01 0.1019500
[3,]    0.02 0.1039104
[4,]    0.03 0.1058812
[5,]    0.04 0.1078622
[6,]    0.05 0.1098533
tail(out)
        time           1
[96,]   0.95 0.3221114
[97,]   0.96 0.3247683
[98,]   0.97 0.3274307
[99,]   0.98 0.3300984
[100,]  0.99 0.3327715
[101,]  1.00 0.3354499
```

求平衡点，设定 k 的导数等于 0，即

$$sA\,k^{\alpha} - (\delta + n)\,k = 0$$

$$k[sA\,k^{\alpha}\,k^{-1} - (\delta + n)] = 0$$

$$k_1^* = 0$$

$$sA\,k^{\alpha-1} - (\delta + n) = 0$$

$$k_2^* = \left(\frac{sA}{\delta + n}\right)^{-\frac{1}{\alpha-1}}$$

```
library(phaseR)
k2star <- ((s * A)/(n + delta))^(-(1/(alpha - 1)))
k2star
[1] 15.03185
solow_stabilty <- stability(solow_model, ystar = k2star,
    parameters =c(1, 0.3,0.05,0.01,0.4),
    system = "one.dim",
```

```
    summary = FALSE)
solow_stabilty $ classification
[1] "Stable"
t <- seq(0, 100, by = 0.01)
kini1 <- 0.1
out1 <- ode(y = kini1, times = t, func = solow_model, parms = c(1, 0.3, 0.05, 0.01, 0.4),
    method = "rk4")
kini2 <- 5
out2 <- ode(y = kini2, times = t, func = solow_model, parms = c(1, 0.3, 0.05, 0.01, 0.4), method = "rk4")
kini3 <- 10
out3 <- ode(y = kini3, times = t, func = solow_model, parms = c(1, 0.3, 0.05, 0.01, 0.4),
    method = "rk4")
kini4 <- 20
out4 <- ode(y = kini4, times = t, func = solow_model, parms = c(1, 0.3, 0.05, 0.01, 0.4),
    method = "rk4")
plot(out1, out2, out3, out4, lwd = 2, main = " ")
```

```
abline(h = k2star)
text(x = 0.5, y = (k2star + 0.5), expression(k[2]^"*"), cex = 1.5)
solow_flowField <- flowField(solow_model, xlim = c(0, 100), ylim = c(0, 30),
    parameters = c(1, 0.3, 0.05, 0.01, 0.4), system = "one.dim", points = 15,
    state.names = "k", add = FALSE)
solow_nullclines <- nullclines(solow_model, xlim = c(0, 100), ylim = c(-10, 30),
    parameters = c(1, 0.3, 0.05, 0.01, 0.4), system = "one.dim", state.names = "k")
solow_trajectory <- trajectory(solow_model, y0 = c(0.1, 5, 10, 20), tlim = c(0, 100),
```

parameters =c(1, 0.3, 0.05, 0.01, 0.4), system = "one.dim")

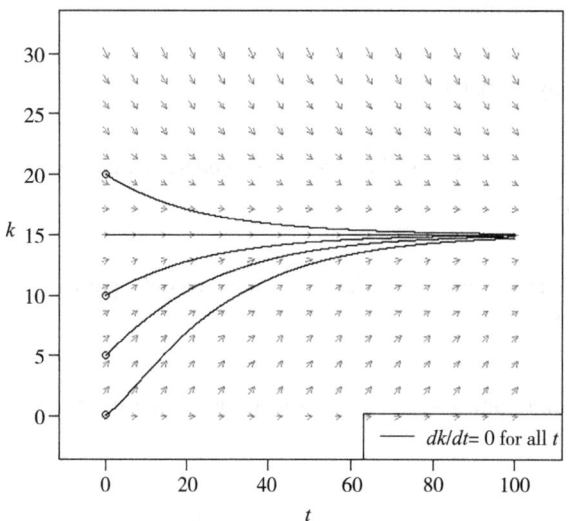

solow_phasePortrait <- phasePortrait(solow_model, ylim = c(0, 20),
    parameters =c(1, 0.3, 0.05, 0.01, 0.4), points = 10, frac = 0.5, state.names = "k")

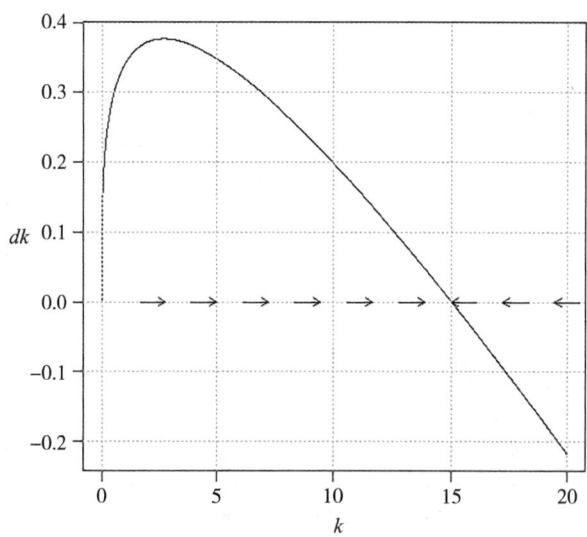

第二章 动物遗传改良优化基础

第一节 遗传改良优化概述

遗传优化是一项复杂的过程，它需要综合运用科学方法和管理策略。成功地优化动物的遗传性状可以提高产品质量、增加生产率，并增强动物的健康和福利。为了实现这些目标，需要建立一个清晰、系统的遗传优化框架。此框架应包括若干关键环节：定义问题、收集并分析数据、遗传评估、选择选配以及不断进行评估和反馈。依据新数据和遗传趋势不断监测和优化育种计划也是此框架中不可或缺的环节。要实施此框架，还需要全面理解动物遗传学的基本原理，包括各种遗传变异的形式、性状的遗传力、环境因素的影响，以及基因标记和基因组技术的应用。此外，还需要使用统计分析、育种设计和选择以及管理学等方法。总之，在遵循一个清晰和系统的框架基础上，可以成功地优化动物种群的遗传性状，提高产品质量、增加生产率，并增强动物的健康和福利。

一、基本步骤

1. 定义问题

明确要优化的问题。例如，可以通过动物育种来增加肉类生产或牛奶产量。确定所需目标，例如增加生产力，改善抗病性能或增加遗传多样性等。

2. 数据收集和分析

收集相关的遗传性状数据。这可能包括谱系数据、遗传标记、表型数据和环境因素等。使用适当的统计方法分析数据，以确定每个性状的遗传力、环境因素的影响以及性状之间的相关性。

3. 遗传评估

使用遗传评估方法，对种群中每个动物的育种值进行估计。这涉及根据谱系、表型、基因组或其他组学数据估计育种值。然后，可以按照估计的育种值对动物进行排序，并选择最佳的动物进行育种。

4. 选择选配

使用选择选配育种策略来提高种群的遗传质量，涉及交配设计、根据估计育种值选择具体的动物或应用基因组选择技术等。根据新数据和遗传趋势不断监测育种计划，并进行必要的调整。

5. 评估和反馈

持续评估育种计划的性能，使用表型数据、遗传标记和其他相关因素等。将结果与初始目标进行比较，并根据需要调整方法，以进一步优化遗传改良目标。定期向利益相关者和其他感兴趣的方面提供反馈和建议，以评估育种计划的有效性。

通过遵循此框架，可以系统地优化动物种群的遗传潜力，提高生产力、改善产品质量和其他效益。

二、遗传评估系统

遗传评估系统包括两个部分：一是市场和生产系统；二是种群基因型差异。见下图。

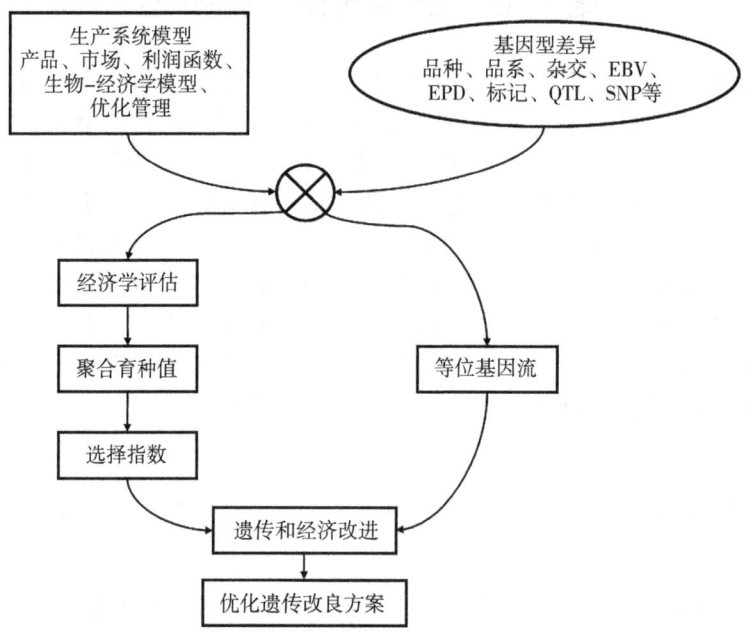

遗传改良系统要素（由 J. W. Wilton 等图改写）

在上图中，可以看到整合了市场和基因型两个方面。遗传改良系统关注的两个主要问题是：什么是"最好"的基因型和如何改进这些基因型？

本书后续篇章将全方位、深层次地探究动物遗传改良优化技术的核心理念、理论基础及其实践应用，力求为读者提供全面而深入的学术洞见。

首先，将聚焦利润方程在遗传改良中的核心作用，深入剖析基因库与种群动态变化的数学模型，揭示其背后的机制与原理。在此基础上，进一步探讨性状表达率的相对值及其影响因素，尤其是遗传与环境因素之间的复杂交互作用。同时，明确时间因素在遗传改良系统方法中的基础地位，及其对长期育种规划的深远影响。为确保育种目标与经济效益的紧密结合，将精心构建并优化利润方程，以精准指导遗传选择策略的制定。

其次，将深入探讨追求"最佳"基因型的策略与方法，提出一套基于基因型经济效益的多性状选择标准。这套标准将全面而精准地评估动物的遗传潜力，为育种实践提供有力支撑。同时，灵活运用育种学专用术语和方法，如"比较""排名""评价"及"经济评估"等，对候选基因型进行细致入微的优劣分析。此外，还将深入探讨不同性状间的经济关联性，揭示其对总体经济性能的贡献与制约，为育种决策提供重要参考。

接下来，将转向聚合基因型与育种目标方程的构建与应用。详细阐述利润方程如何向聚合基因型模型进行转换，揭示这一过程的内在逻辑与科学依据。同时，关注经济价值的衍生方法，确保育种目标与市场需求的有效对接。基于聚合基因型的明确定义，针对性地开发一套实用的选择标准，为育种实践提供有力的指导。

此外，遗传改良的深化与实践响应预测也是本书的重要议题。将制订一份详尽的改良聚合基因型计划，明确各项关键的时间节点、种群规模与结构等因素。深入分析性状测量与记录的范围与精度对遗传改良效果的影响，为育种实践提供有益参考。同时，运用选择指数方法科学预测经济选择反应，为育种决策提供坚实的支撑。

在实施遗传改良计划的过程中，成本效益分析与实践策略同样至关重要。本书将进行全面的成本效益分析，以确保育种计划的经济可行性。深入探讨遗传变异与近亲繁殖对育种效果的影响及其应对策略，为育种实践提供有益借鉴。同时，提出一套实施遗传改良计划的实践策略，涵盖资源优化配置、团队协作与技术创新等多个方面，为育种工作的顺利开展提供有力保障。

最后，本书将关注系统变革与技术进步的育种影响。深入分析未来挑战与机遇对遗传改良最优策略的影响，揭示育种领域的发展趋势。关注新技术、新方法在遗传改良中的应用前景，如基因编辑、基因组选择等，为育种创新提供有益启示。探讨如何将这些新技术、新方法融入现有育种体系，以提升遗传改良的效率与效果，为畜牧业的可持续发展贡献力量。

在理论与实践的结合上，本书将注重深入浅出地阐述动物遗传改良优化技术的核心理念与方法。结合丰富的实例解析与案例研究，增强理论的实际应用价值，提升读者的理解能力与运用技巧。同时，为方便读者进行实践操作与数据分析，还将提供使用开源软件 R 的解决方案与操作指南。以肉羊生产为例，综合应用上述理论与方法，系统展示遗传改良优化技术在实践中的运用流程与效果评估。相信无论是初入此领域的新手，还是经验丰富的专家，都能从中获得宝贵的启示与参考。

第二节　育种学基础

动物育种中面临两个基本问题：第一个问题是"什么样的动物最好？"需要在不同性状间进行权衡，例如奶牛的产奶量和蹄脚支撑等。第二个问题是"如何培育动物，使它们的后代比今天的动物更好？"

$$P = G + E$$

其中，P 代表一个个体的表型，G 代表其基因型，E 代表环境效应-外部（非遗传）因素对动物表现的影响。换句话说，个体的基因型和所处的环境决定了动物的表型。一个动物的基因型，指的是影响我们关心的性状组合的所有基因和基因组合。家畜的基因型决定了其在群体中适应程度的大小。确定重要性状和最佳基因型的关键在于对整个系统中动物生产性能的彻底分析，以及对系统中各组成部分之间相互作用的理解。

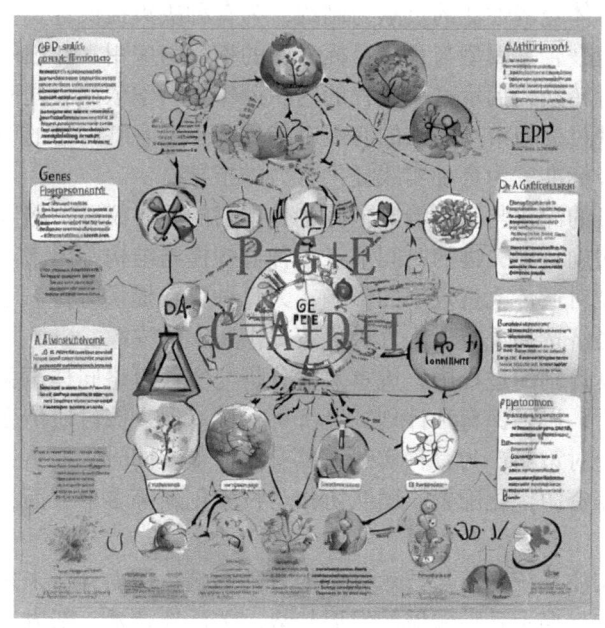

表型、基因型和环境之间的关系

一、什么是"最好"的家畜

"最好"的家畜是一个相对的概念。没有一个家畜适用于所有情况。在一个环境下表现最好的家畜可能在另一个环境下表现不佳。当我们描述家畜时，通常会从外观或性能或两者的组合来描述它们。无论如何，我们都会谈论性状。性状是家畜的任何可观察或可测量的特点。一些可观察的性状（通常在描述家畜外观时提到的性状）包括毛色、体型、肌肉发达程度、腿部结构、乳房形态等。一些可测量的性状（通常在描述家畜表现时提到的性状）包括体重、每日产奶量、跑1km所需时间等。在家养动物中，有数百个感兴趣的性状。在动物育种中，我们主要关注的是基因上的改变。因此，我们不仅想知道最理想的表现性状，还想知道最理想的基因型。这是因为动物的基因型决定了它的表现性状，并且基因材料会从亲本传给后代。要确定最佳基因型和重要性状，我们需要了解动物的生产性能以及系统中各组成部分之间的相互作用。这意味着性状的重要性将取决于动物生活的物理环境、管理系统以及经济因素。在农业和畜牧业中，最终用户是生产者。生产者是生产公众消费商品的人。奶牛养殖户生产牛奶，养猪户生产猪肉，家禽养殖户生产鸡蛋、鸡肉和火鸡肉。生产者通常不是生产链的终点，他们之后还有加工商（乳品厂、屠宰场）、零售商和消费者。但生产者是最终用户，他们的需求应该成为确定育种目标的基础。因此，什么样的动物最好取决于动物的生产性能、种群结构以及育种者在种群结构中的角色。最佳动物是对最终用户最有用或最有利可图的动物。

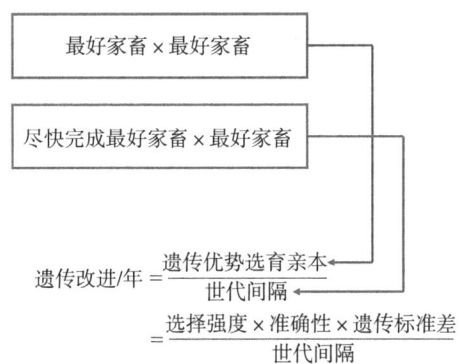

要培育动物，使它们的后代比今天的动物更好，需要遵循以下步骤。

1. 确定育种目标

需要确定想要改进的性状。这可能包括生产性能、健康状况、适应性和其他重要的性状。我们需要考虑到生产环境、管理实践和经济因素。

2. 收集数据和评估基因价值

需要收集动物的性状数据，并使用遗传评估方法来估计动物的基因价值。这可以帮助我们确定哪些动物具有更好的基因组合，可以作为下一代的亲本。

3. 选择合适的亲本

根据基因价值评估结果，我们可以选择具有最佳基因组合的动物作为亲本。我们可以使用选择指数等工具来帮助我们做出选择。

4. 进行合理的交配

选择合适的交配类型可以帮助我们最大限度地利用父母的优良基因。可以使用交配设计和遗传原理来确定最佳的交配方案。

5. 实施育种计划

一旦确定了亲本，我们可以开始实施育种计划。这可能包括人工授精、胚胎移植和其他生殖技术的使用。

6. 监测和评估进展

需要定期监测和评估育种计划的进展。这可以帮助我们确定是否达到预期的改进，并根据需要进行调整。

通过遵循这些步骤，我们可以逐渐改进动物的基因组合，使它们的后代比今天的动物更好。这需要时间、耐心和科学的方法，但最终可以带来更高的生产性能、适应性和经济效益的动物。

（1）繁育目标或目的。

①明确改进的性状：识别需要改进的经济性状，如生长率、繁殖效率、抗病力等，这些性状直接关系到经济回报。

②性状的经济价值评估：分析每个性状对经济效益的贡献，确定改进优先级。

③提升经济效率/利润：将提高经济效率和利润作为核心目标。

④考虑未来消费者需求：预测并适应未来市场和消费者偏好的变化。

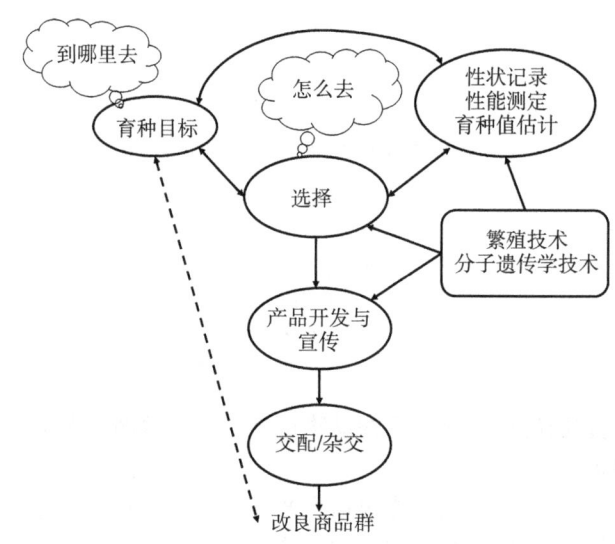

成功繁育计划或策略的基本组成部分

（2）性状记录、性能测试、繁育价值估计。

①识别具有最佳遗传潜力的动物：依据繁育目标，通过性状表现记录和测试程序进行筛选。

②性状记录与测试：包括田间记录、性能测试站/核心群体、后代测试等，准确记录和评估相关性状。

③遗传评估选择指数（总体优点指数）：综合多个性状的遗传评估，制定科学的选择指标。

（3）选择与配种。

①选用最佳动物繁育下一代：根据遗传改良目标，选择具有最优遗传潜力的动物进行繁殖。

②动物的选择与配对数量：科学决定选择和配对的动物数量，以实现遗传改良。

③配对策略：根据遗传学原理，优化配对方式。

④应用繁殖技术：考虑是否利用人工繁殖技术提高后代遗传质量，同时平衡遗传改良速度与近亲繁殖风险（及成本）。

（4）产品开发与传播。

①优良基因的市场化和分销：制订营销和分销计划，将优良基因传播到商业领域。

②后代测试和人工授精（AI）：通过后代测试验证基因优良性，人工授精等技术促进优良基因的快速传播。

③增殖者：通过增殖者将优良基因扩散到更广泛的群体。

④交配/杂交：优化遗传物质在商业动物中的组合，提高生产性能和适应性。

二、群体结构和育种目标

动物育种中的群体结构是指在特定种群中的个体组织、分布和相互关系的方式。群体结构对于有效的育种计划和目标的达成至关重要。一种常见的群体结构是家畜群体，其中包括种公畜、种母畜以及其他用于繁殖的动物。种公畜和种母畜被选中具有优良的遗传特性，通过交配产生后代，并推进种群的进化和改良。在育种中，还可以使用其他群体结构，如孤儿池（orphans pool）、家族群（families）和群组选择（group selection）。孤儿池是将所有后代集中在一起，不考虑亲缘关系，以增加遗传多样性。家族群是指将相关度较高的个体放在一起，以增加亲缘关系对遗传进展的影响。群组选择是指将多个群体作为一个整体进行选择，以优化整体的遗传价值。群体结构对于育种目标的实现起着重要作用。合理的群体结构可以最大限度地利用遗传资源，平衡遗传进展和保持遗传多样性之间的关系。通过适当的群体结构安排，可以提高选配效果、减少遗传多样性和遗传漂变的风险，推动家畜的改良与进化。

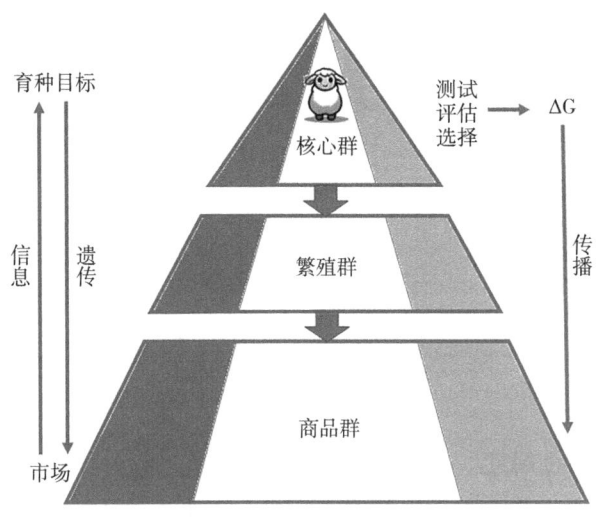

家畜繁育计划的典型结构

（一）动物育种的育种目标

动物育种的育种目标是改良和优化家畜的遗传特性，以满足人类对肉、蛋、奶、皮毛等畜产品的需求，同时提高生产效益和可持续性。

具体的育种目标因不同的物种和育种目标而异，以下是一些常见的育种目标。

1. 生产性能提高

主要包括提高家畜的生长速度、饲料转化率、产量、质量等方面的表现。通过选择具有高产量、高效率和优质品质的个体进行繁殖，逐渐改善整个种群的生产性能。

2. 健康状况改善

目标是培育具有较高抗病力、耐热力和适应环境能力的家畜。这包括识别并选择对疾病和寄生虫抵抗力较强的个体，减少病害对养殖业的影响。

3. 适应性和环境适应力

通过选择和培育适应特定环境条件的家畜，例如高寒地区的抗寒性、热带地区的耐高温能力等。

4. 品质改良

包括提高食品的营养品质，例如肉质嫩滑度、脂肪含量、奶制品的乳脂含量等。同时还包括改善皮毛、羽毛等副产品的质量和价值。

5. 遗传多样性保护

保护和维护种群的遗传多样性，避免非选择性繁殖过程中的遗传多样性减少和遗传漂移等不利影响。

在实际应用中，育种目标往往是综合考虑不同的方面，权衡各种因素，根据养殖业的实际需求和市场需求制定育种策略。此外，随着科学技术的进步，还可以利用基因编辑和基因组学等新技术手段来加速育种进程，并实现更加精确的育种目标。

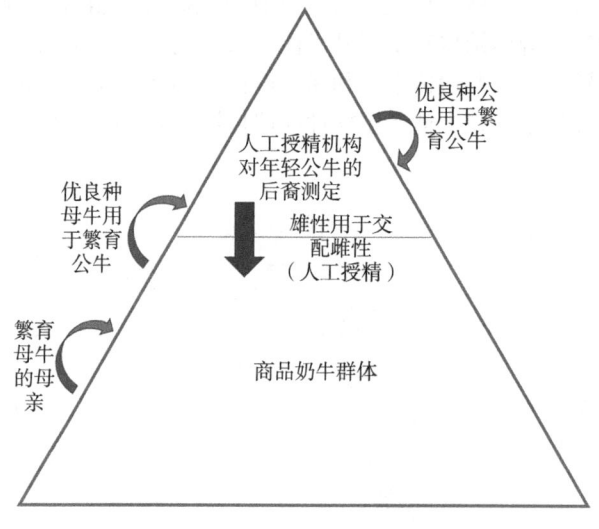

奶牛后裔测定

（二）育种目标的制定

育种目标的制定是动物育种学中的重要环节，它涉及对目标物种的生物学特性、养殖业的需求以及市场需求的深入了解和分析。

1. 需求分析

需要分析和了解养殖业的需求，包括畜产品的类型、数量以及质量要求。这可以通过市场调查、消费者需求的分析、经济效益的评估等手段来获得。

2. 物种特性研究

深入研究目标物种的生物学特性，包括生长速度、繁殖力、耐病力、适应能力、遗传背景等方面。了解物种的遗传潜力、遗传限制和遗传进展的潜力，可以为育种目标的制定提供重要依据。

3. 选择合适的指标

根据需求和物种特性，选择合适的评价指标或遗传参数来衡量育种目标的实现程度。这些指标可以是生产性能（如体重增加、饲料转化率），也可以是品质性状（如肉质、脂肪含量）或其他性状。

4. 制定权衡策略

在制定育种目标时，需要权衡不同的因素和目标之间的关系。比如，提高生产性能可能会影响其他性状，所以需要权衡不同性状之间的关系，制定一个平衡的目标。

5. 确定育种策略

根据目标的制定，制定相应的育种策略。这包括选择合适的育种方法（如选择育种、配对设计、人工授精等），建立合适的选配方案和繁殖计划，并用适当的育种指标进行选择和评价。

6. 持续评估和改进

育种目标的制定是一个动态过程，需要不断进行评估和改进。通过定期的性能测试、遗传评估和数据分析，评估育种进展，并根据结果进行相应的调整和改进。

制定育种目标是一项复杂而综合性的任务，需要深厚的专业知识和丰富的科学的方法。顶级的动物育种学专家会综合考虑多种因素，制定科学合理的育种目标，以推动养殖业的发展和改良。

总之，群体结构和育种目标是育种计划中重要的考虑因素。了解这些因素对于制定合理的育种目标和设计有效的育种策略至关重要。

三、动物种群改良

动物育种的目的并非在于改善单个动物的遗传特性，而是为了提高动物种群的质量，改良未来动物世代。育种者在这一过程中能运用两种基本工具：选择与配种。选择过程决定哪些个体将成为亲本，它们能产生多少后代，以及它们在繁殖群体中的时间。配种过程决定选定的哪些雄性与雌性交配。

1. 选择

选择是动物遗传长期演变的核心过程，它决定着哪些个体能够成为亲本，它们的后代数量，以及它们在繁殖群体中的存续时长。"自然选择"这一术语为大多数人所熟知，它是推动所有生物遗传变异的强大进化力量，不仅作用于野生动植物，同样影响着家养物种。例如，携带致命遗传缺陷的动物在自然选择的作用下无法存活至繁殖期。然而，在动物育种中，我们主要关注的是人工选择。人工选择的基本原理：让基因组合最优的个体进行繁殖，以期下一代动物平均拥有比当前世代更理想的遗传特质。具备最佳基因组合的动物被视为拥有最高的育种值，从遗传学角度来看，它们是最理想的亲本。在选择过程中，我们的目标是挑选出那些育种值最高的动物，即能将最佳基因遗传给后代的个体。通过成功的人工选择，我们可以逐步增加理想基因在种群中的比例，从而随着时间的推移实现遗传改良，提升未来世代的遗传品质。

要了解选择机制如何运作，我们可以从最简单的选择形式入手：表型选择或群体选择。在这种选择方式中，个体的表现型性状是作出选择决策的唯一依据。我们不会考虑动物的谱系背景、其兄弟姐妹的表现，或者它可能产生的后代的表现。以断奶重量为例，如果采用表型选择方法，决定是否将某只羊羔留作种羊时，将完全基于其自身的断奶重量来作出决策。尽管在实际应用（特别是在科学实验室之外的环境）中，纯粹的表型选择已较为罕见，但它为我们提供了一个清晰易懂的范例，有助于深入理解选择机制。

肉羊增加体型的表型选择示意图

上图描绘了通过表型选择增加肉羊体型的情况。每一代中体型最大的肉羊被选为下一代的亲本，结果随时间的推移平均体型增加。使用体型表型作为选择标准的想法是基于这样的期望：体型的表型是影响体型基因的合理指标。毕竟是基因从亲本传给后代。换言之，假设肉羊体型的表型与体型的育种值有关。如果不是这样，那么对这个性状的表型选择将是浪费时间。因此，表型与育种值之间的关系非常重要，这种关系通过遗传力体现。当一个性状的遗传力高时，表型通常是潜在育种值的良好指标，表型选择将有效改变性状水平。当遗传力低时，表型对育种值的揭示很少，表型选择将无效。根据上图中肉羊体型迅速增大的情况，体型必须具有相当高的遗传力。不是所有性状的遗传力都这样高。例如，哺乳动物生育能力的遗传力通常相当低。估计性状的遗传力涉及使用统计技术来估计相关个体间在感兴趣的性状与不相关动物相比的相似度。

大多数动物育种者在做出选择决定时，不太可能仅限于个体表现信息。他们也会使用亲属的信息。例如，当狗的育种者从其他育种者那里购买一只8周大的小狗时，他可能不仅仅基于这只年幼小狗显而易见的构形和性格性状来做出选择。她想评估这些性状在同胎兄弟姐妹、母亲和父亲中的表现。她可能想看看小狗的扩展谱系，以了解更多关于其祖先的信息。同样，当牛肉育种者通过人工授精评估一头公牛时，他们会考虑超出公牛自身生长率表现的信息。他们想了解它的后代的生长表现。

上述例子说明，选择决定是基于信息的组合。我们将概述如何将不同来源的信息组合成动物育种值的单一预测。真实育种值与其预测之间关系的强度通过准确性衡量。当准确性高时，育种值的预测通常是好的，它们将密切反映被评估动物的真实育种值差异。由于育种值的预测准确，我们可以在选择中做得很好。

本章提到的性状，如羊的断奶重量和体型，犬的生育能力、构形和性格，奶牛的产奶量，都是多基因性状。许多基因影响多基因性状，没有单一基因被认为具有绝对效应。这些性状的遗传变异是由许多位点的分离造成的。直到最近，我们对影响这些性状的特定基因知之甚少（我们只知道有很多）。只要我们不能识别特定基因，就必须依赖表型表现、育种值的预测来描述动物的基因型。有充分的理由相信，任何性状的基因效应大小存在范围，从少数具有大效应的基因到大量具有非常小效应的基因。分子生物学的发展使识别影响数量性状的单个基因成为可能。与单个基因相关的遗传标记信息可以用于选择以提高选择的准确性（所谓的标记辅助选择）。一旦识别了单个基因，就可以研究其生化和生理作用。这些研究的结果将大大增加我们对性状遗传变异本质的理解。

动物的大多数性状本质上是多基因的。然而，有些性状是单基因遗传的，它们受单个或少数几个基因影响。例如欧洲源牛的有角/无角性状（无角指天生没有角）。单个基因决定一头牛是有角还是无角。还有大量的单基因疾病被认为是严重问题，但不妨碍受影响个体繁殖。众所周知的例子包括狗的遗传性眼疾、猪的恶性高热综合征（"氟烷基因"）。由于只有少数基因影响简单遗传性状，因此选择简单遗传性状与选择典型多基因性状不同。对于简单遗传性状，我们不处理育种值及其预测，甚至不涉及遗传力的概念。相反，我们只对知道个体是否拥有感兴趣的特定等位基因感兴趣，并基于这一知识选择动物。如果可以通过临床检查或DNA测试在繁殖年龄之前检测到这种疾病，就可以有效地选择抗病个体。在猪中检测到恶性高热综合征的基因并随后开发DNA测试，极大地增加了猪育种者从种群中消除该疾病的机会。恶性高热在猪中是一种常染色体隐性疾病，这意味着不可能区分携带两个正常等位基因的动物（纯合动物）和携带一个缺陷等位基因的动物

（杂合动物，所谓的携带者）。DNA 测试能在繁殖年龄之前检测携带者——携带引起遗传疾病基因的杂合动物。当考虑选择时，我们通常设想的是在一个品种内选择个体动物，也可以在品种之间选择。在建立农场或育种计划时，我们需要选择一个品种。品种间选择提供了一种利用品种差异进行非常快速遗传改变的方式。对于许多性状，品种差异可能非常大。通过利用如此大的差异，品种间选择可以比品种内选择更快地产生遗传改变。例如，荷兰黑白牛在 20 世纪 70 年代的产奶量大幅增加——不是通过荷兰弗里斯牛种群内的选择，而是通过从美国和加拿大引进更高产的荷斯坦-弗里斯牛精液。

2. 配种

配种是动物育种者用来进行遗传改变的两种基本工具之一。配种是确定雄性与雌性交配的过程。它与选择截然不同。在选择中，选择要成为亲本的一群动物；在配种中，将选定的雄性和雌性进行匹配。

有许多不同的动物配种方法，每种方法可以通过一套配种规则来定义：一个配种系统。使用配种系统有 3 个原因：一是产生极端育种值的后代；二是利用互补性；三是获得杂交优势。通过配对具有极端育种值的父母（高高和低低）可以获得极端表型。如果希望得到中等大小的动物，可以将大动物与小动物配种。父本的基因型相当不同，且都不是最佳的，但配对是互补的，因为后代是最佳的。将夏洛来牛与安格斯牛配对是杂交的一个例子；将一种品种的公牛与另一种品种的母牛配对。杂交常用于产生品种互补性，事实上，夏洛来×安格斯的配对是互补的。夏洛来是以其快速生长和肌肉发达而闻名的大型法国牛，安格斯是以其母性能力而闻名的较小的英国牛，而杂交后代因拥有这两种父母而受益。杂交这两个品种的另一个原因是产生杂交优势或杂种优势。杂交优势是指杂交或杂种动物的表现超过纯种动物。杂交优势在许多性状中或多或少地发生，但在像生育能力和存活能力这样的性状中最为显著。

四、多性状选择

家畜多性状选择是现代动物育种中的重要策略之一。它是指在育种过程中，同时考虑多个目标性状，综合评定个体的遗传价值，以期获得多方面都表现优异的后代。这一策略充分利用了数量遗传学原理，在保证重要经济性状的同时，兼顾其他性状的遗传改良，以满足生产需求。

1. 多性状选择的重要性

家畜的性状是多种多样的，它们之间既有相互联系，又有相互矛盾的方面。例如，奶牛的产奶量和乳脂率之间呈负相关，育种时如果只考虑产奶量，可能会导致乳脂率下降。因此，在育种过程中，需要综合考虑多个性状，才能获得最佳效果。

2. 多性状选择的理论基础

多性状选择的理论基础是数量遗传学。数量遗传学研究性状的遗传和变异规律，为多性状选择提供了理论指导。

多性状选择的常用方法如下。

直接选择：根据多个性状的表型值直接进行选择。

指数选择：根据多个性状的经济权重计算指数值，再根据指数值进行选择。

最佳线性无偏估计（BLUP）：利用家系信息和表型信息估计个体的育种值，再根据育种值进行选择。

全基因组选择（GS）：利用全基因组标记信息估计个体的育种值，再根据育种值进行选择。

以奶牛育种为例。传统育种主要关注单一性状产奶量。但在实际生产中，乳脂率、乳蛋白率、泌乳持久性、体型、泌乳速度、乳房健康、繁殖力、寿命等一系列性状都影响奶牛的综合经济价值。通过构建选择指数，将各性状的经济权重与遗传参数相结合，奶牛育种目标从单一的高产奶量转变为高产、优质、高效、健康、长寿的多性状改良模式。例如，北美奶牛改良协会开发的终生盈利指数（Lifetime Profit Index，LPI），包含产奶量、体型、肢蹄和乳房健康3个复合性状，使加拿大奶牛的遗传性能稳步提升。挪威红牛育种也采用复合指数选择，综合考虑产奶、肉用性、健康、繁殖等11个性状，获得了产奶量与繁殖力双高的品系。

又如猪的育种，传统上以增重、料肉比、瘦肉率等生长性状为主要目标。但消费者日益重视猪肉品质与风味，育种目标相应增加了肌内脂肪含量、剪切力、肉色等性状。同时，母猪的泌乳性能、繁殖力与健康也受到重视。通过多性状复合选择指数，平衡了生长、肉质、繁殖、健康等多个性状的遗传改良。丹麦梅谢莱伊猪的育种采用总选择指数（Total Merit Index），包括生长、屠宰性状、肉质和繁殖性状，使之在保持优异瘦肉率的同时，肉质、风味明显改善，母猪产仔数、泌乳性能也有提高。

家禽育种也广泛应用多性状选择策略。蛋鸡育种兼顾产蛋数、蛋重、性成熟日龄、存活率等；肉鸡育种综合考虑生长速度、饲料转化率、屠宰性状、免疫力等。优质蛋鸡品系海兰褐通过50多年复合选择育种，在提高产蛋量的同时，显著改善了蛋壳质量、蛋重、料蛋比等性状。肉鸡品系Cobb500采用12个以上性状构建选择指数，使其在40多日龄体重超过2.5 kg，饲料转化率低于1.5，综合性能优异。

总之，家畜多性状选择充分考虑生产、加工、消费等多方面的要求，平衡各目标性状的遗传改良，获得全面优良的育种效果。它代表了现代动物遗传改良的重要方向，必将在提高畜产品数量、质量和生产效率中发挥更大作用。以下为用R语言编写的模拟多性状选择的程序。

```r
# 载入必要的包
library（MASS） # 用于生成具有相关性的数据
library（ggplot2）
# 设置随机种子以确保结果可复现
set.seed（123）
# 定义性状的均值、标准差和相关系数
mean_values <- c（50, 100） # 性状1和性状2的均值
std_devs <- c（10, 20） # 性状1和性状2的标准差
correlation <- 0.5 # 性状1和性状2之间的相关系数
# 生成具有特定相关性的性状数据
cov_matrix <- matrix(c(std_devs[1]^2, std_devs[1] * std_devs[2] * correlation,
                       std_devs[1] * std_devs[2] * correlation, std_devs[2]^2),
                     nrow = 2)
traits <- mvrnorm(n = 100, mu = mean_values, Sigma = cov_matrix)
colnames(traits) <- c("Trait1", "Trait2")
population <- as.data.frame(traits)
# 进行选择：选择性状1大于55且性状2大于110的个体
```

```
selected_population <- population[population $ Trait1 > 55 & population $ Trait2 > 110,]
# 绘制初始群体和选后群体的分布图
ggplot() +
    geom_point(data = population, aes(x = Trait1, y = Trait2), color = "grey", alpha = 1) +
    geom_point(data = selected_population, aes(x = Trait1, y = Trait2), shape = 18, size = 4, color = "red") +
    labs(title = "Multi-Trait Selection with Genetic Correlation",
         x = "Trait 1",
         y = "Trait 2") +
    theme_minimal()
```

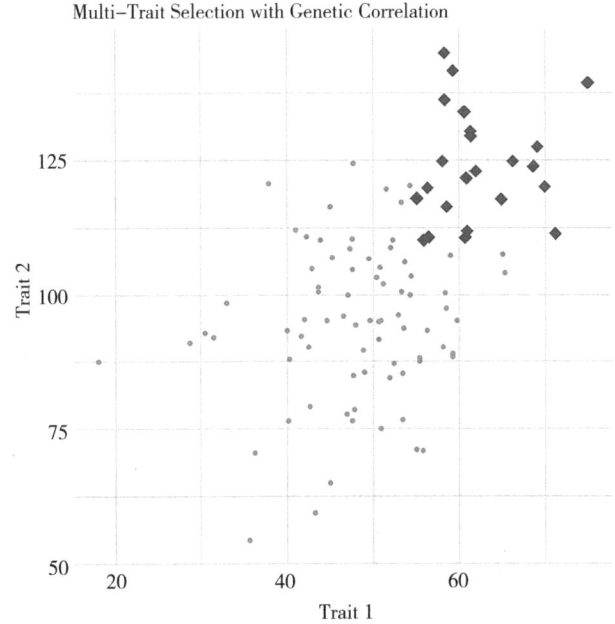

五、近交

近交是指有亲缘关系的个体之间进行交配。在动物育种中，近交是指父母双方具有共同祖先的个体进行交配。近交可以提高后代中纯合基因的比例，有利于某些性状的遗传改良。但是，近交也会导致后代遗传多样性下降，增加近交衰退的风险。

1. 近交的遗传效应

近交的主要遗传效应如下。

①增加纯合基因的比例：近交后代中纯合基因的比例是亲代纯合基因比例的平方。例如，如果亲代都是纯合子，那么后代将全部是纯合子。

②提高性状的遗传固定性：近交可以提高后代性状的遗传固定性，减少性状的变异。

③增加隐性有害基因的表达：近交会增加后代隐性有害基因的表达，导致近交衰退。

2. 近交的应用

近交在动物育种中主要用于以下几个方面。

①纯合系的建立：通过近交可以建立纯合系，为研究基因功能和性状遗传规律提供

材料。

②遗传改良：近交可以提高性状的遗传固定性，有利于某些性状的遗传改良。例如，在奶牛育种中，近交可以提高奶牛的产奶量和乳脂率。

③杂交育种：近交系可以作为杂交育种的亲本，利用杂种优势提高后代的生产性能。

3. 近交的注意事项

近交会导致后代遗传多样性下降，增加近交衰退的风险。因此，在应用近交时，应注意以下三点。

①合理选择近交方式：近交方式包括全同胞交配、半同胞交配和回交等。不同的近交方式会导致不同的遗传效应。

②控制近交水平：近交水平越高，近交衰退的风险越大。因此，应控制近交水平，避免过度近交。

③注意选择性状：近交对不同性状的影响不同。在应用近交时，应注意选择性状，避免近交导致性状下降。

4. 近交案例

案例一：纯合系建立

小鼠是重要的试验动物。为了研究基因功能和性状遗传规律，科学家们建立了大量的小鼠纯合系。这些纯合系都是通过近交建立的。

案例二：奶牛育种

在奶牛育种中，近交可以提高奶牛的产奶量和乳脂率。但是，近交也会导致奶牛的体质下降，繁殖率降低。因此，在奶牛育种中通常采用有限近交，即在控制近交水平的情况下，利用近交提高奶牛的遗传改良速度。

案例三：杂交育种

在猪育种中，通常采用瘦肉型猪和脂肪型猪杂交，利用杂种优势提高猪的生长速度和瘦肉率。瘦肉型猪和脂肪型猪通常都是通过近交建立的纯合系。

近交是一把双刃剑，既可以用于遗传改良，也可以导致近交衰退。因此，在应用近交时，应充分考虑其遗传效应和注意事项，避免造成不良后果。

```r
# 载入必要的包
library(ggplot2)
# 模拟参数设定
generations <- 10 # 模拟的代数
base_breeding_value <- 100 # 基础育种值
base_phenotypic_value <- 100 # 基础表型值
inbreeding_depression_effect <- -2 # 近交衰退对育种值和表型值的影响
# 初始化种群数据框
population <-data.frame(
    Generation = integer(0),
    BreedingValue = numeric(0),
    PhenotypicValue = numeric(0)
)
# 模拟每代的近交效应
```

```
for(gen in 1:generations) {
    inbreeding_coefficient <- 0.1 * gen # 假设近交系数每代线性增加
    breeding_value <- base_breeding_value + (inbreeding_coefficient * inbreeding_depression_effect)
    phenotypic_value <- breeding_value + rnorm(1, mean = 0, sd = 5) # 加入环境效应的随机性
    # 更新种群数据
    population <-rbind(population, data.frame(
        Generation = gen,
        BreedingValue = breeding_value,
        PhenotypicValue = phenotypic_value
    ))
}
# 绘图:育种值和表型值随代数的变化
ggplot(population, aes(x = Generation)) +
    geom_line(aes(y = BreedingValue, colour = "Breeding Value"), linewidth = 2) +
    geom_line(aes(y = PhenotypicValue, colour = "Phenotypic Value"), linewidth = 1) +
    labs(title = "Effect of Inbreeding Depression on Breeding and Phenotypic Values",
         x = "Generation",
         y = "Value") +
    scale_colour_manual("",
                        breaks = c("Breeding Value", "Phenotypic Value"),
                        values = c("Breeding Value" = "red", "Phenotypic Value" = "blue")) +
    theme_minimal()
```

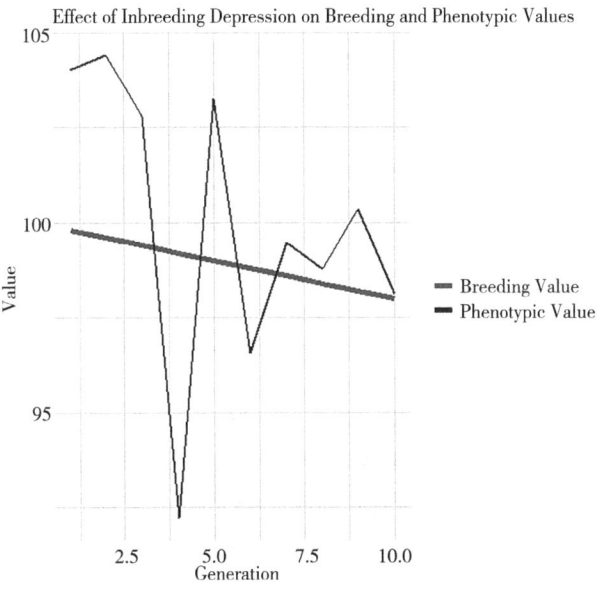

六、生物多样性

生物多样性是地球生命的基础,也是人类赖以生存和发展的物质保障。然而,随着人类活动的日益频繁和强烈,生物多样性正面临前所未有的威胁。在家养动物领域,一个突出的问题是本土品种的濒危和灭绝。

本土品种是在特定地区长期适应当地环境和人工选择而形成的,具有独特的遗传特性和适应性。它们不仅是当地居民赖以为生的宝贵资源,也是全人类共同的遗传瑰宝。然而,在现代化、全球化的冲击下,许多本土品种正濒临灭绝的边缘。据联合国粮食及农业组织估计,目前全球约有8000个家养动物品种,其中近2000个处于濒危或灭绝状态。导致这一现象的主要原因是,高产"改良"品种的引入和推广,挤占了本土品种的生存空间;同时,传统农牧业方式的改变,使依赖特定生态环境的本土品种失去了赖以维系的条件。

面对本土家养动物品种濒危的困境,保护其遗传多样性已成为国际社会的共识和当务之急。支持者认为,品种间的遗传变异是应对未来不确定性的重要保障。我们无法预知未来农牧业生产和人类需求的变化,而丰富的遗传多样性则为未来提供了更多选择的可能。以色列农业科学家Elisha Gootwine指出,一些貌似"低产"的本土品种可能蕴藏着抗旱、耐寒、抗病等有益基因,在气候变化和极端环境频发的背景下,它们的巨大潜力可能被激发出来。因此,我们有必要对现有的种质资源进行保护,以备将来所需。

然而,本土家养动物品种的保护也面临现实困境。从事养殖业的个人和企业往往难以承担保护行动的高昂成本,尤其是那些经济效益低下的濒危品种。对他们而言,维系当前生计和利润才是首要考量。因此,政府和国际组织的支持和干预必不可少。联合国粮食及农业组织和各国政府已采取行动,加强对本土品种的调查、登记和保护。一些发达国家建立了国家级基因库,对珍稀品种的遗传材料进行收集和保存。发展中国家也在国际社会帮助下,采取就地保护、移地保护等措施,维护品种遗传多样性。

令人担忧的是,随着跨国公司对育种行业的兼并和垄断,一些商业化育种品系和选择线也面临淘汰的命运。这些品系虽是人工选育的产物,但其遗传组成与本土品种不同,同样构成了人类改良家养动物的重要遗传资源。它们的消失也将导致遗传多样性的丧失。因此,保护行动还应涵盖商业化育种群体,尤其是那些具有特色基因组合的选择系。

生物多样性指标是衡量生物多样性变化的重要工具,它们帮助科学家、决策者和公众理解生态系统的健康状况、物种多样性的变化以及自然环境受到的威胁。这些指标通常分为几个层面:物种多样性、遗传多样性和生态系统多样性。以下是反映生物多样性的一些关键指标。

1. 物种丰富度(Species Richness)

这是最直观的生物多样性指标之一,指一个特定区域内物种的总数。物种丰富度越高,该区域的生物多样性通常被认为越丰富。

2. 物种均匀度(Species Evenness)

物种均匀度衡量一个生态系统内物种分布的均衡程度。即使两个区域的物种丰富度相同,物种分布的均匀度不同也会反映出不同的生物多样性状况。

3. 物种多样性指数(Species Diversity Indices)

如香农-维纳指数(Shannon-Weiner Index)和辛普森多样性指数(Simpson's Diversity

Index）等，这些综合指标考虑了物种丰富度和物种均匀度，提供了关于生物多样性的更全面信息。

4. 遗传多样性（Genetic Diversity）

遗传多样性指的是一个种群内部或不同种群之间遗传特征的差异。这个指标对于理解物种的适应能力和长期生存至关重要。

5. 生态系统多样性（Ecosystem Diversity）

生态系统多样性涉及不同生态系统的种类、分布和质量。它包括从自然森林到农业系统等不同类型的生态系统。

6. 濒危物种数量（Number of Endangered Species）

濒危物种数量是生物多样性损失的直接指标，表明了需要立即保护的物种数量。

7. 栖息地范围和质量（Habitat Range and Quality）

栖息地的减少和退化是生物多样性下降的主要原因之一。通过监测特定物种的栖息地范围和质量，可以评估生物多样性的变化。

8. 生态足迹（Ecological Footprint）

虽然不是直接的生物多样性指标，生态足迹反映了人类活动对生物多样性和生态系统的影响程度。

通过这些指标的综合评估，科学家和政策制定者可以更好地理解和监测生物多样性的变化，为生物多样性保护和可持续管理提供依据。

总之，家养动物遗传多样性是人类的共同财富，对其保护责无旁贷。这需要全社会的共同努力，在政府主导下，调动养殖者、育种者、科研机构、社会组织等多方力量，因地制宜地制订和实施保护计划。唯有多管齐下，才能为人类留住这一宝贵的遗产，维系农牧业可持续发展的根基。

七、动物育种技术

在过去几十年里，生物技术在家畜育种中的应用引领了一场无可比拟的变革，这一进步不仅彻底改变了育种的实践和理念，也极大地提高了育种效率和精准度。生物技术的引入，特别是在遗传层面的应用，已经使家畜育种从一门以经验和直觉为基础的艺术转变为一门科学和技术驱动的精密工程。

生物技术在家畜育种中的应用主要包括以下几个方面。

1. 人工授精技术

人工授精是一种重要的生物技术，它可以在实验室中将精子和卵子结合，然后将受精卵移植回母体的子宫中，以实现繁殖的目的。人工授精技术可以增加公畜的配种任务，获得大量优良种畜后代，同时也可以使得种公畜的使用不受时间和地域限制，扩大种公畜的遗传改良作用。此外，人工控制母畜繁殖周期的途径，如药物处理和产后处理，可以增强发情症状，提高受胎率，同时也可以造成同期发情，有利于胚胎移植和产后催情，缩短胎间距。

2. 超数排卵与胚胎移植技术

超数排卵技术可以产生更多的卵母细胞，而胚胎移植技术则可以将这些卵母细胞移植到发情适时的受体牛子宫内，这样不仅可以增加优良母畜的后代，提高其繁殖力，还有利于遗传物质的运输，建立 MOET（超数排卵胚胎移植技术）核心群育种体系，提高选择的准确性或缩短世代间隔。

3. 性别控制与胚胎性别鉴定技术

性别控制与胚胎性别鉴定技术可以增加家畜特定的性别比例，提高生产效率，同时也可以根据育种需要，灵活选择性别比例。例如，通过转基因技术，可以大大提高生产性能，实现抗病育种；生产特定的肽和蛋白质。

4. 分子遗传标记与基因组选择

随着分子生物学的进步，特别是 DNA 测序技术的发展，分子遗传标记技术使得育种者能够直接针对动物基因组中的特定区域进行选择。基因组选择（GS）技术的应用，基于整个基因组信息进行育种值估计，极大地提高了选择的准确性和效率。

5. 基因工程技术

基因工程技术是一种通过改变生物的基因组来改变其性状的技术，它在动物育种中的应用主要是通过转基因技术，改良家畜的遗传特性，如增重速度、瘦肉率、饲料利用率、产奶量等。例如，科学家第一次将人的生长激素基因导入猪的受精卵获得成功，随后，转基因猪、牛、马、羊、兔等家畜纷纷出现，并逐步走出实验室，进入试验阶段。CRISPR-Cas9 等基因编辑技术的出现，开辟了直接修改家畜基因组以培育具有特定性状的动物的可能性。这些技术有潜力在提高生产性能、疾病抗性以及适应特定环境条件方面带来革命性的改变。

6. 细胞工程技术

细胞工程技术是一种通过操作生物的细胞来改变其性状的技术，它在动物育种中的应用主要包括人工授精技术、配子低温冷冻保存技术、同期发情、超数排卵技术、体外受精技术、性别控制与胚胎性别鉴定技术、克隆技术等。这些技术可以提高优良种公畜的利用率，迅速扩大优良遗传特性和高产基因在群体中的影响，从而提高繁殖率和经济效益。

尽管生物技术在家畜育种中的应用带来了巨大的潜力，但它也引发了一系列社会经济和伦理问题。技术的快速发展和商业化可能加剧了育种资源的集中，减少了小规模育种者的参与机会。此外，消费者对基因编辑动物的接受度、对动物福利的关注以及对食品安全的要求都对育种技术的选择和应用提出了挑战。

八、育种工作的构成

在过去几十年中，动物育种领域经历了深刻的变革，从依赖经验丰富的育种者的直觉和技巧，转变为高度依赖科学技术的系统化过程。现代的家畜育种计划是一种组织有序的结构，旨在通过基因改良提高家畜种群在未来预期生产环境下的效率。这一变化背后是科学原理的广泛采纳，特别是遗传学、生物技术和信息技术的进步，这些技术的应用极大地增强了育种的精准度和效率。

家畜育种计划的关键组成部分如下。

1. 数据记录系统

数据是家畜育种的基础。一个高效的数据记录系统能够确保收集关于选拔候选者的详尽信息，包括但不限于产量、生长速率、健康状况和其他相关的生产性状。例如，在奶牛育种中，通过记录公牛的女儿们的产奶量来评估公牛的遗传价值。

2. 育种值估计

利用收集到的数据，通过统计学方法和遗传学原理来估算每个候选者的育种价值。最常用的方法之一是最佳线性无偏预测（BLUP），这种方法可以有效地区分遗传效应和环境效应，提高选择的准确性。

3. 选择和配种系统

在确定了候选者的育种价值后，接下来就是选择最佳个体作为下一代的父母。选择过程需要考虑遗传多样性和避免近亲繁殖等因素。配种策略则旨在最大化遗传改良的效果，同时减少不良遗传的传播。

4. 遗传改良的传播结构

育种和生产种群往往是分开的，因此需要有效的机制将育种种群中的遗传改良传播到生产种群。在奶牛育种中，通过精液和胚胎销售来实现；而在猪和家禽育种中，则通过销售杂交后代将改良传递给育肥场和蛋鸡生产者。

尽管现代技术显著提高了育种的效率，但也带来了新的挑战，包括遗传多样性的减少、育种资源的集中以及伦理和社会接受度问题。因此，家畜育种的未来不仅在于科学技术的进步，还需要在技术发展和社会经济需求之间找到平衡，确保育种目标的多样性和可持续性。

此外，随着消费者对健康、环境和动物福利的日益关注，家畜育种计划也需要考虑这些因素，将它们纳入育种目标中。这不仅能提高动物生产的可持续性，还能满足市场和社会的期望。

总之，家畜育种正处于一个快速发展的时期，未来的育种计划将更加依赖跨学科的合作，包括遗传学、生物技术、信息技术以及社会经济学，以实现更高效、可持续和为社会负责任的育种目标。

九、育种方案的设计与评估

育种计划的设计与评估是实现家畜种群基因改良的核心环节，其结构既取决于特定物种的特性，也受到育种目标的影响。最佳育种计划的设计须考虑物种的繁殖能力大小、旨在改善的是生产性状还是繁殖性状，以及目标性状的遗传可变性大小等因素。

为了在众多备选方案中筛选出最优的育种计划，我们需要明确的评价标准，这些标准建立在明确定义的育种目标基础之上。评价育种计划质量的3个主要标准包括：育种目标性状的选择反应、遗传多样性的维持（通过近交率衡量）以及育种计划的成本。选择反应反映了育种计划的收益，而遗传多样性的损失和财务成本则构成了开支。评价的挑战在于如何将这些不同单位的指标综合为评价育种计划质量的单一标准。

基于选择反应和近交率对育种方案进行比较时，可以设定近交率的上限，以避免长期的遗传多样性损失，然后在相同近交率下比较不同方案的选择反应，选择反应最高的方案即视为最优。将选择反应与成本结合成单一评价标准则更为复杂，涉及是否通过增加的市场份额等形式的收益来弥补选择反应增加的成本，这不仅是遗传问题，更是商业和经济问题。

育种计划一旦开始运行，定期的评估成果便显得至关重要。这包括将实际遗传改良和近交率与设计育种计划时的预期值进行比较，发现预期与实际之间的偏差，并探究其原因以改进育种计划。育种计划未达预期遗传改良的原因可能包括使用了不适当的育种价值估计模型、遗传参数估计过高、选拔候选者中的优先处理，以及其他性状的意外相关反应。

评价和比较不同育种方案的质量，需要量化备选方案的预期遗传改良率和近交率。这通常通过随机模拟或确定性方法完成。随机模拟详细模拟了育种计划，并能精确地从模拟数据中估计增益率和近交率。尽管随机模拟能精确模拟真实的育种计划，但其耗时且可能不易于洞察育种方案的内在机制。相比之下，确定性方法通过使用（确定性）方程预测增益和近交，虽然不在个体动物水平上模拟育种计划，但能在计算速度快的同时提供对增益和近交机制的深入理解。

综上所述，育种计划的设计与评估是一个综合考量物种特性、育种目标、遗传学原理及商业经济因素的复杂过程。通过精确的数据收集、科学的遗传评估、有效的选择与配种策略以及高效的遗传改良传播机制，可以实现对家畜种群的持续基因改良，提高家畜生产的效率和可持续性。在此过程中，随机模拟与确定性方法为我们提供了强有力的工具，帮助我们预测和评估育种计划的效果，确保育种目标的实现和育种资源的有效利用。在畜牧业中，设计有效的繁育计划是提高生产效率和经济收益的关键。一个成功的繁育计划需要通过科学方法和详尽计划来实施。以下是设计繁育计划的基本步骤及其实施要点。

1. 描述生产系统

分析当前的生产环境和条件，包括饲养管理、饲料资源、气候条件等，以准确理解生产系统的实际运作方式。

2. 制定系统目标——简化且全面

明确繁育计划的长期和短期目标。这些目标应既明确又全面，涵盖生产效率、产品质量、经济回报和可持续性等方面。

3. 选择繁育系统和品种

根据生产系统的特点和目标，选择最适合的繁育系统（如纯种繁育、杂交繁育等）和品种。

4. 估计选择参数和（贴现）经济价值

评估不同性状的选择参数（如遗传变异、遗传相关性等）和经济价值，为选择决策提供科学依据。

5. 设计动物评价系统

建立一套综合评价动物遗传潜力的系统，包括性状记录、性能测试和遗传评估等。

6. 制定选择标准

基于经济价值和遗传参数，制定科学的选择标准，以确保选出最有潜力的动物进行繁育。

7. 为选定动物设计配种

精心设计选定动物的配对计划，以优化遗传组合，提高后代的遗传潜力。

8. 设计遗传优势扩散系统

制定有效的机制，将选育出的优良遗传特质广泛传播到生产系统中，包括人工授精、胚胎移植和后代测试等策略。

9. 比较替代方案

评估不同繁育计划的优势和劣势，通过比较分析选择最佳的繁育策略。

通过以上步骤，可以设计出一套既符合生产实际，又能有效提高生产性能和经济效益的繁育计划。这不仅需要深入的行业知识和经验，还需要不断地学习和适应新技术和市场变化。一个好的繁育计划能够为畜牧业带来长期的利益和发展。

第三节　模拟繁育计划

畜牧业作为国民经济的重要支柱，其生产性能的持续提升对于满足市场需求、优化资源配置以及提高经济效益具有至关重要的作用。而遗传改良，作为畜牧业科技进步的核心环节，旨在通过精心的遗传选择与繁育计划，逐步提高畜禽种群中关键性状的遗传品质，进而提升畜牧业整体生产水平。

在实施遗传改良的过程中，繁育计划的设计是成败的关键。一个周全的繁育计划，不仅能够确保畜禽种群的遗传进展朝着预设的目标稳步推进，还能够在激烈的市场竞争中为企业赢得先机。然而，设计一份行之有效的繁育计划并非易事，它涉及众多复杂因素的综合考量，包括但不限于种群规模、选育动物的数量、选择标准以及遗传评估的准确性等。

由于繁育计划的可选项极为丰富，动物育种者在实际操作中往往面临着艰难的选择。每一种繁育计划都有其独特的优势和局限性，而最终只能实施一种方案。这就要求育种者具备前瞻性的判断能力和决策智慧，而这一切都建立在对于不同繁育计划可能带来的结果的精准预测之上。

为了实现这一目标，我们需要借助先进的模拟技术和预测工具，对各种繁育计划进行模拟运行，从而得出其可能产生的经济效益和生产性能提升情况。这些工具和方法不仅能够帮助我们预见未来，更能够指导我们调整和完善繁育计划，确保其更加符合实际生产需求。

在繁育计划的设计过程中，理解各个设计因素对计划结果的影响是至关重要的。这种理解不仅能够提升繁育计划的科学性和实效性，还能够帮助我们规避潜在的风险和挑战。例如，种群大小直接影响到遗传变异的保留和选择效果的提升，而选育动物的数量则关系到遗传改良的速度和范围。同样，选择标准的设定也需要根据市场需求和生产实际进行灵活调整，以确保选育工作的针对性和实用性。

在后续章节中，我们将深入探讨畜牧业遗传改良的核心理念和实践方法。我们将学习如何建立有效的繁育计划模型，如何通过分析和应用这些模型来预测和优化繁育计划的结果，以及如何在众多设计因素中找到最佳的平衡点。这不仅需要扎实的理论知识，更需要丰富的实践经验和创新思维。

总的来说，畜牧业遗传改良和繁育计划设计是一门深奥而实用的科学。通过不断学习和实践，我们将能够系统地提升畜牧业的生产性能和经济效益，为畜牧业的可持续发展注入强大的动力。这不仅是对科技进步的积极回应，更是对未来畜牧业发展的美好期许。

一、数量遗传学模型

由于畜禽养殖业中大多数感兴趣的性状本质上是多因素的，即受到许多单个基因以及环境因素的影响，数量遗传学理论已成为开发、建模和评估替代育种方案方法的基本依据。该理论的基础是无穷小遗传模型（Falconer 和 Mackay，1996）。

动物 i 表型的数量遗传模型为：

$$y_i = \mu + g_i + e_i$$

其中，μ 是总体均值（或固定效应之和），g_i 是动物的遗传价值，e_i 是其随机环境效应。假设其为加性性状，因此 g_i 指的是加性遗传或育种价值。

假设变量 g_i 和 e_i 为正态分布，均值为零，标准差分别为 σ_g 和 σ_e。严格来说，这些假设仅对未经选择的基础群中的 g_i 成立，选择的结果会改变均值和方差。

除了性染色体外，所有动物都携带每个基因的两个副本。一个副本是通过随机抽样从雄性亲本（父本）携带的两个副本中继承来的，另一个副本是通过随机抽样从雌性亲本（母本）携带的两个副本中继承来的。因此，后代的加性遗传值 $g0$ 可以分解为 3 个来源，并按如下方式建模：

$$g0 = 1/2\, g_s + 1/2\, g_d + g_m$$

其中，g_s 和 g_d 是父本和母本的加性遗传值，g_m 是孟德尔抽样方差。孟德尔抽样方差反映了对父母基因副本的随机选择。由于基因是从父母那里随机继承的，因此期望 g_m 在大量后代中的平均值应为零。

在数学上，孟德尔抽样方差 g_m 的期望值 $E(g_m)$ 为零。但对于任何特定的个体，g_m 都有一个实际的值，这个值在不同个体之间是不同的。g_m 值的范围由其方差决定，若没有近亲繁殖的情况下，其方差预期为：

$$E(\sigma^2_{g_m}) = 1/2\, \sigma^2_{g0}$$

其中，σ^2_{g0} 是种群在选择之前的初始遗传方差。之所以要注意种群没有进行选择的要求，其原因见后续内容。在近亲繁殖的情况下，孟德尔抽样项的期望方差会因系数 $[1 - \frac{1}{2}(F_s + F_d)]$ 而减少，其中 F_s 和 F_d 分别是父本和母本的近交系数。因此：

$$E(\sigma^2_{g_m}) = 1/2\,[1 - 1/2\,(F_s + F_d)]\,\sigma^2_{g0}$$

二、育种方案评估的统计模型

数量遗传模型可以用来模拟育种计划并评估其结果。动物育种中的模拟可以分为 3 种类型。

①随机模拟（有时也称为蒙特卡洛模拟）。
②确定性模拟。
③随机与确定性模拟的结合。

随机模拟使用随机数生成器来模拟变异性。最常见的两种随机数生成器是均匀分布和正态分布生成器。大多数统计软件程序都具备生成这些随机数的功能。例如，Excel 提供了一个均匀随机数生成器：RAND（），它返回一个介于 0 和 1 之间的均匀分布数值。

使用逆变换方法，这个函数可以与逆累积分布函数结合使用，在 Excel 中生成来自其他分布的随机数。例如，要从标准正态分布生成一个随机数，可以使用：NORMINV（RAND（），0，1）。函数 NORMINV（p, mean, st. dev.）返回正态分布的截断点，其中该分布下方的比例为 p。因此，通过从均匀分布（0，1）中抽取 p，根据累积分布函数生成一个随机截断点。

在动物育种中的随机模拟中，通过从预定义的分布中随机抽样来生成种群中每个动物的记录，这些分布是根据遗传规则和模型中的环境效应来确定的。一个育种程序的随机模拟模型如下图所示。

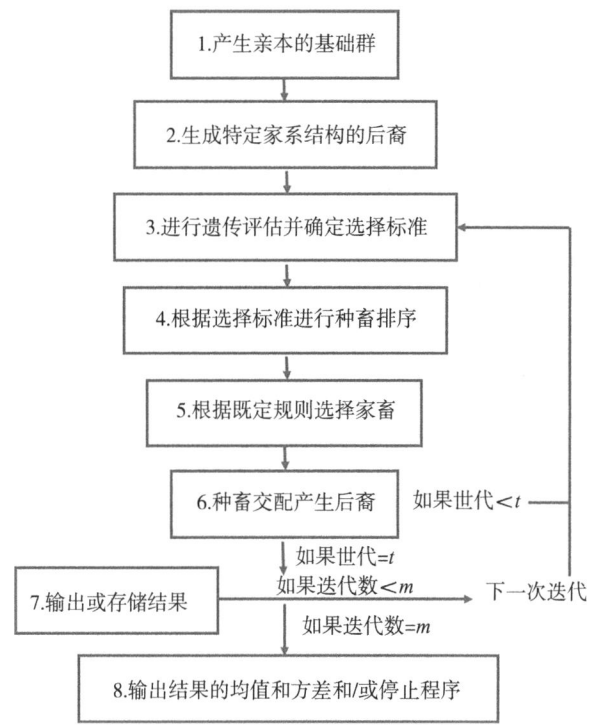

育种计划随机模拟示意图

1. 产生亲本的基础群

根据遗传学规律和群体结构产生基础群,例如单一性状的表型可由简单的加性遗传模型加随机环境效应进行模拟。

$$y_i = \mu + g_i + e_i$$

假定基础群中有 n_m 只雄性和 n_f 只雌性,假定它们是随机选择、无相关性和非近交的个体,那么基础群中动物的效应可以由以下步骤定义。

针对每个动物 i 进行以下操作。

①从均值为 0、方差为 1 的正态分布中获取随机数 r。

②计算 $g_i = r * \sigma_{g_o}$,其中 σ_{g_o} 是基础种群中加性遗传标准偏差。

③从均值为 0、方差为 1 的正态分布中获取新的随机数 r。

④计算 $e_i = r * \sigma_e$,其中 σ_e 是环境效应的标准偏差。

⑤计算 $p_i = \mu + g_i + e_i$,其中 μ 是预定义的种群平均值,为一个常数。

⑥存储 p_i、g_i 和 e_i。

可以对基础种群中的所有动物进行重复操作。为了能够构建系谱文件,动物应被赋予唯一的识别耳号。模拟可以扩展到包括其他遗传效应,比如显性或系统环境效应,年龄、养殖场或年份。几乎所有的编程语言都有一个随机数生成器或一个包含随机数生成程序的子程序库。

generate_ base_ population <- function (n, mu, sigma_ og, sigma_ e) {
 # 生成亲本的基础群
 base_ population <- data. frame(

```
    animal_id = 1: n,
    g = rep (NA, n),
    e = rep (NA, n),
    p = rep (NA, n)
  )
  # 针对每个动物 i 进行操作
  for (i in 1: n) {
    # 从均值为 0、方差为 1 的正态分布中获取随机数 r
    r1 <- rnorm (1, mean = 0, sd = 1)
    # 计算 gi
    gi <- r1 * sigma_og
    # 从均值为 0、方差为 1 的正态分布中获取新的随机数 r
    r2 <- rnorm (1, mean = 0, sd = 1)
    # 计算 ei
    ei <- r2 * sigma_e
    # 计算 pi
    pi <- mu + gi + ei
    # 存储结果
    base_population $ g [i] <- gi
    base_population $ e [i] <- ei
    base_population $ p [i] <- pi
  }
  return (base_population)
}
# 使用函数生成基础群
n <- 10 # 家畜数量
mu <- 50 # 种群平均值
sigma_og <- 5 # 加性遗传标准偏差
sigma_e <- 2 # 环境效应的标准偏差
base_population <- generate_base_population (n, mu, sigma_og, sigma_e)
print (base_population)
```

2. 产生后裔

一旦生成了亲本，选配并生成后裔。雄性父本 i 和雌性母本 j 的后代 k 的表型是：

$$y_{ijk} = \mu + 1/2\, g_{s_i} + 1/2\, g_{d_j} + g_{m_{ijk}} + e_{ijk}$$

其中，g_{s_i} 和 g_{d_j} 是公母畜的已知加性遗传值，$g_{m_{ijk}}$ 是个体 k 的孟德尔抽样离差，而 e_{ijk} 是环境效应。对于每个后代，逐个从均值为 0、方差为 1 的随机正态分布中抽样得到 $g_{m_{ijk}}$ 和 e_{ijk} 的值，然后将随机数乘以 σ_{g_m} 或 σ_e，其中，在没有近交的情况下，$\sigma_{g_m}^2 = 1/2\, \sigma_{g_o}^2$；在存在近交的情况下，$\sigma_{g_m}^2 = 1/2(1 - 1/2 F_{s_i} - 1/2 F_{d_i})\sigma_{g_o}^2$，其中，$F_{s_i}$ 和 F_{d_i} 是两个父母的近交系数。然后根据设计规定的结构向 y_{ijk} 添加固定效应。

```
generate_offspring <- function(mu, gs, gd, Fs, Fd, sigma_go, sigma_e, num_offspring) {
```

```r
num_sires <- length(gs)
num_dams <- length(gd)
phenotypes <- numeric()  # 存储所有后代的表型
# 循环处理每一对父母组合
for (i in 1:num_sires) {
  for (j in 1:num_dams) {
    # 判断是否存在近交
    if (Fs[i] == 0 && Fd[j] == 0) {
      sigma_gm <- sqrt(0.5 * sigma_go^2)    # 无近交情况的遗传方差
    } else {
      sigma_gm <- sqrt(0.5 * (1 - 0.5 * (Fs[i] + Fd[j])) * sigma_go^2)    # 考虑近交的遗传方差
    }
    # 生成指定数量的后代
    for (k in 1:num_offspring) {
      gm_ijk <- rnorm(1, mean = 0, sd = sigma_gm)    # 孟德尔抽样离差
      e_ijk <- rnorm(1, mean = 0, sd = sigma_e)    # 环境效应
      y_ijk <- mu + 0.5 * gs[i] + 0.5 * gd[j] + gm_ijk + e_ijk
      phenotypes <- c(phenotypes, y_ijk)  # 添加后代表型到数组
    }
  }
}
return(phenotypes)
}
# 示例参数
mu <- 100
gs <- c(10, 15, 20)    # 公畜的遗传值
gd <- c(8, 12, 16)    # 母畜的遗传值
Fs <- c(0, 0.2, 0.1)  # 公畜近交系数,第一个为0表示无近交
Fd <- c(0, 0.1, 0.2)  # 母畜近交系数,第一个为0表示无近交
sigma_go <- 5
sigma_e <- 3
num_offspring <- 3
# 调用函数生成后代
offspring_phenotypes <- generate_offspring(mu, gs, gd, Fs, Fd, sigma_go, sigma_e, num_offspring)
print(offspring_phenotypes)
```

3. 推导选择标准

在家畜育种学中,选择标准的确定对于提高育种效率和精度至关重要。基于实践模拟家畜生产,深入探讨了表型记录、选择指数和最佳线性无偏预测(BLUP)评估等不同选

择标准的应用及其计算方法。

首先,表型记录作为最直接的选择依据,通常涉及动物的外观、产量和健康状况等直接可观测的性状。在选择程序中,每个模拟动物的表型数据会被详细记录和评估。尽管这种方法直观且易于实施,但其局限性在于无法准确反映遗传潜力和环境因素的复杂交互作用。

选择指数则是一种更为复杂的评估方法,它综合考虑了动物的多个性状和相关亲属的信息。该方法不需要存储父母的记录,但要求建立并维护一个涉及边际亲属的性状的方差/协方差矩阵。选择指数的计算涉及对每一代中性状之间以及亲缘关系间的方差/协方差的适当评估,决定是否在不同时间点使用恒定参数或允许参数随时间变化。

BLUP 评估是一种更为高级和计算密集的选择方法,它要求存储所有动物及其基础群的关系数据。BLUP 的实现基于动物模型,可以准确估计遗传方差的变化,因此对计算时间的需求较高。该方法通常需要定义单一性状的方差或多性状的方差/协方差矩阵。这些方差通常设定为基础群的值,但在研究对参数估计敏感性时,可以给出错误的值。

在实际操作中,由于基础群参数只能估计,选择使用真实参数之外的其他参数可能会带来一些有趣的后果。随着选择的进行,种群参数会发生变化,这些变化需要在构建选择指数时予以考虑。参数的获取可以通过测量表型和真实的加性遗传值来估计,或者通过选择策略预测参数的变化。

最终,结果的解释将依赖于所做的假设。例如,如果选择策略和环境因素在模拟中没有得到充分模拟,那么结果可能无法真实反映实际情况。因此,在开发和使用选择标准时,必须仔细考虑这些方法的优势和局限性,以及它们在实际应用中的可行性和效果。通过这些详细的方法和标准,育种程序可以更准确地进行遗传改良,从而有效提高家畜的生产性能和适应性。

4. 家畜育种选配策略

(1) 亲本动物的选择方法。在家畜育种过程中,选择适当的亲本动物是至关重要的。这一过程不仅依赖于之前步骤中对候选动物选择标准的全面评估,而且需要采用科学的方法来进行截断选择。具体来说,就是根据每个动物在选择标准上的综合表现进行排序,从中挑选出表现最优秀的个体作为亲本。

在选择时,应分别对雄性和雌性动物进行排序,以确保两性在遗传品质上的均衡。现代编程语言库中提供的高效排序算法可以大大简化这一步骤。此外,用户还须根据育种目标确定选择的动物数量以及选择的类别,例如特定年龄组或具备繁殖能力的成熟动物。

(2) 亲本动物的交配程序。在确定了亲本动物后,下一步是制定交配程序。这里有两种主要的交配方式:完全同配交配和随机交配。

完全同配交配:在这种交配方式中,排名最高的雄性动物与排名最高的 n 只雌性动物进行交配,次优雄性则与接下来的 n 只次优雌性交配,以此类推。这种方法旨在最大化优秀遗传特性的结合,从而有望产生更高品质的后代。

随机交配:在随机交配中,每只选定的雌性动物会被分配一个随机偏差值,然后根据这个值对雌性进行排序。随后的交配过程与完全同配交配类似,但引入了更多的遗传多样性。

(3) 选择与交配的限制条件。在实际操作中,育种者可能需要对选择和交配过程施加一些限制条件。例如,为了维持种群的遗传多样性,可能会限制作为亲本的全同胞和半同胞的最大数量。同时，为了避免近亲繁殖带来的潜在问题，通常会禁止全同胞和半同胞之间的交配。

这些限制条件的实施可能会导致某些原本符合选择标准的动物失去交配资格。因此，在实际操作中，育种者需要准备更多的候选动物以供选择，以确保在满足所有限制条件的同时，仍能选出足够数量的优质亲本进行交配。

综上所述，家畜育种中的选配工作是一个复杂而精细的过程，需要综合考虑多个因素。通过科学的选择方法、合理的交配程序以及必要的限制条件，我们可以有效地提高后代的遗传品质，同时保持种群的遗传多样性。这不仅有助于提升畜牧业的整体效益，也是实现家畜育种可持续发展的关键所在。

5. 近交系数

在家畜育种学中，近交系数是衡量个体遗传背景和管理种群遗传多样性的关键指标。这一系数反映了某一个体从其祖先那里继承相同等位基因的概率，是衡量近亲繁殖程度的重要量化指标。

传统上，近交系数的计算依赖于复杂的关系矩阵或追溯通径系数，这种方法在种群规模较小或世代数有限的情况下是可行的。然而，随着家畜育种实践的发展，种群规模不断扩大，世代数增加，传统方法的局限性日益凸显。特别是当涉及大规模随机模拟时，传统方法的耗时性和高昂的存储成本变得尤为突出。

为了克服这些挑战，近年来研究人员开发了几种高效的算法，这些算法能够直接从谱系文件中导出近交系数。例如，Tier 在 1990 年提出的方法显著提高了计算效率，与传统方法相比，能够将计算机时间减少 10~100 倍。这一进步为家畜育种实践带来了革命性的变化。

此外，育种学家还发现了一个实用的技巧：在同一个家族中，所有全同胞的近交系数是相同的。这意味着在实际操作中，我们只需要计算家族中一个成员的近交系数，就可以推断出其他全同胞的系数。这一发现进一步简化了近交系数的计算过程。

尽管如此，当需要在多代中模拟数千甚至数万只动物时，近交系数的计算仍然可能面临巨大的计算负担。因此，持续优化算法和提高计算效率仍然是家畜育种学领域的重要研究方向。

这些高效算法的应用为家畜育种带来了显著的便利。它们不仅大大提升了计算速度，还降低了所需的资源消耗，使得在大规模种群和复杂遗传背景下的近交分析成为可能。通过这些先进技术，育种者能够更精确地了解和控制种群的遗传结构，从而制定出更加科学合理的育种策略。

总的来说，近交系数的准确估计对于家畜育种至关重要。通过运用高效的算法和技术手段，育种者可以更好地管理种群的遗传多样性，优化育种方案，最终实现家畜遗传健康和生产性能的持续提升。

6. 完整育种过程

在家畜育种学中，完整的育种过程涉及多个阶段，每个阶段都对最终育种目标的实现至关重要。以下是一个典型的育种周期的描述。

（1）目标设定与规划。育种工作的第一步是明确育种目标。这些目标可能涉及提高生产性能、改善肉质、增强抗病力等方面。根据目标，育种者会制订相应的育种计划和策略。

（2）种群评估与选择。在确定了育种目标后，需要对现有种群进行评估。这通常涉及对个体的表型性能、遗传背景以及系谱信息的综合分析。通过评估，育种者能够识别出性能优异、遗传背景符合育种目标的个体。

（3）配种计划制订。根据评估结果，育种者会制订配种计划。这一步骤涉及选择适当的亲本进行交配，以期望后代能够继承亲本的优良性状。配种计划的制订需要综合考虑亲本的遗传特点、避免近亲交配以及最大化遗传多样性等因素。

（4）交配与繁殖。在配种计划确定后，就可以进行交配和繁殖工作。这一阶段需要确保交配过程的顺利进行，并对繁殖过程进行监控，以确保后代的健康和质量。

（5）后代评估与选择。在后代出生后，需要对其进行全面的评估。这包括生长性能、健康状况以及遗传特性的分析。通过评估，育种者可以选择出性能优异、符合育种目标的后代，为下一轮的育种工作做好准备。

（6）循环重复与优化。一旦交配对被分配并产生后代，这个育种周期就可以重复进行，直到达到所需的育种目标或时间周期。在每个周期结束时，育种者会收集并分析数据，以优化下一轮的育种计划。

（7）模拟与验证。在实际育种过程中，模拟技术经常被用来验证和优化育种策略。通过随机模拟，育种者可以评估不同育种方案的效果，从而作出更明智的决策。模拟的准确性和所需的重复次数取决于种群大小和模拟的代数。大型种群由于具有较低的响应方差，因此所需的模拟重复次数相对较少。

总的来说，家畜育种是一个持续不断、循环往复的过程。通过不断地评估、选择和优化，育种者能够逐步提高家畜的性能和质量，实现育种目标。而模拟技术的应用则进一步提高了育种的效率和准确性，为家畜育种学的发展提供了有力的支持。

7. 多性状模拟

在畜牧育种领域，多性状模拟对于有效预测和改良多代间的遗传性状至关重要。这些模拟的复杂性在于需要模拟相关的随机变量，代表多性状之间相互关联的遗传和环境影响。为了进行这些模拟，有几种可行的计算方法可以使用。第一种简单的方法是使用 Excel 中的用户定义函数生成相关的随机变量。此函数通过定义均值向量和方差-协方差矩阵来运作，前者表示预期值，后者则概括性状之间的协方差。第二种更高级的方法是利用主成分分析（PCA）。此方法首先从遗传和环境方差-协方差矩阵中识别主成分，然后为每个主成分生成随机偏差。这些偏差随后被反向转换为原始性状的随机变量。该方法有效降低了维度，澄清了数据的结构，使得数据的解释和模拟更加容易。第三种高效的模拟相关随机变量的方法是通过 Cholesky 分解。该技术将原始方差-协方差矩阵分解为下三角矩阵及其转置。下三角矩阵用于将标准独立的随机变量转化为与原始矩阵一致的相关变量。Cholesky 分解以其计算效率和简单性著称，因此在遗传模拟中备受青睐。此外，这些方法不仅适用于简单的遗传协方差，也能够处理更复杂的协方差，如基因型与环境的互作，以及加性与显性遗传协方差。这些相互作用对于在不同环境条件下理解基因表达的全貌至关重要。

总的来说，在畜牧育种中的多性状模拟，不仅提高了遗传评估的准确性，也拓宽了遗传改良项目的范围。利用如上述高级计算技术，育种者能够更有效地预测和操控遗传结果，从而实现畜牧业中的理想性状。这种能力在持续优化遗传潜力和改进动物生产系统的努力中至关重要。

```r
#install.packages("reshape2")
# 载入必要的库
library(MASS)     # 用于生成多变量正态分布数据
library(ggplot2)  # 用于绘图
library(reshape2) # 用于数据转换
# 定义方差-协方差矩阵和均值向量
means <- c(100, 200, 300)  # 假设有三个性状的均值
cov_matrix <- matrix(c(100, 50, 30,
                       50, 200, 25,
                       30, 25, 150), nrow = 3, byrow = TRUE,
                     dimnames = list(c("Trait1", "Trait2", "Trait3"), c("Trait1", "Trait2", "Trait3")))  # 方差-协方差矩阵
# 使用Cholesky分解生成相关性状的数据
n <- 500  # 生成样本数
set.seed(123)  # 设置随机种子以便复现结果
random_normals <- mvrnorm(n, mu = means, Sigma = cov_matrix)  # 生成相关性状数据
# 创建数据框
traits_data <- data.frame(Trait1 = random_normals[,1],
                          Trait2 = random_normals[,2],
                          Trait3 = random_normals[,3])
# 绘制散点图
p1 <- ggplot(traits_data, aes(x = Trait1, y = Trait2)) +
    geom_point(alpha = 0.6) +
    labs(title = "Trait1 vs Trait2 Correlation Scatter Plot",
         x = "Trait 1", y = "Trait 2") +
    theme_minimal()
# 计算相关系数并转换为长格式
cor_matrix <- cor(traits_data)
cor_melted <- melt(cor_matrix, varnames = c("Trait1", "Trait2"))
# 绘制热图
p2 <- ggplot(cor_melted, aes(x = Trait1, y = Trait2, fill = value)) +
    geom_tile() +
    scale_fill_gradient2(low = "blue", high = "red", mid = "white", midpoint = 0,
                         limit = c(-1,1)) +
    labs(title = "Correlation Heatmap of Traits",
         x = "", y = "") +
    theme_minimal()
# 打印图形
print(p1)
print(p2)
```

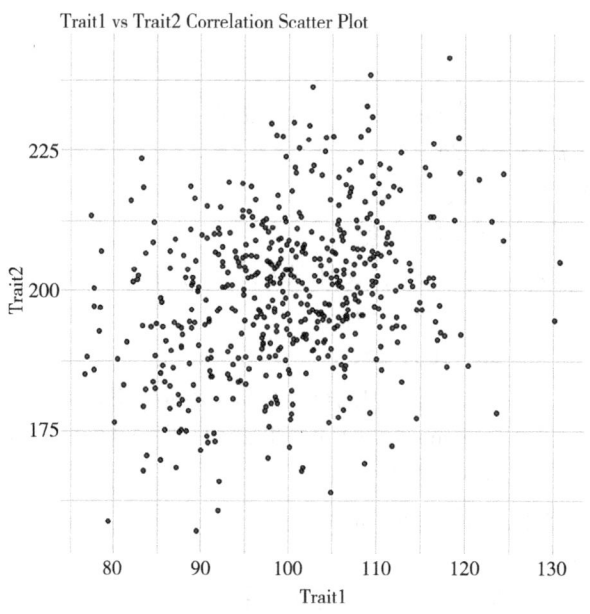

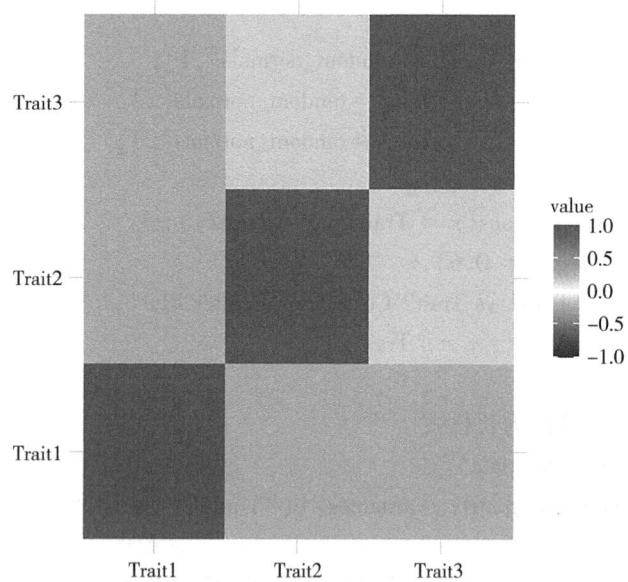

8. 基因组水平模型

基因组水平模型在家畜育种学中非常重要,因为它可以详细刻画遗传架构,预测并优化多代遗传性状。在以往的遗传建模中,通常采用正态分布的无限基因模型来模拟遗传成分。该模型假设某个性状由大量不相关的基因座控制,并且每个基因座的影响较小。然而,随机模型可以通过模拟个体基因座及其在基因组染色体上的位置(包括遗传标记),实现更真实的遗传结构建模。

(1)基因组水平模型的参数。①基因座位置:基因座可以随机分布在染色体上,或均匀分布于基因组中。

②等位基因数量:为每个基因座设定相应数量的等位基因。

③等位基因频率：可在基础群体中设定等位基因的频率，使其相等或从分布中抽样。

④基因型效应：为每个基因座设定基因型效应。例如，设定等位基因 B 和 b 的基因型值，BB、Bb 和 bb 的基因型效应分别为 $+a^1$、d^1 和 $-a^1$。基因型值可以通过假定分布抽样，如 Gamma 分布，以更好地反映现实。同时，基因互作效应可以通过为多基因座基因型组合分配效应来考虑。

（2）基础群体模拟。在基础群体中，基因座的等位基因通过从均匀分布中抽样两个随机数 u 来分配。例如，具有等位基因频率 f_j^l 的基因座 l，等位基因 B_j（$j = 1, \cdots, m_l$）满足条件 $\sum_{k=1}^{j-1} f_k^l < u < \sum_{k=1}^{j} f_k^l$ 时被分配，以上随机抽样过程假设基础群体处于哈迪-温伯格平衡和配子相平衡状态（Falconer 和 MacKay，1996）。

（3）计算个体的基因值。个体 i 的基因值是每个基因座的基因效应总和，公式为：

$$g_i = \sum_{l=1}^{q} g_i^l$$

其中，g_i^l 代表基因座 l 上个体 i 的基因型效应。

（4）配子生成与重组。在无连锁的基因座上，子代基因型通过从父母双方各随机抽取一个等位基因进行模拟。如果基因座存在连锁，则需要考虑重组。产生配子染色体的过程如下：

①第一个区间：计算重组概率 r_{12}，随机数 $u[0, 1] < r_{12}$ 则发生重组，并交换交叉点以下的等位基因 Q_1, q_2, q_3, q_4, q_5, q_6, q_7, q_8 和 q_1, Q_2, Q_3, Q_4, Q_5, Q_6, Q_7, Q_8。如果 $u[0, 1] > r_{12}$ 双亲染色体保持不变。

②下一个区间：判断该区间是否发生重组，若 $u[0, 1] < r_{23}$ 且前一区间重组，则进一步形成新的重组单倍型 Q_1, q_2, Q_3, Q_4, Q_5, Q_6, Q_7, Q_8 和 q_1, Q_2, q_3, q_4, q_5, q_6, q_7, q_8。如果没有发生重组事件，那么在第一步中生成的单倍型将保持完整。

③连续区间：依次对所有区间执行相同的重组判断。

该过程生成配子后，从中随机抽取一个以构成子代基因组。另一父母染色体以相似方式生成。

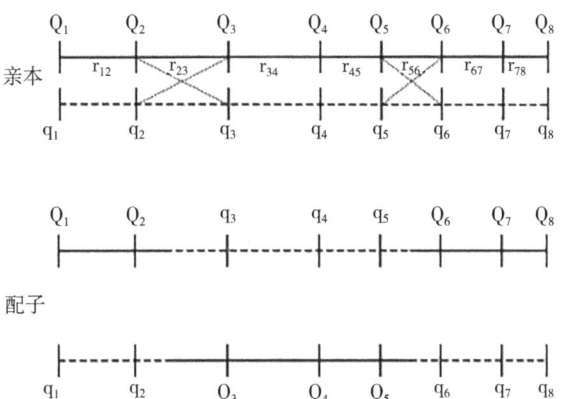

模拟 2~3 和 5~6 区间发生重组的连锁位点间的孟德尔遗传模拟

请注意，此方法假设相邻区间的重组事件是独立的（无干涉——Haldane 作图函数）。如果存在干涉，则需要根据第 $i-1$ 个区间是否发生重组事件来调整第 i 个区间的重组概率。

（5）历史群体的模拟。为了模拟基因组选择或全基因组关联分析，需要模拟历史群体，以生成基因座间的连锁不平衡。可以使用免费的 QMSim 软件进行模拟，它提供了相关参数文件以供参考，并可通过命令行运行。QMSim 的详细文档和使用说明在其官方网站提供。

在家畜育种学中，随机模型作为一种模拟方法，具有其独特的优势和劣势。以下是对其进行的专业学术分析。

随机模型的优势如下。

①编程简洁性：随机模拟依赖相对简单的规则来确定每代的遗传方式，这使对于给定的育种项目复杂程度，随机模型的编程实现往往更为简洁和直接。这种简洁性不仅降低了编程难度，还提高了模型的灵活性和可扩展性。

②遗传模型的多样性：随机模型允许对不同的遗传模型进行评估。与确定性模型相比，这一特点使得随机模型能够更全面地模拟和评估家畜的遗传特性。特别是当考虑到多基因遗传和环境因素时，随机模型的这一优势更加明显。

③结果的随机性反映真实情况：由于随机模拟中每次运行的结果都反映了随机抽样事件，因此它能够更真实地模拟自然界中的遗传变异和选择过程。这有助于我们更准确地理解和预测家畜育种中的不确定性和风险。

④提供方差估计：通过多次重复模拟，随机模型不仅能够给出预期的平均反应，还能估计反应的方差。这一信息对于评估育种计划的稳定性和可靠性至关重要。

随机模型的劣势如下。

①计算资源消耗大：由于每个动物在群体中都有独立的标识，随机程序需要占用大量的存储空间，并在每次运行时进行大量的数学运算。这增加了对计算资源的需求，可能限制了模型在更大规模或更复杂场景中的应用。

②运行时间长：由于需要多次重复模拟以获得预期平均反应，随机程序的运行时间往往较长。这可能降低了育种计划评估和优化的效率。

③难以深入理解影响因素：随机模拟可能使得深入理解各种因素对选择反应的影响变得困难。这限制了模型在育种计划优化和策略制定中的实用性。

④优化难度大：与确定性模型相比，随机模型在育种计划的优化方面面临更大的挑战。由于存在大量的随机性，找到最优解可能更加困难。

尽管存在上述劣势，但随着计算能力的不断提升，随机模型在育种学研究和实践中的应用仍具有广阔的前景。其能够更真实地模拟自然界的遗传和变异过程，为育种计划的评估与分析提供了有力的工具。未来，通过算法优化和计算资源的提升，我们可以期待随机模型在家畜育种学中发挥更大的作用。

第四节　选择反应基础

在家畜育种学中，选择反应是评估育种计划效果的核心指标，它直接反映了通过人工选择对家畜遗传改良的成效。为了设计高效的育种策略，首要关注的是预测并最大化这一反应。尽管育种方案可能错综复杂，但其核心原则却往往简单而直观。与其他科学领域相似，达成特定目标的方法并非唯一。对于熟悉数量遗传学，尤其是如 Falconer 和 Mackay（1996）等经典教材中理论的读者，本部分内容或许并不陌生。然而，本部分更注重实用性和育种策略的实际设计。本部分鼓励读者深入研读诸如 Falconer 和 Mackay 等权威教材，以领略其严谨的推导过程和深厚的理论基础。此处将聚焦于设计育种方案和收集关键数据时更具操作性的方法和原理。

一、预测后代的遗传价值

遗传改良和选择反应预测的基本指导原则是，具有较高加性遗传价值（育种值）的亲本通常会有高加性遗传值（因此表现型也高）的后代。这一原则源自数量遗传学模型对后代加性遗传值的预测：

$$g_o = 1/2\, g_s + 1/2\, g_d + g_m$$

其中，g_s 和 g_d 分别表示父本和母本的加性遗传值，g_m 是孟德尔抽样贡献。由于 $E(g_m)=0$，来自特定父母组合的后代加性遗传值的期望 $E(g_i)$ 表示为：

$$E(g_o) = 1/2\, g_s + 1/2\, g_d$$

即后代加性遗传值期望等于双亲平均的加性遗传值。为了确定选择反应，后代一世代的遗传值均值 $E(\bar{g}_o)$ 可以从所选父母的平均遗传值 $\bar{g}_s^*$ 和 $\bar{g}_d^*$ 中获得，其中，* 表示该变量是被选中的个体：

$$E(\bar{g}_o) = 1/2\, \bar{g}_s^* + 1/2\, \bar{g}_d^*$$

为了理解和预测选择反应，将被选父母的平均遗传值表示为与其所选自的所有个体的平均遗传值（$\bar{g}_s$ 和 $\bar{g}_d$）相比的偏差非常有用：

$$\begin{aligned}E(\bar{g}_o) &= 1/2(\bar{g}_s^* - \bar{g}_s + \bar{g}_s) + 1/2(\bar{g}_d^* - \bar{g}_d + \bar{g}_d)\\ &= 1/2(\bar{g}_s + \bar{g}_s^* - \bar{g}_s) + 1/2(\bar{g}_d + \bar{g}_d^* - \bar{g}_d)\\ &= 1/2(\bar{g}_s + S_s) + 1/2(\bar{g}_d + S_d)\\ &= 1/2(\bar{g}_s + \bar{g}_d) + 1/2(S_s + S_d)\end{aligned}$$

以下，S 是被选父母的遗传优越性，定义为被选个体的平均遗传值与其所选自的群体平均遗传值之间的差异，例如：

$$S_s = \bar{g}_s^* - \bar{g}_s$$

选择反应定义为被选父母的后代的平均遗传值与所有可能父母的后代的平均遗传值之间的差异。选择反应通常用 R 或 Δg 表示。用 R 表示时，R 的期望为

$$E(R) = \bar{g}_o - \bar{g}_p$$

此处

$$\bar{g}_p = 1/2(\bar{g}_s + \bar{g}_d)$$

基于此公式，以及用父母一代的均值和被选父母的遗传优越性来表达 $\bar{g}_o$，从当前世代到下一世代的预期选择反应可简化为：

$$\begin{aligned}E(R) &= 1/2(\bar{g}_s + \bar{g}_d) + 1/2(S_s + S_d) - 1/2(\bar{g}_s + \bar{g}_d)\\ &= 1/2(S_s + S_d)\end{aligned}$$

因此，从当前代到下一代的预期选择反应完全取决于被选父母的遗传优越性。请注意，对于雌雄选择相同的简单情况：$S_s = S_d = S$ 和 $E(R) = S$。在通常情况下，我们无法直接得知父母的遗传值，但可以通过估计育种值（EBV，$\bar{g}$）来预测其遗传价值。通常，这种预测是基于利用不同表型信息来源的公认遗传评估方法。例如，简单表型选择、家系指数

选择、谱系指数选择、BLUP 等。不论采用何种方法，只要估计是无偏的，即：

$$E(g \mid \hat{g}) = \hat{g}$$

那么，单个后代的遗传值的期望等于父母预测值的均值，即：

$$E(g_o) = 1/2\, \hat{g}_s + 1/2\, \hat{g}_d = \hat{g}_p$$

其中，$\hat{g}_p$ 是父母平均的估计遗传值。因此，通过将 $\bar{g}$ 替换为 $\bar{\hat{g}}$，后代一代的预期平均遗传值可以用所选父母和所有父母的平均 EBV 表示为：

$$E(\bar{g}_o) = 1/2\, \bar{\hat{g}}_s^* + 1/2\, \bar{\hat{g}}_d^*$$
$$= 1/2(\bar{\hat{g}}_s + \hat{S}_s) + 1/2(\bar{\hat{g}}_d + \hat{S}_d)$$

其中，$\hat{S}$ 是所选父母的估计遗传优越性，可得出：$\hat{S} = \bar{\hat{g}}^* - \bar{\hat{g}}$。

同样，通过已知父母的 EBV，当前代到下一代的选择反应可以预测为：

$$E(R) = \bar{\hat{g}}_o - \bar{\hat{g}}_p = 1/2(\hat{S}_s + \hat{S}_d)$$

应注意可以向前追溯，将父本和母本项分别替换为各自的父本和母本项（即个体 i 的祖父母），以此类推，追溯祖先路径，例如：

$$g_o = 1/2(1/2\, g_{ss} + 1/2\, g_{ds} + g_{ms}) + 1/2(1/2\, g_{sd} + 1/2\, g_{dd} + g_{md}) + g_m$$

其中，ss 是父本的父本，ds 是父本的母本，而 g_{ms} 和 g_{md} 分别是父本和母本的育种值。

然而，基于 $\hat{g}_s$ 和 $\hat{g}_d$ 的 g_o 期望值并不能轻易地推导到祖父母（g）层面，因为这些值的期望取决于父母的选择程度。然而，通过利用父母与子代之间的关系，大多数育种方案设计中的问题都可以得到解决。

二、预测每世代的选择反应

家畜育种学是一门学科，旨在通过选择和繁殖来提高家畜的遗传性状。选择反应是衡量育种计划成功与否的关键指标之一，它反映了后代遗传性状的平均值相对于亲代遗传性状的平均值的改变。预测每世代的选择反应对于制定有效的育种计划至关重要。在过去的几十年里，随着遗传学和统计学的发展，预测选择反应的能力已经有了显著提高。预测选择反应可以帮助育种者在以下方面作出明智的决策。

选择最佳的育种方案：育种者可以比较不同的育种方案，并选择最有可能实现育种目标的方案。例如，在奶牛育种中，育种者可以使用预测选择反应来评估使用 10 头最优公牛与使用 20 头公牛的区别。通过比较两种方案的预期遗传改良，育种者可以选择最经济有效的方案。

评估育种计划的效率：预测选择反应可以帮助育种者评估育种计划的效率，并确定是否有必要对计划进行调整。例如，如果预测选择反应低于预期，育种者可能需要增加育种强度或改变育种方案。

分配育种资源：育种者可以根据预测的选择反应来分配育种资源，例如将更多的资源分配给具有更高遗传潜力的动物。例如，在猪育种中，育种者可以使用预测选择反应来确定哪些母猪应被保留用于繁殖。

1. 预测选择反应的方法主要有两种

（1）基于群体遗传参数的方法。该方法基于群体遗传参数，例如遗传变异性和遗传力，来预测选择反应。这种方法通常用于预测短期内（例如，几代内）的选择反应。

（2）基于模拟的方法。该方法使用计算机模拟来模拟育种计划，并预测选择反应。这种方法可以用于预测长期内（例如，几十代内）的选择反应，并且可以考虑育种计划的复杂性，例如基因座间相互作用和环境影响。

预测选择反应已被广泛应用于各种家畜育种计划中，例如奶牛育种、猪育种和鸡育种。在实践中，预测选择反应通常与其他育种工具结合使用，例如遗传评估和最佳选择。如奶牛育种：奶牛育种是预测选择反应应用最广泛的领域之一。育种者可以使用预测选择反应来评估不同育种方案的效率，例如使用不同数量的公牛作为父母或使用不同的选择标准。例如，假设一个奶牛育种群体中有100头公牛，每头公牛都有一个预测的奶产量育种值。育种者可以使用预测选择反应来评估以下两种育种方案。

方案1：使用10头最优公牛作为父本。

方案2：使用20头最优公牛作为父本。

根据预测选择反应，方案2的预期遗传改良比方案1高20%。这意味着，如果使用方案2，后代奶牛的平均奶产量将比使用方案1高20%。预测选择反应是家畜育种学中一项重要的工具，可以帮助育种者制订有效的育种计划，并提高育种效率。随着遗传学和统计学的发展，预测选择反应的方法将继续得到改进，并为育种者提供更强大的工具来实现育种目标。

一个选择方案通常由被选雄性和雌性的比例或数量，以及它们的选择标准来描述。本节的目标是建立一个理论，可以根据这些信息预测被选父母的遗传优越性。我们可以假设在这个假设的群体中，每只动物的遗传价值都有一个估计值，我们将其称为指数值，用作选择标准。在此阶段不需要了解该指数的计算方法，但我们假设指数值和真实遗传价值之间存在线性关系。然后，可以基于标准回归理论推导出被选父母的遗传优越性预测。回归方程用于描述自变量 x 和因变量 y 的关系，其标准形式如下：

$$y_i = a + b_{yx} x_i + e_i$$

给定 x 时对 y 的预测为：

$$\hat{y}_i = \bar{y} + b_{yx}(x_i - \bar{x})$$

其中，$\bar{y}$ 是 y 在所有 x 值范围内的均值，$\bar{x}$ 是所有可能值群体中 x 的均值，而 x_i 是我们想要预测其 y 值的第 i 个个体的观察值。根据标准回归理论，y 对 x 的回归系数 b_{yx} 表示为：

$$b_{yx} = \frac{\sigma_{xy}}{\sigma_x^2} = r_{xy} \frac{\sigma_y}{\sigma_x}$$

其中，σ_{xy} 是 x 和 y 的协方差，σ_x^2 是 x 的方差，而 r_{xy} 是 y 和 x 之间的相关，由下式表示：

$$r_{xy} = \frac{\sigma_{xy}}{\sqrt{\sigma_y^2 \sigma_x^2}}$$

在育种问题中，给定一个记录或估计的指数值 I_i，希望预测某个个体（将成为父母）的遗传值。因此：

$$\hat{g}_i = \bar{g} + b_{gI}(I_i - \bar{I})$$

其中，I_i 是个体 i 的指数值，$\bar{g}$ 是群体中个体的平均遗传值，$\bar{I}$ 是群体中个体的平均指数值，而 b_{gI} 是遗传值对指数值的回归系数。

如果预测一组被选定（选择）动物的平均遗传值，可以得到：

$$\bar{\hat{g}}^* = \bar{g} + b_{gI}(\bar{I}^* - \bar{I})$$

为了获得被选父母的遗传优越性预测，得到：

$$\hat{S} = \bar{\hat{g}}^* - \bar{g} = b_{gI}(\bar{I}^* - \bar{I})$$

上式右侧的括号内部分 $(\bar{I}^* - \bar{I})$ 是选定动物的指数值与群体中所有动物的平均指数值之间的偏差。我们可以将选择强度 i 定义为选定动物与平均动物之间的标准差单位中的偏差，即：

$$i = (\bar{I}^* - \bar{I}) / \sigma_I$$

其中，σ_I 是指数值的标准差。由上式得到：

$$(\bar{I}^* - \bar{I}) = i\,\sigma_I$$

由上可得

$$\hat{S} = b_{g.I}\, i\, \sigma_I$$

根据标准回归理论，回顾

$$b_{g.I} = r_{gI} \frac{\sigma_g}{\sigma_I}$$

因此

$$\hat{S} = r_{gI} \frac{\sigma_g}{\sigma_I}(i\,\sigma_I) = i\, r_{gI}\, \sigma_g$$

上式提供了一个通用公式，用于预测被选父母的遗传优越性，这对于预测选择反应是必需的。只要动物被选择的值 I 与它们的加性遗传值线性相关，这个公式就适用。预测的优越性可以使用递归方程模拟未来几代的遗传水平：

$$E(\bar{g}_o) = 1/2(\bar{g}_s + \hat{S}_s) + 1/2(\bar{g}_d + \hat{S}_d)$$
$$= 1/2(\bar{g}_s + i_s\, r_{g,\,I_s}\, \sigma_g) + 1/2(\bar{g}_d + i_d\, r_{g,\,I_d}\, \sigma_g)$$

或者使用方程模拟每一代的选择反应如下：

$$R = 1/2(S_s + S_d) = 1/2(i_s\, r_{g,\,I_s}\, \sigma_g + i_d\, r_{g,\,I_d}\, \sigma_g)$$

以下回顾并发展基于各种信息源来推导选择的准确性 r_{gI} 的方法，如基于自身表型的表型选择；基于正态分布理论的选择强度 i；选择强度的近似方法，扩展到预测跨多个年龄组的选择反应、单位时间的反应，以及选择的相关反应。表型选择示例如下。

$$y_i = g_i + e_i$$

其中，e_i 是环境效应，假设其与加性遗传效应 g_i 无相关性。然后，

$$\sigma_{gI} = \sigma_{gy} = \sigma_{g,\,g+e} = \sigma_g^2$$

因此，

$$r_{gI} = r_{gy} = \frac{\sigma_g^2}{\sqrt{\sigma_g^2\,\sigma_p^2}} = \frac{\sigma_g}{\sigma_p} = h$$

其中，h 是遗传力的平方根。因此，

$$\hat{S} = i h\, \sigma_g$$

因为遗传力的公式为

$$h^2 = \frac{\sigma_g^2}{\sigma_p^2}$$

可以得到

$$\hat{S} = i\, h^2\, \sigma_p$$

上式是预测表型选择反应的标准形式。表型选择的标准反应只是选择反应一般形式的一个特殊情况。

2. 简单确定性模型预测多年龄组选择反应

下图提供了一个简单的确定性育种程序模拟的一般示意图。与随机模拟相比，尽管确定性和随机模拟的一般流程相似，它们的基本性质却大不相同。随机模拟建模个别动物及其遗传和表现型特征，而确定性模型则建模个体群组的遗传和表型特征的均值和方差。确定性模拟的另一个重要组成部分是派生使用的选择标准的均值和方差。选择标准的方差取决于选择的准确性。

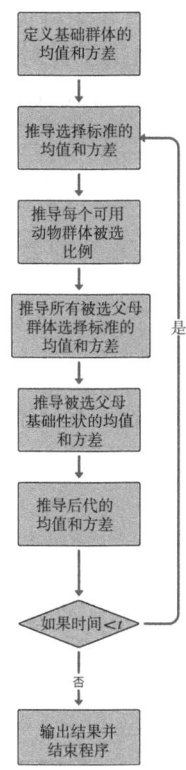

育种程序的确定性模拟的一般示意图

显然，通过对均值和方差进行建模，确定性模拟在计算上比随机模型要求更低，此外，确定性模型提供预期反应，不受随机变异的影响。然而，要准确地以确定性方式模拟育种计划的所有方面确实需要更复杂的模型。

3. 截断选择中的选择强度

选择反应的预测并不要求我们知道动物是如何被选择的，只需要我们知道被选择动物的平均指数值，从而能够推导出选择强度 i。

在动物育种中，我们通常考虑截断选择的特殊情况。在这种选择形式中，所有指数值高于某一确定值 x 的动物被选为繁殖用，而低于此值的动物则被淘汰。通常，截断点是由用于繁殖的动物的比例 p 决定的。在许多情况下，指数值将呈正态分布。如果是这样，在大群体大小的假设下，p、x（以标准差单位衡量）和 i 之间的关系可以从正态分布的性质中推导出来，等于：

$$i = z/p$$

其中，z 是在截断点 x 处正态分布的高度，其值由以下公式给出：

$$z = \frac{e^{-1/2x^2}}{\sqrt{2\pi}}$$

并且 π 精确到小数点后 9 位，是 3.141592654。

在个别情况下，通常便于查阅对应于特定选定比例的选择强度的表格，例如 Falconer 和 MacKay（1996）提供的那些表格。在计算机上模拟育种程序时，许多计算机语言提供了一个例程，该例程返回与特定选定比例 p 对应的截断点 x。

由于顺序统计（Hill，1976）的影响，在小群体中实现的选择强度将小于按 $i=z/p$ 预测的结果。Falconer 和 MacKay（1996）提供了针对特定群体大小的特殊表格。从分析上讲，有限群体大小的选择强度可以通过以下方式调整 p 为 p^* 来近似计算：

$$p^* = \frac{(s+1/2)}{n+\frac{s}{2n}}$$

其中，s 是被选择的数量，n 是群体大小（即未校正的 $p=s/n$），然后估算调整后的 i，即 i^* 为：

$$i^* = \frac{z^*}{p^*}$$

其中，z^* 是在与 p^* 对应的截断点 x^* 处正态分布的高度。

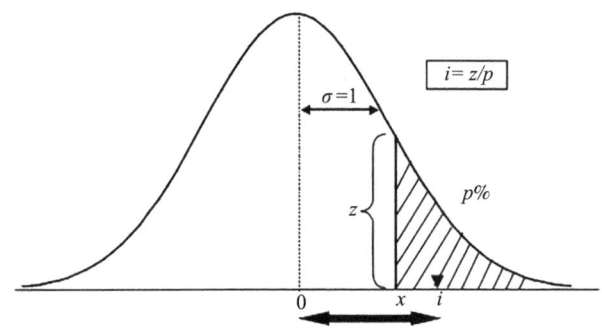

从标准正态分布推导选择强度

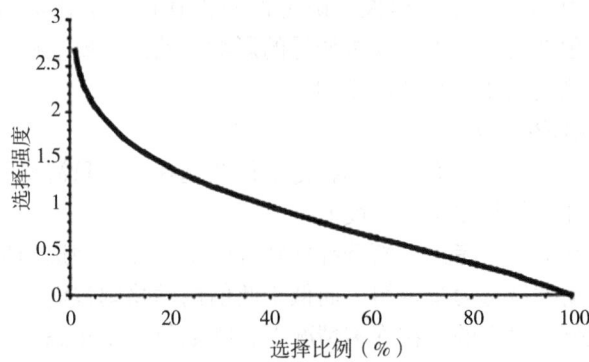

选择比例对选择强度的影响（大群体）

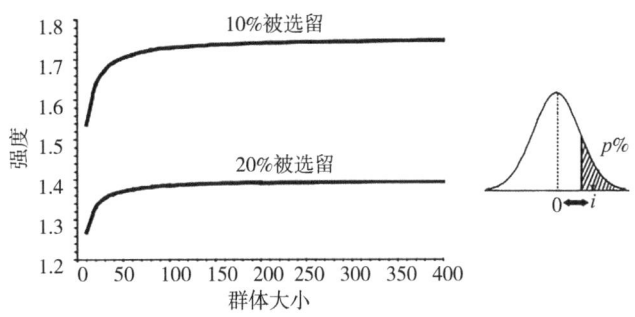

有效群体大小对选择强度的影响(Falconer 和 MacKay,1996)

在选择强度的标准方程中做出的第二个假设是,不同选择候选者的选择标准(EBV)之间没有相关性。不同候选者的选择标准之间的相关性通常由以下因素引起:一是选择候选者之间的遗传关系;二是在计算不同动物的 EBV 时使用相同的信息。

这种相关性的最极端例子发生在由 n_{fs} 个全同胞家庭组成的群体中,每个家庭有 n_w 个个体,基于谱系信息进行选择($\hat{g}_o = \frac{1}{2}\hat{g}_s + \frac{1}{2}\hat{g}_d$)。请注意,对于家庭中的所有成员使用相同的谱系信息,因为这是唯一可以使用的信息,他们的 EBV 之间的相关性等于 1。

候选者选择标准之间的相关性对选择强度的影响与群体大小对强度的影响相关。从上述例子中可以明显看出,所有候选者中选择标准具有的不同值的数量并非 $n = n_{fs} n_w$,而只有 n_{fs}。因此,如果要选择 n_c 个个体,实际上是从 n_{fs} 个家庭中选择 n_c/n_w 个家庭,而不是从 $n_{fs} n_w$ 个个体中选择 n_c 个个体。

罗林斯(Rawlings,1976)提出了一种方法,用于根据以下因素调整 EBV 之间的相关性以及有限群体大小的选择强度:

$$i^* = \sqrt{1 - t_{av}} \, i$$

其中,t_{av} 是所有可能的选择候选对之间选择标准的平均相关性。对于一个由非亲缘全同胞家庭组成的群体,可以根据全同胞的 EBV 相关性(t_{fs})和非亲缘个体的 EBV 相关性(=0)来推导 t_{av},每个相关性都按照群体中存在的全同胞对和非亲缘对的数量进行加权(Rawlings,1976)。结果为:

$$t_{av} = t_{fs} \frac{n_w - 1}{n_w n_{fs} - 1}$$

全同胞之间选择标准的相关性(t_{fs}),可以基于对每个全同胞选择标准的贡献信息来推导。可以推导 EBV 的选择指数方法和更复杂选择标准的相关性计算。

梅维森(Meuwissen,1991)扩展了罗林斯(Rawlings,1976)的方法,适用于全同胞家系嵌套在半同胞家系中的群体。这种情况在家畜群体中更为常见,来源于每个 n_{hs} 公畜与 n_{fs} 母畜交配,每个公畜产生 n_w 个后代。由此产生的群体由 n_{hs} 个半同胞家系组成,每个半同胞家系中有 n_{fs} 个全同胞家系,每个家系有 n_w 个后代。为有限群体大小和相关 EBV 调整的选择强度,然后可以近似为全同胞(t_{fs})、半同胞(t_{hs})和非亲缘个体(0)之间 EBV 相关性的加权平均。通过每种特定关系的对数加权每个相关性,得到所有可能的个体对之间平均相关性的以下方程:

$$t_{av} = \frac{t_{fs}(n_w - 1) + t_{hs} n_w (n_{fs} - 1)}{n_w n_{fs} n_{hs} - 1}$$

梅维森（Meuwissen，1991）将这一近似方法与蒙特卡罗模拟进行了比较，涵盖了不同的相关性和群体大小，并发现当 EBV 之间的相关性较低或半同胞家庭数量超过 10 时，这种近似方法效果良好。然而，对于相关性高的方案，这种近似方法的结果比蒙特卡罗模拟的结果高出多达 32%。梅维森（1991）还建议了一种针对 EBV 高相关性情况的修改近似方法。

现代公母畜评估方法利用所有可用信息来预测育种值。使用更多的家系信息会增加家系成员之间 EBV 的相关性。在一些育种方案中，选择重点放在青年动物上，因为年龄较大的动物在遗传上往往存在世代之后。然而，青年动物在个体或后代表现上的信息很少。在这种情况下，家系信息主导了 EBV 的预测，而且预期亲属之间的 EBV 相关性会很高。因此，为了正确比较不同方案，考虑 EBV 之间的相关性尤为重要，特别是当家系数量有限时。在一些动物选择试验或动物育种计划的核心群中，群体通常由相当少的家系繁衍而成，可能少至 10 个至少是半同胞的家系。即使总规模较大，育种可能会贯穿全年，每次只在同世代的动物中选择，这些动物可能代表很少的家系。在这些情况下计算选择强度时，不应忽视家庭成员之间的相关性（Hill，1976）。

4. 模拟跨多个年龄组的选择

在许多育种群体中，候选家畜可能来自几个不同的群体，每个群体的遗传平均值和选择标准差都不同。例如：不同年龄的奶牛公牛，其中年老的公牛平均遗传优势较低，但当其第二批女儿可用时，可以进行更准确的评估，因此选择标准差更高；不同年龄的种猪选择，其中年老的种猪具有较低的平均遗传优势；奶牛的选择，其中年老的奶牛有更多的泌乳次数，因此评估更为准确。

在这些情况下，可以通过扩展之前获得的原则来推导后代世代的遗传平均值和选择反应。分别考虑公畜和母畜，假设公畜可以从 3 个年龄组中选择，每个年龄组中候选者的相对数量分别为 w_{s1}、w_{s2} 和 w_{s3}（$\sum w_i = 1$）。每个年龄组中被选择的比例分别是 p_{s1}、p_{s2} 和 p_{s3}，总选择比例为：

$$P_s = p_{s1} w_{s1} + p_{s2} w_{s2} + p_{s3} w_{s3}$$

设年龄组 i 的遗传平均值为 $\bar{g}_{si}$，选择标准的准确性为 r_{si}。目前假设每个年龄组的遗传标准差相同，等于 σ_g。这一假设将在后续内容中放宽条件。然后，年龄组 i 中被选公畜的遗传平均值等于：

$$\bar{g}_{si}^* = \bar{g}_{si} + S_{si}$$

其中，S_{si} 是年龄组 i 中被选公畜相对于该年龄组所有公畜平均值的遗传优越性，可以根据之前的方法预测，基于：

$$\hat{S}_{si} = i_{si} r_{si} \sigma_g$$

其中，i_{si} 是与选定比例 p_{si} 相对应的选择强度。通过基于每个年龄组公畜相对数量的加权平均值，可以计算出选中公畜的平均遗传值：

$$\bar{g}_s^* = \frac{1}{P_s} \{ p_{s1} w_{s1} \bar{g}_{s1}^* + p_{s2} w_{s2} \bar{g}_{s2}^* + p_{s3} w_{s3} \bar{g}_{s3}^* \}$$

$$= \frac{1}{P_s} \sum p_{si} w_{si} (\bar{g}_{si} + S_{si})$$

同样地，母畜的平均遗传值可以推导为：

$$\bar{g}_d^* = \frac{1}{P_d} \sum p_{di} w_{di} (\bar{g}_{di} + S_{di})$$

以及后代的平均遗传值为

$$E(\bar{g}_o) = 1/2\, \bar{g}_s^* + 1/2\, \bar{g}_d^*$$
$$= 1/2 \frac{1}{P_s} \sum p_{si} w_{si} (\bar{g}_{si} + S_{si}) + 1/2 \frac{1}{P_d} \sum p_{di} w_{di} (\bar{g}_{di} + S_{di})$$

这些方程允许递归预测连续时间段内群体的遗传平均值。后面将这些递归方程以基因流的形式正式化。

在前文中，从每个年龄组中选择的比例是预先确定的。然而，这些比例可能不会最大化被选亲本的平均遗传值，从而也不会最大化后代的遗传值。因此，关于公畜，问题在于确定从每个年龄组中选择的比例，以便最大化被选组的平均遗传值，但须受到总选择比例等于 P_s 的约束。

为了解决这个问题，我们假设每个年龄组 i 的选择标准 I_i 是无偏的。这意味着 $E(g_i | I_i) = I_i$，同时也意味着可以跨年龄组比较选择标准。因此，不同年龄组中具有相同选择标准值 v 的个体预期具有相同的遗传值 v。

该问题在下图中进行了说明。鉴于选择标准的假设，应通过截断选择标准的分布来选择个体；用年龄组 1 中刚好高于截断点的个体替换年龄组 2 中刚好低于截断点的个体，将降低被选父母的预期遗传值。因此，应对所有分布使用相同的截断点。在实践中，这相当于基于他们的 EBV 对所有个体进行排名，不论他们属于哪个年龄组，选择排名最高的个体。

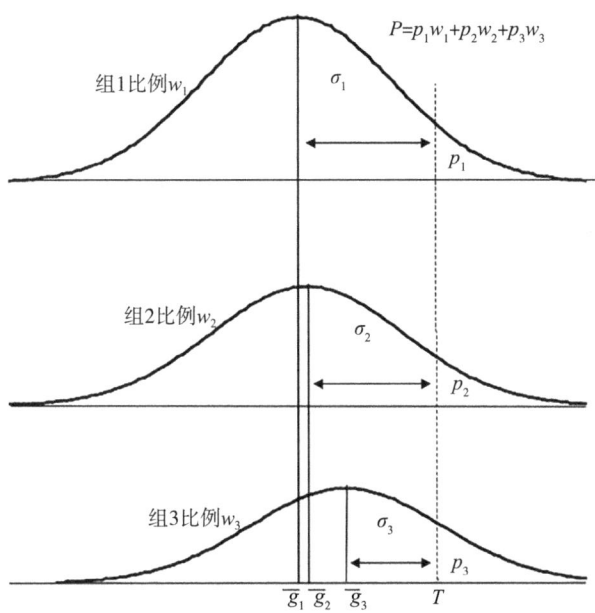

多个重叠分布中总比例 P 的截断选择的示意图

因此，为了最大化被选亲本的遗传值，目标是找到一个截断点 T，通过这个点在所有可用分布中选择公畜，以达到总选择比例 P_s。这个问题没有代数解，必须通过迭代方法来寻找答案。二分法是一个通用、简单且有效的优化方法，可用于解决这个问题。以下展示了一个简单计算机算法执行此操作。

（1）对于所有 i，找到第 i 个分布对应于所选比例 P 的（未标准化的）截断点 T_i [$T_i = g_i + x_i \sigma_i$，其中，x_i 是标准化截断点，σ_i 是第 i 个分布的标准差（$\sigma_i = r_{si} \sigma_g$）]。

（2）选择所有 T_i 中的最小值作为 T 的下界 T_l，选择最大值作为上界 T_u（T 必须位于 T_l 和 T_u 之间）。

（3）计算上界和下界的平均值 $T_m = \frac{1}{2}(T_u + T_l)$。

（4）对于每个分布 i，找到在 T_m 处截断所对应的选择比例 p_i。

（5）计算在 T_m 处截断的总选择比例：$P_m = \sum p_i w_i$。

（6）如果 $|P_m - P| < \epsilon$，其中，ϵ 是预设的收敛标准，退出程序并将 T_m 返回为优化的截断点。

（7）如果 $P_m < P$，则将 T_m 设置为新的上界 $T_u = T_m$；如果 $P_m > P$，则将 T_m 设置为新的下界 $T_l = T_m$。

（8）返回步骤3。

下面是上述问题的 R 语言解决方案，该方案使用二分法来找到多个分布中的最优截断点 T，以达到从这些分布中选择特定比例 P 的目标。

```r
optimize_truncation <- function (g, sigma, w, P, epsilon = 0.001, max_iter = 1000) {
    # g：各分布的均值向量
    # sigma：各分布的标准差向量
    # w：权重（每个年龄组公父的相对数量）
    # P：总希望选择的比例
    # epsilon：收敛标准
    # 计算每个分布的初始截断点
    z <- qnorm (1 - P)    # 对于比例 P 的标准化截断点
    Ti_lower <- g + z * sigma    # 下界
    Ti_upper <- g - z * sigma    # 上界
    # 定义 T 的界限
    Tl <- min (Ti_lower)
    Tu <- max (Ti_upper)
    # 初始化迭代变量
    iter <- 0
    Tm <- 0
    while (iter < max_iter) {
        Tm <- 0.5 * (Tl + Tu)    # 上界和下界的中点
        pi <- pnorm (Tm, mean = g, sd = sigma, lower.tail = FALSE)    # 在 $T_m$ 处每个分布的选择比例
```

```
    Pm <- sum ( pi * w )    # 加权选择比例之和
    if ( abs ( Pm - P ) < epsilon ) {
      # 满足收敛标准
      return ( Tm )
    }
    # 更新界限
    if ( Pm < P ) {
      Tl <- Tm
    } else {
      Tu <- Tm
    }
    iter <- iter + 1
  }
  warning ( " 达到最大迭代次数而未收敛" )
  return ( Tm )
}
# 示例用法
g <- c ( 100, 102, 105 )    # 遗传均值
sigma <- c ( 15, 14, 16 )    # 标准差
w <- c ( 0.4, 0.35, 0.25 )    # 权重
P <- 0.25    # 希望的选择比例
# 运行函数
optimized_T <- optimize_truncation ( g, sigma, w, P )
print ( optimized_T )
```

即使是在大量分布的情况下，这个程序也能迅速迭代出高精度的解决方案。对于大多数应用来说，通常不需要超过 5~6 轮迭代。每个分布中动物的比例 w_i 可能反映了数量上的结构性差异（根据育种计划设计，在不同群体中产生的数量不同）以及由于死亡、疾病、销售等原因随时间导致的群体损失。各群体在生殖能力（如繁殖力）上的差异可以直接纳入 w_i，或者视为一个影响每个群体在选择后对后代的实际贡献（按贡献量计）的独立因素进行处理。

5. 单位时间的渐进响应

如果各代之间的条件保持不变，它也是每一代的响应。一般将世代间隔定义为父母在后代出生时的平均年龄，或者定义为父母出生与后代出生之间的平均时间。世代间隔在不同物种间差异很大。例如，家禽和猪的世代间隔可能短至 1 年，而在牛的后裔测试方案中，公牛的世代间隔通常为 7 年或更长。通过改变选育动物的年龄，也可以在同一物种内改变世代间隔。一般来说，估计单位时间的响应，通常是每年的响应更为有用。每年的响应经常使用与每代响应相同的符号 R 表示。

当雌雄选择相等时，每代的响应等于 $R = S = i r_{gI} \sigma_g$，通过将以上方程除以世代间隔 L，可以得到每年的响应：

$$R = \frac{i\, r_{g,I}\, \sigma_g}{L}$$

注意，在一般情况下，如此处所示，我们必须小心了解响应 R 是以每代、每年还是其他时间单位来表达的。以上方程是设计育种计划的关键。单位时间的响应与选择强度、遗传评估的准确性和遗传方差的平方根成正比，与世代间隔成反比。

6. 多路径选择方法

以上方程的推导假设雄性和雌性被同等对待。然而在实际操作中，情况往往并非如此。例如，在大多数物种中，雄性的繁殖率高于雌性，因此我们需要较少数量的雄性用于繁殖，相应地，雄性的选择强度可以高于雌性。在某些物种中，感兴趣的性状只在一个性别中记录，如奶牛的产乳量、猪的窝重和家禽的产蛋率。这可能导致两性在评估的准确性上有所不同，因为一个性别的自身表现有助于其评估，而另一个性别的遗传评估必须完全基于亲属的信息。同样，不同性别可能由于各种原因具有不同的世代间隔，例如，繁殖率最高的性别（通常是雄性）可能需要较少的时间来生产替代后代，因而可能具有最短的世代间隔。在这些情况下，可以通过求得雄性和雌性的遗传优越性之和（S_s 和 S_d）及其世代间隔之和（L_s 和 L_d）来推导单位时间的响应：

$$R = \frac{S_s + S_d}{L_s + L_d}$$

这被称为"稳态"或"渐进"选择反应，即育种计划运行多年后每单位时间的预期响应。这个假设的原因将在随后的方程推导中阐明。

实际上，可能需要几代时间才能接近这种稳态，在某些情况下可能永远无法达到真正的稳态。因此，通常更安全的做法是将以上方程预测的 R 看作是每年平均响应率的预测，同时认识到预测的响应可能会随年度有所不同。即使最终达到了稳态响应率，遗传响应在育种计划的早期几代中通常也会随年度变化。

请注意，从一年到另一年的响应总是可以通过递归方程来预测。下图展示了这种方法与渐进响应的比较。请注意，从一个未选择的群体开始，预期的响应在最初几年会有波动，但在经过几年的选择后稳定为渐进响应。

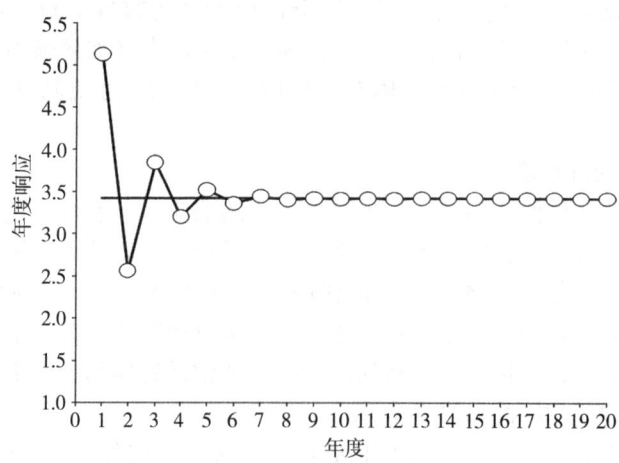

未选择的群体预测的年度响应与渐进响应的示例

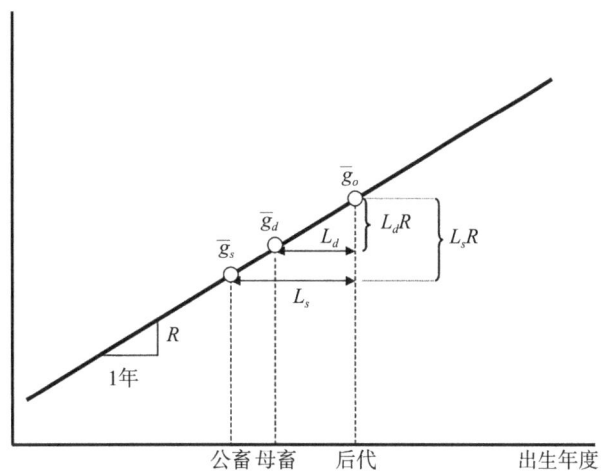

渐进响应：具有重叠世代的育种计划的选择反应

为了推导以上方程，我们首先根据后代的遗传平均值，这一值是基于被选亲本的平均遗传平均值：

$$\bar{g}_o = 1/2\, \bar{g}_s^* + 1/2\, \bar{g}_d^* = 1/2(\bar{g}_s + S_s) + 1/2(\bar{g}_d + S_d)$$

如果已实现每年的渐近反应 R，则雄性选择候选者的遗传平均值预计比后代世代的遗传平均值低 L_sR。这是因为雄性平均比其后代年龄大 L_s 年，而每年的增益等于 R。因此，雄性候选者的遗传平均值可以表示为：

$$\bar{g}_s = \bar{g}_o - L_sR$$

相似的

$$\bar{g}_d = \bar{g}_o - L_dR$$

因此可得

$$\bar{g}_o = 1/2(\bar{g}_o - L_sR + S_s) + 1/2(\bar{g}_o - L_dR + S_d)$$
$$= \bar{g}_o - 1/2R(L_s + L_d) + 1/2(S_s + S_d)$$

重新排列并求解 R 得到以下方程：

$$R = \frac{S_s + S_d}{L_s + L_d}$$

上式适用于所谓的两路径选择程序，其中雄性和雌性的选择有所不同。

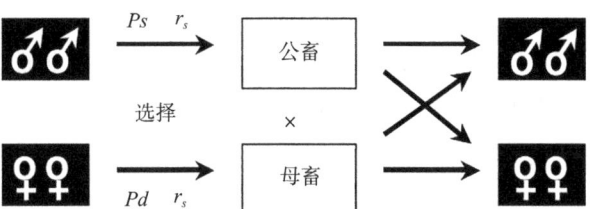

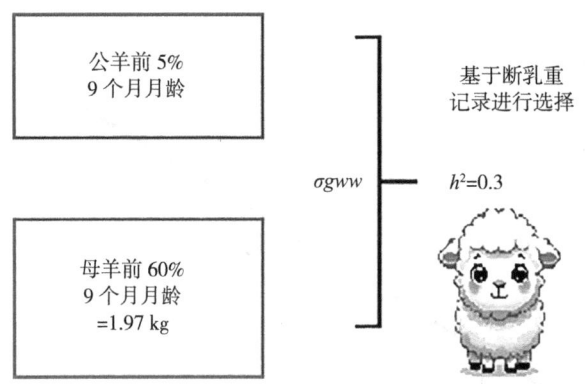

预测断奶重的选择反应

路径	占比（%）	i	$r=\sqrt{h^2}$	遗传优势	世代间隔（年）
公畜	5	2.06	0.55	2.23	1.17
母畜	60	0.64	0.55	0.69	1.17
				2.92	2.34

$$\Delta G_{WW} = 2.92/2.34 = 1.25 \text{kg/年}$$

Rendel 和 Robertson（1950）指出，在任何育种计划中，实际上存在 4 条基本的遗传改良路径，对应于雄性和雌性后代的 4 个父母基因来源。这 4 条路径是：

①雄性后代的雄性父母（公畜的父本，sm）。
②雄性后代的雌性父母（公畜的母本，dm）。
③雌性后代的雄性父母（母畜的父本，sf）。
④雌性后代的雌性父母（母畜的母本，df）。

Robertson 和 Rendel 显示，当分别识别遗传改良的 4 条路径时，以上方程预测的每代选择反应可以重新写为：

$$R = \frac{S_{sm} + S_{dm} + S_{sf} + S_{df}}{L_{sm} + L_{dm} + L_{sf} + L_{df}} = \frac{\sum_i S_i}{\sum_i L_i}$$

对于每条路径，遗传优越性可以按照之前所述的方法推导如下：

$$S_i = i_i r_i \sigma_g$$

对于特定路径，当选择涉及多个年龄组时，该路径的遗传优越性可以计算为各年龄组内遗传优越性的加权平均值。例如跨 3 个年龄组选择的例子，该路径的优越性计算如下：

$$S_s = \frac{1}{P_s}\{p_{s1} w_{s1} S_{s1} + p_{s2} w_{s2} S_{s2} + p_{s3} w_{s3} S_{s3}\}$$

同样，该路径的世代间隔计算如下：

$$L_s = \frac{1}{P_s}\{p_{s1} w_{s1} L_{s1} + p_{s2} w_{s2} L_{s2} + p_{s3} w_{s3} L_{s3}\}$$

7. 跨年龄组选择

例如：公牛母亲选择 $\sigma_g = 550$kg。

年龄组	后裔出生时的年龄（年）	公牛母亲（%）	选择百分比（%）	i	r	遗传优势 $ir\sigma_g$
初生母牛	2	50	2.5	2.34	0.55	707.9
第一泌乳期	3	30	1.5	2.53	0.68	946.2
第二泌乳期	4	20	1.5	2.53	0.72	1001.9

合并世代间隔：
$$L_{dm} = 50\% \times 2 + 30\% \times 3 + 20\% \times 4 = 2.7 \text{ 年}$$

合并遗传优越性：
$$S_{dm} = 50\% \times 707.9 + 30\% \times 946.2 + 20\% \times 1001.9 = 838.2 \text{kg}$$

为了说明一个识别所有4条改良路径的育种计划，可以考虑一个利用人工授精来提高奶牛产奶量的常规后裔测定计划。为了简化起见，假设所有奶牛都自然繁殖，不使用胚胎移植。在这样的计划中，青年公牛通过随机交配进行测试，记录产生小母牛的第一次泌乳性能。然后使用这些母牛的泌乳信息对每头青年公牛进行遗传评估，通常称为公牛的"首次鉴定"。在这个阶段，最好的公牛可以被选择用于繁育，其余的被淘汰。相比之下，小母牛和成年母牛主要根据她们自身的泌乳性能进行评估。在一个拥有数十万头记录的奶牛群体中，每一代可能会测试几百头到一千头青年公牛。

这样一个育种计划的示例显示了如何在实际操作中识别和利用所有4条改良路径：公牛的父本、母本以及母牛的父本、母本。这种方法有助于全面提高奶牛群体的遗传改良效率。

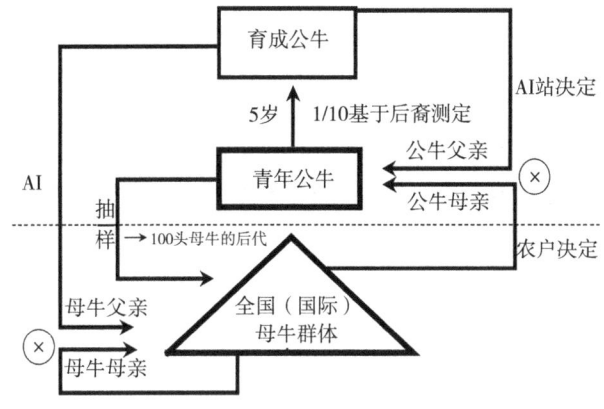

奶牛后代测定计划

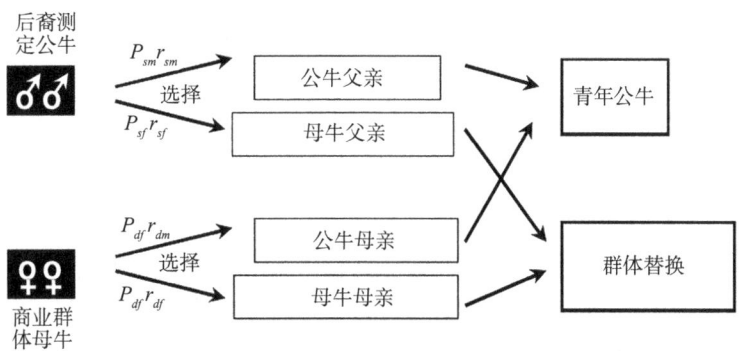

四路径育种计划

假设一个后裔测定计划，每条遗传改良路径的具体情况如下。

公畜的父本（sires of males）：由于只测试几百头青年公牛，而每头公牛可以生产数万剂精液，所以每代只需要几头公牛作为这些青年公牛的父本。因此，只须选择前 1%~2% 的测试公牛作为父本。这些父本的遗传评估准确性很高，因为后裔测定通常能提供高准确性。然而，世代间隔至少为 6 年，因为从青年公牛的出生，到其首批测试女儿的出生，再到其女儿的首次泌乳，再到其儿子的出生，需要较长的时间。

公畜的母本（sires of females）：由于需要繁殖数十万头奶牛，每代需要更多的公牛来生产所需的精液。在一个高效的计划中，可以选择前 10%~15% 的青年公牛，这比公畜父本的选择强度要低。选择准确性与公畜的父本相同，因为它们是基于相同的信息进行选择的。然而，世代间隔约长 1 年，因为繁殖大量奶牛需要时间，而且较好的公牛会被农户使用的时间比次之的公牛长一些。

母畜的父本（dams of males）：由于有数十万头奶牛，而每代只测试几百头公牛，公牛的母本可以非常严格地选择，可能只需要最好的 0.1%~0.5%。但评估是基于它们自身的表现，准确性低于后裔测定。这些奶牛可以在第二泌乳期间，根据第一次泌乳期表现和部分第二泌乳期表现进行繁殖，因此它们在儿子出生时 4.5~5 岁。

母畜的母本（dams of females）：奶牛的繁殖率很低，每年平均生产不到 1 头活牛犊，因为要考虑到平均分娩间隔和胎儿及牛犊的死亡率。考虑到疾病和其他导致小母牛损失的因素，并且只有一半的牛犊是母牛，只有大约 1/3 的分娩能产生一个备选的替代小母牛。由于在许多西方国家，奶牛在群体中的平均寿命通常不超过 3 次泌乳期，平均每头奶牛几乎没有足够的时间在离群前生产一个替代母牛。因此，母牛的母本选择余地非常小，可能需要 90% 的奶牛用于繁殖。选择准确性与公牛的母本非常相似。然而，世代间隔通常增加 1~2 年，因为平均每头奶牛需要约 3 次分娩才能生产一个替代母牛。

每条路径对应的参数汇总如下表所示。

假想的后裔测定方案用于提高奶牛产奶量的选择强度、选择准确性和世代间隔的参数。

路径	选择比例（p_i）	选择强度（i_i）	准确性（r_i）	遗传优势（$S_i = i r_i \sigma_g$）	世代间隔（L_i）
公畜父亲	2%	2.42	0.90	$2.178 \sigma_g$	6
母畜父亲	10%	1.75	0.90	$1.575 \sigma_g$	7
公畜母亲	0.5%	2.89	0.60	$1.743 \sigma_g$	5
母畜母亲	90%	0.19	0.60	$0.114 \sigma_g$	6
总计				$\sum S = 5.601 \sigma_g$	$\sum L = 24$

如果假设所有路径的遗传方差相同（这一假设常见但不总是严格成立），那么可以使用上表中的参数值来获得该特定育种计划的估计年度响应率。

$$R = \frac{5.601}{24} \sigma_g = 0.233 \sigma_g / \text{年}$$

选择反应可以用多种单位表示，但最常见且最有用的 3 种单位是每年的遗传标准差（σ_g）、每年的绝对单位（例如每年增加的牛奶千克数）或每年相对于平均值的百分比。

假设上述奶牛群体的平均产奶量为 6000kg，奶产量的遗传力（h^2）为 0.25，变异系数（CV）为 0.18，这些都是集约化奶牛生产中的典型值。由于

$$\sigma_g^2 = h^2 \sigma_p^2$$

因此

$$\sigma_p^2 = (CV \times x)^2$$

$$\sigma_p^2 = (0.18 \times 6000)^2 = (1080)^2$$

$$\sigma_g^2 = 0.25 (1080)^2$$

$$\sigma_g = \sqrt{\sigma_g^2} = 0.5 \times 1080 = 540 \text{ kg}$$

$$R = 0.233 \times 540 = 125.82 \text{ kg/年}$$

或者

$$R = 125.82/6000 = 2.1\%/\text{年}$$

单位的选择将取决于结果的使用方式。通常，遗传标准差单位可能会更有用，并且如果相信不同群体之间的主要差异在于遗传方差的绝对量，那么结果可以很容易地从一个群体转换到另一个群体。例如，如果不同群体的 h^2 和 CV 相同，但表现水平的平均值不同，这种情况就适用。

绝对单位，例如每年增加的牛奶千克数，通常对熟悉该物种和性状的人来说是最易理解的。例如非遗传学家，如奶农、行业人士或政府官员，那么以每年遗传标准差（σ_g）表示结果可能意义不大。

以每年百分比变化来表达结果可能会被广泛的受众理解。这种表达方式还有一个优点，就是可以比较不同物种间的不同性状的响应率。Smith（1984）提供了例子，他比较了典型育种计划中限性性状的理论响应率，包括家禽、猪、羊和牛。这些性状分别是家禽的产蛋量、猪的窝仔数、羊的窝仔数和牛的产奶量。他估计的绝对响应率分别是每年 5.46 个鸡蛋、每年 0.3 头仔猪、每年 0.04 头羔羊和每年 75kg 牛奶。用绝对单位表示这些结果，显然很难解释或跨物种进行比较。然而，以每年百分比变化表示，相同的结果分别是家禽 2.1%、猪 3.0%、羊 2.1% 和奶牛 1.5%。虽然并不完美，但这种方式确实允许得出一些总体结论，例如对限性性状的选择在不同物种中应大致具有相似的相对响应率。对于那些从事奶牛研究的人来说，奶牛产奶量的相对响应率最低，这可能会让人感到惊讶。

8. 青年公牛使用

公牛到母牛路径仅考虑了使用经过后裔测定的公牛来繁殖母牛，以生产群体替代牛。然而，青年公牛也对下一代母牛有贡献；在实际育种计划中，来自青年公牛的精液可以占到所有人工授精的 20%。为了解决这个问题，公牛到母牛路径的遗传优越性和世代间隔必须作为加权平均值进行计算。假设 y 是由青年公牛生产的母牛的比例，则公牛到母牛路径的遗传优越性计算如下：

$$S_{sf} = y S_{yb,f} + (1-y) S_{pb,f}$$

其中，$S_{yb,f}$ 和 $S_{pb,f}$ 分别是用于繁殖母牛替代的青年公牛和经过后裔测定的公牛的遗传优越性。在大多数情况下 $S_{yb,f} = 0$，因为 $p_{yb,f} = 1$ 并且因此 $i_{yb,f} = 0$，除非有额外的选择让青年公牛进入后裔测定，这超出了其父母选择的范围（通过公牛的父本和母本路径涵盖）。一个 $S_{yb,f} > 0$ 的例子是基于遗传标记的青年公牛预选。同样，公牛到母牛路径的世代间隔计算如下，路径中的青年公牛和经过后裔测定的公牛世代间隔的加权平均：

$$L_{sf} = y L_{yb,f} + (1-y) L_{pb,f}$$

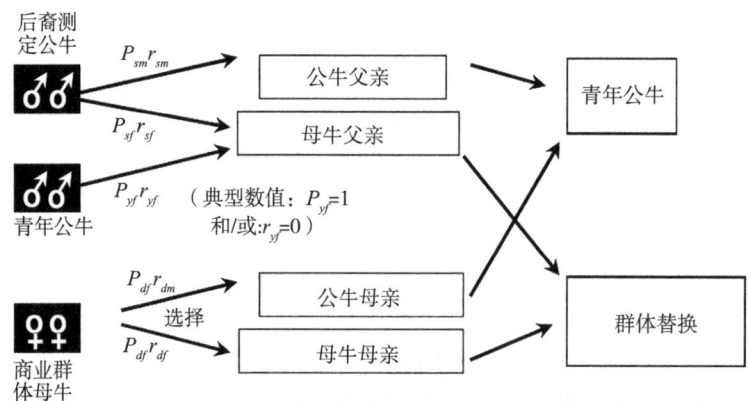

预测遗传进展（考虑使用青年公牛）

下表提供了一个示例，假设 $y = 0.2$。

假设在后裔测定计划中，用于提高奶牛产奶量的选择强度、选择准确性和世代间隔的参数如下表所示，其中考虑了使用20%的青年公牛来繁殖母牛替代群。

路径		选择比例 (p_i)	选择强度 (i_i)	准确性 (r_i)	遗传优势 ($S_i = i r_i \sigma_g$)		世代间隔 (年、L_i)	
公畜父亲		2%	2.42	0.90	$2.178 \sigma_g$		6	
母畜父亲	青年	100%	0	0.50	0	$1.260 \sigma_g$	2	6
	验证	10%	1.75	0.90	1.575		7	
公畜母亲		0.5%	2.89	0.60	$1.734 \sigma_g$		5	
母畜母亲		90%	0.19	0.60	$0.114 \sigma_g$		6	
总计					$\sum S = 5.268 \sigma_g$		$\sum L = 23$	

现在，每年的响应变为：

$$R = \frac{5.268}{23} \sigma_g = 0.230 \sigma_g / \text{年}$$

请注意，与上表相比，响应略有下降。通过调整 y，可以使用这种方法来优化使用青年公牛进行人工授精的群体比例。然而，需要注意的是，增加 y 也会增加可以测试的青年公牛数量，或者每头青年公牛的后代数量。这对育种计划的其他参数会产生影响。尽管如此，这种方法提供了一种手段来观察各种因素对遗传改进的影响。

9. 选择的相关反应

对性状 i 进行选择不仅会导致性状 i 的遗传变化（R_i），还会影响与所选性状遗传相关的其他性状。性状 j 对性状 i 选择的遗传变化被称为选择的相关反应，用 R_{ji} 表示，而直接反应则用 R_i 表示。同样，基于性状 i 选择的父母的遗传优越性用 S_i 表示，而性状 j 的遗传优越性用 S_{ji} 表示。通过对性状1的指数 I_1 进行选择，得到的性状2的父母遗传优越性可以基于以下通用方程计算：

$$S_{2.1} = i \, r_{g_2 I_1} \sigma_{g_2}$$

这里 $r_{g_2 I_1}$ 是性状2的遗传值与选择依据 I_1 之间的相关性。当选择标准 I_1 仅基于性状1的记录（单一性状评估）时，这种相关性可以通过性状1的选择准确性和遗传相关性来表达，如下所示：

$$r_{g_2 I_1} = r_{g_2 g_1} r_{g_1 I_1}$$

因此

$$S_{2.1} = i\, r_{g_2 g_1} r_{g_1 I_1} \sigma_{g_2} = r_{g_1 g_2} \frac{\sigma_{g_2}}{\sigma_{g_1}} i\, r_{g_1 I_1} \sigma_{g_1} = r_{g_1 g_2} \frac{\sigma_{g_2}}{\sigma_{g_1}} S_1 = b_{g_2 g_1} S_1$$

其中，$b_{g_2 g_1}$ 是性状 2 的遗传值对性状 1 的遗传值的回归系数。该回归系数量化了性状 1 每单位遗传变化所导致的性状 2 的预期遗传变化。当选择标准不仅仅基于性状 1 的记录时，例如指数是一个多性状指数，虽然原理相同，但回归系数的推导会变得更加复杂。现在可以通过简单的回归技术从直接反应预测选择的相关反应：

$$R_{2.1} = b_{g_2 g_1} R_1 = r_{g_1 g_2} \frac{\sigma_{g_2}}{\sigma_{g_1}} R_1$$

10. 预测选择的相关反应

对性状 1 进行选择导致性状 1 的反应（选择的直接反应）和性状 2 的反应（当且仅当 $r_{g_{1,2}} \neq 0$ 时选择的相关反应，即由于选择其他性状而导致的性状变化）。

11. 性状之间的相关性

表型相关性（r_p）：对同一群体个体观察到的性状 1 和性状 2 的表型之间的相关性。表型相关性存在的原因：某些基因对两个性状都有影响（基因多效性），即遗传相关性（r_g）；某些环境因素对两个性状都有影响，即环境相关性（r_e）。

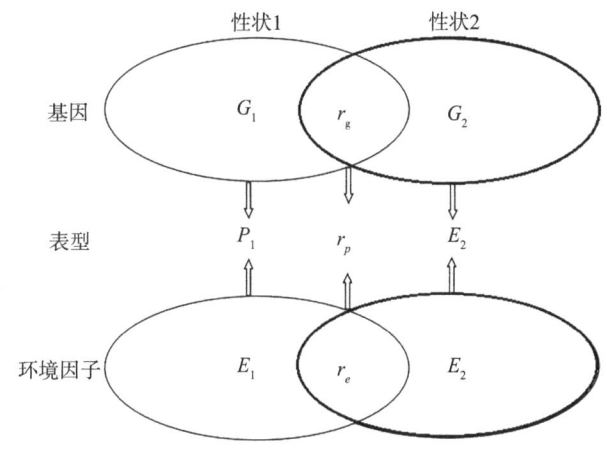

性状间的相关

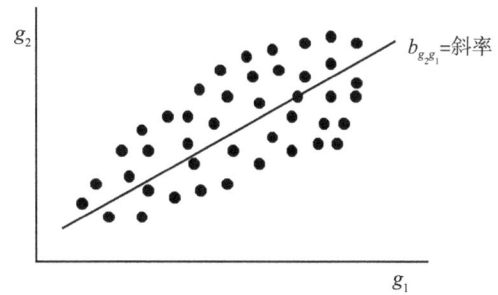

选择的相关反应（性状 2 的育种值对性状 1 的育种值的回归）

例如根据断奶重选择绵羊：

直接反应：$\Delta G_{WW} = 1.25 \text{kg}/\text{年}$

初生重的相关反应：

$$\sigma_{g_{BW}} = 0.5 \text{kg}$$

$$r_{g_{WW}.BW} = +.3$$

$$\Delta G_{BW.WW} = b_{A_{BW}A_{WW}} \Delta G_{WW}$$

断乳中的响应预测

路径	占比（%）	i	$r = \sqrt{h^2}$	遗传优势	世代间隔（年）
公畜	5	2.06	0.55	2.23	1.17
母畜	60	0.64	0.55	0.69	1.17
				2.92	2.34

$$\Delta G_{WW} = 2.92/2.34 = 1.25 \text{kg}/\text{年}$$

预测相关反应：

$$b_{A_{BW}.A_{WW}} = r_g \frac{\sigma_{g_{BW}}}{\sigma_{g_{WW}}} = (0.3) \frac{0.5}{1.97} = 0.076 \text{kg}/\text{kg}$$

$$\Delta G_{BW.WW} = (0.076)(1.25) = 0.095 \text{kg}/\text{年}$$

12. 间接选择

通过选择相关性状的育种值（EBV）来实现重要经济性状的遗传改良，例如，选择体细胞数以提高乳腺炎抗性；选择体型性状以延长群体寿命；选择阴囊周长以提高生育能力（绵羊）。在以下情况下推荐使用间接选择而非直接选择：相关性状已记录，而直接性状未记录；相关性状的测量成本更低；相关性状在生命早期进行测量，所以世代间隔缩短；相关性状的遗传力（h^2）更高。

13. 间接选择与直接选择的效率

假设 1 = 相关性状；2 = 经济性状。

直接选择：

$$\Delta G_2 = \frac{\sum i \, r_{\hat{A}_2} \, \sigma_{g2}}{\sum L}$$

间接选择：性状 1 选择对性状 2 的相关反应。

$$\Delta G_{2.1} = r_{g1.2} \frac{\sigma_{g2}}{\sigma_{g1}} (\Delta G_1)$$

$$\Delta G_1 = \frac{i r_{\hat{A}_1} \sigma_{g1}}{\sum L}$$

$$\text{效率} = \frac{\Delta G_{2.1}}{\Delta G_2}$$

14. 育种计划的设计

响应与选择强度和选择准确性以及遗传变异量呈正相关，而与世代间隔呈负相关。改变育种计划通常会同时影响多个参数，所有这些变化的净效应决定了预测的选择响应。例如，潜在公牛母本年龄更大并拥有更多泌乳记录的结果。这将增加该路径中的评估准确性,因为可用信息量增加,但也会增加世代间隔。1年后,公牛母本路径中的评估准确性将从0.6增加至0.64,而世代间隔将从5年增加至6年。因此,预测的响应速率现在为:

$$R = \frac{(2.42 \times 0.9 + 1.75 \times 0.9 + 2.89 \times 0.64 + 0.19 \times 0.6}{6 + 7 + 6 + 6} \sigma_g = 0.229 \sigma_g / \text{年}$$

当选择年龄较小的公牛母本时,预测的响应为每年 $0.233 \sigma_g$,这高于上述 $0.229 \sigma_g$ 的预测响应。假设我们的参数是合适的,可以得出结论,不应等待潜在公牛母本的额外泌乳记录。

另一个例子是,如果在每代的后裔测定计划中测试更多的青年公牛会发生什么。如果测试资源有限,测试更多的青年公牛意味着每头公牛的后代数量会减少。因此,选择准确性会下降(由于后代数量减少),而选择强度会增加(由于有更多的青年公牛可供选择)在公牛父本和母本路径中都会出现这种情况。此外,如果测试的青年公牛数量增加,我们需要更多的母本来生产这些公牛,这会增加选择比例并降低公牛母本路径中的选择强度。在这种情况下,可以调整每代测试的青年公牛数量,计算每条路径中的相应选择强度和准确性,从而推导出每个测试数量的预期选择响应速率。然后,可以确定最大化响应速率的公牛测试数量。上述方法仅是对现实世界的近似。但是,在许多情况下,这种近似本身就可能相当可靠了。将这种近似调整到更复杂或更现实的情况并不一定特别困难。另外需要考虑的问题是,最大化遗传响应的设计不一定是最大化经济进展的设计。从经济角度评估最佳设计需要权衡设计的经济成本与经济效益。在某些情况下,各种设计可以产生相似的遗传进展率,但其成本可能有很大差异。在这种情况下,经济上最优的设计可能会稍微低于最大遗传响应。

第五节 估计育种值的确定性模型

影响选择响应的主要因素,即选择强度(i)、选择准确性(r)、遗传标准差(σ_g)和世代间隔(L)。本节目标是开发建模和评估选择准确性的方法,并评估决定该参数的主要因素,这些工作将有助于设计育种计划。选择准确性定义为选择标准(I)与选择目标之间的相关性。目前,仅考虑单个性状的育种值为选择目标的情况,其后将扩展到更复杂的经济选择目标。当选择基于个体自身的表型时,选择的准确性等于表型与育种值之间的相关性,这等于遗传力(h)的平方根。在实际的动物育种中,选择通常不仅仅基于自身表型,而是基于使用最佳线性无偏预测(BLUP)方法从动物本身及其亲属的记录中推导出的育种值(EBV)。从动物模型中推导出的EBV具有一个重要特性,即个体及其亲属的所有可用记录都被最佳利用,同时调整系统性环境效应(例如群体-年份-季节),从而最大化EBV的准确性。根据预测选择动物的遗传优越性的方程,即 $S = ir\sigma_g$,显然最大化准确性对于最大化遗传增益至关重要。

准确性对遗传增益的影响:

$$\Delta G / \text{年} = \Sigma s / \Sigma L$$
$$S = ir\sigma_g$$

r =选择的准确性

=corr（选择标准，真实育种值）

=单一性状选择的育种值（EBV）准确性

关键点：最大化以增加遗传增益；需要能够准确建模，以便预测遗传增益和确定信息的价值。

随机模拟模型可以直接将基于动物模型的遗传评估纳入其中，因为用于这些模型输入的数据是单独模拟的。这对于确定性模型来说是不可能的。因此，在开发遗传改良的确定性模型时，必须使用其他方法来模拟选择和BLUP动物模型的EBV准确性。这些方法不仅允许对EBV选择进行确定性建模，还需要用来理解影响选择准确性的因素，这对于育种计划的设计至关重要，包括不同类型的记录对EBV准确性的贡献。

开发用于建模EBV准确性的方法时，将通过以下步骤逐步建立：

①仅基于自身记录的EBV（简单回归）；

②基于单一类型亲属记录的EBV（简单回归）；

③基于多种信息来源的EBV（多元回归、选择指数理论）；

④基于BLUP动物模型的EBV（模块B）。

如上所述，这些方法的共同主题是使用线性回归从表型记录中预测EBV。在深入探讨这些方法之前，首先描述一些EBV的一般性质。这些性质在估计EBV的方法中是通用的，只要用于评估的模型是正确的并且系统的环境因素得到适当的校正。

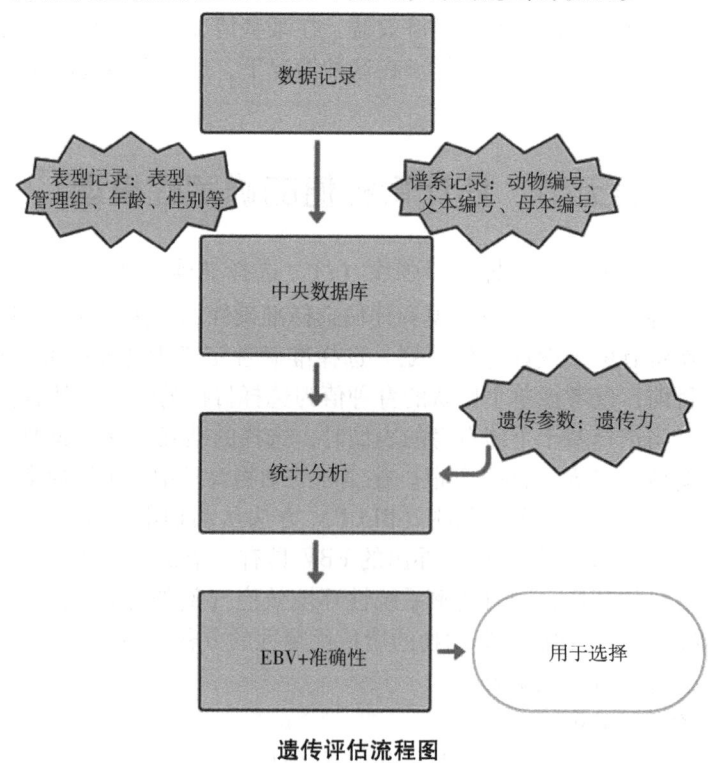

遗传评估流程图

一、估计育种值（EBV）的一般性质

如上所述，所有育种值预测方法都基于线性回归原理：即育种值对表型记录的回归。

因此,可以利用线性回归的性质推导出 EBV 的一般性质。估计育种值(EBV)具有以下一些普遍性质,这些性质在不同的估计方法中都是通用的,只要用于评估的模型是正确的,并且系统的环境因素得到了适当的考虑。

1. 无偏性

适当的模型和数据条件下,EBV 的期望值等于真实育种值。这意味着在大样本情况下,EBV 应在统计上与真实育种值一致。

$$E(g_i \mid \hat{g}_i) = \hat{g}_i$$

这意味着对 $\hat{g}$ 的选择将最大化被选择个体群体的 g 的期望值。一个相关的性质是,真实育种值对估计育种值的回归系数等于 1:

$$b_{g, \hat{g}} = 1$$

在假定无偏性的前提下,EBV 的准确性可以通过真实育种值与估计育种值之间的相关性来推导,如下所示:

$$r = r_{g, \hat{g}} = b_{g, \hat{g}} \frac{\sigma_{\hat{g}}}{\sigma_g} = \frac{\sigma_{\hat{g}}}{\sigma_g}$$

真实育种值与估计育种值之间的协方差为:

$$\sigma_{g, \hat{g}} = r_{g, \hat{g}} \sigma_g \sigma_{\hat{g}} = \sigma_{\hat{g}}^2$$

EBV 的方差等于:

$$\sigma_{\hat{g}}^2 = r^2 \sigma_g^2$$

因此,EBV 的方差等于准确性(也称为"可靠性")的平方乘以遗传方差。这表明了准确性的重要性:准确性越高,动物群体中 EBV 的方差和分布越大,就越能够区分遗传上优越的动物和普通或劣质的动物,所选择的动物的遗传优越性也就越大。如下图所示。

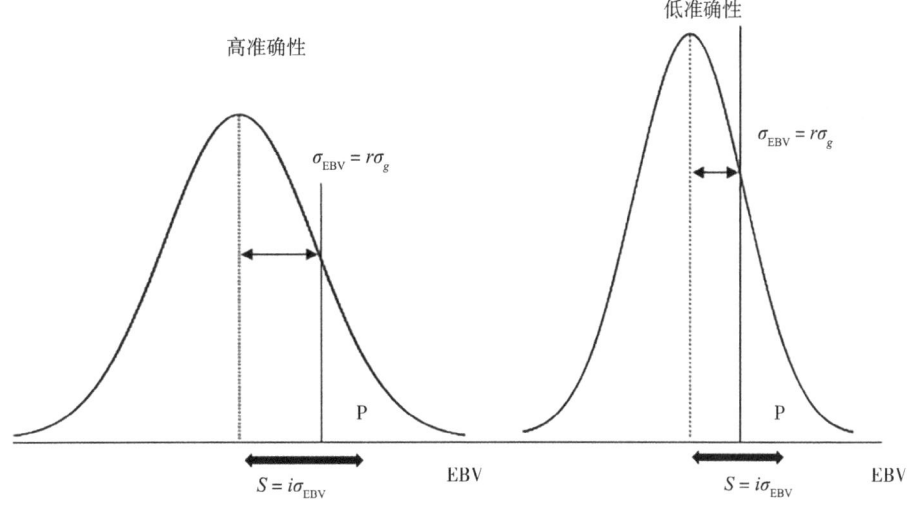

EBV 准确性对分布的影响

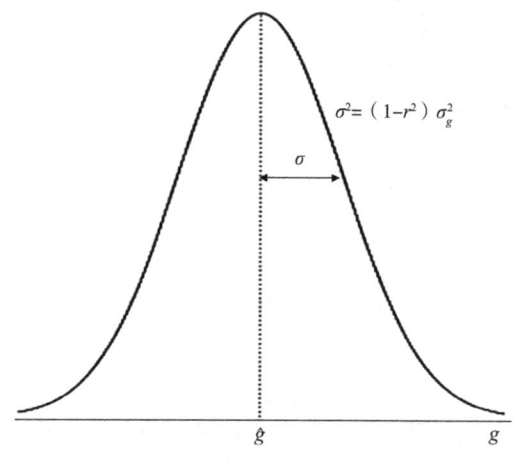

给定 EBV 情况下的 BV 分布

$g \mid \hat{g} \sim N(\hat{g}, (1-r^2)\sigma_g^2)$；$r = \hat{g}$ 的准确度 $= \hat{g}$ 与真实 g 的相关性；$r^2 = \hat{g}$ 的可靠性；$Var(\hat{g}) = r^2 \sigma_g^2$；预测误差方差 $PEV = Var(\hat{g} - g) = (1-r^2)\sigma_g^2$。

2. 准确性

EBV 的准确性（通常用 r 表示）定义为 EBV 与真实育种值之间的相关性。准确性越高，表示 EBV 越能可靠地反映真实育种值。

3. 线性回归

EBV 通常通过线性回归模型从表型记录中预测得出。这个过程在确保模型的正确性和数据的适当性时，可以有效提高 EBV 的准确性。

4. 系统环境因素

为了确保 EBV 的准确性，必须适当调整系统环境因素，例如年份、季节、群体等。这些因素如果不加以控制，会对 EBV 的估计造成偏差。

5. 数据整合

EBV 的估计可以整合来自个体本身及其亲属的多种信息来源，从而提高预测的准确性。这种整合通常通过选择指数理论或 BLUP 动物模型实现。

6. 遗传参数

EBV 的估计依赖于准确的遗传参数，例如遗传力和遗传相关性。准确的遗传参数有助于提高 EBV 的可靠性。

这些性质确保了 EBV 作为育种选择工具的有效性和可靠性，为育种计划的设计和实施提供了坚实的基础。

与任何预测一样，EBV 也存在预测误差，即真实育种值相对于 EBV 的偏差：

$$\varepsilon_i = g_i - \hat{g}_i$$

预测误差的方差（预测误差方差，PEV）可以表示为：

$$\sigma_\varepsilon^2 = var(g_i - \hat{g}_i) = \sigma_g^2 + \sigma_{\hat{g}}^2 - 2\sigma_{g,\hat{g}} = \sigma_g^2 + \sigma_{\hat{g}}^2 - 2\sigma_{\hat{g}}^2$$
$$= \sigma_g^2 - \sigma_{\hat{g}}^2 = \sigma_g^2 - r^2 \sigma_g^2$$
$$= (1-r^2)\sigma_g^2$$

注意

$$\sigma_g^2 = \sigma_{\hat{g}}^2 + \sigma_\varepsilon^2$$

因此，加性遗传方差被分为由估计育种值（EBV）解释的方差和未解释的误差方差。准确度越高，EBV 解释的遗传方差比例越大。同时需要注意的是，EBV 与预测误差之间的协方差等于零：

$$\sigma_{\hat{g}, \varepsilon} = \sigma_{\hat{g}, g-\hat{g}} = \sigma_{\hat{g}}^2 - \sigma_{g, \hat{g}} = \sigma_{\hat{g}}^2 - \sigma_{\hat{g}}^2 = 0$$

因为非零协方差意味着预测误差中包含一些可以用来改进估计育种值（EBV）的信息。假设动物的估计育种值（EBV）分布为正态分布，该动物的真实育种值（BV）均值等于 EBV 方差，等于 $(1-r^2)\sigma_g^2$。

$$g_i \mid \hat{g}_i \sim N(\hat{g}_i, (1-r^2)\sigma_g^2)$$

预测误差预计服从均值为零的正态分布：

$$\varepsilon_i \sim N(0, (1-r^2)\sigma_g^2)$$

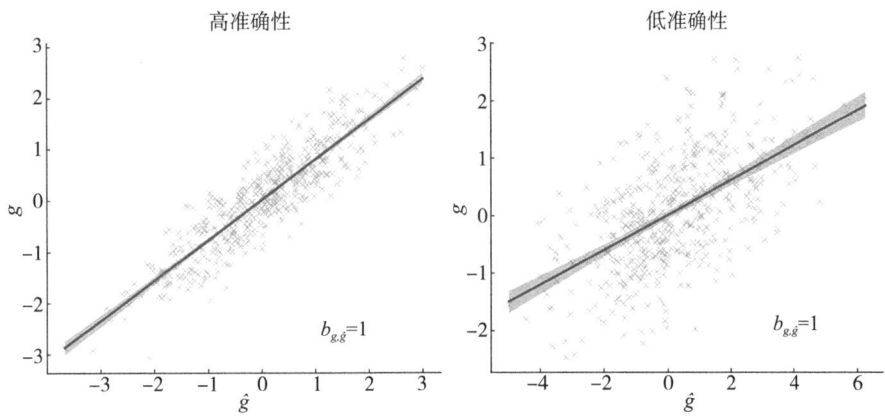

估计育种值（EBV）与真实育种值（BV）之间的关系

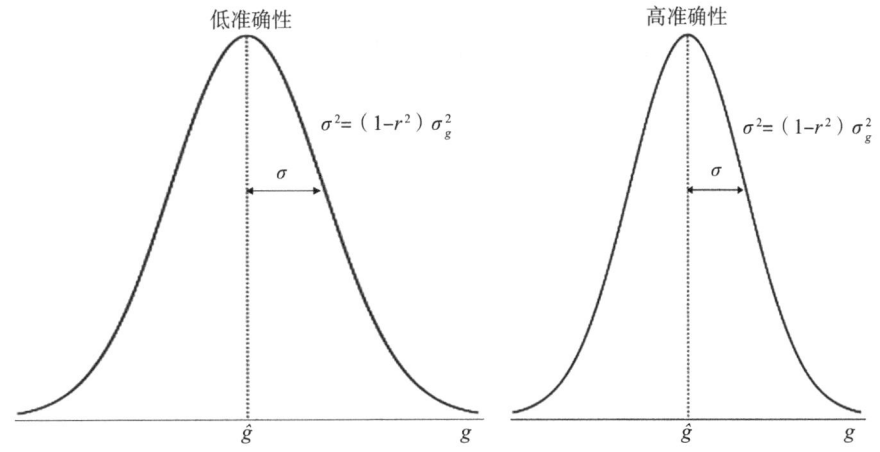

给定估计育种值（EBV）情况下准确度对真实育种值（BV，g）分布的影响

二、基于自身记录的估计育种值（EBV）

在以下推导过程中，假设表型记录 x_i 已经调整了系统环境效应并且偏离均值。

1. 表型选择

最简单的选择形式是基于个体自身单一表型记录推导出的估计育种值（EBV）。在这种情况下，EBV 可以通过真实育种值（BV）对表型回归推导得到，其公式为：
$$\hat{g}_i = b_{g,x} x_i = b_{g,x} \text{（个体的表型）}$$

回归系数可以推导为：
$$b_{g,x} = \sigma_{x_i g_i}/\sigma_p^2 = \sigma_{g_i+e_i,\, g_i}/\sigma_p^2 = \sigma_g^2/\sigma_p^2 = h^2$$

因此，个体加性遗传值的预测，表示为相对于群体均值的偏差，可以通过以下公式给出：
$$\hat{g}_i = h^2 x_i$$

其中，x_i 是个体 i 的表型，表示为相对于群体均值的偏差。

选择的准确度为：$r = r_{g,\hat{g}} = \sigma_{g_i,\, h^2 x_i}/\sigma_g \sigma_{h^2 x} = h^2 \sigma_g^2/h\sigma_g^2 = h$

例如，猪和牛的生长速度的遗传力通常约为 0.5。因此，通过对生长速度进行表型选择，个体 i 的估计育种值（EBV）为：$\hat{g}_i = 0.5 x_i$，其评估的准确度为：$r = \sqrt{0.5} = 0.707$。

另外，如果我们根据奶牛单次产奶量记录进行选择，而该性状的遗传力为 0.25，那么估计育种值（EBV）将为：$\hat{g}_i = 0.25 x_i$，准确度为：$r = 0.5$。

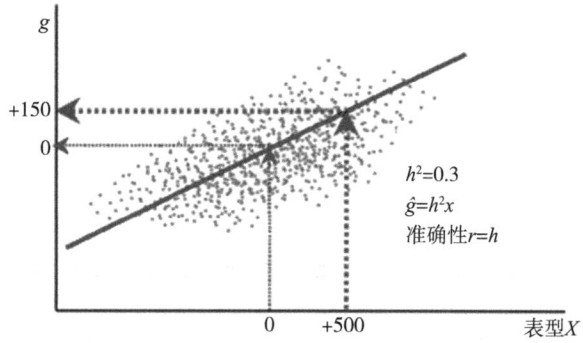

基于自身记录的估计育种值（EBV）——简单回归

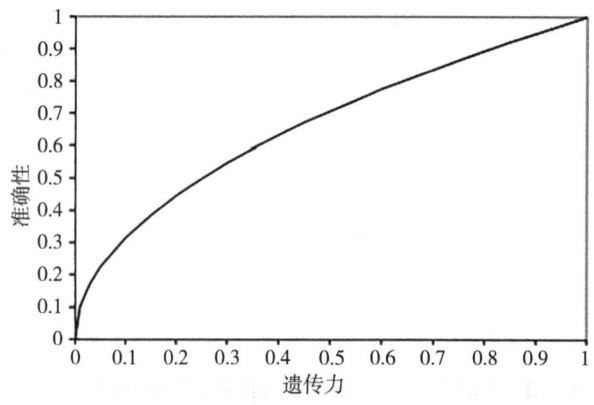

基于自身记录的估计育种值（EBV）遗传力对准确度的影响

2. 对单一性状的两个或多个表型记录的均值进行选择

重复力的定义：通过增加每个个体收集的记录数量来提高选择的准确度。这对于在动物一生中多次表现的性状是可行的。例如，对一头奶牛拥有两次泌乳记录应比只有 1 次泌乳记录提供更多的信息。对于具有重复观测的性状，如奶产量，表型的环境和/或非加性遗传成分可以被分为一个影响动物一生的永久成分和一个随时间变化的临时成分。因此，动物 i 的第 j 次记录的表型可以表示为：

$$x_{ij} = g_i + pe_i + te_{ij}$$

其中，pe_i 是动物 i 的永久环境效应，te_{ij} 是动物 i 在第 j 次记录中的临时环境效应。对于同一个体的所有观测，遗传效应和永久环境效应是相同的。另外，同一个体不同观测的临时环境效应是不相关的。这意味着同一个体的所有观测在遗传上是相同的性状。这引出了重复力的概念。重复力 t 被定义为由与每个动物相关的永久效应（环境和遗传）引起的总表型方差的比例。因此，假设遗传效应、永久环境效应和临时环境效应之间没有相关性，影响单次观测的效应可以表示为：

$$t = \frac{\sigma_g^2 + \sigma_{pe}^2}{\sigma_p^2} \text{ 或 } \frac{\sigma_g^2 + \sigma_{pe}^2}{\sigma_g^2 + \sigma_{pe}^2 + \sigma_{te}^2}$$

假设奶牛 i 有两次泌乳记录，x_{i1} 和 x_{i2}，可以表示为：

$$x_{i1} = g_i + pe_i + te_{i1}$$
$$x_{i2} = g_i + pe_i + te_{i2}$$

个体两次记录之间的相关性为：$r_{x_1 x_2} = \dfrac{\sigma_{x_1 x_2}}{\sqrt{\sigma_{x_1}^2 \sigma_{x_2}^2}}$

此处

$$\sigma_{x_1 x_2} = \sigma_{(g_i + pe_i + te_{i1},\ g_i + pe_i + te_{i2})} = \sigma_g^2 + \sigma_{pe}^2$$

因此

$$r_{x_1 x_2} = \frac{\sigma_g^2 + \sigma_{pe}^2}{\sigma_p^2} = t$$

因此，一个性状的重复力也是该性状在同一个体上两次记录之间的相关性；从字面上看，这是一种衡量该性状在多次记录中"可重复性"的指标。

3. 基于单一性状重复记录的估计育种值（EBV）

假设每个个体收集了 m 个记录，并且根据这 m 个记录的均值进行选择。那么，

$$\hat{g}_i = b_{g\bar{x}} \bar{x}_i$$

此处

$$\bar{x}_i = \sum_{j=1}^{m} x_{ij}/m$$

其中，x_{ij} 是个体 i 在所选性状上的第 j 次记录。因此，

$$\bar{x}_i = \sum_{j=1}^{m} (g_i + pe_i + te_{ij})/m$$

因此

$$b_{g\bar{x}} = \sigma_{g\bar{x}} / \sigma_{\bar{x}}^2$$

$\bar{x}_i$ 的方差为：

$$\sigma_{\bar{x}}^2 = \sigma_g^2 + \sigma_{pe}^2 + \frac{\sigma_{te}^2}{m} = t\sigma_p^2 + \frac{(1-t)\sigma_p^2}{m} = \frac{(mt+1-t)\sigma_p^2}{m}$$
$$= \frac{[(m-1)t+1]\sigma_p^2}{m}$$

协方差为:$\sigma_{g\bar{x}} = \sigma_g^2$

因此

$$b_{g\bar{x}} = \frac{m\sigma_g^2}{\sigma_p^2[(m-1)t+1]} = \frac{mh^2}{(m-1)t+1}$$

选择的准确度为:

$$r = corr_{g\bar{x}} = \sqrt{\frac{mh^2}{(m-1)t+1} \frac{\sigma_g^2}{\sigma_g^2}} = \sqrt{\frac{mh^2}{(m-1)t+1}}$$

注意,当 $t=1$ 时,对个体重复记录某一性状没有任何价值。只有当重复测量能够分离作用于观测值的临时效应和永久效应时,才会提供额外的信息。

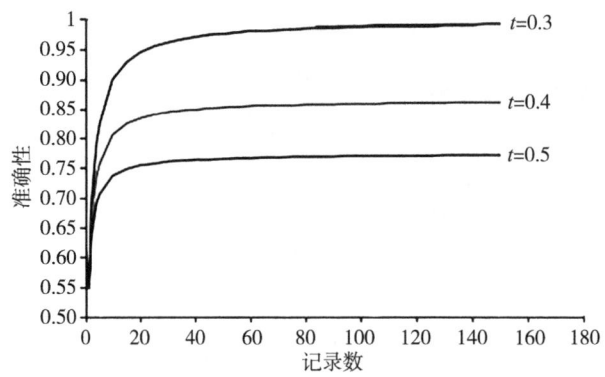

基于自身记录的估计育种值(EBV)记录次数和重复力的影响($h^2 = 0.3$)

4. 基于两个或多个表型记录均值的估计育种值(EBV)的数值示例

考虑奶产量的选择,该性状的遗传力为 0.25,重复力为 0.5。假设观测值是 1 次、2 次、5 次或 10 次泌乳记录的均值。将 $h^2 = 0.25$,$t = 0.5$ 和 $m = 1$、2、5 或 10 代入以上两个公式,得到的回归系数为:

$$b_{g\bar{x}} = 0.25, \ 0.333, \ 0.42, \ 0.45$$

以及其准确度为:

$$r = 0.5, \ 0.58, \ 0.65, \ 0.67$$

5. 基于一种亲属记录的估计育种值(EBV)

基于自身记录的简单回归方法可以扩展到对一种亲属的一个或多个记录的估计育种值(BV)方法。设想一种情况,我们对个体 i 的 m 个亲属每个收集一个记录,目的是估计该个体的育种值。每个亲属 j 与个体 i 具有相同的加性遗传关系 a_{ij}。此外,这些亲属之间也具有相同的加性遗传关系 $a_{jj'}$。

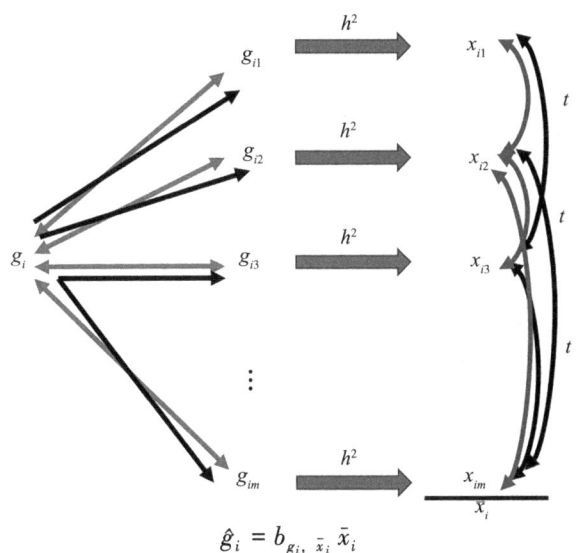

$$\hat{g}_i = b_{g_i, \bar{x}_i} \bar{x}_i$$

基于一种亲属记录的估计育种值（EBV）

然后，可以根据其亲属记录的平均值预测个体 i 的育种值（BV），公式为：

$$\hat{g}_i = b_{g\bar{x}} \bar{x}_i$$

此处

$$\bar{x}_i = \sum_{j=1}^{m} x_{ij}/m$$

其中，x_{ij} 是个体 i 的第 j 个亲属的记录。因此

$$b_{g\bar{x}} = \sigma_{g\bar{x}}/\sigma_{\bar{x}}^2$$

为了推导 $\sigma_{g\bar{x}}$，设 t 为亲属 j 和 j' 的表型记录之间的（组内）相关性：

$$t = r_{x_{ij}x_{ij'}} = \sigma_{x_{ij}x_{ij'}}/\sigma_p^2 = \sigma_{(g_{ij}+e_{ij},\ g_{ij'}+e_{ij'})}/\sigma_p^2$$
$$= (a_{jj'}\ \sigma_g^2 + c^2\ \sigma_p^2)/\sigma_p^2$$
$$= a_{jj'}\ h^2 + c^2$$

这里，c^2 是记录之间的共同环境相关性。该参数量化了亲属在多大程度上暴露于相同环境中（例如，同窝兄弟姐妹）：

$$c^2 = \sigma_{e_{ij}e_{ij'}}/\sigma_p^2$$

此外，请注意，该组内相关性的公式也适用于重复的自身记录。在这种情况下，$a_{jj'} = 1$，$c^2 = \sigma_{pe}^2/\sigma_p^2$，因此 $t = h^2 + \sigma_{pe}^2/\sigma_p^2 = (\sigma_g^2 + \sigma_{pe}^2)/\sigma_p^2$，该相关性等于重复力。具有组内相关性 t 的 m 个记录均值的方差可以表示为：

$$\sigma_{\bar{x}}^2 = Var\Big(\sum_{j=1}^{m} x_{ij}/m\Big) = \frac{m\sigma_p^2 + m(m-1)t\sigma_p^2}{m^2} = \frac{1+(m-1)t}{m}\sigma_p^2$$

协方差为：

$$\sigma_{g\bar{x}} = a_{ij}\sigma_g^2$$

因此

$$b_{g\bar{x}} = \frac{m\ a_{ij}\ \sigma_g^2}{\sigma_p^2((m-1)t+1)} = a_{ij}\frac{m\ h^2}{(m-1)t+1}$$

选择的准确度为：

$$r = corr\, r_{g\bar{x}} = a_{ij}\sqrt{\frac{m\,h^2}{(m-1)t+1}}$$

请注意，对于重复的自身记录，$a_{ij} = 1$，则以上两个公式可以简化。

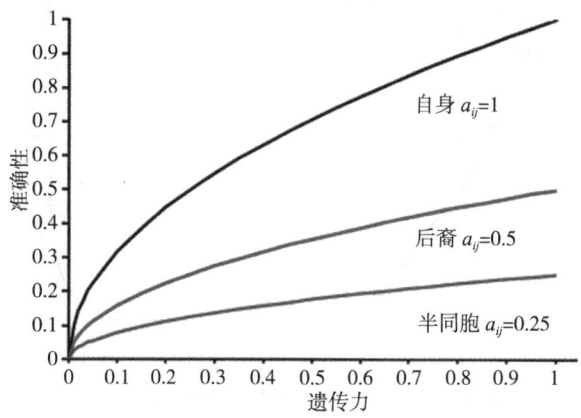

基于单个亲属记录的估计育种值（EBV）亲缘关系程度的影响

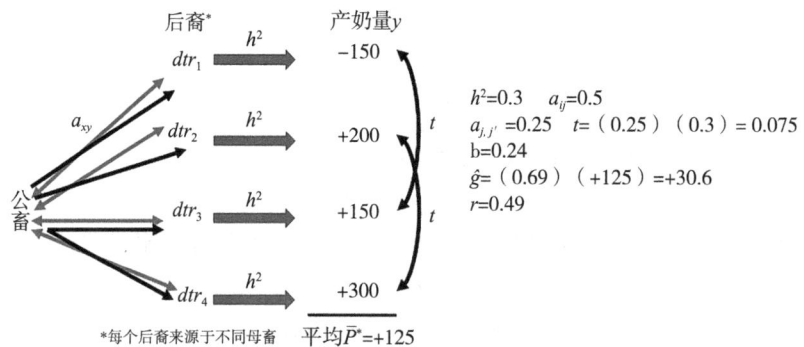

基于一种亲属记录的估计育种值（EBV）

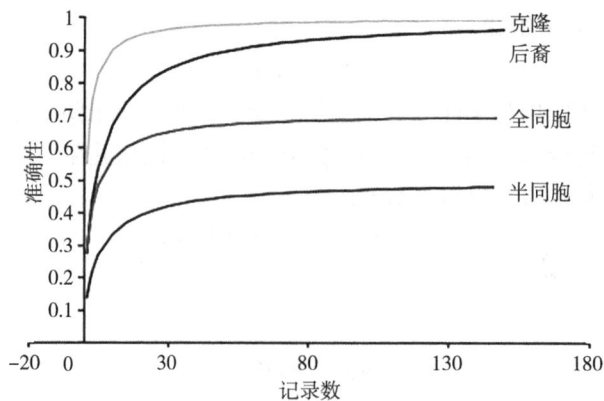

记录数量和亲缘关系的影响

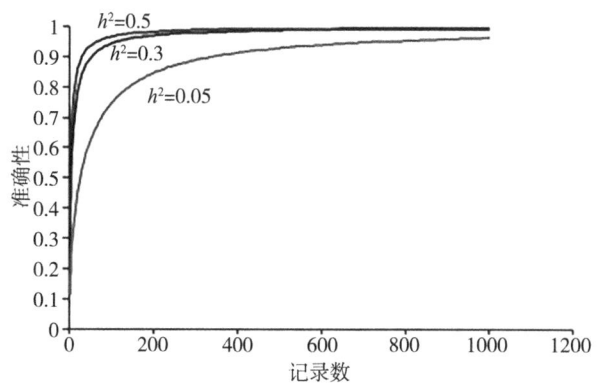

遗传力对后裔测验准确度的影响

三、基于多种来源的估计育种值（EBV）选择指数

当记录来自多个来源时，例如动物自身，其母亲、同母异父兄弟姐妹、后裔等的记录，显然使用所有记录来估计育种值是最有利的。这可以通过将前述的简单回归方法扩展到多元回归模型来实现：

$$\hat{g}_i = b_1 x_1 + b_2 x_2 + \cdots + b_m x_m$$

其中，x_i 代表第 i 个记录来源，可以是个体记录或某类亲属记录的均值，b_i 是偏回归系数。以上公式称为选择指数，系数 b_i 称为指数权重。用于推导最佳指数权重（即最大化 EBV 准确度的权重）的方法称为选择指数理论。

选择指数最早由 Smith（1936）提出，用于植物育种中对多个性状的同时选择。7 年后，Hazel（1943）独立地将其应用于动物育种。我们首先推导选择指数方程，最后通过一些示例说明其应用。选择指数理论处理的是从多种来源中结合信息的普遍问题，以获得对预定组合性状的总体遗传价值最准确的预测。选择指数可以分为两种类型：一是经济选择指数，利用多个记录性状的信息来预测总体经济价值的遗传价值；二是家系选择指数，结合各种亲属在单一性状上的信息，预测个体在该性状上的遗传价值。

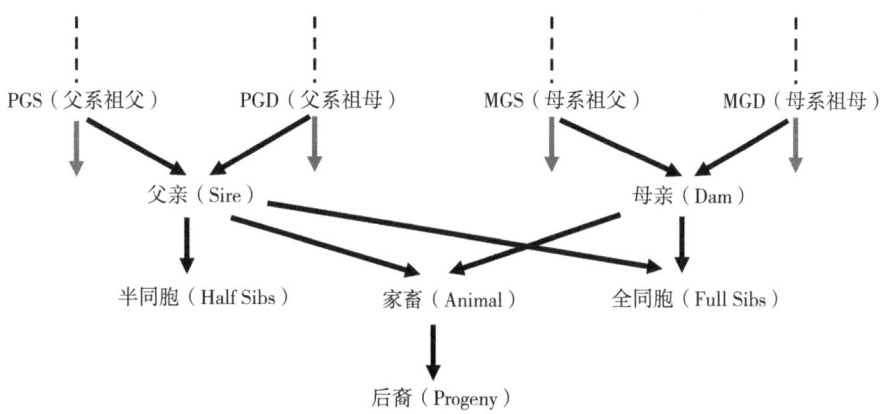

多种信息来源估算估计育种值（EBV）

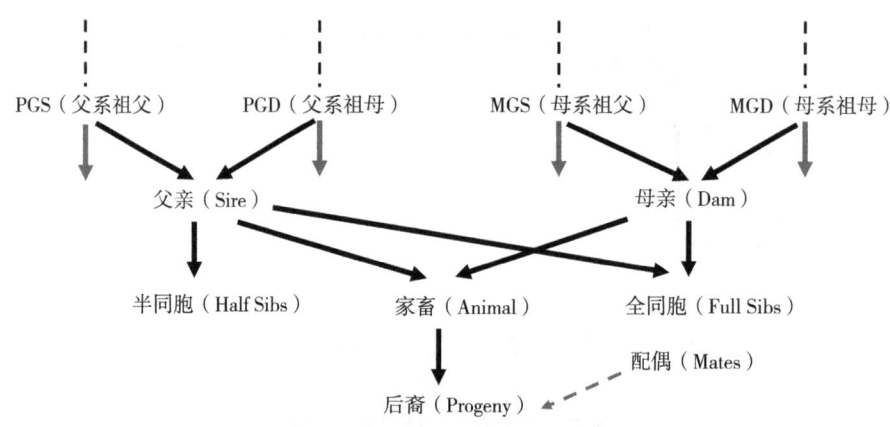

最大化估计育种值（EBV）的准确性

优化每个记录赋予的权重，估计育种值公式：

$$\hat{g}_{Animal} = b_1 x_{own} + b_2 x_{HS} + b_3 x_{dam} + b_4 x_{prog} + \cdots$$

其中，$\hat{g}_{Animal}$ 为动物的估计育种值；

b_1、b_2、b_3、b_4 为选择指数理论（多元回归）中的权重；

x_{own} 为动物自身的记录；

x_{HS} 为半同胞记录；

x_{dam} 为母亲的记录；

x_{prog} 为后裔的记录；

… 为其他的记录。

权重由选择指数理论确定，选择指数理论中的权重等于多元回归系数，最优权重取决于：遗传关系（genetic relationships）、性状的遗传参数（genetic parameters of trait）、其他记录的可用性（availability of other records）。

经济选择指数和家系选择指数是一般选择指数的特殊情况，其中选择指数被定义为一系列观测值的线性函数，通过选择该函数最大化一个总遗传基因型的响应，这个总遗传基因型是一个定义的性状集合上的加性遗传值的线性函数。虽然本部分重点是预测单一性状的育种值，但将在经济指数的背景下发展选择指数的理论，因为它更具普遍性。然后，将讨论家系指数作为经济选择指数的一个特殊情况，并详细探讨家系指数及其扩展到 BLUP EBV 模型中的应用。

1. 选择指数理论

在以经济目标为导向的育种计划中，希望改良的性状称为经济性状。育种计划的目标是最大化经济性状的改良。经济性状可以用不同的方式定义，例如每头动物的利润、每个企业的利润、经济效率等。一般来讲，育种目标是对育种计划经济遗传目标的一般性陈述。

对于给定的育种目标定义，可能会有多个性状对这一目标有所贡献。总遗传基因型（aggregate genotype）被定义为一个个体感兴趣性状的加性遗传值的函数，通过选择该函数可以实现育种目标。这个函数不一定是线性的，但在许多情况下，可以找到一个近似线性关系，它可以充分定义在遇到的遗传值范围内的总遗传基因型。如果该函数是线性函数，那么总遗传基因型 H 可以写成：

$$H = v_1 g_1 + v_2 g_2 + \cdots + v_n g_n = v'g$$

其中，g_i 是性状 i 的加性遗传值，表示为相对于群体平均值的偏差，v_i 是性状 i 的权重因子（通常但不一定是经济权重）。用向量表示为：$v' = [v_1, v_2, \cdots, v_n]$ 和 $g' = [g_1, g_2, \cdots, g_n]$。

在实践中，各个性状的加性遗传值（即真实育种值）是未知的。然而，可以记录每个个体在多个性状上的表现。然后，这些性状的观测值可以组合成一个选择指数 I，其形式为：

$$I = b_1 x_1 + b_2 x_2 + \cdots + b_m x_m = b'x$$

其中，x_j 是第 j 个表型观测值，相对于群体平均值的偏差，b_i 是该观测值的选择指数系数（权重）。用向量表示，$b' = [b_1, b_2, \cdots, b_m]$ 和 $x' = [x_1, x_2, \cdots, x_m]$。原则上，观测值 x_j 不一定必须是总遗传基因型中的性状，也不一定必须来自被评估的动物本身；观测值可以是任何性状，并且可以来自动物本身或其亲属。

问题在于估计选择指数的权重 b_i，使得根据选择指数值 I 选择个体能够最大化总遗传基因型 H 的响应。等价地，我们希望找到 b_i 使得 I 与 H 之间的相关性最大化，或者使得预测误差的方差 $Var(H - I)$ 最小化。

对于家系选择指数，问题在于如何结合不同类型亲属的信息，以提供某个个体特定性状 （g）的最准确加性遗传值估计。在这种情况下，总遗传基因型表示为 $H = g$，因此 $v = [1]$。此时，选择指数等于评估的性状的育种值（EBV）：

$$I = \hat{g} = b_1 x_1 + b_2 x_2 + \cdots + b_m x_m$$

与经济指数类似，家系指数可以包括被评估性状的动物本身及其亲属的信息，以及其他性状的记录。因此，以下对经济指数的推导也适用于家系指数，只需设定 $H = g$ 和 $v = [1]$。

2. 指数系数的推导

希望定义选择指数 I，使得根据 I 对动物进行选择能够最大化 H 的响应。根据标准回归理论，在 H 中被选择个体的预期响应（遗传优越性）S_H 表示为：

$$S_H = b_{H \cdot I}(I - \bar{I})$$

其中，b 是总遗传基因型对指数值的回归系数，I 是被选择的个体或群体的指数值，而 $\bar{I}$ 是所有选择候选个体的平均指数值。由于 $I - \bar{I}$ 可以写成 $i\sigma_I$，其中，i 是选择强度，σ_I 是指数值的标准差。

$$S_H = b_{HI} i \sigma_I = \frac{\sigma_{HI}}{\sigma_I^2} i \sigma_I = i \sigma_{HI} / \sigma_I$$

因此，对于任何给定的选择强度 i，当 σ_{HI}/σ_I 最大化时，H 达到最大值。除了最大化 I 对 H 的选择响应之外，若选择指数 I 是总遗传基因型 H 的无偏预测指标也是很有用的。这意味着一个个体的真实总遗传基因型平均而言，既不可能大于其指数值，也不可能小于其指数值，即：

$$E(H - \bar{H}) = I - \bar{I}$$

在假设多变量正态分布的情况下，当 H 对 I 的回归系数 $b_{HI} = 1$ 时，可以实现这一目标。因此，我们希望找到能够最大化 σ_{HI}/σ_I 的指数系数 $b_1, b_2, \cdots, b_n$，并满足的条件 $b_{HI} = 1$。

首先考虑最大化 σ_{HI}/σ_I。设 $\sigma_{g_{ki}}$ 为选择指数中第 k 个观测值与总遗传基因型中第 i 个性状之间的遗传协方差。同样，设 $\sigma_{p_{kl}}$ 为选择指数中第 k 个和第 l 个观测值之间的表型协方差。由 I 的定义，得到：

$$\sigma_I^2 = b_1^2 \sigma_{p11} + b_2^2 \sigma_{p22} + \cdots + 2b_1 b_2 \sigma_{p12} + 2b_1 b_3 \sigma_{p13} + \cdots = \sum_{k=1}^m \sum_{l=1}^m b_k b_l \sigma_{p_{kl}}$$

同样，H 和 I 之间的协方差为：

$$\sigma_{HI} = b_1 \nu_1 \sigma_{g11} + b_1 \nu_2 \sigma_{g12} + \cdots + b_m \nu_n \sigma_{gmn} = \sum_{k=1}^m \sum_{l=1}^m b_k \nu_i \sigma_{g_{ki}}$$

如果将要最大化的项写成：$M = \sigma_{HI}/\sigma_I$，因此 $\log M = \log \sigma_{HI} - \log \sigma_I$，或者

$$\log M = \log \sigma_{HI} - \frac{1}{2} \log \sigma_I^2$$

综合以上可得

$$\log M = \log\left(\sum \sum b_k \nu_i \sigma_{g_{ki}}\right) - \frac{1}{2} \log\left(\sum \sum b_k b_l \sigma_{p_{ki}}\right)$$

由于当 $\log M$ 最大化时，M 也将最大化，因此我们可以通过对 $\log M$ 分别对每个 b 进行求导，并将每个偏导数设为零来实现对 M 的最大化：

$$\frac{\delta \log M}{\delta b_k} = 0，其中 k = 1, 2, \cdots, m$$

根据微积分，得

$$\frac{\delta \log M}{\delta b_k} = \frac{\sum_{i=1}^n \nu_i \sigma_{g_{ki}}}{\sigma_{HI}} - \frac{\sum_{l=1}^m b_l \sigma_{p_{kl}}}{\sigma_I^2}$$

因此，当以下条件满足时，M 达到最大值：

$$\sum_{l=1}^m b_l \sigma_{p_{kl}} = \frac{\sigma_I^2}{\sigma_{HI}} \sum_{i=1}^n \nu_i \sigma_{g_{ki}}$$

但根据标准回归理论：

$$\frac{\sigma_I^2}{\sigma_{HI}} = \frac{1}{b_{HI}}$$

如果指数 I 要提供对总体基因型 H 的无偏估计，我们记得 b_{HI} 必须等于 1。因此：

$$\sum_{l=1}^m b_l \sigma_{p_{kl}} = \sum_{i=1}^n v_i \sigma_{g_{kl}}$$

由于在指数中有 m 个观测值，因此存在 m 个一般形式的方程，即：

$$\sum_{i=1}^m b_i \sigma_{p_{1i}} = \sum_{i=1}^n \nu_i \sigma_{g_{1i}}$$

$$\sum_{i=1}^m b_i \sigma_{p_{2i}} = \sum_{i=1}^n \nu_i \sigma_{g_{2i}}$$

$$\vdots$$

$$\sum_{i=1}^m b_i \sigma_{p_{mi}} = \sum_{i=1}^n \nu_i \sigma_{g_{mi}}$$

这些方程写成展开形式，即：

$$b_1 \sigma_{p_{11}} + b_2 \sigma_{p_{12}} \cdots + b_m \sigma_{p_{1m}} = \nu_1 \sigma_{g_{11}} + \nu_2 \sigma_{g_{12}} \cdots + \nu_n \sigma_{g_{1n}}$$

$$b_1 \sigma_{P21} + b_2 \sigma_{P22} \cdots + b_m \sigma_{P2m} = v_1 \sigma_{g21} + v_2 \sigma_{g22} \cdots + v_n \sigma_{g2n}$$
$$\vdots$$
$$b_1 \sigma_{Pm1} + b_2 \sigma_{Pm2} \cdots + b_m \sigma_{Pmm} = v_1 \sigma_{gm1} + v_2 \sigma_{gm2} \cdots + v_n \sigma_{gmn}$$

很明显，这些方程可以用矩阵表示为：
$$Pb = Gv$$

其中，b = 包含 m 个选择指数系数的列向量；P = $m \times m$ 的矩阵，表示指数中观测值之间的表型协方差；G = $m \times n$ 的矩阵，表示 m 个指数观测值与总体基因型中 n 个性状之间的遗传协方差；v = 包含总体基因型中 n 个性状经济权重的列向量。

矩阵左乘它的逆矩阵会得到一个单位矩阵，即 $P^{-1}P = I$，因此，通过在等式的两边左乘 P^{-1}，可以得到 b 的解：
$$b = P^{-1}Gv$$

这些就是所谓的选择指数方程，必须求解这些方程才能找到最优的指数权重。

3. 使用矩阵表示法的另一种推导方式

目的是最小化预测值 I 与真实值 H 之间差异的方差，即最小化 $Var(H - I)$。因此，我们希望最小化以下表达式：

$$E(H - I)^2 = E[(I - H)'(I - H)]$$
$$= E[(I - H)'(I - H)']$$
$$= E[(b'x - v'g)(x'b - g'v)]$$
$$= E[b'x x'b - b'x g'v - v'g x'b + v'g g'v]$$

其中，x 为观测值的列向量，g 为遗传值的列向量。上述等式中的每一项可以表示为：

$$E(b'x x'b) = b'E(x x')b = b'Pb$$
$$E(b'x g'v) = b'E(xg')v = b'Gv$$
$$E(v'g x'b) = v' G'b = b'Gv \qquad \text{由于 } v' G'b \text{ 是一个标量。}$$
$$E(v'g g'v) = v'E(gg')v = v'Cv$$

因此，要最小化 $M = b'Pb - 2 b'Gv + v'Cv$

我们必须找到与以下值对应的数值

$$\frac{\delta M}{\delta b} = 0 = 2Pb - 2Gv + 0$$

因此 $Pb = Gv$，即 $b = P^{-1}Gv$。

4. 指数的准确性

选择指数的准确性可以通过 I 和 H 之间的相关性来计算：

$$r_{HI} = \frac{\sigma_{HI}}{\sigma_I \sigma_H}$$

指数的方差 σ_I^2 可以通过以下公式轻松得出：

$$\sigma_I^2 = Var(b_1 x_1 + b_2 x_2 \cdots b_m x_m)$$
$$= b_1^2 \sigma_{p1}^2 + b_2^2 \sigma_{p2}^2 + \cdots + 2 b_1 b_2 \sigma_{p12} + 2 b_1 b_3 \sigma_{p13}$$

或者用矩阵表示为：$\sigma_I^2 = Var(b'x) = b'Var(x)b = b'Pb$

按照与 σ_I^2 相同的推理，

$$\sigma_H^2 Var(v'g) = v'Var(g)v = v'Cv$$

其中，C 是一个 $n \times n$ 的矩阵，表示总体基因型中各性状之间的遗传协方差。

同样，可以得出以下结论：$\sigma_{HI} = Cov(b'x, v'g) = b'Cov(x, g)v = b'Gv$

因此

$$r_{HI} = \frac{\sigma_{HI}}{\sigma_I \sigma_H} = \frac{b'Gv}{\sqrt{b'Pb\ v'Cv}}，适用于任意指数。$$

注意，因为指数受限于以下条件：$b_{HI} = 1$ 和 $b_{HI} = \sigma_{HI}/\sigma_I^2$，因此 $\sigma_{HI} = \sigma_I^2$、$b'Pb = b'Gv$（仅适用于最优指数）。因此，对于最优指数，准确性的方程简化为：

$$r_{HI} = \frac{\sigma_I}{\sigma_H} = \sqrt{\frac{b'Pb}{v'Cv}} = \sqrt{\frac{b'Gv}{v'Cv}}（仅适用于最优指数）$$

四、家系选择指数

在家系选择指数中，问题在于结合不同类型亲属的信息，为特定个体的给定性状（g）提供最准确的加性遗传值估计。如前所述，在这种情况下，$H=g$，$v=[1]$，且 $\sigma_H^2 = \sigma_g^2$。这简化了推导过程为：

$$b = P^{-1}G$$

$$r_{HI} = r_{g,\hat{g}} = \sqrt{\frac{b'G}{\sigma_g^2}}$$

1. 单一信息来源

家系指数最简单的形式是只使用单一观测来源，即单个记录或同类型 m 个记录的平均值。最简单的情况是个体本身表型的单个记录。在这种情况下，选择指数为：$I = \hat{g} = b_1 x_1$，总体基因型为：$H = g$。

其中，x_1 和 g 都表示为相对于其群体均值的偏差。

在这种情况下，$P = \sigma_x^2$ 和 $G = \sigma_{g\bar{x}}$

因此，$b = P^{-1}G = (\sigma_{\bar{x}}^2)^{-1} \sigma_{g\bar{x}} = \sigma_{g\bar{x}}/\sigma_{\bar{x}}^2$

选择的准确性为：

$$r_{HI} = r_{g,\hat{g}} = \sqrt{\frac{b'G}{\sigma_g^2}} = \sqrt{\frac{bG}{C}} = \frac{\sigma_{g\bar{x}}}{\sigma_{\bar{x}}\ \sigma_g}$$

2. 指数中包含多个观测值

对于前面的例子，当指数中只有一个信息来源时，选择指数系数 b 和相关系数 r_{HI} 的代数期望是直接根据基础群体参数推导出来的。适当的公式可以用于多种情况，包括单一性状有两个或更多信息来源的情况。下表中给出了一些更多的例子，Van Vleck 在 1993 年的论文中提供了更广泛的列表。当指数中有多个信息来源时，通常更有用的方法是推导出矩阵 P 和 G 的各个元素的期望值，然后使用计算机矩阵计算编程来求解 b、b_{HI} 等，而不是试图直接推导代数解。

下表显示选择指数系数 b 和准确性 r_{HI}，用于一些常见的家系指数信息来源以预测单一性状的加性遗传值。

信息来源	b	$r_{HI} = r_{g,\hat{g}}$
个体的单个记录	h^2	$\sqrt{h^2}$
个体的 m 个记录	$\dfrac{m h^2}{(m-1)t+1}$	$\sqrt{\dfrac{m h^2}{(m-1)t+1}}$
单亲的单个记录	$\dfrac{1}{2}h^2$	$\dfrac{1}{2}\sqrt{h^2}$
单亲的 m 个记录	$\dfrac{m h^2}{2[(m-1)t+1]}$	$\dfrac{1}{2}\sqrt{\dfrac{m h^2}{(m-1)t+1}}$
双亲的单个记录	$\dfrac{1}{2}h^2,\ \dfrac{1}{2}h^2$	$0.71\sqrt{h^2}$
双亲的 m 个记录	$\dfrac{m h^2}{2[(m-1)t+1]},\ \dfrac{m h^2}{2[(m-1)t+1]}$	$0.71\sqrt{\dfrac{m h^2}{(m-1)t+1}}$
n 个半同胞的平均值，每个后代有一个记录	$\dfrac{2n h^2}{(n-1)h^2+4}$	$\sqrt{\dfrac{n h^2}{(n-1)h^2+4}}$

3. 推导选择指数矩阵元素的一般方程

本节描述了用于推导选择指数计算中所需的 P、G 和 C 矩阵元素的一般方程。指数中的可能信息来源包括个体记录和一组个体的 m 个记录的平均值或个体的 m 个记录。不同性状的记录可以包含在指数中，总体基因型可以由单一性状或多个性状组成。这些方程假设没有选择或近亲繁殖。

符号说明：

m = 组内记录的数量；

c^2 = 组内个体的共同环境组分对平均值的贡献；

σ_{Pk} = 性状 k 的表型标准差；

σ_{gk} = 性状 k 的加性遗传标准差；

r_{Pkl} = 性状 k 和 l 之间的表型相关；

r_{gkl} = 性状 k 和 l 之间的遗传相关；

a = 组内的加性遗传关系；

a_{ij} = 组 i 和 j 中个体之间的加性遗传关系；

a_{hj} = 育种目标中的个体 h 与组 j 中个体之间的加性遗传关系。

4. P 矩阵

对角线：给定类型的 m 个记录的方差

$$\frac{1+(m-1)t}{m}\sigma_p^2\ (=\sigma_p^2\ \text{当}\ m=1)$$

重复记录的重复力为 t；对于多个个体，$t = a h^2 + c^2$。

非对角线：同一组中不同性状（k 和 l）上 m 个记录的均值之间的协方差为

$$\frac{r_{Pkl}\sigma_{Pk}\sigma_{Pl}+(m-1)a r_{gkl}\sigma_{gk}\sigma_{gl}}{m}(=r_{Pkl}\sigma_{Pk}\sigma_{Pl}\ \text{当}\ m=1)$$

不同组（i 和 j）中相同性状 k 的记录（均值）之间的协方差：

$$(a_{ij}h_k^2+c_k^2)\sigma_{Pk}^2$$

不同组（i 和 j）中不同性状（k 和 l）记录之间的协方差：
$$a_{ij}\, r_{g_{kl}}\, \sigma_{g_k}\, \sigma_{g_l}$$

5. G 矩阵

育种目标动物（h）性状 k 的遗传值与组 j 中性状 l 的记录之间的协方差为
$$a_{hj}\, r_{g_{kl}}\, \sigma_{g_k}\, \sigma_{g_l}\, (= a_{hj}\, \sigma_{g_k}^2\ \text{如果}\ k = l)$$

6. C 矩阵

对角线：性状 k 的遗传值方差为
$$\sigma_{g_k}^2$$

非对角线：育种目标动物性状 k 和 l 的遗传值之间的协方差
$$r_{g_{kl}}\, \sigma_{g_k}\, \sigma_{g_l}$$

7. 个体记录和全同胞平均表现指数示例

假设有关于个体表现的观察值，以及该个体的 m 个全同胞的平均表现，并希望预测该个体的育种值。那么该指数将采用以下形式：
$$I = \hat{g} = b_1 x_1 + b_2 x_2$$

其中，x_1 表示个体的表型，x_2 表示全同胞的平均表型，两者均表示相对于群体平均值的偏差。然后，P 和 G 将采用以下形式：
$$P = \begin{bmatrix} \sigma_{x_1}^2 & \sigma_{x_1 x_2} \\ \sigma_{x_1 x_2} & \sigma_{x_2}^2 \end{bmatrix},\quad G = \begin{bmatrix} \sigma_{x_1 g} \\ \sigma_{x_2 g} \end{bmatrix}$$

P 和 G 的元素的推导公式见以前内容。举例来说，考虑一个选择指数，它基于个体表型和 5 个全同胞的平均表现。在一个记录了生长速率且遗传力为 0.5 的群体中，假设没有共同的环境因素。

因此 $P = \begin{bmatrix} 1 & 1/2\, h^2 \\ 1/2\, h^2 & \dfrac{1 + (m-1)1/2\, h^2}{m} \end{bmatrix} \sigma_p^2 = \begin{bmatrix} 1 & 0.25 \\ 0.25 & 0.4 \end{bmatrix} \sigma_p^2$,

$$G = \begin{bmatrix} h^2 \\ \dfrac{1}{2} h^2 \end{bmatrix} \sigma_p^2 = \begin{bmatrix} 0.5 \\ 0.25 \end{bmatrix} \sigma_p^2$$

选择指数系数由 $b = P^{-1}G$ 给出，由于 σ_p^2 互相抵消，结果为：
$$b = \begin{bmatrix} 1 & 0.25 \\ 0.25 & 0.4 \end{bmatrix}^{-1} \begin{bmatrix} 0.5 \\ 0.25 \end{bmatrix} = \begin{bmatrix} 0.4074 \\ 0.3704 \end{bmatrix}$$

因此，选择指数将为：
$$I = \hat{g} = 0.4074\, x_1 + 0.3704\, x_2$$

该指数或育种值估计（EBV）的准确性由以下公式给出：
$$r_{HI} = r_{g,\hat{g}} = \sqrt{\dfrac{b'G}{\sigma_g^2}} = \sqrt{\dfrac{\begin{bmatrix} 0.4074 \\ 0.3704 \end{bmatrix}' \begin{bmatrix} 0.5 \\ 0.25 \end{bmatrix} \sigma_p^2}{0.5\, \sigma_p^2}} = 0.77$$

将这一准确度与前边例子中同一性状的表型选择准确度 0.707 进行比较。通过增加 5

个全同胞的平均表现信息,评价准确度从 0.71 提高至 0.77,即增加了 8.9%。而且,由于 $S = i r_{g,\hat{g}} \sigma_g$,并且 i 和 σ_g 不受添加到指数中的额外信息的影响,因此预期的响应也将增加 8.9%。

五、选择指数与动物模型的最佳线性无偏预测(BLUP)

在利用选择指数估计育种值时,假设数据中没有固定效应,或者固定效应是已知且无误差的。在某些情况下,这可能是正确的。例如,在蛋鸡的某些选择形式中,所有的鸡都是在一个或两个非常大的群体中孵化,并在同一地点饲养和记录。然而,在大多数情况下,固定效应是重要的且不可能完全无误。例如,在猪的育种中,不同的窝是在一年中的不同时间出生,通常在几个不同的地点。在奶牛的后代测定方案中,奶牛不断出生,在不同时间开始泌乳,且分布在大量不同的牧群中。

由于这些原因(及其他原因),实际中的遗传评估通常基于最佳线性无偏预测(BLUP)的方法。BLUP 是一种线性混合模型方法,可以同时在最优的方式下估计随机遗传效应,同时考虑数据中的固定效应。模型中可以包含动物间的关系。父系模型通过父系考虑关系,即半同胞关系。父母系模型通过父系和母系考虑关系,即全同胞和半同胞关系。动物模型则考虑数据集中所有动物之间的所有关系。关于 BLUP 理论和应用的描述,特别是动物模型 BLUP。

当在 BLUP 过程中考虑亲缘关系时,该方法相当于一个选择指数,并具有有效估计和修正固定效应数据的额外能力。在没有固定效应的情况下,包含亲缘关系的 BLUP 与选择指数是相同的。例如,一个没有父母记录的 BLUP 父母系模型与基于个体、全同胞和半同胞记录的选择指数是相同的。动物模型 BLUP 相当于基于所有相关个体(包括祖先)记录的选择指数。

这些等价性对于育种计划的设计非常重要,因为在许多情况下,许多 BLUP 评估的选择程序方面可以通过基于等价选择指数的模拟进行有效研究。使用选择指数来建模动物模型 BLUP 育种值估计(EBV)有两种方法。

(1)开发一个选择指数,仅基于那些提供最多信息的亲属,而不是像动物模型那样包括所有可能的亲属。例如,当考虑到父母、全同胞和半同胞以及后代的记录时,更远亲属的信息可能只提供微不足道的选择准确性增加。

(2)开发一个选择指数,包括父母的育种值估计作为信息来源,以及个体本身、旁系亲属和后代的记录(如果有)。在这样的指数中,父母的育种值估计包含了所有祖先的信息。

第一种类型指数的开发可以从前面的部分得出。以下内容会更详细地描述第二种类型指数的开发。

考虑以下信息来源来估计个体 i 的育种值(BV),其中每个公羊与 m 只母羊交配且每只母羊产生 n 个子代的层级育种设计。

x_i =该动物自身的记录;

x_{fs} =该个体的 $n-1$ 个全同胞的单次记录的平均值;

x_{hs} =该个体的 $(m-1)n$ 个半同胞的单次记录的平均值;

$\hat{g}_s$ =该个体父亲的估计育种值(排除 x_i、x_{fs} 和 x_{hs});

$\hat{g}_d$ =该个体母亲的估计育种值(排除 x_i、x_{fs} 和 x_{hs});

$\bar{g}_m$ =生产该个体半同胞公羊的 ($m-1$) 个配偶的估计育种值的平均值。

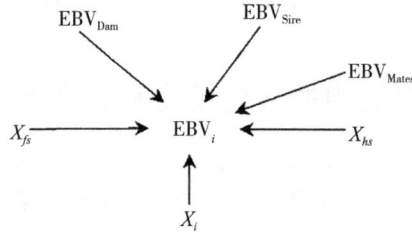

选择指数对 BLUP 估计育种值（EBV）的近似

根据这些信息，可以将估计个体育种值（BV）的选择指数表述为：

$$I_i = \hat{g}_i = b_1 x_i + b_2 x_{fs} + b_3 x_{hs} + b_4 \hat{g}_s + b_5 \hat{g}_d + b_6 \bar{\hat{g}}_m$$

$$P = \begin{bmatrix} \sigma^2_{x_i} & \sigma_{x_i x_{fs}} & \sigma_{x_i x_{hs}} & \sigma_{x_i \hat{g}_s} & \sigma_{x_i \hat{g}_d} & \sigma_{x_i \bar{\hat{g}}_m} \\ & \sigma^2_{x_{fs}} & \sigma_{x_{fs} x_{hs}} & \sigma_{x_{fs} \hat{g}_s} & \sigma_{x_{fs} \hat{g}_d} & \sigma_{x_{fs} \bar{\hat{g}}_m} \\ & & \sigma^2_{x_{hs}} & \sigma_{x_{hs} \hat{g}_s} & \sigma_{x_{hs} \hat{g}_d} & \sigma_{x_{hs} \bar{\hat{g}}_m} \\ & & & \sigma^2_{\hat{g}_s} & \sigma_{\hat{g}_s \hat{g}_d} & \sigma_{\hat{g}_s \bar{\hat{g}}_m} \\ & & & & \sigma^2_{\hat{g}_d} & \sigma_{\hat{g}_d \bar{\hat{g}}_m} \\ & & & & & \sigma^2_{\bar{\hat{g}}_m} \end{bmatrix}$$

$$G = \begin{bmatrix} \sigma_{g_i x_i} & \sigma_{g_i x_{fs}} & \sigma_{g_i x_{hs}} & \sigma_{g_i \hat{g}_s} & \sigma_{g_i \hat{g}_d} & \sigma_{g_i \bar{\hat{g}}_m} \end{bmatrix}$$

$$P = \begin{bmatrix} 1 & {}^1/_2 h^2 + c^2 & & {}^1/_4 h^2 & {}^1/_2 r_s^2 h^2 & {}^1/_2 r_d^2 h^2 & 0 \\ & \dfrac{1+(n-2)({}^1/_2 h^2 + c^2)}{n-1} & & {}^1/_4 h^2 & {}^1/_2 r_s^2 h^2 & {}^1/_2 r_d^2 h^2 & 0 \\ & & {}^1/_4 h^2 + \dfrac{{}^1/_4 h^2 + c^2}{m-1} + \dfrac{1-{}^1/_2 h^2 - c^2}{n(m-1)} & {}^1/_2 r_s^2 h^2 & 0 & \dfrac{{}^1/_2 r_m^2 h^2}{m-1} \\ & & & r_s^2 h^2 & 0 & 0 \\ & & & & r_d^2 h^2 & 0 \\ & & & & & \dfrac{r_m^2 h^2}{m-1} \end{bmatrix} \sigma_p^2$$

$$G = \begin{bmatrix} h^2 & {}^1/_2 h^2 & {}^1/_4 h^2 & {}^1/_2 r_s^2 h^2 & {}^1/_2 r_d^2 h^2 & 0 \end{bmatrix} \sigma_p^2$$

$$x_{hs} = \left(\sum_{k=1}^{m-1} \sum_{l=1}^{n} \frac{x_{kl}}{n} \right) / (m-1)$$

此处

$$x_{kl} = {}^1/_2 g_s + {}^1/_2 g_{d_k} + g_{ms_{kl}} + c_{kl} + e_{kl}$$

$$x_{hs} = {}^1/_2 g_s + \frac{\sum_{k=1}^{m-1}(1/2 g_{d_k} + c_k)}{m-1} + \frac{\sum_{k=1}^{m-1}\sum_{l=1}^{n}(g_{ms_{kl}} + e_{kl})}{n(m-1)}$$

$$\sigma^2_{x_{hs}} = \frac{1}{4}\sigma_g^2 + \frac{\frac{1}{4}\sigma_g^2 + c^2 \sigma_p^2}{m-1} + \frac{\frac{1}{2}\sigma_g^2 + \sigma_e^2}{n(m-1)}$$

$$\sigma_{\hat{g}}^2 = r_{\hat{g},g}^2 \sigma_g^2$$

$$\sigma_{x_i\hat{g}_s} = \sigma_{(1/2g_s+1/2g_d+g_{m_i}+e_i,\hat{g}_s)} = \sigma_{(1/2g_s,\hat{g}_s)} = 1/2 \sigma_{g_s,\hat{g}_s} = 1/2 r_s^2 \sigma_g^2$$

如前所述，选择指数的权重可以表述为：

$$b = P^{-1}G$$

准确度可以表示为：$r_{\hat{g},g} = \sqrt{b'Pb/\sigma_g^2}$

由于 P 矩阵和 G 矩阵的元素依赖于父母个体的育种值（EBV）的准确性，而这些准确性又取决于其父母的育种值，因此必须使用迭代法来推导最终的选择指数及其准确性。这可以通过使用初始的父母育种值的准确性值（例如，$r_s = r_d = h$）来实现，推导选择指数及其准确性，然后将得到的准确性作为新的父母育种值的准确性，再重新计算选择指数，如此反复。这个迭代过程类似于构建系谱信息；在每次迭代中，都会增加一个包含数据的祖先世代，从而提高准确性，但提升幅度逐渐减少，直到准确性趋于稳定。

迭代计算育种值（EBV）准确度的方法如下：

构建谱系信息

$$EBV_i = b'[x_i, x_{fs}, x_{hs}, \hat{g}_{dam}, \hat{g}_{sire}, \hat{g}_{mates}]'$$

$$b = P^{-1}G$$

$$r_{\hat{g},g} = \sqrt{b'Pb}/\sigma_g$$

①设置准确度 $\hat{g}_{sire} = \hat{g}_{dam} = \hat{g}_{mates} = h$（个体记录）；
②建立索引（P，G）并推导准确度 $r_{\hat{g},g} = \sqrt{b'Pb}/\sigma_g$；
③设置准确度 $\hat{g}_{sire} = \hat{g}_{dam} = \hat{g}_{mates}$ 等于 $r_{\hat{g},g}$；
④重复步骤 2 和步骤 3，直到准确度收敛。

在 EBV 准确性计算的过程中，如果涉及对后代的选择，方法可能需要做出一些调整或适应，以确保计算的准确性。在过去的选择指数中，主要通过个体及/或其他亲属的该性状记录对单一性状进行遗传评估，这被称为单性状评估。根据选择指数理论，显然可以将其他性状的信息也纳入指数中，从而进行多性状评估。

第六节　选择引起的配子相不平衡

在前几节中，遗传方差被假定在各代之间保持不变。然而，选择不仅对种群的平均值有影响，还会影响遗传方差。遗传方差的变化会影响未来各代的改良程度。本节的目的是模拟选择对遗传方差的影响，并将其影响纳入选择指数的推导和选择反应中。与前几节一样，这些模型的基础将是无穷小遗传模型，该模型假定性状受大量无连锁的小效应位点影响。

一、选择对遗传方差的影响

皮尔逊（Pearson，1903）在 20 世纪初关于条件方差的讨论中指出，截断分布会影响种群的平均值和方差。据说，早期的动物育种学家如卢什（Lush）、福尔克纳（Falconer）和亨德森（Henderson）也认识到这一点，认为这可能对动物育种有影响，因为截断选择可能会减少选择前父本间的遗传方差。布尔默（Bulmer，1971、1976、1981）是第一个发表关于选择对遗传方差影响的研究的人，因此这种效应常被称为"布尔默效应"或连锁不平衡效应。更为恰当的术语是福尔克纳的"配子相不平衡"。

布尔默效应（Bulmer Effect）是遗传学中一个重要的概念，它描述了在选育过程中，由于选择压力的作用，导致种群内基因型频率的变化，从而改变了基因之间的连锁不平衡（或称配子相不平衡）。这一效应以英国遗传学家迈克尔·布尔默（Michael G. Bulmer）的名字命名，他在20世纪70年代提出了这一理论。

具体来说，布尔默效应如下。

（1）选择压力的影响。当在种群中选择具有某些优良性状的个体进行繁殖时，这些性状相关的基因频率会发生改变。

（2）连锁不平衡的变化。选择压力导致某些基因组合的频率增加或减少，打破了原本随机结合的状态，形成新的基因组合，这种现象称为连锁不平衡。

（3）遗传变异的减少。由于优良性状的个体被选择出来并大量繁殖，使种群的遗传变异性逐渐减少，基因型趋于同质化。

布尔默效应的一个重要结果是，尽管选择可以增加种群的平均表型值（例如提高生产性能），但由于遗传变异的减少，长期来看种群的响应能力可能会减弱。因此，在育种计划中，需要考虑如何保持适当的遗传变异，以确保种群在未来仍能对选择压力作出有效反应。

为了解释配子相不平衡，假设这样一种情况：两个无连锁基因以加性方式影响一个性状，每个基因有大量等位基因，且两个基因对性状的遗传方差贡献相同。从一个先前未经过选择的种群中选择动物，选择依据是两个基因座上遗传效应的总和，如下图所示。

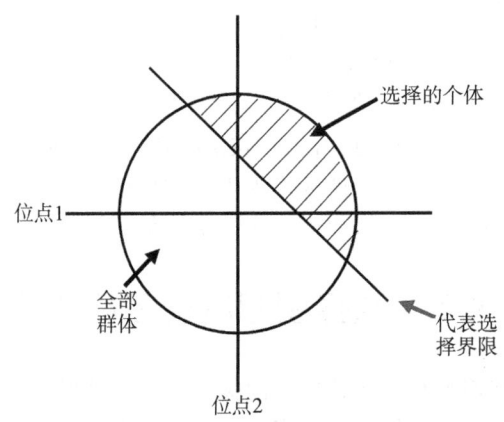

对两个无连锁基因座总和的选择

当某个动物在基因座1上具有高值时，无论基因座2上的值如何，它都有很高的机会被选中。同样地，当某个动物在基因座2上具有高值时，无论基因座1上的值如何，它也有很高的机会被选中。然而，当某个动物在基因座1上的值中等偏高时，只有当基因座2上的值也至少中等偏高时，它才会被选中。由于这种选择，两个基因座在被选中个体中的效应呈负相关。换句话说，选择使得被选中个体中两个基因座的效应不再是无相关的，即选择引入了配子相不平衡。性状的遗传方差等于两个基因座效应总和的方差：

$$\sigma_g^2 = \sigma_{g_1}^2 + \sigma_{g_2}^2 + \sigma_{g_1 g_2}$$

其中，$\sigma_{g_i}^2$ 是基因座 i 上效应的方差，$\sigma_{g_1 g_2}$ 是两个基因座效应之间的协方差。在选择之前，$\sigma_{g_1 g_2}$ 等于零，这反映了基因处于（连锁）平衡状态。选择引入了负协方差，正如上式所示，正是这种负协方差或连锁不平衡导致了被选中个体群体中的遗传方差减少。

需要注意的是，在无穷小遗传模型中，个体基因并未被识别。被选中个体中方差的减少也可以从正态分布理论中推导出来。然而，导致遗传方差减少的根本机制是基因座之间产生的负不平衡。

首先，将描述选择对遗传方差影响的情况，其中动物是根据其表型被选择的，这种情况通常被称为"群体选择"。选择前的表型分布将具有标准差 σ_p，但正如下图所示，被选用于育种的动物比例 p 的标准差将明显小于选择前的标准差。

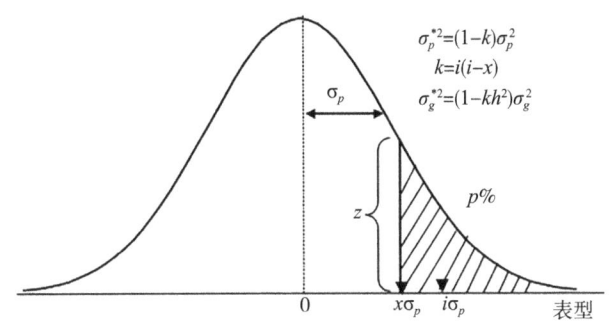

表型选择

所选动物群体代表了表型分布的一个尾部。如果选择前种群的表型方差为 σ_p^2，k 是方差减少的系数，并用上标 $*$ 表示选择后的参数，则选择个体的方差 σ_p^{*2} 为：

$$\sigma_p^{*2} = (1-k)\sigma_p^2$$

系数 k 取决于选择强度（Pearson，1903）。当选择是通过正态分布截断进行时：

$$k = i(i-x)$$

其中，i 是选择强度，x 是对应 i 的标准化截断点，以标准差单位表示。对于遗传改良，问题在于表型选择对性状遗传方差的影响。根据标准正态分布理论，通过对性状 y 的截断选择，选择群体中相关性状 x 的方差 σ_x^{*2} 为：

$$\sigma_x^{*2} = (1 - k r_{xy}^2)\sigma_x^2$$

其中，r_{xy} 是性状 x 和 y 之间的相关性。变量之间的协方差同样受选择影响。例如，选择性状 y 后 w 和 x 之间的遗传协方差为：

$$\sigma_{wx}^* = \sigma_{wx} - k\frac{\sigma_{wy}\sigma_{xy}}{\sigma_y^2}$$

注意，以上两个方程当 $w = x$ 时等价。对于表型选择，选择个体的遗传方差可推导如下：

$$\sigma_g^{*2} = (1 - k r_{gy}^2)\sigma_g^2$$
$$= (1 - k h^2)\sigma_g^2$$

其中，σ_g^2 是选择前的遗传方差。加性遗传值 g 和表型值 y 之间的相关性 h 是遗传力的平方。表型方差减少一个系数 k，σ_x^2 中的比例 h^2 也同样减少。

现在将计算遗传方差减少的公式推广到基于估计育种值 $\hat{g}$ 的选择情况。可以通过真实遗传值 g 和估计育种值 $\hat{g}$ 之间的相关性 $r_{g,\hat{g}}$，推导选择个体的遗传方差。当选择基于 $\hat{g}$ 时，选择动物中 $\hat{g}$ 的方差 $\sigma_{\hat{g}}^{*2} = (1-k)\sigma_{\hat{g}}^2$，根据 $\sigma_x^{*2} = (1 - k r_{xy}^2)\sigma_x^2$，选择动物中的遗传方差为:$\sigma_g^{*2} = (1 - k r_{gg}^2) \sigma_g^2$。

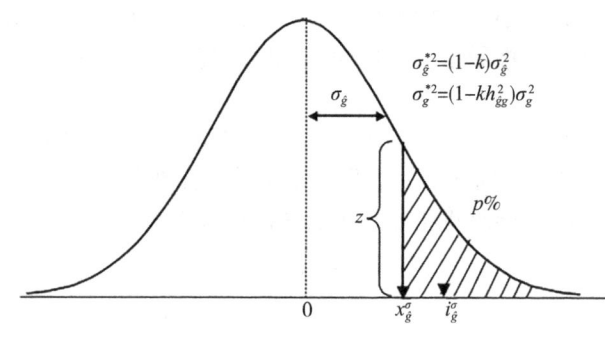

EBV 选择

参考以前内容,选择前种群的遗传方差可以分为亲本和孟德尔抽样成分,如下所示:
$$\sigma_g^2 = 1/4 \sigma_{g_s}^2 + 1/4 \sigma_{g_d}^2 + \sigma_{g_m}^2$$

现在可以修改以给出选择后公畜和母畜的遗传方差。可以计算选择后公畜和母畜的遗传方差,其中 $\sigma_{g_s}^{*2}$ 是选择后的公畜遗传方差,$\sigma_{g_d}^{*2}$ 是选择后的母畜遗传方差。这导致:
$$\sigma_g^2 = 1/4 \sigma_{g_s}^{*2} + 1/4 \sigma_{g_d}^{*2} + \sigma_{g_m}^{*2}$$

这可以推广到预测第 $t+1$ 代的遗传方差,根据第 t 代选择的亲本的方差:
$$\sigma_{g(t+1)}^2 = 1/4 \sigma_{g_{s(t)}}^{*2} + 1/4 \sigma_{g_{d(t)}}^{*2} + \sigma_{g_m}^2$$

注意,只有由于选择影响的亲本贡献才会变化。孟德尔抽样产生的方差 $\sigma_{g_m}^2$ 不受选择影响,等于未选择和非近交基础种群的遗传方差 $1/2 \sigma_{g(o)}^2$。其直接原因是孟德尔抽样方差表示的是在每个位点抽取一对亲本等位基因所产生的变异。这个抽样过程不受选择影响。然而,孟德尔抽样方差会受到近交的影响。基于此,可以开发以下通用递归方程来预测后代的遗传方差:
$$\sigma_{g(t+1)}^2 = 1/4(1 - k_s r_{s(t)}^2) \sigma_{g(t)}^2 + 1/4(1 - k_d r_{d(t)}^2) \sigma_{g(t)}^2 + 1/2 \sigma_{g(o)}^2$$

其中,k_s 和 k_d 是基于雄性和雌性的选择强度,$r_{s(t)}$ 和 $r_{d(t)}$ 分别是第 t 代选择的准确度。

二、表型选择的遗传方差和响应预测

在下表中,不同代次(共4代)雄性和雌性的表型选择遗传方差被给出。假设第0代未经过选择,$h^2 = 0.5$ 和 $\sigma_e^2 = \sigma_{g(o)}^2 = 100$。在雄性和雌性中都使用截断选择,并选择表型最高的5%的动物。在这种情况下:选择强度 $i = 2.063$ 和截断点 $x = 1.645$,$k = i(i - x) = 2.063(2.063 - 1.645) = 0.862$。选择的亲本(公畜和母畜)的遗传方差为:$(1 - 0.862 \times 1/2) 100 = 56.9$。第1代的遗传方差为:$1/4 \times 56.9 + 1/4 \times 56.9 + 1/2 \times 50 = 78.45$。选择将遗传方差减少至78.45。在基础种群中,$\sigma_e^2$ 为100,这个方差水平不受选择影响。第1代的遗传力现在为:$78.45/(100 + 78.45) = 0.44$。在这个新的遗传力水平下,可以计算第1代和第2代选择的亲本的方差。

例如,截断选择对雄性和雌性(选择比例 $p = 5\%$),在5代(从第0代至第4代)中对加性遗传方差 $\sigma_{g(t)}^2$ 和个体平均加性遗传值 $\bar{g}_{(t)}$ 的影响,选择强度 $i = 2.063$,截断点 $x = 1.645$。第0代的遗传力为1/2(无近交)。

t	$\sigma^2_{g(t)}$	$h^2_{(t)}$	$\bar{g}_{(t)}$	$\bar{g}_{(t)} - \bar{g}_{(t-1)}$
0	100	0.50	50.0	0
1	78	0.43	64.6	14.5
2	74	0.43	76.7	12.1
3	74	0.42	88.3	11.6
4	73	0.42	99.8	11.5
5	73	0.42	111.3	11.5
停止选择，随机留种				
6	87	0.47	111.3	0
7	93	0.48	111.3	0
8	97	0.49	111.3	0
9	98	0.49	111.3	0
10	99	0.49	111.3	0

从上表可以看出，遗传方差在经过3代选择后达到平衡。遗传方差等于74，尽管选择继续进行，但不再进一步减少，这被称为渐近遗传方差。当达到这一点时，由个体选择所产生的配子阶段不平衡的数量等于在减数分裂（孟德尔抽样）过程中被打破的配子阶段不平衡的数量。当选择在第4代后停止时，亲本中不再产生新的配子阶段不平衡，因孟德尔抽样，每一代的方差减半。经过10代后，遗传方差回到其初始水平。

代际间的选择响应可以如前所述进行预测，但适用于亲代世代的参数：

$$\bar{g}_{(t+1)} = \bar{g}_{(t)} + i\, h_{(t)}\, \sigma_{g(t)}$$

在选择作用下，群体的平均值会发生变化。经过5代选择后，群体水平提高了111.3个单位。在第1代实现了最大的遗传进展，因为这一代具有最高的遗传力（h^2）和遗传变异。在随后的几代中，响应减少是由于遗传变异的减少以及选择准确性的下降所致。当选择停止后，群体保持在相同水平。

经过一轮选择后，群体的遗传变异减少了26%，但这主要是由于被选择的公畜和母畜的变异减少了52%。这是因为孟德尔抽样引起的变异不受选择影响，因此保持在50。另一种理解方式是考虑全同胞家系内和家系间的变异。在没有选择的情况下，家系间和家系内的变异均等于50。在选择后，全同胞家系间的变异等于$1/4\,\sigma^{*2}_{g_{s(t)}} + 1/4\,\sigma^{*2}_{g_{d(t)}}$，而全同胞家系内的遗传变异等于$\sigma^2_{g_m} = 1/2\,\sigma^2_{g_{(o)}}$。在第1代中，全同胞家系间的遗传变异等于$1/4 \times 56.9 + 1/4 \times 56.9 = 28.45$，而全同胞家系内的变异仍为50。这表明选择改变了家系内和家系间遗传变异的比例。其含义是，在推导选择指数权重时，使用降低的遗传力来处理选择引起的遗传变异变化并不正确，因为这假设了所有遗传变异的成分都受到相同的影响，然而事实并非如此。群体选择是一个特例，这里仅使用个体的观测值，并形成这一规则的一个例外。

1. 渐近遗传变异和选择响应

前述内容可以递归地预测方差变化和选择响应。在经过若干世代后，方差和响应都达到稳态或渐近值。对于群体选择（以及稍后将看到的BLUP选择）而言，这些稳态参数也可以直接推导出来，如下所示。

从递归方程开始：$\sigma^2_{g(t+1)} = 1/4(1 - k_s r^2_{s(t)})\sigma^2_{g(t)} + 1/4(1 - k_d r^2_{d(t)})\sigma^2_{g(t)} + 1/2\sigma^2_{g(o)}$

通过设定 (L) $\sigma^2_{g(L)} = \sigma^2_{g(t+1)} = \sigma^2_{g(t)}$，$r_{s(L)} = r_{s(t)}$ 和 $r_{d(L)} = r_{d(t)}$，可以推导出以下稳态方程：

$\sigma^2_{g(L)} = 1/4(1 - k_s r^2_{s(L)})\sigma^2_{g(L)} + 1/4(1 - k_d r^2_{d(L)})\sigma^2_{g(L)} + 1/2\sigma^2_{g(o)}$

如果可以设计一个方程，该方程在极限状态下以 $\sigma^2_{g(L)}$ 和基础群体参数表示选择准确性 $r_{s(L)}$ 和 $r_{d(L)}$，那么就可以解决此方程。对于群体选择是可能的，如稍后将展示的，对 BLUP EBV 的选择也是可能的，但对于其他类型的选择指数而言，一般而言是不可能的。

对于表型选择，假设 $r_{s(t)} = r_{d(t)} = h_{(t)}$，且为了简化计算假设性别比例相等，即 $k_s = k_d = k$，可以简化为以下的递推方程：

$$\sigma^2_{g(t+1)} = 1/2(1 - k h^2_{(t)})\sigma^2_{g(t)} + 1/2\sigma^2_{g(o)}$$

在极限情况下得：

$$\sigma^2_{g(L)} = 1/2(1 - k h^2_{(L)})\sigma^2_{g(L)} + 1/2\sigma^2_{g(o)}$$

其中，

$$h^2_{(L)} = \sigma^2_{g(L)}/(\sigma^2_{g(L)} + \sigma^2_e)$$

使用以下公式：

$$\sigma^2_e = \frac{1 - h^2_{(0)}}{h^2_0}\sigma^2_{g(o)}$$

稳态遗传力可以通过基础种群遗传力解得：

$$h^2_{(L)} = \frac{h^2_{(0)}}{1 + (1 - h^2_{(0)})k h^2_{(L)}} = \frac{-1 + \sqrt{1 + 4 h^2_{(0)} k(1 - h^2_{(0)})}}{2k(1 - h^2_{(0)})}$$

代入方程得到关于基础种群参数的稳态遗传变异的表达式：

$$\sigma^2_{g(L)} = \frac{2\sigma^2_{g(0)}(1 - h^2_{(0)})}{1 - 2 h^2_{(0)} + \sqrt{1 + 4 h^2_{(0)} k(1 - h^2_{(0)})}}$$

表型选择在极限情况下相对于初始种群选择响应的表达式是：

$$R_{(L)}/R_{(1)} = \frac{i h_{(L)} \sigma_{g(L)}}{i h_{(0)} \sigma_{g(0)}} = \sqrt{\frac{h^2_{(L)}}{h^2_{(0)}(1 + k h^2_{(L)})}}$$

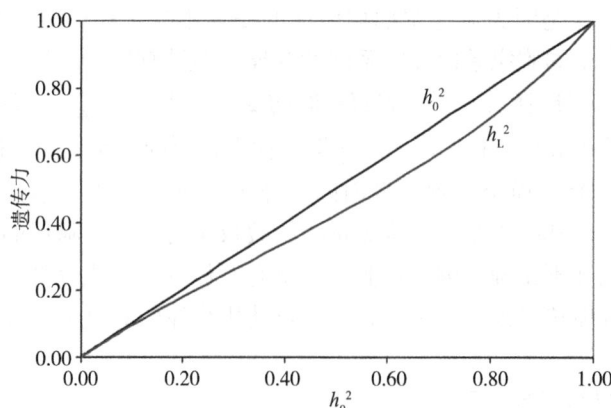

表型选择对遗传力的影响（$P_s = P_d = 0.05$，$r_s = r_d = h$）

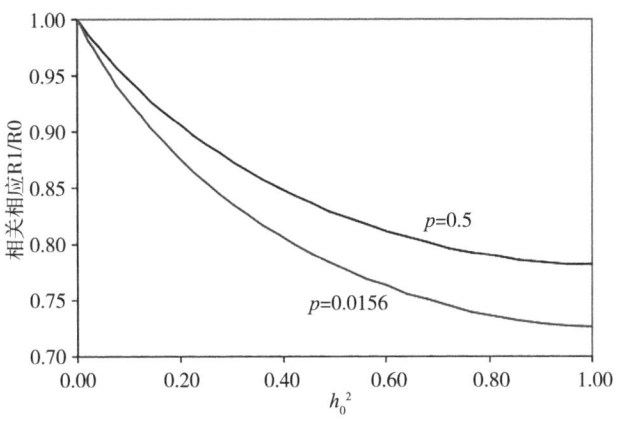

连锁不平衡对表型选择响应的影响

2. 在选择指数中纳入配子相位不平衡

由于选择会影响遗传方差和协方差，因此它也会影响用于推导最优选择指数权重的 P 矩阵和 G 矩阵的元素。本节将说明如何在选择指数的推导中纳入遗传参数的变化，并评估这些变化对指数准确性的影响。

一般而言，由于选择对家系间和家系内方差的影响不同，因此 P 矩阵和 G 矩阵的元素推导必须基于将个体的遗传值分解为父母成分和孟德尔抽样成分的做法：

$$g_{\text{offspring}} = \frac{1}{2} g_s + \frac{1}{2} g_d + g_m$$

后代 t 世代的遗传方差必须被分解为：

$$\sigma^2_{g_{(t)}} = \frac{1}{4} \sigma^{*2}_{g_{s(t-1)}} + \frac{1}{4} \sigma^{*2}_{g_{d(t-1)}} + \sigma^2_{g_m}$$

其中，

$$\sigma^{*2}_{g_{s(t-1)}} = (1 - k_s r^2_{s(t-1)}) \sigma^2_{g_{(t-1)}}$$

$$\sigma^{*2}_{g_{d(t-1)}} = (1 - k_d r^2_{d(t-1)}) \sigma^2_{g_{(t-1)}}$$

$$\sigma^2_{g_m} = \frac{1}{2} \sigma^2_{g_{(o)}}$$

例如，考虑一个情况，即公羊和母羊的选择基于个体表型和 m 个全同胞的平均表现。t 世代的选择指数将具有如下形式：

$$\hat{g}_{(t)} = b_{1_{(t)}} x_1 + b_{2_{(t)}} x_2$$

其中，x_1 是个体表型，x_2 是全同胞的平均表型，均以偏离群体均值的形式表达。然后，推导 t 世代选择指数所需的矩阵 $P(t)$ 和 $G(t)$ 将呈现如下形式：

$$P_{(t)} = \begin{bmatrix} \sigma^2_{x_1} & \sigma_{x_1 x_2} \\ \sigma_{x_1 x_2} & \sigma^2_{x_2} \end{bmatrix}, \quad G_{(t)} = \begin{bmatrix} \sigma_{x_1 g} \\ \sigma_{x_2 g} \end{bmatrix}$$

这些元素可以通过以下方式推导：

$$\sigma_{x_1}^2 = \frac{1}{4}\sigma_{g_{s(t-1)}}^{*2} + \frac{1}{4}\sigma_{g_{d(t-1)}}^{*2} + \sigma_{g_m}^2 + \sigma_e^2$$

$$\sigma_{x_2}^2 = \frac{1}{4}\sigma_{g_{s(t-1)}}^{*2} + \frac{1}{4}\sigma_{g_{d(t-1)}}^{*2} + (\sigma_{g_m}^2 + \sigma_e^2)/m$$

$$\sigma_{x_1 x_2} = \frac{1}{4}\sigma_{g_{s(t-1)}}^{*2} + \frac{1}{4}\sigma_{g_{d(t-1)}}^{*2}$$

$$\sigma_{x_1, g} = \frac{1}{4}\sigma_{g_{s(t-1)}}^{*2} + \frac{1}{4}\sigma_{g_{d(t-1)}}^{*2} + \sigma_{g_m}^2$$

$$\sigma_{x_2, g} = \frac{1}{4}\sigma_{g_{s(t-1)}}^{*2} + \frac{1}{4}\sigma_{g_{d(t-1)}}^{*2}$$

在第 0 代选择之前，上述方程可以简化。

对于遗传力 $h^2 = 0.5$、$\sigma_{g(0)}^2 = 25$、$\sigma_{P(0)}^2 = 50$，且 $m = 5$ 个全同胞的性状，我们得到如下结果：

$$P_{(0)} = \begin{bmatrix} 50 & 12.5 \\ 12.5 & 20 \end{bmatrix}, \quad G_{(0)} = \begin{bmatrix} 25 \\ 12.5 \end{bmatrix}, \quad b_{(0)} = P_{(0)}^{-1} G_{(0)} = \begin{bmatrix} 0.4074 \\ 0.3704 \end{bmatrix}$$

准确度为：

$$r_{(0)} = \sqrt{\frac{b'_{(0)} G_{(0)}}{\sigma_{g(0)}^2}} = 0.77$$

当在第 0 代中仅使用最高 EBV 的 5% 的公畜和母畜来繁殖后代时，选择强度 $k = 0.863$，并且：

$$\sigma_{g_{s(1)}}^{*2} = \sigma_{g_{d(1)}}^{*2} = (1 - k r_{(0)}^2) \sigma_{g(0)}^2 = (1 - 0.863 \times 0.77^2) 25 = 12.21$$

$$\sigma_{g(t)}^2 = \frac{1}{4}\sigma_{g_{s(t-1)}}^{*2} + \frac{1}{4}\sigma_{g_{d(t-1)}}^{*2} + \sigma_{g_m}^2 = 18.61$$

使用这些值推导 $t = 1$ 时 P 和 G 矩阵的元素，得到：

$$P_{(1)} = \begin{bmatrix} 43.61 & 6.11 \\ 6.11 & 13.61 \end{bmatrix}, \quad G_{(1)} = \begin{bmatrix} 18.61 \\ 6.11 \end{bmatrix}, \quad b_{(1)} = P_{(1)}^{-1} G_{(1)} = \begin{bmatrix} 0.3883 \\ 0.2746 \end{bmatrix}$$

准确度为：

$$r_{(1)} = \sqrt{\frac{b'_{(1)} G_{(1)}}{\sigma_{g(1)}^2}} = 0.69$$

使用递归方程，该准确度可以预测从第 1 代至第 2 代的选择反应，并推导第 2 代的遗传方差和选择强度。

注意，与第 0 代相比，选择减少了公畜和母畜之间的方差，结果是在 $t = 1$ 代中用于选择的指数中，全同胞信息的相对重要性降低，而个体观察的重要性增加。全同胞信息重要性的降低也可以通过比较指数的准确度和仅基于自身表型选择的准确度来说明，分别在 $t = 0$ 和 $t = 1$ 时等于 $h_{(0)}$ 和 $h_{(1)}$。基于此，排除全同胞信息的指数效率在选择前后分别为：$\frac{0.71}{0.77} = 0.92$，$\frac{0.65}{0.69} = 0.95$。在进行了一轮选择之后，排除全同胞信息的指数效率从 0.92 提高至 0.95。

3. 在 BLUP EBV 中纳入配子相位不平衡

在递归方程的基础上，如何在选择指数推导中纳入选择对遗传方差分量的影响。理论上，这些方法同样适用于选择指数，可以用来近似预测最佳线性无偏估计（BLUP）的育种值。

然而，对于最佳线性无偏估计（BLUP）育种值，可以使用另一种方法来纳入布尔默（Bulmer）效应，从而直接推导出稳态参数。该方法基于第二种近似 BLUP 育种值的方法，并利用了 BLUP 育种值的一个重要特性，即其预测误差方差（PEV）不依赖于选择，而仅取决于所使用的信息量。这里的信息指的是关于个体及其亲属的记录数量和类型。Henderson（1975）对此进行了描述，提出 PEV 基于系数矩阵的逆矩阵，而该逆矩阵依赖于设计矩阵、加性遗传关系矩阵以及基础群体中的遗传参数。

$$\sigma_\varepsilon^2 = Var(\varepsilon) = Var(\hat{g} - g) = C_{22}$$

其中，ε、$\hat{g}$ 和 g 分别表示预测误差、育种值估计值（EBV）和实际育种值（BV）的向量，而 C_{22} 是混合模型方程中对应于动物育种值的系数矩阵的逆矩阵的一部分。C_{22} 的元素不受选择的影响。因此，在未经过选择的群体中，具有特定信息量的某一动物的预测误差方差（PEV）与该动物在已选择的群体中的 PEV 是相同的（但选择效应通过祖先信息得到考虑）。因此，为了获取 EBV 的 PEV，可以在设定混合模型方程时忽略选择对遗传方差的影响，并对方程进行求解。同样，使用选择指数方法近似 BLUP EBV 时，也适用这一原则。因此，预测误差的方差可以推导为：

$$\sigma_{\varepsilon(0)}^2 = (1 - r_{(0)}^2) \sigma_{g(o)}^2$$

其中，下标 0（$t=0$）表示未经过选择的群体所推导的参数，$r_{(0)}$ 表示在忽略选择效应的情况下推导出的 BLUP 育种值的准确性。

尽管选择不会影响预测误差方差（PEV），因此 PEV 仍然等于 $\sigma_{\varepsilon(0)}^2$，但 PEV 也可以基于选择群体中的准确性和遗传方差推导为：

$$\sigma_{\varepsilon(t)}^2 = (1 - r_{(t)}^2) \sigma_{g(t)}^2$$

因此，利用 PEV 不受选择影响的特性：

$$\sigma_{\varepsilon(t)}^2 = \sigma_{\varepsilon(0)}^2$$
$$(1 - r_{(t)}^2) \sigma_{g(t)}^2 = (1 - r_{(0)}^2) \sigma_{g(0)}^2$$

通过求解 $r_{(t)}^2$ 得到以下结果：

$$r_{(t)}^2 = 1 - (1 - r_{(0)}^2) \sigma_{g(o)}^2 / \sigma_{g(t)}^2$$

该方程将选择群体中 EBV 的准确性表示为未选择群体中 EBV 的准确性与未选择和选择群体中遗传方差比值的关系，适用于任何世代和任何个体群体。结合用于遗传方差的递归方程：

$$\sigma_{g(t+1)}^2 = \frac{1}{4}(1 - k_s r_{s(t)}^2) \sigma_{g(t)}^2 + \frac{1}{4}(1 - k_d r_{d(t)}^2) \sigma_{g(t)}^2 + \frac{1}{2} \sigma_{g(\omega)}^2$$

以上方程共同构成了一个递归系统，用于推导遗传方差、选择的准确性以及选择的响应，如下表所示，该表展示了基于 BLUP 育种值选择的情况。需要注意的是，这里假设在第 0 世代中拥有完整的谱系信息。

下表在基于 BLUP 育种值选择的情况下，对遗传方差、选择的准确性和选择响应进行递归预测。对于某个遗传力为 0.25、表型方差为 100 的性状，选择比例分别为 0.2（雄性）和 0.5（雌性）。选择基于一个层级交配结构，每个公畜有 20 个配偶，每个母畜有 10 个后代。

t	$\frac{(i_s+i_d)}{2}$	k_s	k_d	$\sigma^2_{g(0)}$	$\sigma^2_{g(t)}$ 从 $t-1$	$r_{(0)}$	$r_{(t)} = \sqrt{\frac{(1-(1-r^2_{(0)})\sigma^2_{g(0)}}{\sigma^2_{g(t)}}}$	$R_{(t)} = \bar{g}_{(t+1)} - \bar{g}_{(t)}$	$\bar{g}_{(t+1)} = \bar{g}_{(t)} + 1/2(i_s + i_d) r_{(t)} \sigma_{g(t)}$	$\sigma^{*2}_{g(t)} = (1-r^2_{(t)} k_s) \sigma^2_{g(t)}$	$\sigma^{*2}_{gt(t)} = (1-r^2_{(t)} k_d) \sigma^2_{g(t)}$	$\sigma^2_{g(t+1)} = 1/2 \sigma^{*2}_{gs(t)} + 1/2 \sigma^{*2}_{gd(t)}$
0	1.1	0.78	0.64	25	25.00	0.704	0.704	3.871	3.871	15.326	17.074	20.600
1	1.1	0.78	0.64	25	20.60	0.704	0.623	3.108	6.979	14.363	15.490	19.963
2	1.1	0.78	0.64	25	19.96	0.704	0.607	2.982	9.961	14.224	15.261	19.871
3	1.1	0.78	0.64	25	19.87	0.704	0.604	2.963	12.924	14.204	15.228	19.858
4	1.1	0.78	0.64	25	19.86	0.704	0.604	2.960	15.884	14.201	15.223	19.856
5	1.1	0.78	0.64	25	19.86	0.704	0.604	2.960	18.843	14.200	15.223	19.856

上表显示，与表型选择类似，布尔默效应的影响在经过5代选择后达到稳态。

4. 渐进遗传方差与选择响应

根据 Dekkers（1992）的研究，也可以直接推导稳态参数。为了简化假设，假定雄性和雌性的选择相同，极限情况下的准确性为：

$$r^2_{(L)} = 1 - (1-r^2_{(0)}) \sigma^2_{g(0)} / \sigma^2_{g(L)}$$

简化方程以适用于雄性和雌性间的相同选择，极限情况下的遗传方差为：

$$\sigma^2_{g(L)} = [1 + k(1-r^2_{(0)})] \sigma^2_{g(0)} / (1+k)$$

重新整理后得出：

$$\sigma^2_{g(L)} = \frac{1}{2}(1-kr^2_{(L)}) \sigma^2_{g(L)} + \frac{1}{2} \sigma^2_{g(0)}$$

可以得到极限情况下的遗传方差表示为 $t=0$ 时的参数：

$$\sigma^2_{g(L)} = \sigma^2_{g(0)} / (1-kr^2_{(L)})$$

可以推导出极限情况下的选择响应为：

$$R_{(L)} = i r_{(L)} \sigma_{g(L)}$$

$t=0$ 时的选择响应为：

$$R_{(0)} = i r_{(0)} \sigma_{g(0)}$$

因此，在 BLUP 选择下，考虑选择对遗传方差影响的极限响应与不考虑选择影响的响应相比，等于：

$$R_{(L)} / R_{(0)} = r_{(L)} \sigma_{g(L)} / r_{(0)} \sigma_{g(0)}$$

近似于

$$R_{(L)}/R_{(0)} = \frac{1}{\sqrt{1+k}}$$

因此，在 BLUP 选择下，选择响应的减少仅取决于选择强度，而不像表型选择那样依赖于初始准确性或遗传力。

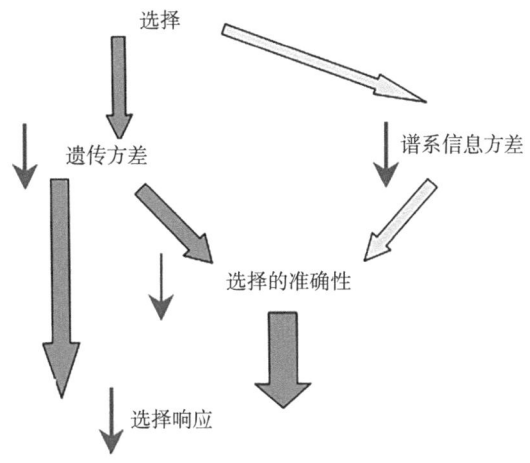

**BLUP 选择下的连锁不平衡选择响应的预测，
选择引起的连锁不平衡对选择响应的影响（无限小模型，无近交）**

当两性之间的选择强度和初始选择准确性不同的情况下，可以使用类似的方法推导出以下结果：

$$R_{(L)}/R_{(0)} = \frac{i_s \sqrt{2\frac{r_{s(0)}^2}{r_{d(0)}^2} - k_d(\frac{r_{s(0)}^2}{r_{d(0)}^2} - 1)} + i_d \sqrt{2 + k_s(1 - \frac{r_{s(0)}^2}{r_{d(0)}^2})}}{(i_s \frac{r_{s(0)}}{r_{d(0)}} + i_d) \sqrt{2 + k_s + k_d}}$$

当两性的初始选择准确性相等时，该方程简化为：

$$R_{(L)}/R_{(0)} = \sqrt{\frac{2}{2 + k_s + k_d}}$$

5. 跨多个年龄组的选择

建立的递归方程可以扩展应用于跨多个年龄组的选择。$t+1$ 年的遗传均值可以预测为：

$$\bar{g}_{(t+1)} = \frac{1}{2}\bar{g}_{s(t)}^* + \frac{1}{2}\bar{g}_{d(t)}^*$$

其中，$\bar{g}_{s(t)}$ 是在时间 t 选出的公畜的遗传均值，可以作为时间 t 时从每个年龄组 i 中选出的公畜的遗传均值的加权平均值进行推导：

$$\bar{g}_{s(t)}^* = \frac{1}{P_s} \sum p_{si} \, w_{si} \, \bar{g}_{si(t)}^*$$

$$\bar{g}_{si(t)}^* = \bar{g}_{si(t)} + i_{si} \, r_{si(t)} \, \sigma_{gi(t)}$$

$$\bar{g}_{d(t)}^* = \frac{1}{P_d} \sum p_{di} \, w_{di} \, \bar{g}_{di(t)}^*$$

$$\bar{g}^*_{di(t)} = \bar{g}_{di(t)} + i_{di}\, r_{di(t)}\, \sigma_{gi(t)}$$

时间 t 时从年龄组 i 中选出的公畜的遗传方差等于：

$$\sigma^{*2}_{g_{si(t)}} = (1 - k_{si}\, r^2_{si(t)})\, \sigma^2_{g_{si(t)}}$$

其中，k_{si} 是对应于年龄组 i 中公畜选择强度的方差缩减因子：

$$k_{si} = i_{si}(i_{si} - x_{si})$$

时间 t 时所有选出的公畜的遗传方差是各年龄组内选出公畜的遗传方差的汇总，并加上年龄组之间的遗传方差：

$$\sigma^{*2}_{g_{s(t)}} = \frac{1}{P_s}\sum p_{si}\, w_{si}\, \sigma^{*2}_{g_{si(t)}} + \frac{1}{P_s}\sum p_{si}\, w_{si}(\bar{g}^*_{si(t)} - \bar{g}^*_{s(t)})^2$$

类似的，母畜为：

$$\sigma^{*2}_{g_{d(t)}} = \frac{1}{P_d}\sum p_{di}\, w_{di}\, \sigma^{*2}_{g_{di(t)}} + \frac{1}{P_d}\sum p_{di}\, w_{di}(\bar{g}^*_{di(t)} - \bar{g}^*_{d(t)})^2$$

时间 $t+1$ 的遗传方差计算为：

$$\sigma^2_{g_{(t+1)}} = 1/4\, \sigma^{*2}_{g_{s(t)}} + 1/4\, \sigma^{*2}_{g_{d(t)}} + 1/2\, \sigma^2_{g_0}$$

6. 样本量和近交的影响

在无限小模型下，还有两个额外因素会影响未来世代的遗传方差：样本量和近交。

（1）有限群体规模对遗传方差的影响。前面推导的期望方差适用于无限群体规模。当从一个群体中选择 n 个个体时，除了选择对遗传方差的影响外，方差预计还会以因子 $\left(1 - \dfrac{1}{n}\right)$ 而进一步减少。因此，扩展方程可得：

$$\sigma^{*2}_g = \left(1 - \frac{1}{n}\right)(1 - k\, r^2_{\hat{g}g})\, \sigma^2_g$$

这种调整是必要的，因为前几节中预测的方差是期望的群体方差，而非期望的样本方差。回顾统计学知识，样本方差的估计是通过将平方和除以 n 得出的，而群体方差的估计是通过将平方和除以 ($n-1$) 得出的。因此，要将群体方差的估计值转换为样本方差的估计值，必须将群体方差的估计值乘以 $(n-1)/n = \left(1 - \dfrac{1}{n}\right)$。显然，当 $n>50$ 时，这种调整的影响将是微小的。

（2）近交对遗传方差的影响。个体的近交系数等于从该个体的一个基因座上随机抽取的两个等位基因在来源上相同的概率。因此，近交会使亲本通过孟德尔抽样贡献的方差减少 $(1 - F_i)$，其中，F_i 是父母的近交系数。对所有繁殖的公畜和母畜进行平均后，贡献给下一代的孟德尔抽样方差等于：

$$\sigma^2_{g_{m(t+1)}} = \left(1 - \frac{1}{2}(\bar{F}_{s(t)} + \bar{F}_{d(t)})\right)\frac{1}{2}\sigma^2_{g_{(o)}}$$

其中，$\bar{F}_{s(t)}$ 和 $\bar{F}_{d(t)}$ 分别表示在时间 t 选出的公畜和母畜的平均近交系数。

第三章 生产体系中的家畜遗传学

优化遗传差异利用的前提是对潜在遗传多样性的深入理解。遗传多样性是生物体在进化过程中适应环境变化、抵御病害和维持种群健康的重要基础。通过对遗传多样性的深入研究，可以识别出具有优良性状的个体或群体，从而在育种中实现目标性状的积累和固定。

当前，遗传差异的种类广泛，从基因组层面的变异到表型层面的差异，无不体现出复杂的遗传背景。随着高通量测序技术的发展，遗传信息数据库迅速扩张，涵盖了多种物种的遗传信息，极大地推动了遗传学研究的进展。这些数据库不仅收录了不同物种的全基因组序列，还包括了特定品种、系谱、特定父本和母本的遗传信息，甚至精确到单个核苷酸多态性（SNP）和多单倍型的水平。

在遗传改良过程中，交配体系的优化是关键步骤之一。通过合理的交配设计，可以充分发挥遗传多样性的优势，提高后代的适应性和生产性能。品种和系谱的选择同样重要，尤其是在有明确系谱记录的情况下，可以通过分析系谱信息来预测遗传潜力和疾病风险。此外，特定父本和母本的遗传差异在后代表现性状中具有决定性作用，通过利用这些差异，可以在繁育中实现更高效的选择和改良。

在遗传标记的应用方面，SNP 标记因其高效性和精确性，已成为遗传学研究和育种的重要工具。通过基于 SNP 的全基因组关联分析（GWAS），可以识别与经济性状相关的基因位点，为育种提供科学依据。此外，多单倍型分析则进一步提高了对复杂性状的解释能力，特别是在多基因控制的性状中，这种分析方法能够揭示基因间的互作效应。

遗传学家在开发新型改良动物时，首先需要明确育种目标。这些目标通常包括生长速度、肉质、抗病性、繁殖性能等经济性状。设立适当的经济价值是实现多性状选择的基础。在此基础上，通过综合利用遗传标记、系谱信息和先进的育种技术，开发出适合不同生产体系的遗传资源，以满足市场和生产的需求。

在实际应用中，遗传资源的开发不仅要考虑单一性状的改良，更需要在多性状间实现最佳平衡。这种平衡不仅关系到生产效率，还直接影响到动物的健康和福利。因此，育种目标的设立和经济价值的评估必须综合考虑生态、经济和社会因素，以实现可持续的养殖业发展。

通过对遗传差异的深入理解和优化利用，遗传学家们能够开发出更为优质的动物品种，这不仅能够满足全球日益增长的动物产品需求，还能够应对气候变化、疾病传播等全球性挑战，为农业可持续发展提供有力支持。

第一节　养殖业生产体系

一、养殖业的全球意义

养殖业是全球农业体系的重要支柱，占全球农业产值的40%，支持了约13亿人的生计和粮食安全。尤其是在中低收入国家，养殖业增长迅速，是推动小农、农业企业和就业机会的重要力量。

二、生产体系的分类

养殖业生产体系通常根据动物种类、生产目的、资源使用、环境条件等进行分类。常见的分类如下。

草地放牧系统：主要依赖自然草地，适用于牛、羊等反刍动物。这类系统通常与土地使用紧密相关。

集约化无土地系统：主要用于猪、鸡等单胃动物的饲养，这类系统对资本投入和消费者需求有较高依赖。

混合农业系统：结合作物和牲畜的生产，可以提高土地生产力，减少风险，并改善环境弹性。

三、可持续性挑战

虽然养殖业为粮食生产和经济增长作出了重要贡献，但其快速扩张也带来了环境和健康风险，如温室气体排放、土地退化和公共健康问题。当前，养殖业每年排放的二氧化碳当量估计为7.1 Gt，占人类活动导致的温室气体排放的14.5%。

四、可持续发展路径

推动养殖业向可持续方向发展至关重要。改善生产效率、优化供应链管理、减少环境影响，以及在动物和人类健康方面加强管理，可以帮助应对这些挑战。比如，使用天然肥料、提高草地管理、发展低碳生产技术等措施，都是未来的发展方向。

五、社会和经济影响

在社会层面，养殖业不仅提供食品和收入，还在一些地区作为财富存储和社会保障的重要形式。尤其是在缺乏机械化的地区，牲畜可以作为生产力的关键助力。此外，养殖业还具有保护生物多样性和碳封存的潜力，特别是在山地和干旱地区。

通过整合现代科技、优化管理和政策支持，可以在促进经济发展的同时，减少养殖业对环境的负面影响，实现社会经济和环境的多重效益。

第二节　生产体系的遗传

一、遗传群体

生产体系的遗传成分可划分为多个层次。首先考虑的是遗传群体，即可在生产计划中选择使用的独特群体，或参与遗传改良计划的群体。通常，群体被定义为某一品种，如荷斯坦牛或安格斯牛。群体也可能是品种内的某一品系，这可能是由于轻度近交或地理隔离（如澳大利亚奶牛与加拿大短角奶牛种群的分离）的结果。群体还可能是新创建的合成种群或复合种群。这类复合种群在家禽工业中也很常见，尤其是在肉鸡和蛋鸡的种群中。确定遗传群体的同时，还须定义该群体在交配体系中的角色。

二、家畜和等位基因效应

掌握家畜间的特定遗传效应后，这些效应可整合到建模和优化过程中。关于潜在性状的遗传评估（如估计育种值 EBV 或估计后代差异 EPD）的知识，可能影响模型的构建。动物个体或其所有等位基因的具体效应在许多物种中都很重要。不同等位基因替代的附加效应在许多物种中也越来越普遍。然而，这些等位基因效应在所有性状中的表现并不均衡，必须进行获取，因为涉及的相关性状的影响往往比主要研究的性状更次要。

可用的遗传信息量差异可能很大。在某些情况下，如许多公牛的评估，遗传评估的准确性很高。但在其他情况下，尤其是当对个别动物或等位基因缺乏大量比较信息时，准确性可能会很低，这最终会影响任何体系分析的准确性。

三、母性效应

通过标识动物间的遗传差异，母性效应在模型构建中的重要性得以体现。母性效应是指母亲的基因型对后代表现的影响，这些表现包括从早期生长速度到成年体重等性状。母性效应在许多物种中都很重要，尤其是那些通过人工选择或育种得到的物种。在模型构建过程中，必须充分考虑母性效应的影响。

四、组合效应

组合效应是指不同遗传效应的组合对动物表现的整体影响。模型可利用组合效应来预测在多性状选择中可能的遗传改进结果。组合效应的分析需要大量的数据，并且通常与环境因素交互作用显著。这种分析在模型中占重要地位，以确保生产体系优化的准确性。

第三节 生物学成分

一、生命周期

前述讨论的遗传差异在动物生命周期的不同阶段表现出来。反之，生产体系与动物生命周期的基本生物学原理密切相连。以下讨论从受精到市场销售的生产体系中的生命周期，包括受孕率、窝产仔数、生存率、繁殖母畜的饲养需求，以及后代的生存和市场生长率等性状。

生物学（遗传）差异在物种间差异显著，且这些差异反映在生产计划中。例如年龄和性别分布等参数在生产群体中，可能取决于基本的生物学差异。例如，某些生产模式可能涉及多胎率和高更新率，而其他生产模式，如奶牛生产，年均胎数较低，且更新率相对较低。性状的表达率是生产计划建模中的重要方面，涉及选择使用哪种基因型或选种选育程序。

二、繁殖率

繁殖率是一个需要特别关注的生物学因素。它对性状表达率有根本影响，还对遗传群体结构产生根本影响。这一影响可通过人工授精（AI）在奶牛生产中的使用观察到。整个遗传改良项目和营销项目都依赖于广泛的 AI 使用。肉牛和蛋鸡的繁殖和营销均依赖于高繁殖率。猪作为肉用家畜，可以通过使用终端杂交体系来提高其窝产仔数，因为猪本身具有较高的繁殖能力。家禽生产计划的遗传利用均依赖于终端杂交体系，而这些体系可通过单一供应商提供。

三、交配体系/策略

交配体系或策略指的是遗传个体或群体间可能使用的交配系统，包括如终端杂交体系的应用、复合种群的交配或四元杂交体系。交配体系还包括如传统控制近交的交配决策。

交配体系涉及评估个体或种群中等位基因的差异。这些交配组合为产生杂种优势提供了机会。以下考虑两种基本的交配体系：轮回交配体系和终端交配体系（或更全面的多元杂交体系）。这些交配体系在动物育种教科书中有详细描述。交配体系可以包括纯种、杂交或复合公母畜的组合。

杂种优势可以被纳入分析中，用以确定各品种组合在生产体系中的表现水平。杂种优势可影响母牛在生产体系中的存活时间，尤其是在孕期及哺乳期。年龄分布也能影响群体中不同年龄的母牛对生产体系的贡献。这一杂种优势的考量对于我们的模型非常重要，尤其是首次杂交与返祖杂交的比较分析中。杂种优势的程度通常与保留的杂种活力密切相关，但我们将采用更通用的方法来进一步建模，并包含不同杂种优势效应的百分比。

我们的模型将要求获取关于不同种群的性能水平的信息、种群在不同交配结构中的比例，以及不同杂种优势效应的百分比。在某些情况下，我们还需要了解近交的效果及其可能的影响。在许多情况下，精确的种群性能信息难以获得，因此需要在品种组合和交配结构的基础上进行性能预测。

四、经济和环境影响

1. 市场和产品：收入

确定特定市场是生产产品的首要因素。例如，牛肉市场的需求差异较大，一些市场需要高水平的肌间脂肪，而其他市场则要求低肌间脂肪。不同牛肉市场的影响已在许多品种和公牛中得到了研究。SNP 效应与牛肉生产中双肌肉性状的重要性密切相关。例如，为生产高肌间脂肪含量的牛肉而选择瘦肉型牛。而对于要求较高出肉率的牛肉市场，SNP 效应可能并不那么重要。在牛肉生产中，收入通常基于重量，以及特定产品的零售率。瘦肉产量是一个可比术语，有时用来代替具体的零售产量，但实际上，它更接近于具体屠宰体中瘦肉含量的估计。

确定产品市场是生产体系中最重要的第一步。生产不同市场所需产品的要求各不相同，且对遗传评估的需求也有所不同。了解不同市场对遗传改良的要求是我们优化生产体系的关键环节之一。

2. 定价考虑

决策通常基于经济因素。然而，对于许多种群，特别是伴侣动物种群，基础可能是某种形式的享受或特定用途。例如，导盲犬的适应能力和体型可以作为选择的基础，通常通过比较不同品种的犬种适应性和体型将这些标准转化为经济指标。在比较性状时，一个常见的标准是所有性状的平均经济价值，以及在某些情况下，对较长期遗传目标设定的稳定性考虑。

3. 生产环境：成本和限制

生产成本的影响是所有生产计划中都需要考虑的重要因素。生产成本的大类包括饲料、劳动力、房舍和健康成本。后续将详细研究这些成本，并探讨未来可能产生的成本影响。我们还将研究在制定策略时，如果测量到某些变量的影响时所产生的后续成本。这些变量可能与收入或成本相关。

在评估使用不同遗传体系对生产成本的影响时，考虑所有收入和成本是至关重要的。如果稍后没有测量这些变量的影响，我们将努力确定最优策略以减少成本和提高收益。

4. 边界分析

生产中需要考虑市场细分和正在生产的产品。用来描述模型的生产系统定义是设定分析边界的依据。模型的边界必须明确，作为模型框架的一部分。例如，模型边界可以包括所有更换母牛或购买更换公牛的限制条件。边界也可能包括选择生产或购买更换种群或所有更换公牛或母牛的决定。边界选择的变化取决于决策者使用分析结果的方式。

5. 决策者

决策者是决定使用哪些基因型或作出基因改动的人。在任何生产系统的分析中，决策者必须确定。在我们的模型中，决策者可能是农场的生产者，决定使用哪些品种或杂交体系。农场级别的分析通常由适当的决策者完成，可能涉及使用人工授精中心的种牛精液并评估后代性能，也可能包括消费者层面的价值判断。决策者的决定在优化生产体系中起着至关重要的作用。

第四节　基于基因组选择的育种计划

基因组选择作为一项颠覆性的技术，已成为现代动物育种领域的重要工具。通过利用覆盖全基因组的高密度遗传标记，基因组选择显著提升了动物遗传潜力的预测精度，并加速了遗传进展。设计一个包含基因组选择的育种计划需要全面考虑多个因素，以确保达到最佳的育种效果。

1. 目标设定与育种目标

明确育种目标：在设计基因组选择育种计划的初期，明确且具体的育种目标是至关重要的。育种目标应当紧密结合市场需求、生产效益、环境适应性以及动物福利。例如，乳品行业可能侧重于提高奶产量、乳成分和奶牛健康状况，而肉牛育种则可能专注于提高饲料转化效率、胴体品质和疾病抗性。目标的设定不仅要满足当前需求，还须具备前瞻性，以应对未来市场和环境的变化。

多性状选择与指数选择：在多性状选择中，往往存在性状之间的负相关，如生产性能与健康、繁殖力与生长率之间的平衡。因此，构建一个综合考虑多性状的选择指数，能够在实现整体遗传进展的同时，避免某一性状的过度强调而导致其他性状的退化。这个选择指数应当根据每个性状的经济权重进行优化，以确保育种目标的全面实现。

2. 基因组数据的收集与管理

高效的基因分型技术：基因组选择的成功依赖于高质量的基因分型数据。目前，单核苷酸多态性（SNP）芯片技术已成为主要的基因分型手段。选择适合的 SNP 不仅需要考虑其密度和覆盖范围，还须根据特定物种的遗传结构和育种目标进行定制。对于一些经济性状特别重要的物种，如奶牛、猪和家禽，高密度 SNP 芯片提供的精确度更高，而对于一些非主要商业化物种，中低密度芯片或目标区域测序可能是更经济的选择。

表型数据的精确收集：基因组选择模型的校准依赖于大量准确的表型数据。为了提高基因组选择的效力，这些数据需要在多样化的环境条件下收集，以捕捉基因型与环境之间的相互作用。表型数据不仅要覆盖主要的生产性状，还应包括健康、繁殖和行为性状，以实现对动物的全面评估。

大数据管理与整合：随着基因组数据和表型数据量的爆炸式增长，如何有效管理和整合这些数据成为育种计划设计的关键挑战。建立一个中央数据库系统，能够将不同来源的数据进行整合和标准化处理，以支持基因组选择模型的持续更新和优化。这一系统还应具备数据可视化和分析功能，以便于决策者进行实时评估和调整。

3. 基因组预测模型的构建与优化

基因组育种值（GEBVs）模型：基因组育种值模型是基因组选择的核心，其通过结合基因型和表型数据，预测个体的遗传潜力。传统的 BLUP 模型虽然广泛应用，但随着大规模基因组数据的引入，贝叶斯方法和机器学习算法正在逐步被采用，以处理高维数据和复杂的基因与性状间的关系。这些先进的模型能够提高 GEBVs 的准确性，并能够应对遗传背景复杂的性状。

模型的动态校准与验证：基因组选择模型的性能需要通过不断的验证和校准来保持。随着新数据的引入，模型需要动态调整，以适应不断变化的遗传背景和环境条件。模型的校准通常通过交叉验证和独立测试数据集来进行，以确保 GEBVs 预测的稳健性和可靠性。

4. 选择策略与实施

选择指数的优化：为了实现育种目标，基因组选择指数的构建需要考虑不同性状的经济权重，并根据市场需求和生产条件进行优化。选择指数的设计应注重平衡性，避免单一性状的过度选择导致其他性状的退化。此外，在育种计划实施过程中，选择指数需要根据实时反馈进行调整，以应对市场和环境的动态变化。

缩短世代间隔：基因组选择的一个显著优势在于能够缩短世代间隔，从而加速遗传进展。通过在早期阶段（如胚胎或幼龄阶段）对育种候选个体进行基因组评估，育种者可以更快地筛选出高潜力个体进行繁殖。这不仅提高了育种效率，还能够减少育种成本。

遗传多样性的管理：在追求快速遗传进展的同时，维护遗传多样性是育种计划可持续发展的关键。为此，在设计基因组选择策略时，应考虑适当的近交控制措施，如限制同质个体的交配、引入外来种质等，以保持育种群体的遗传多样性。

5. 育种计划的实施与整合

传统与现代育种方法的结合：虽然基因组选择具有显著的优势，但传统的表型选择、家系选择仍然具有重要的参考价值。在设计育种计划时，传统与现代方法的结合可以提供更全面的选择依据。例如，在核心群育种计划中，基因组选择可以用来选定核心群体，而传统的家系选择则可用于评估和验证整体育种效果。

育种计划的成本效益分析：基因组选择虽然在加速遗传进展方面表现出色，但其成本也是不可忽视的。基因分型、数据管理、模型优化等环节都需要投入大量资源。因此，在育种计划的设计和实施中，需要进行详细的成本效益分析，确保所选择的策略能够在经济上可行。针对不同的物种和生产条件，可以采用分层次、分阶段的基因组选择策略，以实现成本与效益的最佳平衡。

6. 监测与长期评估

遗传进展与效益评估：育种计划的成功与否不仅体现在短期的生产效益上，还应通过长期的遗传进展来评估。在育种计划实施过程中，需要定期跟踪关键性状的遗传趋势，并对遗传进展的速度和方向进行评估。这一过程不仅能够为育种策略的调整提供依据，还能揭示潜在的遗传瓶颈或风险。

生态与环境适应性评估：随着环境变化和全球气候变暖对农业生产的影响日益加剧，育种计划中必须纳入生态和环境适应性的评估。基因组选择为此提供了可能，通过选择具备更强环境适应性和抗逆性的个体，可以提高整个育种群体的可持续性。

7. 伦理、社会与政策考量

动物福利与伦理考量：基因组选择在推动遗传进展的同时，也引发了一些伦理和动物福利问题。在育种计划中，必须确保不因追求经济效益而损害动物的健康和福利。例如，选择具有快速生长或高产性能的个体时，必须同时考虑它们的健康和寿命，以避免因过度选择带来的负面影响。

政策支持与社会认可：基因组选择技术的广泛应用需要政策的支持和社会的认可。在育种计划设计中，育种者需要与政策制定者和社会公众保持沟通，确保育种目标符合社会期望，并透明地传达基因组选择技术的优势和潜在影响。此外，国际合作与交流也是推动基因组选择技术发展的重要途径，通过与其他国家和地区的科研机构和企业合作，可以共享资源、技术和经验，共同应对全球育种挑战。

基因组选择作为现代育种技术的重要组成部分，为加速遗传进展和提高生产效益提供了强大的工具。然而，为了实现基因组选择的最大效益，育种计划的设计必须考虑多方面的因素，包括育种目标的设定、数据的管理与利用、预测模型的构建与优化、选择策略的制定与实施，以及遗传多样性和长期效益的维护。通过科学合理的规划和实施，基因组选择育种计划不仅能够满足当前市场需求，还将为未来的动物育种奠定坚实的基础，推动全球农业的可持续发展。

第五节　案例研究

遗传选择案例研究的终点是选择用于改进终端和母本羊群的遗传指数集合。这意味着首先存在用于终端种群和母本种群的遗传差异。终端种群可能包括萨福克羊，而阿尔科特羊可能被认为是母本复合种群。案例研究基于终端交配体系，这是改进种群的关键点。改进种群的平均性能的关键在于定义或选择所有参与交配体系的种群中的选择标准。

首先，遗传结构优化是我们案例研究的核心要点之一。我们假定，用于商业生产的遗传材料涵盖了经过改良的公畜和母畜，且这些改良材料将通过人工授精或自然交配的方式传递给后代。同时，我们假设用于配种的公畜将在农场饲养，并适时进行更替。

其次，需要考虑经济变量和生产变量。案例研究的基本出发点是，市场产品的稳定需求要求全年有持续的市场产品供应。这意味着价格结构需要能够适应全年生产体系的需求。若所选遗传材料能适应全年生产体系,那么市场产品的价格结构应能保持稳定。

我们假设从生产到销售的整个过程中存在完全的经济反馈机制,可以认为该案例基于一个完全整合的市场链。我们考虑遗传材料的使用适用于一组全年进行市场生产的生产者,这组生产者需要全年稳定的平均价格。若没有市场限制,由于竞争条件的变化,可能需要额外的销售机会。在此案例中,市场价格基于相对短期的市场需求,并假设定价因素在未来是可持续的。

假设我们在全年生产体系中采用密集型生产模式,每年设有多个繁殖期。这种密集型体系将对非季节繁殖的经济效应产生显著影响,因为非季节繁殖在年繁殖体系中的重要性相对较低。在这种更密集的体系中,繁殖后期的羔羊存活率(或早期存活率)相较于传统体系将更为重要。我们假设没有生产要求的限制,并考虑到生产变量将在某一给定时间点提供(在特定时间点,须考虑建立繁殖目标和制定案例研究目标的重要性)。

最后,分析的层次基于市场羔羊的销售,所有活动均以年度为基础进行描述。本书后续将深入探讨这一等价关系,以及基于不同的销售基础(例如,在特定农场或行业层次上),这些因素如何对繁殖目标产生影响。

本章描述生产体系中的遗传差异,为定义可利用的遗传差异提供了系统化的方法。通常,比较是基于经济数据的,因为遗传差异通常通过收入和成本变量来影响生产系统。我们讨论了识别市场和生产环境的相应措施。这一框架是模型的必要背景和起点,该模型用于对生产体系中的基因型进行具体建模,并制订最佳选择和改良计划。

第四章　整合基因型的生产模型

本章将对生产系统的描述转化为数学模型。我们将从简单的利润函数开始，并逐步增加复杂性，直至生物学经济学联合建模。首先探讨的是线性加性模型，其次是包括乘法效应和分类定价在内的非线性模型。

本章重点将放在以货币形式表达的收益，但为了普遍性，同样的方法可以应用于后续章节讨论的各种效用函数。

用方程式表达收益和成本

生产系统通常被简化为单一方程的形式。动物遗传学家长期以来一直讨论使用单一方程，通常称为利润方程或利润函数。Dickerson（1970）的一篇经典论文描述了基于多种生产单位的利润方程。

单方程利润表示法主要用于推导目标性状的经济价值。然后将这些经济价值与育种值结合，形成综合基因型的单方程表示形式。这些经济价值还可以与估计育种值（EBV）结合，用于制定选择标准。另一种方法是综合基因型与表型测量相结合，发展出选择指数。选择标准将在综合基因型和选择指数部分进行更详细的探讨。在本节中，我们将以更一般的方式探讨利润函数，以考虑不同基因型的经济价值。使用单方程利润函数或多方程生物经济模型来选择基因型的详细内容也将在后续章节讨论。

一、利润方程

利润将在后续章节中详细讨论，但在此阶段可以简单理解为收益与成本之间的差额。基本方程式为：

$$NP = R - C$$

其中，NP 代表净利润，R 是收入，C 是成本。利润还可以通过基因型和管理效应的更广泛模型来表达，即：

$$NP = f(y, m, e)$$

其中，NP 是每个生产单位每单位时间的净利润，y 是性状表现的向量，可以表示为给定管理效应的群体均值（μ）与遗传效应（g）之和，即 $y = \mu + g$。m 是管理效应的向量，e 是定义价格和成本的经济变量的向量。

我们将在此简要扩展这些术语中的一些内容。利润方程可能并不总是包括所有收入和成本的来源，但可以不包括已有独立的部分。生产单位可能为一只家畜、一只繁殖母畜，甚至是一个农场企业。我们通常采取的方法是在商业生产层面上表达我们的方程，以保持收入和成本与实际产品的生产相关，如每升牛奶、每个鸡蛋或每千克肉的生产。在后续部分，将讨论以不同生产单位表达的利润函数之间的等价性。

基因型效应可能包括遗传群体（例如品种）、个体动物、加性或非加性等位基因、遗传标记或单核苷酸多态性（SNP）。

为了预测上述方程的实用性，需要注意评估基因型的一种方法是将适当的基因型值估计纳入利润函数中，例如在线性加性情况下可以表示为：$NP = e'y$。向量 y 表示与收入和成本的组成部分相关的变量水平，并包含上述的 μ 和 g 向量，我们可以在方程中简单地使用 g 的最佳估计值。

规划周期

时间是建模中的一个关键因素，前面定义了单位时间的利润。在定义利润函数、进行基因型比较以及制定选择目标和遗传改良计划时，我们将考虑长期和短期的规划周期。

制订生产计划、遗传改良计划或引入单核苷酸多态性（SNP）时，往往需要考虑数年的时间。例如，在具有较长世代间隔的物种中，如肉牛，改变杂交策略可能需要数年时间。将特定的 SNP 纳入生产计划中所需的时间可能因基因表达时间、公畜使用率及其他多种因素的不同而有所变化。

通常，年度建模是最容易采用的方法，多年计划可以通过将年度活动逐年推进的方式进行扩展。年度活动提供了一个清晰的框架，使输入和输出在时间上具有明确的对等性。如果需要较高的精确度，年度活动还可以通过建模来考虑季节性价格的变化。以年度为基础的建模案例有很多，其中一个早期的例子是 Wilton 等（1974）使用线性规划模型将月度动物和作物活动整合到年度模型中来模拟牛肉生产。年度模型为考虑利息成本提供了明确的框架，也为将生命周期活动纳入经济模型提供了机制。例如，在肉牛生产中，市场动物的生命周期可以在 1 年时间内进行建模，市场时间超过 1 年的月份可以通过将超过 1 岁动物的活动纳入模型来表示。还可以通过建模来表示适当的牛群年龄结构及相应的淘汰原因。

模型也可以按日构建。通常需要简化假设或使用平均值来考虑诸如季节性价格波动等因素。在适当的假设下，日模型和年模型应当仅相差一个简单的 365 乘积因子。

二、单一方程利润函数

此处使用示例来说明如何在简单的利润方程中表达收入和成本。

第一个简单的例子是一个线性加性模型。一般来说，单一方程利润函数可以包括分类变量和连续变量、乘性状效应、非线性经济效应或这些效应的组合。

1. 线性加性利润函数

以奶牛为案例，收入来自牛奶和乳蛋白，成本来自饲料、劳动力和家畜疾病。产业结构假设为商业化的牛奶生产，包括蛋白质，牛奶和蛋白质的总量对定价具有直接经济影响。方程表示一个商业化奶牛的生产单元，计划周期为 1 年。在这个例子中，我们假设市场环境使得牛奶的收入为 1 元/L，蛋白质的收入为 35 元/kg，并且假设这些市场价格保持稳定。这个市场情况被简化为没有配额或农场牛奶销售限制的情况，也不考虑产品数量和质量（如蛋白质含量或牛奶脂肪含量）的交互效应，建模的首要步骤之一是描述与所评估基因型特别相关的市场环境。

在成本方面，假设从农场记录中得到的价格信息为：劳动力成本 50 元/h，饲料成本 1 元/kg，疾病治疗为 70 元/次。本例中不考虑生殖率和家畜替代成本。生产环境进一步简化为仅涉及动物因素,忽略了可能与劳动力成本相关的其他农场成本。

假设饲料可按不受生产水平影响的价格提供,也不考虑资源约束。净利润用于描述收入与成本的差额,并必须谨慎解释所包含的特定成本变量。例如,在假设农场销售或资源(如空间)没有限制的情况下,某一数量奶牛的利润将等同于农场的毛利,考虑农场牛奶和蛋白质销售的收入以及可变成本(如劳动力、饲料和疾病治疗成本),但不包括固定成本(如建筑和资本)。净利润方程如下:

$$NP = R - C$$
$$= (e_1 y_1 + e_2 y_2) - (e_3 y_3 + e_4 y_4 + e_5 y_5)$$
$$= 1 y_1 + 35 y_2 - 50 y_3 - 1 y_4 - 70 y_5$$

此处 $R = e_1 y_1 + e_2 y_2$,y_1 为产奶量(L),e_1 为 1 元/L,y_2 为蛋白质量(kg),e_2 为 35 元/kg。

$$C = e_3 y_3 + e_4 y_4 + e_5 y_5$$

其中,y_3 表示劳动力小时数,e_3 = 50 元/h,y_4 表示饲料千克数,e_4 = 1 元/kg,y_5 表示治疗疾病次数,e_5 = 70 元/次。此公式还可以用矩阵表示为:

$$NP = e'y$$

$$= \begin{bmatrix} e_1 & e_2 & e_3 & e_4 & e_5 \end{bmatrix} \begin{bmatrix} y_1 \\ y_2 \\ y_3 \\ y_4 \\ y_5 \end{bmatrix} = \begin{bmatrix} 1 & 35 & -50 & -1 & -70 \end{bmatrix} \begin{bmatrix} y_1 \\ y_2 \\ y_3 \\ y_4 \\ y_5 \end{bmatrix}$$

其中,e 是价格向量,y 是表示平均每头奶牛每年(y_1,y_2,y_3,y_4,y_5)的变量向量,所有元素都表示每头奶牛每年的利润。

2. 非加性和非线性利润函数

(1)乘法函数。在动物生产中,一个常见的情况是产品价格依赖于组成或质量的情况。在许多情况下,性状水平的变化对经济效益的影响会随着平均性能水平的变化而增加或减少。

一个非常简单的生产价值的例子是两种性状的乘法(交互)效应,例如在肉用动物中胴体重量(cw)和该重量的组成(瘦肉百分比或瘦肉率 ly)。此示例仅包含饲料摄入(fi)的饲料成本,以便在利润方程中体现收入和成本。乘法定价的性质可描述如下:

$$NP = R - C$$
$$= (e_{cw} y_{cw} y_{ly}) - (e_{fi} y_{fi})$$
$$= 11(\mu_{cw} + g_{cw})(\mu_{l\%} + g_{l\%}) - 0.7(\mu_{fi} + g_{fi})$$

NP 是每只家畜单位时间(饲养期)的利润,其中,

$R = e_{cw} y_{cw}$,其中,

  e_{cw} = 11 元/kg 是胴体瘦肉的价格;

  $y_{cw} = \mu_{cw} + g_{cw}$ 为胴体重量(kg);

  $y_{ly} = \mu_{ly} + g_{ly}$ 为瘦肉率(%);

$C = e_{fi} y_{fi}$,其中,

  e_{fi} = 0.7 元/kg 是饲料的价格;

  $y_{fi} = \mu_{fi} + g_{fi}$ 饲料摄入量(kg)。

更具体地说：

μ_{cw} 是胴体重量的群体平均值（kg）；

μ_{ly} 是瘦肉率的群体平均值（%）；

μ_{fi} 是饲料摄入量的群体平均值（kg）；

g_{cw} 是胴体重量的基因型效应（kg）；

g_{fi} 是饲料摄入量的基因型效应（kg）。

所有变量均以单位时间（例如150d）为单位进行表示，与利润定义中使用的时间单位相平行。转换也可以按年度进行，稍后会考虑这一点。

基因型可以是品种效应、父系或母系效应，或者是标记或 QTL 效应。例如，如果 QTL 对胴体重量有+2kg 的影响，对瘦肉率为0%，对饲料摄入量为+3kg 的影响，则通过将这些值代入公式中，可以找到单个动物标记的值。

通过这个例子以及其他一些乘积表达式，两个变量的乘积本身就是一个生物学变量，尽管它是一个复合变量。例如，胴体重量（kg）乘以瘦肉率（%）得出瘦肉的千克数。该方程式的格式较简单，但标记效应对瘦肉率的影响则需要通过千克来表示。

更复杂模型的优点在于，它可以对更具体的生物效应和标记进行建模。例如，可以通过考虑胴体的脂肪深度和最长背肌面积来更具体地定义变量瘦肉率（%）。一个用脂肪深度和肌肉面积代替零售率百分比的例子，由 Wilton 和 Goddard（1996）提出，并提供了基于脂肪深度和肌肉面积的产量预测方程。一般来说，随着 QTL 或标记效应通过生物学过程的精确识别，更有机会研究整个生产过程中不同成分变化的影响。

乘法效应的第二个例子是每单位胴体重量的价值，它取决于质量参数，如牛肉中的大理石花纹（mb）。例如：

$$NP = R - C$$
$$= [8.4 + 1.4(\mu_{mb} + g_{mb})](\mu_{cw} + g_{cw}) - 0.7(\mu_{fi} + g_{fi})$$

其中，

8.4元/kg 是胴体重量的基础（零）价格/kg；

1.4元/kg 是每个大理石花纹得分点的价格变化；

0.7元/kg 是饲料每千克的价格；

μ_{mb} 是大理石花纹得分的种群均值；

g_{mb} 是大理石花纹得分的基因型；

μ_{cw} 是胴体重量（kg）的种群均值；

g_{cw} 是胴体重量（kg）的基因型；

μ_{fi} 是饲料摄入量（kg）的种群均值；

g_{fi} 是饲料摄入量（kg）的基因型。

利润、投入和产出均以每市场动物每单位时间表示。

在这个例子中，定价是从基础价格计算的，随着大理石花纹得分的增加，价格呈线性增长。随后将讨论在定价中存在更多离散类别的情况。

（2）非线性函数。描述随着饲料摄入量增加而饲料成本增加的非线性效应可能会导致如下方程：

$$NP = R - C$$
$$= [8.4 + 1.4(\mu_{mb} + g_{mb})](\mu_{cw} + g_{cw}) - [0.84(\mu_{fi} + g_{fi}) + 0.028(\mu_{fi} + g_{fi})^2]$$

基于 Wilton 和 Goddard（1996）的另一个肉牛简化示例，其中包括非线性效应，如下所示。

使用一些非常近似的值，可以从出售的重量中获得每头动物的收入（按 8.4 元/kg），并且成本可以与育肥成本（17.5 元/mm）和每日费用（3.5 元/d）相关联。在此示例中，建模的"水平"（或生产单位）是市场动物。所有收入和成本都按每市场动物每周期（时间单位）表示。在此使用的肉牛的周期将是年度周期，假设饲养场设施可以持续使用。

首先，考虑在特定屠宰时间定义的重量和背膘厚度的生物变量，净利润可以表示为：

$$NP = R - C = (8.4w) - (17.5bf + 3.5d)$$

其中，

w 是市场阉牛的活重（kg）；
bf 是屠宰时的背膘厚度（mm）；
d 是屠宰时的日龄。

在此情况下，重量和屠宰时的背膘厚度可以被认为是基因型变量，而日龄则是管理变量。在这种情况下，NP 可以表示为：

$$NP = f(y, m, e) = f\left(\begin{bmatrix} \mu_w + g_w \\ \mu_{bf} + g_{bf} \end{bmatrix}, d, e\right)$$

另外，可以将日增重（增长率，gr）和日脂肪沉积（育肥率，fr）作为基因型变量，而日龄依然作为管理变量。重量是增长率基因型和日龄的线性函数。与育肥相关的成本是育肥率基因型的二次函数，这表明了利润方程中的非线性概念。额外的成本假定为日龄的线性函数。那么，

$$w = gr \times d = (\mu_{gr} + g_{gr}) d$$
$$bf = fr \times d^2 = (\mu_{fr} + g_{fr}) d^2$$

因此：

$$NP = 8.4(\mu_{gr} + g_{gr}) d - 17.5(\mu_{fr} + g_{fr}) d^2 - 3.5d$$

显然，该方程是净利润的一个非常简化的表达。其目的是提供一个例子，其中利润被表达为单一方程，并且是收入和成本的函数。方程中的那些具有遗传成分的因素被明确标识出来，并且方程中的效应被确定为属于遗传或管理因素。我们将在后面使用这个例子来讨论管理优化、经济权重的推导。无论重量还是屠宰时的背膘厚度都可以被视为替代的管理变量。在这一点上，我们要注意确定哪些变量是管理控制下的，并因此从管理角度进行优化。尽管该方程简单，但显然需要行业的相当多的工作和知识来确定收入来源、影响每单位产品定价的因素以及相关的生产成本。

（3）离散或分类定价。在实践中，经常会出现离散或分类定价的情况。在一些牛肉和猪肉生产及营销体系中，基于重量和产量的定价表被广泛使用。如果体细胞计数达到过高水平，奶制品市场中也会应用价格折扣。鸡蛋的定价可能根据分类尺度来确定，其中鸡蛋的价格取决于鸡蛋属于小、中、大或特大的哪一类。在所有这些情况下，这些性状（体重、体细胞计数、蛋的大小）都以连续的方式测量或表示，但价格却是按照离散类别来定的。

经济性状的利润与其价格之间的关系并不是线性的，如果该性状是根据分类尺度定价，或在分类尺度上测量的（见下文"分类性状表达"）。通常类别的数量太少，或者从一个类别到下一个类别的变化过于剧烈，以至于无法用非线性函数来逼近。此类分类定价

情境需要确定基因型变化对后代分布的影响，从而导致不同类别的后代概率变化。

假设有一个分类定价系统，对于胴体重量有 3 个价格。在这个假设的定价表中，胴体过轻（≤200kg）或过重（≥450kg）都将受到惩罚，因此 e_1 = 7.7 元/kg，e_1 = 14 元/kg，e_1 = 5.6 元/kg。

在这种情况下，市场动物每千克的预期收入（R_{grid}）是每种价格乘以动物落入该类别的概率的总和：

$$R_{grid} = e_1 Pr(\leq 200kg) + e_2 Pr(> 200kg, < 450kg) + e_3 Pr(\geq 450kg)$$
$$= 7.70 Pr(\leq 200kg) + 14 Pr(> 200kg, < 450kg) + 5.6 Pr(\geq 450kg)$$

假设性状服从正态分布，可以使用 R 等软件计算概率，或者通过查找 z =（阈值-均值）/标准差来进行计算。

网格价格也可以设置为基准价格（$base$）的某个比例。例如，假设过轻的胴体被折扣到基准价格的 65%，而过重的胴体被折扣到基准价格的 40%。在这种情况下，收入可以表示为：

$$R_{grid} = [e_1 Pr_1 + e_2 Pr_2 + e_3 Pr_3] \times base$$
$$= [(0.65) Pr_1 + (1.0) Pr_2 + (0.4) Pr_3] \times base$$

在这个例子中，我们定义了单位时间的商业后代的利润，例如一头种公牛在 1 个生产周期内的 100 个后代。后续章节将直接比较基因型，并且还会考虑如种公牛配偶等关键因素。

猪的单位重量价格通常由价格梯度决定，与牛肉的前例相同。在这种情况下，我们再次假设只有一个性状梯度，其中每千克价格取决于胴体重量类别。我们还包括关于所开发公式的更多理论细节。

利润方程是为公畜或母畜的商业后代定义的。本例中感兴趣的生产单位是后代，或者等效地是产生后代的终端公畜或母畜。

销售肉用市场动物的价格通常按每单位胴体重量支付。来自终端公畜或母畜的单个后代销售的净利润是重量乘以每千克价格减去成本。终端公畜或母畜产生的净利润（NP）为：

$$NP = n_o (R_{grid} - costs_o) - costs_p$$

其中，n_o 是该亲本产生的市场后代数量，R_{grid} 是每头后代猪的预期收入（重量和每千克价格的乘积），$costs_o$ 包括该猪的饲料和管理成本，$costs_p$ 是与该亲本相关的所有成本。

在本例中，价格梯度仅基于胴体重量。市场家畜的定价依据有 n 个类别的梯度，每个类别决定了每千克胴体在该类别重量范围内的价格。类别由 $n-1$ 个阈值 c_1, c_2, …, c_{n-1} 定义。来自特定终端公畜或母畜的预期收入是其后代总数量乘以 R_{grid}，其中包括以下内容之和：

（1）每个重量类别的每千克胴体价格（e_i）乘以（2）该重量类别中后代的预期重量（w_i）乘以（3）预期该重量类别的后代比例（p_i）。

假设胴体重量呈正态分布，特定群体中的某个亲本的后代的胴体重量可以用平均值 μ 和标准偏差 σ 的正态密度函数描述：

$$\phi(w: \mu, \sigma) = \frac{1}{\sqrt{2\pi}\sigma} exp\left(-\frac{(w-\mu)^2}{2\sigma^2}\right)$$

后代重量落在某个重量类别 i 的特定权重区间 c_{i-1} 和 c_i 之间的概率由该类别密度函数

积分给出。因此，仅来自该亲本的后代且落在该特定重量类别的预期胴体重量可以计算为：

$$E[w(c_{i-1},\ c_i)] = \left[\int_{c_{i-1}}^{c_1} w\phi(w:\mu,\ \sigma)\ dw\right]/p(c_{i-1},\ c_i)$$

其中，p 是该亲本的后代胴体重量位于该重量类别中的比例。因此，从该亲本的一个后代胴体获得的预期收入可以计算为：

$$R_{grid} = e'_{1\times n}\ w_{n\times 1}$$

其中，e 是重量类别 i 的每千克胴体价格向量，$i=1$ 到 n；w 是所有重量类别 i 的后代平均重量向量：

$$w = \begin{pmatrix} \int_{-\infty}^{c_1} w\phi(w:\mu,\ \sigma)\ dw \\ \vdots \\ \int_{c_{i-1}}^{c_i} w\phi(w:\mu,\ \sigma)\ dw \\ \vdots \\ \int_{c_{n-1}}^{\infty} w\phi(w:\mu,\ \sigma)\ dw \end{pmatrix} = \begin{pmatrix} -\sigma\phi(c_1) + \mu\Phi(c_1) \\ \vdots \\ \sigma(\phi(c_{i-1}) - \phi(c_i)) + \mu(\Phi(c_i) - \Phi(c_{i-1})) \\ \vdots \\ \sigma\phi(c_{n-1}) + \mu(1 - \Phi(c_{n-1})) \end{pmatrix}$$

其中 $\varphi(ci)$ 是标准正态密度函数（$\mu=0$，$\sigma^2=1$），在（c_i-μ）/σ 处计算。$\Phi(ci)$ 是在（c_r-μ）/σ 处计算的标准正态分布的累积分布函数。

父本的净利润计算公式为：

$$NP = n_o(R_{grid} - cost\ s_o) - cost\ s_p = n_o(e'w - cost\ s_o) - cost\ s_p$$

净利润取决于该父本对后代的遗传贡献，后代的胴体重，以及这些后代胴体重的标准差：

$$\sigma = \sqrt{\sigma_p^2(1 - h^2/4)}$$

其中，σp^2 是表型方差，h^2 是胴体重的遗传率。后代的遗传贡献 μ_g 取决于：

①双亲（父本和母本）的品种或系的平均值，μ_A 和 μ_B。
②父本和母本的育种值，g_{sire} 和 g_{dam}。
③父本品种之间的任何杂种优势（非加性遗传效应），h_{AB}。后代的遗传贡献计算公式为：

$$\mu_g = \frac{(\bar{\mu}_A + g_{sire}) + (\bar{\mu}_B + g_{dam})}{2} + h_{AB}$$

通常，假定感兴趣的父本的配偶在群体中的平均值为零，此时配偶的育种值为零。

（4）离散或分类性状表达。许多具有连续生物基础的性状仅在某些阈值水平上表达，或仅通过某种有序的分类评分系统进行测量。离散或分类性状表达的例子包括存活率、疾病抗性和生育力。这些性状具有多基因基础，基因型（育种值）的分布是连续的；然而，表现型通常仅以离散类别观察到。因此，每个类别的性状将具有明确的经济收益或成本。在哺乳动物中，分娩难易度是具有多种生物影响的常见例子，既有直接（后代）效应，也有母体效应。母体影响中重要的组成部分是体重和形状。母体中的分娩难易度与骨盆尺寸和激素水平有关。尽管分娩难度有一个连续的难度等级,但通常通过评分系统进行简单测量。许多评分系统被使用,大多数是基于以下基本系统的变化:无需协助、需要一些协助、需要较大协助或需要手术协助。如果繁殖父本的成本是与每个类别相关的成本以及每个类别中的后代数量的函数,则成本可以表示为:

$$Cost = n_o \times C_{grid}$$
$$= n_o \times (e'_{grid} p)$$

其中,n_0 是平均市场后代的生产数量,C_{grid} 是后代性状表现类别的预期成本,e_{grid} 是每个类别的成本向量,p 是后代在每个类别中的比例向量(或后代在每个类别中的概率)。对于产羔难易程度,目标是增加容易生产的后代比例,即降低成本。注意,如果按类别表现的性状影响收入,则可以使用术语 R_{grid}。

类别性状或阈值性状可以表示为一个连续的正态分布的"易感性"变量 y_s,用于模拟每个类别的人群比例。例如,产羔难易程度通过一个解释为"产羔困难易感性"的变量表示。易感性的均值 μ_s 初始设为零。每个类别的产羔难易程度得分的比例($p_1, p_2, \cdots, p_n$)使用一组阈值(临界值)$c_1, c_2, \cdots, c_n$ 来表示,使得:

$$Pr(score \leq x_i) = p(y_s \leq c_i)$$

奶牛的产羔难易程度通常使用一个四类别量表来衡量,分别为"手术""困难牵引""容易牵引"和"无辅助"(S, H, E, U),其中产羔的难度依次减小。每个类别都有特定的费用(e_S, e_H, e_E, e_U),这些费用来源于劳动力和兽医费用。产羔难易程度本身被视为一个连续性状,是由大量未直接观察到的影响因素导致的。因此,产羔难易程度通常使用基于阈值模型来描述,该模型基于一个标准正态分布 N(0,1) 假设,即对当前均值的产羔困难的易感性。假设有 25% 的奶牛群体的产羔难易程度得分为 S,25% 为 H,25% 为 E,25% 为 U。然后我们可以为产羔困难的易感性 y_s 定义 3 个阈值(c_1, c_2, c_3),使得:

$$p_S = 0.25 = Pr(-\infty < y_s \leq c_1),$$
$$p_H = 0.25 = Pr(c_1 < y_s \leq c_2),$$
$$p_E = 0.25 = Pr(c_2 < y_s \leq c_3),$$
$$p_U = 0.25 = Pr(c_3 < y_s < \infty).$$

假设 $c_1 = -0.675, c_2 = 0, c_3 = 0.675$,如果类别 i 中的分娩成本为 e_i,则与分娩难易程度相关的每头牛的总体成本为:

$$C_{grid} = \sum_{i=1}^{4} e_i p_i = e'p = \begin{pmatrix} e_S & e_H & e_E & e_U \end{pmatrix} \begin{pmatrix} Pr(-\infty < y_s \leq -0.675) \\ Pr(-0.675 < y_s \leq 0) \\ Pr(0 < y_s \leq 0.675) \\ Pr(0.675 < y_s < \infty) \end{pmatrix}.$$

这个成本可以包含在评估某个基因型(例如一头牛)的完整利润方程中。

(5)群体动态与利润。一些非线性利润函数涉及生产计划的动态,例如牛、羊或猪从一个生产周期到下一个生产周期的成熟和存活方式,以及整个群体或群体的年龄分布。后续章节详细讨论群体动态和年龄分布问题,但此时我们仅考虑在利润函数中从一个生产周期到下一个周期的时间概念,并介绍如何使用矩阵符号来描述这一过程。

本示例考虑了一个简化的奶牛群,共有 100 头泌乳奶牛。不考虑成年母牛的年龄等级和存活率。对所有成年奶牛,每年应用 10% 的固定淘汰率(10 头奶牛)。所有公犊均出售，所有母犊保留，并在下一年成为妊娠后备母牛。保留 10 头后备母牛，其余妊娠母牛出售。生育能力仅通过产犊间隔简单考虑。

年度回报基于以下数值：

e_{mf} = 63 元/kg 奶牛每年产出的乳脂

e_{mp} = 49 元/kg 奶牛每年产出的乳蛋白

e_{ms} = 7 元/kg 奶牛每年产出的乳固体

e_C = 4200 元/淘汰后售出的奶牛

e_H = 14000 元/2 岁时售出的妊娠后备母牛

n_H = 售出的 2 岁妊娠后备母牛数量

e_M = 700 元售出的公犊

n_M = 售出的公犊数量

年度成本基于以下数值：

e_F = 5600 元母牛或母犊（饲料、服务、人工授精）

n_H = 2 岁时的妊娠后备母牛数量

e_{fi} = 1.4 元/kg 每年消耗的饲料

e_{sv} = 4200 元每年维护和服务费用（住房、健康、人工授精）

记录的性状为：

y_{mf} = 每年每头奶牛产出的乳脂千克数

y_{mp} = 每年每头奶牛产出的乳蛋白千克数

y_{ms} = 每年每头奶牛产出的乳固体千克数

y_{pc} = 每年每头奶牛的淘汰概率（群体更替率）

y_{ci} = 产犊间隔（月）

y_{fi} = 每年每头奶牛消耗的饲料千克数

y_{pm} = 每年每头奶牛的维护和服务费用比例

公式 1

假设一半的后代为公牛，一半为母牛，每头奶牛的年净利润方程可以表示为：

$$\begin{aligned} NP &= R_{milkfat} + R_{milkprotein} + R_{milksolids} + R_{cowcull} + R_{heifersales} + R_{malecalves} \\ &\quad - C_{heifer, femalecalves} - C_{cowfeed} - C_{cowmaintenance} \\ &= e_{mf} y_{mf} + e_{mp} y_{mp} + e_{ms} y_{ms} + e_C y_{pc} + e_H n_H + e_M n_M \\ &\quad - e_F n_H - e_{fi} y_{fi} - e_{sv} y_{pm} \\ &= 63 y_{mf} + 49 y_{mp} + 7 y_{ms} + 4200 y_{pc} + 14000 \left[\left(\frac{12}{y_{ci}} \times \frac{1}{2} \right) - y_{pc} \right] + 700 \left(\frac{12}{y_{ci}} \times \frac{1}{2} \right) \\ &\quad - 5600 \left(\frac{12}{y_{ci}} \times \frac{1}{2} \times 2 \right) - 1.4 y_{fi} - 4200 y_{pm} \end{aligned}$$

该利润方程按顺序包含以下内容：

①生产构成部分的销售收入；

②淘汰牛的销售收入（即当 y_{pc} = 1 时，代表淘汰的牛）；

③怀孕母牛的销售收入（取决于每年的犊牛数量，这又依赖于产犊间隔 y_{ci} 和性别比率，以及更替率 y_{pc}）；

④公牛犊的销售收入（同样取决于产犊间隔和性别比率）；

⑤育肥母牛的成本（取决于每年该母牛生产的母牛犊数量，年成本乘以2以考虑达到生产年龄的两年需求）；

⑥母牛的年度饲料成本；

⑦母牛的年度维护和服务成本。

请注意，由于产犊间隔的影响，该方程并不是一个简单的线性加性利润方程。净利润、收入和成本是基于每头牛每年的计算。例如，淘汰牛的收入按每头牛计算，淘汰牛的年数量取决于更替率（此示例中为10%）。本例中设定了一个固定的更替率，而实际上更替率可能会变化，并且可能依赖于生存率和生育率的遗传特性。

所有关系按概率和比例进行描述。这种关系将在没有资源限制的情况下成立，并且只要随着操作规模的扩大，收入或成本不发生变化，就会继续成立。

公式2（矩阵表示）

净利润也可以在农场基础上进行表示，例如对于100头牛的农场，使用矩阵表示法。

$$NP_{farm} = 700 \times e'My$$

其中，

$$e = \begin{pmatrix} 9.12 \\ 6.96 \\ 1.42 \\ 600 \\ 2000 \\ 100 \\ -800 \\ -0.20 \\ -600 \end{pmatrix} \quad M = \begin{pmatrix} 1 & 0 & 0 & 0 & 0 & 0 & 0 \\ 0 & 1 & 0 & 0 & 0 & 0 & 0 \\ 0 & 0 & 1 & 0 & 0 & 0 & 0 \\ 0 & 0 & 0 & 1 & 0 & 0 & 0 \\ 0 & 0 & 0 & -1 & 0.5 & 0 & 0 \\ 0 & 0 & 0 & 0 & 0.5 & 0 & 0 \\ 0 & 0 & 0 & 0 & 1 & 0 & 0 \\ 0 & 0 & 0 & 0 & 0 & 1 & 0 \\ 0 & 0 & 0 & 0 & 0 & 0 & 1 \end{pmatrix} \quad y = \begin{pmatrix} \mu_{mf} + g_{mf} \\ \mu_{mp} + g_{mp} \\ \mu_{ms} + g_{ms} \\ \mu_{pc} + g_{pc} \\ \mu_{ci'} + g_{ci'} \\ \mu_{fi} + g_{fi} \\ \mu_{pm} + g_{pm} \end{pmatrix}$$

其中，$y_{ci'} = \mu_{ci'} + g_{ci'} = 12/y_{ci}$，此矩阵方法将在接下来的几个示例中使用，为生产者提供了一个将基因型与表型和利润联系起来的简便方法。

三、多方程利润描述

多方程利润函数（通常称为生物经济模型）常用于描述动物生产的生物学和经济学成分。其背后的生物学和经济学与前面章节中的利润函数方法完全相同。

基本概念与单一方程的使用相同。方程仍然包括利润作为收入和成本函数的描述。该方程组还表示了基因型和管理对收入和成本变量的影响。

不同之处在于，许多收入或成本的组成部分单独表示在方程中，并与利润函数联系起来。例如，单一方程利润函数可能包括来自公畜和母畜市场动物的收入，并将这些性别的比例包含在方程中。在多方程方法中，会有一个方程用于公畜的生长，另一个方程用于母畜的生长，还有第3个方程用于表示收入来自两个性别收入的加权组合。

生物经济模型已经针对几种物种开发，包括肉牛（Wilton等，1974）、猪（Tess等，1983）、奶牛（Van Arendonk，1985）和火鸡（Wood，2009）。这些模型尝试将生产计划中的所有相关生物学和经济学方面包含在方程系统中。生物经济模型主要用于提供最优杂交方案信息（Wilton和Morris，1976），在某种程度上也用于在选择公畜时作出决策（Wilton，1986）。

作为分别定价的简单例子，我们将继续使用胴体重量和大理石花纹牛肉的利润函数：
$$NP = [7 + 1.4(\mu_{mb} + g_{mb})](\mu_{cw} + g_{cw}) - 0.7(\mu_{fi} + g_{fi})$$
该利润函数可以扩展为分别考虑雄性和雌性，通过考虑雄性和雌性的平均值不同以及雄性和雌性定价可能不同，按照雄性和雌性的相对数量加权。增加雄性或雌性的下标后，扩展的利润函数可以表示为：
$$\begin{aligned}NP &= R_M - C_M + R_F - C_F \\ &= 0.5[7 + 1.4(\mu_{mbM} + g_{mbM})](u_{cwM} + g_{cwM}) - (0.5)0.7(\mu_{fiM} + g_{fiM}) \\ &+ 0.5[7.1 + 1.4(\mu_{mbF} + g_{mbF})](\mu_{cwF} + g_{cwF}) - (0.5)0.71(\mu_{fuF} + g_{fuF})\end{aligned}$$
单一的利润方程可能会变得相当烦琐。替代方法是将利润函数写成：
$$NP = 市场中家畜收入 - 饲料成本等$$
市场中家畜收入将基于雄性和雌性收入的方程进行计算，每个方程根据每个市场中家畜贡献的比例加权。饲料成本同样将基于雄性和雌性的方程计算，并按比例加权。

使用多方程方法的优势在于，它允许在利润函数中更简化地表达收入减去成本，同时允许使用方程组来描述函数中的变量。所有建模方法都具备相同的基本要求。必须有利润的描述，必须有生产过程的描述，必须有过程变量的描述（其中包括遗传成分），并且必须有价格的描述。

Wilton 等（2002 年）给出了一个生物经济模型的例子。该生物经济模型代表了一个一体化的牛肉生产计划。收入基于市场中家畜（饲养场的雄性和雌性，以及多余的替换雌性）和淘汰牛的收入。成本包括饲料、劳动、住房以及其他饲养场和母牛犊牛部门的可变成本。

对种公畜的净经济价值（毛利）进行了评估，计算基于绝对预测的后代在市场体重、大理石纹等级、零售出肉率和饲料摄入量的表现。绝对后代表现水平包括考虑到终端种公畜和母畜品系交叉组合中的种公畜品系和母畜品系的种群平均值。屠体重量、零售出肉率、饲料摄入量和大理石纹的表现水平是通过方程预测的，这些方程包括对测试中增重、背脂、背最长肌面积和测试结束时大理石纹的遗传评估。

价格梯度结构是基于一个最佳市场体重，并对超重和不足体重的屠体给予折扣，同时对不同类别的大理石纹有不同的非线性价格。在每个网格类别中，后代的比例是基于前面章节所述的表现预测计算的。成本包括从母牛到犊牛，通过育肥场的饲料和住房费用。

此模型根据 Wilton 等（2006）的描述进行了扩展，纳入了在零售水平上评估的不同大理石纹和肌肉面积的差异化收入。成本也扩展到零售层面的开支。种公畜的评估是基于固定终点的毛利（背脂厚度），或者在营销时通过最大化每个后代的毛利来进行的。然后可以根据毛利来比较种公畜。

这种生物经济模型的方法仍需要定义一个利润函数。假设所有种公畜后代都采用标准的管理系统。多方程方法可以描述为一种两阶段的方法，在该方法中，一组方程用于预测利润函数中变量的各个组成部分，随后计算收入和费用，以及收入和费用之间的差异，作为种公畜排名的价值。用于比较种公畜的生产单位是每年一个平均市场动物的利润表现。我们可以使用"预期后代表现（EPP）"和"每年预期后代盈利能力"这两个术语。

可以使用其他优化技术来优化每只种公畜（或一般基因型）的管理，甚至可以同时优化一组基因型与管理选项的组合。

四、种群动态与性状表达

1. 种群动态的纳入

在建模收益和成本时,多种性状的表达率是重要的考虑因素。用于市场的雄性和雌性的相对数量在肉类生产物种中会因繁殖率的不同而有所变化。

例如,上一节中的利润函数可以扩展,包括雄性和雌性的不同价格,并提供它们的平均体重。每个基因型(品种、父系、QTL 组)的成本因子都可以不同,两性之间的成本因子也可能不同。

在一个生产单元内,家畜通常被划分为几个年龄段。由于生产水平下降或健康问题(或两者皆有),较年长的动物可能在特定年龄被淘汰,其中一些后代将被保留下来作为替换,并最终成为生产群的一部分。随着时间的推移,群体中的每只动物都会逐步经历各个年龄段,直至达到淘汰年龄。

在考虑不同性状的表达时,主要的挑战是描述群体中动物的年龄分布以及市场动物与繁殖母畜的相对数量。初步方法是考虑生物时间线,并将其与年度时间线相关联,如下面的牛群示例图。最初用于启动生产单元的动物可能只落在一到两个年龄段内。

平均来说,一头母牛出生后,7 个月断奶,15 个月作为育成母牛配种,经过 9 个月妊娠期后,在 24 个月时生下第一头小牛。母牛在分娩后 3 个月再次配种,持续进行数年的生产周期,直至出售或死亡。同时,每头母牛的小牛在 15 个月时被出售或用于繁殖。

遗传效应可包括以下性状:
①初生体重;
②分娩难易度(小牛或直接效应);
③从出生到断奶的存活率,直接影响断奶体重的生长;
④母本对断奶体重的遗传影响;
⑤生长至 1 岁;
⑥达到性成熟的年龄;
⑦受孕概率;
⑧受孕时间;
⑨生长至两岁;
⑩母牛的产犊容易度;
⑪初产时的受孕率;
⑫初产时的体重;
⑬初产时的采食量;
⑭初产时的脂肪变化;
⑮随后产次的体重和生产力变化;
⑯直接和母性对犊牛的贡献,包括对胴体性状的直接贡献,以及从一个产次到下一个产次的存活率,这取决于受孕、健康、耐久性,或者是否存在足部、腿部或乳房的结构性问题。

可以选择某个时间点,考虑在 1 年周期内的多年度生物时间线可以以一定数量的怀孕母牛的产犊时间为起点。在产犊时开始计算一群母牛不仅方便,还能匹配管理实践。还可以进一步扩展考虑奶牛的年龄分布。假设 80% 的受孕率,一只怀孕的更换用小母牛每年会产下一个牛犊。具体来说，2 岁母牛的比例为 0.25，3 岁母牛的比例为 0.8，4 岁母牛的比例为 0.64，5 岁母牛的比例为 0.51，6 岁母牛的比例为 0.41，7 岁母牛的比例为 0.33，8 岁母牛的比例为 0.26，假设母牛的最大年龄为 9 岁。上述数值可以通过以下公式转化为每个年龄段的比例 [1/(1 + 0.8 + 0.64 + 0.51 + 0.41 + 0.33 + 0.26) = 1/3.95 = 0.25 岁]。这些数值还可以用于考虑与不同年龄相关的遗传变量，例如首次产犊难易度、首次受孕率、成年母牛产犊难易度、首次产犊的饲料摄入量以及不同年龄的淘汰原因。通过市场上的阉牛比例，可以得到相同的比例，此时需要考虑 [1/(0.5 公畜) – (0.5 × 0.10 死亡率)]，由此推得此性能水平下所需的母牛数量为 2.2 头。

另一种简洁的方法是将概率扩展到包括管理和遗传考虑。可能会有一些管理原因，限制某些年龄段，例如养育更换用小母牛的成本、市场上育肥牛的价格、不同时期淘汰母牛的价格以及因健康问题或死亡造成的损失。在下一章中，将讨论如何针对特定基因型优化管理。此时，为了比较不同基因型，我们的计算将基于已优化管理的假设。

有时会使用一个简化的概念，即"复合"母牛。复合母牛是根据不同时期母牛的比例得出的，定义了加权平均的母牛体重、生产力水平和饲料摄入需求。

类似的计算方法可以应用于其他物种。在乳品行业中，遗传评估有时是基于每 305d 的标准化泌乳量进行计算的。然而，评估的重点也可以放在首次产犊及其后的多个产犊期上，尤其是前 3 次产犊期。基本的方法仍然是将生物学时间线转换为特定时期内的时间线。这种方法允许通过管理或遗传方式来优化泌乳期和替代率。

群体动态还可以在多年的规划期内进行考虑。利润可以定义为在特定时期内收入减去成本，例如 10 年或 20 年。根据前述的牛肉示例，第一年将有 100 头小牛出生，其中 25 头作为后备牛，65 头作为育肥牛使用（假设 10%的死亡率）。在第一年，将会有不同年龄段的母牛，部分母牛会怀孕并存活至年底。此外，还有一部分育肥牛来自上一年，这些牛通常会在年底前出售，以及一部分更换用的小母牛。第二年，所有来自第一年的母牛将会被继续饲养，并与来自上一年的更换用小母牛一起构成下一年的母牛群。在这种多年的安排中，所有权或投资成本可能更容易被观察到。利息成本可以按月或按天计算，以反映不同基因型到达市场的时间差异。

价格可以每年进行调整以反映通货膨胀，利息费用则基于典型的银行利率。或者，价格可以保持当前水平，但利息用基于典型银行利率减去通货膨胀，即由 Smith（1978）描述的"无通胀"利率。这种无通胀利率的概念在确定购买遗传物质（例如，识别为携带特定标记或 SNP 的动物）的成本效益，以及评估遗传改良计划的有效性方面非常重要。

2. 数学理论，种群年龄结构

如前例所示，一个生产单位内的家畜通常分为多个年龄类别，保持在该生产单位中。随着动物年龄的增加，年轻的动物被引入群体，各个年龄类别的比例会发生变化。随着时间的推移，如果群体的规模保持不变，比例将会稳定。然而，生产者需要确保每年（周期）有足够数量的青年动物被引入群体，以维持一段时间内生产动物数量的恒定，并考虑到每个年龄段的死亡率和/或非自愿淘汰。

群体中家畜比例从一年到下一年的变化（转变）可以用马尔可夫链来描述，因为在任意时间 $t+i$ 的比例仅取决于时间 t 的比例。马尔可夫链最早被 P. H. Leslie 用来描述年龄结构种群的增长，Leslie 开发的转移矩阵被用于模拟时间内年龄结构种群的变化，称为 Leslie 矩阵。

根据马尔可夫链理论，若 L 为描述动物在时间上年龄类别流动的 Leslie 矩阵，$n(0)$ 表示初始时每个时间类别的动物数量向量，$n(t)$ 表示时间 t 时的数量，则：

$$n(t) = L^t n(t-1) = L \cdot L \cdot L \cdots L n(0)$$

Leslie 矩阵 L 的结构为：

$$L = \begin{bmatrix} f_1 & f_2 & f_3 & \cdots & f_k \\ p_1 & 0 & 0 & \cdots & 0 \\ 0 & p_2 & 0 & \cdots & 0 \\ \vdots & \vdots & & \cdots & \vdots \\ 0 & 0 & \cdots & p_{k-1} & 0 \end{bmatrix}$$

其中，f_i，$i = 1, 2, \cdots, k$ 代表在时间 $t+1$ 由时间 t 时第 i 类别的动物生产的新生家畜数量，p_i 代表第 i 类别中存活到第 $i+1$ 类别的动物比例。

种群的长期状态可以通过 L 的特征值来确定，这些特征值是从以下方程的解中找到的：

$$p(\lambda) = (-1)^k (\lambda^k - f_1 \lambda^{k-1} - f_2 p_1 \lambda^{k-2} - \cdots - f_{k-1} p_1 p_2 \cdots p_{k-2} \lambda - f_k p_1 p_2 \cdots p_{k-1}) = 0$$

由于 L 矩阵不是对称的，特征值可能并非全为实数，但如果存在两个连续的繁殖年龄组（例如，对于某些 $i, f_i, f_{i+1} > 0$），L 矩阵有一个独特的正实特征值，即 λ_1，其在绝对值上比其他特征值更大。

对于较大的 t 值，$n(t)$ 与特征值 λ_1 对应的特征向量成正比。与 λ_1 对应的特征向量的任意倍数，如下所示：

$$v_1 = \begin{bmatrix} 1 \\ p_1 / \lambda_1 \\ p_1 p_2 / \lambda_1^2 \\ \vdots \\ p_1 p_2 \cdots p_{k-1} / \lambda_1^{k-1} \end{bmatrix}$$

在长期情况下，每个年龄组中的种群比例会变得恒定，每代群体变化的比例与 λ_1 成正比，因此对于较大的 t 值，

$$n(t) \cong \lambda_1 n(t-1)$$

即从长期来看，每个时间段，群体的数量将以 λ_1 为因子增长。如果要保持群体的数量不变，我们需要增长因子 $\lambda_1 = 1$，

即 $p(\lambda) = (-1)^k (1 - f_1 - f_2 p_1 - \cdots - f_{k-1} p_1 p_2 \cdots p_{k-2} - f_k p_1 p_2 \cdots p_{k-1}) = 0$

假设在任何时候奶牛场都有 100 头奶牛。奶牛饲养 6 年，然后被淘汰。所有公牛犊都出售，所有母牛犊都饲养繁殖。

怀孕的小母牛要么被留下，要么作为多余的在第二年年底出售。假设小母牛在第三年初生产。

第一年的死亡率和非自然淘汰率为 10%，第二年、第三年和第四年的淘汰率为 5%，第五年的淘汰率为 10%，第六年的淘汰率为 15%，第七年的淘汰率为 20%。

在构建模型时，绘制时间线是有帮助的。我们需要假设事件发生在时间段的开始或结束。在这种情况下，所有出生和人工授精都假设在时间段的开始发生，所有淘汰和死亡都假设在时间段的结束发生。

出生		
年龄类别 1	↓	死亡
	1 岁	
年龄类别 2	↓	配种、死亡、淘汰
	2 岁	
年龄类别 3	↓	产犊、配种、死亡
	3 岁	
年龄类别 4	↓	产犊、配种、死亡
	4 岁	
年龄类别 5	↓	产犊、配种、死亡
	5 岁	
年龄类别 6	↓	产犊、配种、死亡
	6 岁	
年龄类别 7	↓	产犊、配种、死亡
	7 岁	
年龄类别 8	↓	产犊、最终淘汰
	8 岁	

母牛群体模型描述：

假设 $n_i(t)$，$i = 1, 2, \cdots, 8$，表示时间 t 时刻每个年龄组 i 的母牛数量。

假设 f_j，$j = 2, 3, \cdots, 8$，表示时间 t 时刻处于年龄组 j 的母牛在 $t+1$ 时刻所产生的雌性后代（年龄组 1）。本例中，每头母牛每年生产的犊牛数量（通常为 1 头，有时更多）乘以生产雌犊的概率（0.5），再乘以犊牛存活的概率 0.95。因此，f_j，$j = 2, 3, \cdots, 7 = 0.5 \times 0.95 = 0.475$。处于年龄组 8 的母牛不再配种，因为它们在该周期末会被全部淘汰。

c 表示已出售（淘汰）的怀孕小母牛占总怀孕小母牛的比例，因此，$(1-c) \times 100\%$ 的怀孕小母牛会被保留。

p_i 表示年龄组 i 的动物存活并留在群体中，进入年龄组 $i+1$ 的比例。小母牛存活其第一年的概率为 0.9，存活第二年的概率为 0.95，依此类推。

因此，在 $t+1$ 时刻，每个年龄组中的动物数量可表示为：

$$n(t+1) = \begin{pmatrix} n_1 \\ n_2 \\ n_3 \\ \vdots \\ n_k \end{pmatrix}(t+1)$$

$$= L \times n(t) = \begin{bmatrix} f_1 & f_2 & f_3 & \cdots & f_k \\ p_1 & 0 & 0 & \cdots & 0 \\ 0 & p_2 & 0 & \cdots & 0 \\ \vdots & \vdots & & \cdots & \vdots \\ 0 & 0 & \cdots & p_{k-1} & 0 \end{bmatrix} \begin{pmatrix} n_1 \\ n_2 \\ n_3 \\ \vdots \\ n_k \end{pmatrix}(t)$$

$$= \begin{bmatrix} 0 & 0.475\times(1-c) & 0.475 & 0.475 & 0.475 & 0.475 & 0.4750 & 0 \\ 0.9 & 0 & 0 & 0 & 0 & 0 & 0 & 0 \\ 0 & 0.95\times(1-c) & 0 & 0 & 0 & 0 & 0 & 0 \\ 0 & 0 & 0.95 & 0 & 0 & 0 & 0 & 0 \\ 0 & 0 & 0 & 0.95 & 0 & 0 & 0 & 0 \\ 0 & 0 & 0 & 0 & 0.90 & 0 & 0 & 0 \\ 0 & 0 & 0 & 0 & 0 & 0.85 & 0 & 0 \\ 0 & 0 & 0 & 0 & 0 & 0 & 0.80 & 0 \end{bmatrix} \begin{pmatrix} n_1 \\ n_2 \\ n_3 \\ \vdots \\ n_k \end{pmatrix}(t)$$

每一行（i）和列（j）的矩阵 L 代表着不同的年龄组，$L(i,j)$ 表示从时间 t 到 $t+1$ 家畜从类 j 到类 i 的流动。

如果 $n(0)$ 是一个初始表示每个年龄组动物数量的向量，下一时间段 $n(1) = L \times n(0)$，在时间 t 时，$n(t) = L^t \times n(0)$。

生产者希望维持恒定的牛群规模，并需要确定每年必须作为剩余牛出售的怀孕母牛比例 c，以使矩阵 L 的主特征值 $\lambda_1 = 1$（即种群增长率为1）。

剩余怀孕母牛的比例 c 可以通过求解下列方程确定：

$$f(\lambda) = (-1)^k(1 - f_1 - f_2 p_1 - \cdots - f_7 p_1 p_2 \cdots p_6 - f_8 p_1 p_2 \cdots p_7) = 0$$
$$= (-1)^8(1 - 0 - 0.475\times(1-c)\times 0.9 - 0.475\times(1-c)\times 0.95\times 0.9$$
$$- 0.475\times(1-c)\times 0.95^2\times 0.9 - 0.475\times(1-c)\times 0.95^3\times 0.9 - 0.475$$
$$\times(1-c)\times 0.95^3\times 0.9^2 - 0.475\times(1-c)\times 0.95^3\times 0.9^2\times 0.85)$$

求解 c 的过程如下：

$$\therefore \frac{1}{1-c} = 0.475\times 0.9(1 + 0.95 + 0.95^2 + 0.95^3 + 0.95^3\times 0.9 + 0.95^3\times 0.9\times 0.85)$$
$$= 2.19624$$

$\therefore 1-c = 0.4553236$

因此，存活的妊娠母牛中应保留45.53%，其余的作为多余的部分出售，以维持恒定的奶牛群体数量。每个年龄组的动物数量与此特征值关联的特征向量成正比。

设定 $c = 0.5446764$，对应于 $\lambda_1 = 1$ 的特征向量为任意倍数的：

$$v_1 = \begin{bmatrix} 1 \\ p_1 \\ p_1 p_2 \\ \vdots \\ p_1 p_2 \cdots p_7 \end{bmatrix} = \begin{bmatrix} 1 \\ 0.9 \\ 0.9\times 0.95\times(1-c) \\ \vdots \\ 0.9^2\times 0.95^3\times 0.85\times 0.8\times(1-c) \end{bmatrix} = \begin{bmatrix} 1 \\ 0.9 \\ 0.3893 \\ 0.3696 \\ 0.3513 \\ 0.3162 \\ 0.2688 \\ 0.2150 \end{bmatrix}$$

每个年龄组的动物数量与 v_1 成正比，因此，为了保持100头奶牛，3~8年龄组的动物数量总和 [v_1（3）至 v_1（8）] 必须为100。因此，v_1 应乘以 x，其中 x 的解为：
$$100 = x(0.3893 + 0.3696 + 0.3513 + 0.3162 + 0.2688 + 0.2150)$$
$$\therefore x = 52.3425$$

各年龄组的动物数量为：

$$v_1 \times 52.3425 = \begin{bmatrix} 52.34 \\ 47.11 \\ 20.38 \\ 19.36 \\ 18.39 \\ 16.55 \\ 14.07 \\ 11.25 \end{bmatrix}$$

五、母性效应

通常，当需要考虑通过市场后代表达的生产力的母性成分时，生产计划的建模会变得更加复杂，正如母性遗传评估为多个性状的遗传评估增加了额外的复杂性一样。母性效应的建模与时间考虑紧密相关，以及繁殖母畜与市场动物的相对成本关系。随着时间的推移，这种关系在猪和绵羊的集约化管理下变得尤为重要，在这种情况下，每年可能会有多个胎次。繁殖母畜与每头市场动物的经济条件相等的情况将在后面讨论。

此时，我们将简单介绍将直接效应和母性效应纳入方程的概念。以直接效应为起点，利用品种差异和杂种优势效应，我们可以写出预期后代性能为：

$$EPP = \mu + \sum_i p_i b_i + HVU$$

其中，
EPP 是预期（预测）后代性能；
μ 是种群平均值；
p_i 是杂交中品种 i 的比例；
b_i 是品种 i 的效应；
HVU 是利用的杂种优势。

然后，我们可以扩展预期性能方程，以包括直接（D）和母性（M）效应，表示为：

$$EPP = \mu + \left(\sum_i p_i b_i + HVU \right)_D + \left(\sum_i p_i b_i + HVU \right)_M$$

其中，术语定义如上所述。Wilton 等（2006）给出了一个示例。此示例仅涉及一个性状，因此，完整的建模需要对所有性状进行类似地计算，并考虑如前所述的群体动态。

六、配种策略建模

详细的建模比较配种系统需要对可能的配种策略、时间和实施配种系统的策略进行规范，以及使用杂种优势的程度。从某些现有动物群体的过渡涉及比某种平衡点进行建模更多的复杂性。在终端杂交中，假设当前的纯种群体可以通过 F_1 代公畜或母畜替代，则可能会导致立即达到平衡。或者，假设纯种动物将繁殖出 F_1 代后代，并且这些后代会随着时间的推移替换现有的种群。

此过程需要对群体的种群动态进行长期建模或仔细建模。时间范围的定义也是构建模型的一个非常重要的组成部分。

基于购买的后备群体开发的模型较为简单，因为它们不需要像前面描述的那样，指定与后备群体生产相关的活动。例如，购买 F_1 母猪可以不用育种成本的指定。当然，更换率仍然需要定义，此外，还必须指定更换动物的成本。

当讨论基因型比较时，我们将回到交配策略的讨论中。我们将考虑交配系统本身的选择，以及在交配系统中品种和动物的选择。我们还将考虑不同遗传种群在定义交配系统中使用的聚合基因型中的重要性。

七、利润函数的替代观点

在本章的示例中，我们使用了不同的利润函数观点。我们使用了每只进入市场家畜的利润、每只繁殖母畜的利润以及每个群体的利润（通常简化为每只繁殖母畜的利润）。我们还可以通过将平均每只进入市场家畜的产品或每只繁殖母畜的产品进行划分，使用每单位产品的利润。只要在生产规模变化时没有资源限制或销售限制或价格变化，这些不同的观点在数学上是等效的，我们对基因型的排序将是相同的。在下一章中，我们将看到优化管理在满足这些条件中的重要性。我们还将讨论使用不同视角的利润方程来定义聚合基因型的比较用途。

八、案例研究

案例研究报告提供了关于大型羊场生产中利润方程的收入和成本的许多细节。所有的收入和成本都基于羔羊。收入包括体重和肥度、肌肉的非线性矫正。成本包括许多因素，如饲料摄入量。这里的重要一点是，利润方程的开发并不取决于记录计划中是否测量了性状。利润方程取决于资金的流入和流出。在案例研究中，关于某些成本因素（如饲料摄入量）的假设简化了问题，同时认识到该领域的进一步发展可能意味着可以使用完整的利润方程。是否测量性状将进入我们对基因型选择、聚合基因型定义和选择标准的讨论中。

在案例研究中开发了两个利润方程。一个方程代表了在终端品系中使用的公羊的利润函数，另一个方程则代表在母系中使用的母羊的利润函数。

公羊的利润函数基于年度计算，包含每年所生产的后代数量（这是一个包含公母系以及个体家畜的函数）。例如，我们稍后将看到，当我们开发代表终端和母系的综合基因型方程时，羔羊的存活率将如何进入方程。

母系包括母性性状（变量）以及羔羊性状（变量），在其后的案例研究报告中详细解释。

综上所述，在本章中，我们描述了如何用单方程或多方程的利润函数表达生产系统及其基因型。本章提供了一些简化的例子，展示了如何模拟线性和非线性效应，包括性状效应的交互作用、性状效应的非线性、类别定价和表达。我们还提供了将群体动态转化为方程形式的例子。再次强调，所有开发的方程都隐含假设了上一章中描述的参数，如市场、边界和管理稳定性。通过以上阐述，我们已经初步建立了客观优化管理、经济评估和排名基因型的基础。

第五章　基因型比较中的管理优化

基因型的盈利能力显然取决于经济和生产状况。现在，我们已经建立了用来比较和改进基因型的生产系统，并制定了合适的利润方程，接下来我们将同时结合管理变量，优化基因型的使用。管理优化是一个重要的概念，因为只有在我们确定管理系统最优的情况下，才能优化遗传改良。管理优化对于定义育种目标至关重要，也是从不同角度和不同市场终端点确定育种目标等价性的关键要求。

通常假设生产者在进行基因型和选择方案的比较时，已经优化了其管理程序，依赖于生产者已作出其生产和经济状况的最佳管理决策（隐含优化）。或者，当比较基因型时，可以通过优化技术，结合管理因素来确定最佳水平（显式优化）。这些优化技术提供了一种方法，能够量化经济和生产状况，以便开发出最佳的方程和模型，描述利润，并最终达成育种目标。

本章将描述使用线性规划（LP）进行显式优化的一些示例。LP 最常用于作为管理优化的工具，考虑资源和经济因素在一段时间内的变化。在遗传改良过程中，LP 可确保基因型的比较在最优管理水平下进行，并优化基因型与其他管理变量在一段时间内的组合。

首先，将使用 LP 评估基因型，同时优化管理，针对具有特定价格和资源限制的情况。例如，我们可以根据不同基因型的净利润和管理优化水平对其进行排序，或针对特定生产状况进行优化管理的基因型组合排序。我们还可以对杂交系统进行排序，无论是在实施过程中的某个时间段，还是在达到"平衡"状态时，优化资源的使用。然后我们将给出基于特定情况和基因型的管理优化示例。

LP 是一个对我们很有用的技术，因为它基于我们已开发的利润方程。这些利润方程代表净利润，并为 LP 的目标函数提供基础。LP 的一个优势在于，我们可以明确地将投入（成本）与产出（收入）相连，因为这些在一组 LP 方程中已明确表达。此外，资源限制（或约束条件）也需要在 LP 问题中明确表达，这给我们提供了定量研究资源和生产系统的办法，可以看到在作决策时考虑生产周期和固定及可变成本的重要性。

一、线性规划简介

线性规划（LP）是一种优化变量线性组合（目标函数）的数学技术，该过程受一系列线性不等式和等式约束的限制。和大多数技术一样，熟悉一些线性规划中使用的术语是有帮助的，尤其是在阅读软件包生成的输出时。

线性规划问题的标准（典型）形式为：

$$\text{最大化 } c'x \text{（目标函数）}$$

其中，c 是一个已知的 ($n \times 1$) 系数向量，x 是一个 ($n \times 1$) 变量向量，满足：
$$Ax \leq b, x_i \geq 0 \text{（约束条件）}$$

A 是一个 ($m \times n$) 系数矩阵，b 是一个 ($m \times 1$) 系数向量。b 中的值也被称为约束方程的右手项（RHS）。例如，目标函数可能代表生产者的年净利润，而约束条件可能代表生产者可用资源的限制。

所有线性规划问题都可以表示为标准形式的等效问题。然而，它们可能没有唯一解。例如，约束条件可能未定义变量的可能值范围；实际上，约束条件可能相互矛盾。在这种情况下，问题是不可行的。或者，可能有 1 个或多个变量是不受限制的，这种情况下可能不会对目标函数有上界。例如，在上述情况下，这可能意味着净利润没有上限，或者成本没有下限。

求解线性规划问题的数学方法被称为单纯形法。这是一种迭代方法，当只有两个变量时，可以通过图形方式执行。

单纯形法的第一步是通过向每个约束条件添加一个新变量，将其从不等式转换为等式。这些新变量称为松弛变量。如果在不等式约束条件之外还有等式约束，则不需要为这些约束条件添加松弛变量。

从几何上看，我们可以将一组扩展的约束条件视为定义原始变量 n 的可能（可行）值的区域边缘的直线，目标函数定义了可能解的平面。同样，对于该示例，平面在区域上方的高度代表如果使用该特定变量水平组合，生产者的净利润。由于系统的线性性质，线性目标函数的最优值（如果存在）将出现在该区域边缘的某一点，具体来说是在两条线相交的顶点或交点处。基本上，单纯形法由沿着边缘移动并检查目标函数值的过程组成，直到找到最优解为止。

所有线性规划问题都有相应的对偶问题，对偶问题在原始问题中也有其解释。原始问题通常是资源分配问题，而对偶问题可以解释为资源估值问题。对对偶解的解释将在下面的示例进一步说明。

对于原始问题：
$$\text{最大化} \ c'x, Ax \leq b, x_i \geq 0$$

对偶问题为：
$$\text{最小化} \ b'y, A'y \geq c, y_i \geq 0$$

（注意，对偶问题的对偶问题就是原始问题。）

如果原始问题有最优解，设为 x^*，则对偶问题也有最优解 y^*，并且 $c'x^* = b'y^*$。对偶问题在任何可行解的目标函数值总是大于或等于原问题在任何可行解的目标函数值。这意味着，如果原始问题无界，则对偶问题不可行，反之亦然。

使用这种线性优化模型在生物学应用中的一个优势是能够执行敏感性分析，即表明最优解对变化的敏感度，无论是目标函数（价格和成本）系数的变化，还是约束条件右侧的变化。特别是，生产者可能希望评估改变当前资源约束的投资价值，这可以通过以替代的对偶形式重新表达原始的线性规划问题来完成。线性优化模型通常是一个更复杂的非线性问题的简化，或者可能需要整数解（例如，如果一个变量代表饲养动物的数量），但要获得这些类型问题的敏感性信息要困难得多。

用于解决线性规划问题的软件包包括：
①R（免费，下载地址：http://www.r-project.org）：使用lpsolve包中的lp函数；
②SAS（较昂贵）：PROC LP；
③Excel（使用广泛，但线性规划求解器目前仅适用于PC）：Solver。
本书的附录中给出了使用R解决线性规划问题的脚本。

二、使用简单的收益和费用优化基因型选择

在本章中，使用线性规划来优化固定成本水平的分配，该系统包括管理变量和基因型，如物种、品种或复合种群。正如Sivarajasingam等（1984）的研究所示，这种线性规划方法可以用于基因型的排序和选择。

例如：在考虑资源限制的情况下，优化奶牛群的净利润，使用每头奶牛每年的收入和支出。在奶牛场中，净利润（目标函数）由收入（收益）减去成本给出。有两种奶牛基因型A和基因型B。生产者想知道在现有的管理限制下，拥有多少头A型或B型奶牛能使每年的净利润最大化。生产者通过销售牛奶和蛋白质获得收入，但必须考虑劳动、饲料和健康治疗的成本。基因型A和基因型B每年的需求和生产水平总结如下表。

项目	平均值（μ）	基因型A	基因型B
圈舍需求/标准圈舍	1	0	+0.05
每年健康处理次数	10	0	+1
每年劳动小时数	25	−4	−1
每年消耗饲料（kg）	6000	−500	+500
每年牛奶产量（L）	5250	−250	+750
每年蛋白质产量（kg）	205	−5	+5

一个重要的假设是，我们确实有所有性状的基因型效应估计值，如上表所示。例如，我们假设圈舍需求已经计算过了，基因型A的需求为标准圈舍的平均值1.0，而基因型B（假设是较大的基因型）相对于1.0标准圈舍的总体平均值有+0.05的偏差。

这个例子中的净利润描述非常简单。关于收入涉及的因素有很多变体，并且有很多更精确的成本描述方式。这个例子有趣的一点是，它包含了产品数量（蛋白质）在收入中的作用，并包括了饲料、劳动力和健康等主要成本因素。

这个例子描述了3个变体。示例1考虑的是短期目标，在这种情况下，所有成本都被认为是固定的。在示例2和示例3中，通过加入利率，这些固定成本被转换为可变成本，以适应更长期的规划图景。

示例1：根据约束条件，确定在乳品生产操作中使用基因型A和基因型B的最佳组合管理变量和约束条件（限制或右侧限制条件）如下所示。

注：初始成本（建筑设施、购买奶牛和配额）不包括在内。
收益：
每年牛奶收益1.4元/L；
每年蛋白质收益35元/kg；

成本：
每年疾病防控成本 70 元/次；
每年劳动力成本 56 元/h；
每年饲料成本 0.7 元/kg。
变量：
基因型 A 奶牛的数量；
基因型 B 奶牛的数量；
限制条件（右侧）：
标准大小牛棚有 45m²；
每年 250000L 牛奶配额；
每年 1000h 的可用劳动力。
模型可以隐式或显式的变量形式进行公式化。

公式 1：系统变量的隐式规范
每年生产者的净利润为每头奶牛的净利润乘以每种基因型奶牛的数量的总和：
（基因型 A 奶牛的净利润）×（基因型 A 奶牛的数量）+（基因型 B 奶牛的净利润）×（基因型 B 奶牛的数量）

净利润/头奶牛（A）/年 = 牛奶和乳蛋白的收益-疾病用工和饲料的成本
$$NP = 1.4\, y_{milk} + 35\, y_{protein} - 70\, y_{health} - 56\, y_{labour} - 0.7\, y_{feed}$$
$$= 1.4(\mu_{milk} + g_{milk}) + 35(\mu_{protein} + g_{protein})$$
$$- 70(\mu_{health} + g_{health}) - 56(\mu_{labour} + g_{labour}) - 0.7(\mu_{feed} + g_{feed})$$

基因型 A 奶牛每年的净利润为：
$$NP_A = 1.4(5250 - 250) + 35(205 - 5) - 70(10 - 0) - 56(25 - 4) - 0.7(6000 - 500)$$
$$= 7476\ 元$$

每头基因型 B 奶牛每年的净利润为：
$$NP_B = 1.4(5250 + 750) + 35(205 + 5) - 70(10 + 1) - 56(25 - 1) - 0.7(6000 + 500)$$
$$= 1.4(6000) + 35(210) - 70(11) - 56(24) - 0.7(6500)$$
$$= 8120\ 元$$

设 x_1 为基因型 A 奶牛的数量，x_2 为基因型 B 奶牛的数量。
线性规划问题（标准形式）如下：
目标函数
最大化净利润：$7476\, x_1 + 8120\, x_2$
约束条件
$1.0\, x_1 + 1.05\, x_2 \leq 45$（圈舍）
$5000\, x_1 + 6000\, x_2 \leq 250000$（配额）
$21\, x_1 + 24\, x_2 \leq 1000$（劳动力）
其中 $x_1, x_2 \geq 0$。

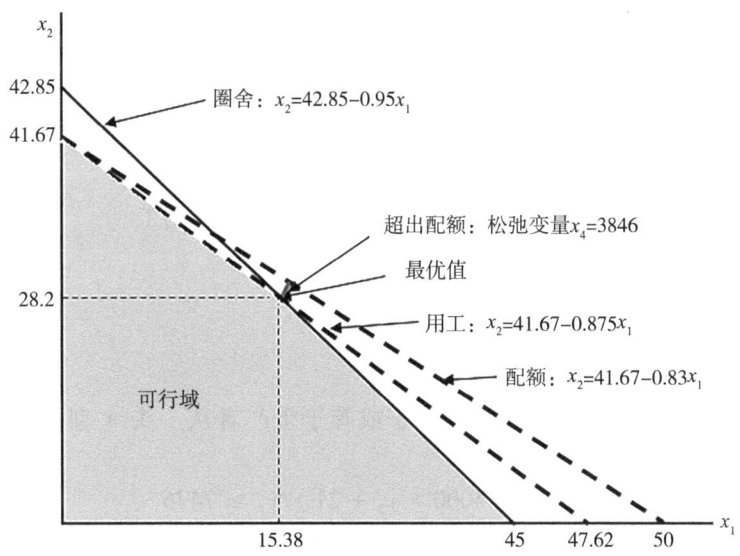

上图是示例 1 的图解，描述了基因型 A 和基因型 B 奶牛的最佳组合，以最大化奶牛场的净利润。$NP = 7476 x_1 + 8120 x_2$，其中 x_1 和 x_2 分别是基因型 A 和基因型 B 奶牛的数量。可行解出现在阴影区域，最佳解 x_1 和 x_2 的值位于圈舍、用工和配额约束线的交点处。

上图说明了该问题的图解解决方案。每个限制条件定义了一个在 x_1 和 x_2 平面上的区域，由 x_1 和 x_2 轴（因为 $x_1 \geq 0, x_2 \geq 0$）以及代表限制条件的直线边界。这些直线是限制条件的边界，在此过程中，将不等式转换为等式，并在 3 个不等式约束中隐含地加入 3 个松弛变量 x_3、x_4 和 x_5。这些区域的交集代表了约束条件允许的 x_1 和 x_2 的值。这被称为可行区域；如果没有可行区域，线性规划（LP）问题就是不可行的，且没有解。

该图解解决方案表明，资源的最佳利用将是两种基因型的混合：$x_1 = 15.4$ 头 A 型基因型的牛和 $x_2 = 28.2$ 头 B 型基因型的牛，这将为生产者带来每年 343987 元的收益。该解法给出了生产者在此情况下拥有这些基因型牛的平均或期望数量。对于任何个别生产者，解决方案可以四舍五入为最接近的整数。所有 1000h 的用工和 45 单位圈舍空间将被使用，但 3846 L 的生产配额将不会被使用。

当变量较少时，确定线性规划问题是否不可行以及是否没有解相对简单。对于本例，只有两个变量，因此 3 个约束条件可以在 x_1 和 x_2 平面中由 1 个区域表示。如果这 3 个区域没有在平面上的某一部分相交，则线性规划问题将没有解。解决该问题的唯一方法是通过某种方式改变约束条件，可能是增加 1 个或多个资源限制。软件中将指出线性规划问题何时不可行，但不会提供有关如何使问题可行的任何信息。唯一的解决方法似乎是迭代地更改或删除约束，直到存在可行区域。

继续解决当前问题时，生产者可能想知道是否值得增加资源，例如劳动时间或圈舍空间。这取决于该资源的额外单位成本是多少。上述线性规划问题对偶问题的解答可以回答这个问题。

对偶问题可以看作是最小化资源估值的问题，例如，从有意租赁农场资源一年的经营者角度来看，目标是以最低成本进行租赁。现在的问题是确定：

$y_1 = $ 租金（价值）/单位圈舍
$y_2 = $ 租金（价值）/单位配额

$$y_3 = 租金（价值）/单位用工$$

但租户至少必须支付以下费用：

$$1 \text{ 单位圈舍} + 5000 \text{ 单位配额} + 21h \text{ 用工}$$

就像生产者从饲养 1 头 A 型基因型的牛中获得的收入一样，并且至少也必须支付以下费用：

$$1.05 \text{ 单位圈舍} + 6000 \text{ 单位配额} + 24h \text{ 用工}$$

否则，生产者将不愿意租用设施。问题现在是：

目标函数

最小化：$45 \times y_1 + 250000 \times y_2 + 1000 \times y_3$

约束条件

A 型基因组牛所需设施的租金必须大于或等于生产者从一头 A 型基因组牛中获得的利润。

$$1 \times y_1 + 5000 \times y_2 + 21 \times y_3 \geq 7476$$

B 型基因组牛所需设施的租金必须大于或等于生产者从一头 B 型基因组牛中获得的利润。

$$1.05 \times y_1 + 6000 \times y_2 + 24 \times y_3 \geq 8120$$

其中，$y_1, y_2, y_3 \geq 0$

目标值 y_1 在最优解处（最小租金）是目标函数的变化率（斜率），$7476 x_1 + 8120 x_2$。这些值被称为"影子价格"，为每种资源提供了一个价值，代表了生产者为获得每种资源的额外单位所能支付的最高价格。

对于这个问题，双对偶解分别为：y_1（1 个圈舍）= 4522 元，y_2（1L 生产配额）= 0，y_3（1h 用工）= 140 元。

这些数值代表了如果圈舍数量、生产配额升数或可用劳动力小时数增加 1 单位，原始目标函数将增加的量。

公式 2：系统变量的明确规范

此线性规划问题的公式包括了所有收入来源和成本。每种基因组牛的头数未包含在净利润方程中，但通过使用传递方程将每种收入和成本与两种基因组牛联系起来。

设收入（年回报）：

x_1：每年生产的牛奶升数 1.4 元/L

x_2：每年生产的蛋白质千克数 35 元/kg

成本（每年）：

x_3：每年所需的劳动小时数 56 元/h

x_4：每年所需的饲料千克数 0.7 元/kg

x_5：每年疾病治疗次数 70 元/次

附加变量：

x_6：A 型基因组牛的数量（n_A）

x_7：B 型基因组牛的数量（n_B）

目标函数：最大化净利润。

牛奶	蛋白	用工	饲料	健康	n_A	n_B			
$1.4 x_1$	$+35 x_2$	$-56 x_3$	$-0.7 x_4$	$-70 x_5$	$+0 x_6$	$+0 x_7$			
约束条件:									
					$+1.0 x_6$	$+1.05 x_7$	≤ 45		
x_1							≤ 250000		
		x_3					≤ 1000		
x_1					$-5000 x_6$	$-6000 x_7$	= 0		
	x_2				$-200 x_6$	$-210 x_7$	= 0		
		x_3			$-21 x_6$	$-24 x_7$	= 0		
			x_4		$-5500 x_6$	$-6500 x_7$	= 0		
				x_5	$-10 x_6$	$-11 x_7$	= 0		

与公式 1 相同，公式 2 中还有 3 个附加松弛变量需要解决。这些变量，x_8，x_9，x_{10}，将每个不等式约束转换为等式。

公式 1 和公式 2 的软件解决方案

R 语言中的公式 1 和公式 2 的解决方案及其注释输出可以在本书附录中找到。这些 R 语言解决方案使用 lpSolve 包中的线性规划函数 lp。

对于公式 1，最优值的变量与图形解相同（图 1）：基因型 A 的牛 15.4 头（x_1）和基因型 B 的牛 28.2 头（x_2）。由于每头基因型 A（B）的牛每年生产 5000（6000）L 牛奶和 200（210）kg 蛋白质，每年将出售 246154L 牛奶（比配额少 3846L）和 9000kg 乳蛋白。基因型 A（B）还消耗 5500（6500）kg 饲料，并需要 10（11）次健康检查，因此我们可以计算所需的饲料和健康检查的数量。松弛变量 x_3 和 x_5 均为零，意味着所有 1000h 的劳动力和所有圈舍都被使用。然而，$x_2 = 3846$，表示未使用的配额为 3846L。

对于公式 2，在最优情况下，解决方案的净利润再次为每年 842527 元。最优值的变量为：每年出售 1807229L 牛奶（x_1）和 9000kg 蛋白质（x_2），1000h 劳动力（x_3），267949kg 饲料（x_4），以及 464.1 次健康检查（x_5）。同样，有 15.4 头基因型 A 的牛（x_6）和 28.2 头基因型 B 的牛（x_7）。公式 2 的 3 个松弛变量（每个不等式约束 1 个）为 x_8、x_9 和 x_{10}，但松弛变量 x_9 对应的约束 2（配额）是唯一非零的，表示未使用的配额为 3846L。

此外，软件包通常会包括详细的敏感性分析。当价格和成本不稳定时，这类信息特别重要，并且对规划目的具有重要意义。

对于公式 1 和公式 2，双变量的值分别为：$y_1 = 4522$ 元（圈舍空间），$y_2 = 0$ 元（1L 配额），以及 $y_3 = 140$ 元（1h 劳动力）。此外，还给出了目标函数中每个系数的范围，在此范围内，给定的解仍然是最优的。同时，也给出了右边界条件的范围，在此范围内，解仍然是最优的。例如，对于公式 1，如果基因型 A 奶牛的价格跌至 7105 元以下，15.4 头基因型 A 奶牛将不再是最优解。

示例 2：在奶牛场操作中，确定基因型 A 和基因型 B 的最优组合

在总配额和信贷额度固定的情况下，确定购买的配额和设施的最优数量，以及购买基因型 A 和/或基因型 B 奶牛的数量。我们的目标是最大化每年的净利润，即回报-成本。

利润：

x_1：每年牛奶产量，单位价格 1.5 元/L-8%的利息支付于配额（价格为 0.56 元/L）= 1.4 元/L。

x_2：每千克乳蛋白收入 35 元/kg。

成本（可变成本）：

x_3：每年劳动时间 70 元/h。

x_4：每年饲料消耗 0.7 元/kg。

x_5：每年健康处理 70 元/次。

x_6：基因型 A 奶牛的数量，替代成本 2100 元/年，共 5 年，8%利息，购买价格 12250 元，总计 3080 元/（奶牛·年）。

x_7：基因型 B 奶牛的数量，替代成本 2450 元/年，共 5 年，8%利息，购买价格 14000 元，总计 3570 元/（奶牛·年）。

x_8：每年设施维护，350 元/标准大小的圈舍，8%的利息，每个圈舍建筑成本 14000 元，每个标准圈舍每年 1470 元。

限制条件（R.H.S）：

每年可用的配额为 5000000L。

可用的初始信贷为 10500000 元。

基因型 A 和基因型 B 的指标：

项目	基因型 A	基因型 B
圈舍空间需求/标准圈舍	1	1.05
每年健康处理次数（次）	10	11
每年劳动小时数（h）	21	24
每年消耗的饲料（kg）	5500	6500
每年产奶量（L）	5000	6000
蛋白质（kg/年）	200	210
购买价格（元）	12250	14000

线性规划问题如下：

目标：最大化年净利润。

牛奶	蛋白	用工	饲料	健康	n_A	n_B	圈舍		
$1.4 x_1$	$+35 x_2$	$-70 x_3$	$-0.7 x_4$	$+70 x_5$	$-440 x_6$	$-510 x_7$	$-210 x_8$		
约束条件：									
x_1								≤ 5000000	
$0.08 x_1$					$+1750 x_6$	$+2000 x_7$	$+2000 x_8$	≤ 1500000	
x_1					$-5000 x_6$	$-6000 x_7$		$= 0$	
	x_2				$-200 x_6$	$-210 x_7$		$= 0$	
		x_3			$-21 x_6$	$-24 x_7$		$= 0$	
			x_4		$-5500 x_6$	$-6500 x_7$		$= 0$	
				x_5	$-10 x_6$	$-11 x_7$		$= 0$	
					$-1.0 x_6$	$-1.05 x_7$	$+ x_8$	$= 0$	

软件解的结果见附录。结果显示在最优条件下，每年净利润为 842527 元。最优变量的值表明每年生产 1807229L 牛奶（x_1）和 72289kg 的蛋白质（x_2）。使用了 7590.9h 的劳动力（x_3），1987952kg 的饲料（x_4），3614.5 次健康治疗（x_5），以及 361.5 标准牛栏（x_8）。购买了 361.5 头 A 型基因型牛（x_6），但没有购买 B 型基因型牛（x_7）。与配额限制相关的松弛变量为 3192771，表明还有更多的配额可供购买，但与信贷相关的松弛变量为零，表明没有更多的信贷可用。

目标函数系数的敏感性分析表明，如果目标函数中的变量的价格或成本发生变化，是否值得使用。例如，如果 B 型基因型牛的年成本从 3570 元降低至 3290 元，我们将购买 B 型基因型牛。

约束条件右侧的敏感性分析表明，使用的配额总量少于可用配额，但如果可用的信贷总量每增加 7 元，利润将每年增加 0.56 元。

示例 3：优化仅使用 B 型基因型牛的奶牛场管理

生产者可能会更倾向于最初只购买 1 种基因型牛，并优化该基因型牛的管理。假设 A 型基因型牛不可用，或者由于某种原因生产者更喜欢只购买 B 型基因型牛。现在的目标是优化仅使用 B 型基因型牛的奶牛场管理。此模型类似于示例 2 中给出的模型，但不包括 x_6（A 型基因型牛的数量）。预期的最优年净利润较低（759073 元），因为示例 2 中仅使用了 A 型基因型牛的最优解（842527 元）。

线性规划问题（LP 问题）如下。

目标：最大化净利润

牛奶	蛋白	用工	饲料	健康	n_B	圈舍		
$1.4 x_1$	$+35 x_2$	$-70 x_3$	$-0.7 x_4$	$+70 x_5$	$-510 x_7$	$-210 x_8$		
约束条件：								
x_1							≤ 5000000	
$0.08 x_1$					$+2000 x_7$	$+2000 x_8$	≤ 1500000	
x_1					$-6000 x_7$		$= 0$	
	x_2				$-210 x_7$		$= 0$	
		x_3			$-24 x_7$		$= 0$	
			x_4		$-6500 x_7$		$= 0$	
				x_5	$-11 x_7$		$= 0$	
					$-1.05 x_7$	$+ x_8$	$= 0$	

此时，有必要重申我们一直在优化管理（并且考虑了资源限制）。基因型可以简单地视为管理变量，但在这里我们将其单独作为一个相对于遗传学的决策变量。我们首先允许基因型的混合，然后为某一特定基因型优化管理。

三、包含替代的基因型选择优化

示例：在奶牛群体中优化基因型比例，基于奶牛、犊牛和替换雌性个体的收入和开支。

这个例子考虑了一个简化的奶牛群体，保持 100 头奶牛。未考虑成牛的年龄类别、存活率和繁殖率。每年对所有成牛实施 10% 的淘汰率（10 头奶牛）。所有雄性犊牛都被售出，所有雌性犊牛被保留，并在第二年成为怀孕母牛。假设所有奶牛与相同基因型的公牛交配。多余的怀孕母牛被出售。牛奶的收入来自 3 个成分：乳蛋白、脂肪和固体（牛奶中非脂肪的干物质）。

目标是优化群体中 A 基因型和 B 基因型的比例。

收入

x_1：每千克脂肪收益 63 元。

x_2：每千克蛋白质收益 49 元。

x_3：每千克固体收益 7 元。

x_4：每头淘汰奶牛净收益 4200 元。

x_5：每头多余怀孕母牛净收益 14000 元。

x_6：每头雄性犊牛净收益 700 元。

成本：

x_7：怀孕母牛的数量，5600 元/头，用于饲养和人工授精。

x_8：A 基因型奶牛的数量，11851 元/头，每年用于饲料、服务和人工授精。

x_9：B 基因型奶牛的数量，11788 元/头，每年用于饲料、服务和人工授精。

限制条件：

脂肪配额：每年 40000kg。

奶牛数量：100 头。

项目	A 基因型奶牛（x_8）	B 基因型奶牛（x_9）
每年产脂量（kg）	325	320.83
每年产蛋白量（kg）	278	274.45
每年产固体量（kg）	300	296.15
饲料、服务及人工授精成本（元）	11851	11788
怀孕周期（月）	14 个月	13 个月

线性规划问题为：

目标方程：最大化利润。

脂肪	乳蛋白	固体	淘汰奶牛	母牛	公牛	怀孕母牛	A 基因型奶牛	B 基因型奶牛	
63 x_1	49 x_2	7 x_3	4200 x_4	14000 x_5	700 x_6	−5600 x_7	−11851 x_8	−11788 x_9	
约束条件：									
x_1									≤ 40000
x_1							−325 x_8	−20.83 x_9	= 0
	x_2						−278 x_8	−274.45 x_9	= 0
		x_3					−300 x_8	−296.15 x_9	= 0
			x_4				−0.1 x_8	−0.1 x_9	= 0
				x_5			−0.33 x_8	−0.36 x_9	= 0
					x_6		−0.43 x_8	−0.46 x_9	= 0
						x_7	−0.1 x_8	−0.1 x_9	= 0
							x_8	+ x_9	= 100

此示例的解通过 R 软件计算，具体详见附录。在最优条件下，该生产单元每年净利润为 3022901 元。变量的值分别显示生产了 32083kg 的脂肪（x_1），低于配额的 27445kg 的蛋白质（x_2），以及 29615kg 的固体（x_3）。10 头奶牛被淘汰（x_4），36 头多余的怀孕母牛（x_5）和 46 头公犊牛（x_6）被售出，同时 10 头怀孕母牛被保留（x_7）。不存在基因型 A 的奶牛（x_8）。所有 100 头奶牛都是基因型 B（x_9）。

四、优化奶牛群体淘汰，考虑雌性替换和年龄分布

实际上，不同年龄的奶牛会有不同的产量；在此示例中，我们模拟了随奶牛年龄增长的产奶量的变化。该示例与之前的示例类似，但增加了年龄组的概念，用来展示 Leslie 矩阵在确定每个年龄组的稳定比例中的作用。在此，使用线性规划技术得到了相同的比例。

该示例仅考虑了 1 个基因型，但可以扩展到两个基因型的情况，假设所有奶牛都与相同基因型的公牛交配（即没有杂交）。如前所述，奶牛群维持 100 头泌乳奶牛，这些奶牛被保留 6 次泌乳期，之后被淘汰。在第 6 次泌乳期后，奶牛不再繁殖。所有公犊牛被售出，雌牛可以在任何年龄被淘汰。犊牛在年底出生，母牛在两岁时生育第一胎。动物在年底被淘汰。第一年的死亡率和非自愿淘汰率为 10%，第二、第三、第四年的淘汰率为 5%，第五年的淘汰率为 10%，第六年为 15%，第七年为 20%。

收益：

x_1：每千克脂肪收益 63 元。

x_2：每头售出的淘汰雌性犊牛收益 5600 元。

x_3：每头售出的怀孕母牛收益 14000 元。

x_4：第一胎次淘汰奶牛，售价 4200 元/头。

x_5：第二胎次淘汰奶牛，售价 4200 元/头。

x_6：第三胎次淘汰奶牛，售价 4200 元/头。

x_7：第四胎次淘汰奶牛，售价 4200 元/头。

x_8：第五胎次淘汰奶牛，售价 4200 元/头。

x_9：第六胎次淘汰奶牛，售价 4200 元/头。

x_{10}：公犊牛，售价 700 元/头。

成本：

每头犊牛每年的饲养和服务费用。

每头母牛和初生牛每年的饲养、服务和人工授精费用。

x_{11}：母犊牛，每头饲养、服务费用 1750 元/年。

x_{12}：初生牛，每头饲养、服务、人工授精费用 5600 元/年。

x_{13}：第一胎次奶牛，每头饲养、服务（含人工授精）费用 11200 元/年。

x_{14}：第二胎次奶牛，每头饲养、服务（含人工授精）费用 10500 元/年。

x_{15}：第三胎次奶牛，每头饲养、服务（含人工授精）费用 10500 元/年。

x_{16}：第四胎次奶牛，每头饲养、服务（含人工授精）费用 9800 元/年。

x_{17}：第五胎次奶牛，每头饲养、服务（含人工授精）费用 9100 元/年。

x_{18}：第六胎次奶牛，每头饲养、服务费用 8400 元/年。

生产情况：

项目	x_{11}	x_{12}	x_{13}	x_{14}	x_{15}	x_{16}	x_{17}	x_{18}
年龄	1	2	3	4	5	6	7	8
脂肪（kg/年）	0	0	315	320	325	325	320	315
公犊牛	0	0.475	0.475	0.475	0.475	0.475	0.475	0
母犊牛	0	0.475	0.475	0.475	0.475	0.475	0.475	0
饲养和服务（含人工授精）费用（元）	1750	5600	11200	10500	10500	9800	9100	8400

约束条件：

脂肪配额为 40000kg

奶牛数量 = 100

目标函数

最大化利润：

$63 x_1 + 5600 x_2 + 14000 x_3 + 2800 x_4 + 4200 x_5 + 4200 x_6 + 4200 x_7 + 4200 x_8$
$+ 4200 x_9 + 700 x_{10} - 1750 x_{11} - 5600 x_{12} - 11200 x_{13} - 10500 x_{14}$
$- 10500 x_{15} - 9800 x_{16} - 9100 x_{17} - 8400 x_{18}$

约束条件：

$$x_1 \leq 40000 \text{（配额）}$$

$$x_1 - 315 x_{13} - 320 x_{14} - 325 x_{15} - 325 x_{16} - 320 x_{17} - 315 x_{18} = 0 \text{（脂肪生产）}$$

$$0.475 x_3 + 0.475 x_4 + 0.475 x_5 + 0.475 x_6 + 0.475 x_7 + 0.475 x_8 + x_{11} - 0.475 x_{12}$$
$$- 0.475 x_{13} - 0.475 x_{14} - 0.475 x_{15} - 0.475 x_{16} - 0.475 x_{17} = 0 \text{（母犊牛）}$$

$$0.9 x_2 - 0.9 x_{11} + x_{12} = 0 \text{（1 年牛）}$$

$$0.95 x_3 - 0.95 x_{12} + x_{13} = 0 \text{（2 岁牛）}$$

$$0.95 x_4 - 0.95 x_{13} + x_{14} = 0 \text{（3 岁牛）}$$

$$0.95 x_5 - 0.95 x_{14} + x_{15} = 0 \text{（4 岁牛）}$$

$$0.90 x_6 - 0.90 x_{16} + x_{17} = 0 \text{（5 岁牛）}$$

$$0.85 x_7 - 0.85 x_{17} + x_{18} = 0 \text{（6 岁牛）}$$

$$0.80 x_8 - 0.80 x_{18} + x_{19} = 0 \text{（7 岁牛）}$$

$$x_9 - x_{19} = 0 \text{（最后淘汰）}$$

$0.475 x_3 + 0.475 x_4 + 0.475 x_5 + 0.475 x_6 + 0.475 x_7 + 0.475 x_8 + x_{10} - 0.475 x_{12} - 0.475 x_{13} - 0.475 x_{14} - 0.475 x_{15} - 0.475 x_{16} - 0.475 x_{17} = 0 \text{（公牛犊）}$

$$x_{12} + x_{13} + x_{14} + x_{15} + x_{16} + x_{17} = 100 \text{（产奶）}$$

R 程序和该示例的解决方案在附录中给出。结果显示，在最优情况下，净利润为每年 1122317 元。在最优情况下，各变量的值表明，25.7 头怀孕的母牛被淘汰（x_3），11.3 头 7 岁的母牛（x_9）在年底被淘汰。没有任何其他年龄组的淘汰。

销售了 52.3 头公牛犊（x_{10}），52.3 头母牛犊（x_{11}），以及 47.1 头 2 岁以上的母牛（x_{12}）。分别淘汰了 20.3 头 2 岁母牛（x_{13}），19.4 头 3 岁母牛（x_{14}），18.4 头 4 岁母牛（x_{15}），16.6 头 5 岁母牛（x_{16}），14.1 头 6 岁母牛（x_{17}）和 11.3 头 7 岁母牛（x_{18}）。

每年出售 32016kg 的脂肪（x_1）。

敏感性分析表明，目标函数中的价格对于淘汰动物的价格非常敏感。例如，如果怀孕母牛的价格低于 11823 元，最优策略将发生变化。同样，如果淘汰 2 岁母牛的价格上升至 13797 元以上，或淘汰第二次泌乳的母牛的价格上升至 12558 元以上，最优策略也将不同。

对偶解表明，购买更多的脂肪配额没有优势，因为只有 32017kg 的脂肪被使用，而可用总量为 40000kg。然而，如果再增加 1 头泌乳母牛，净利润预计将增加 11221 元，并且该解决方案在泌乳母牛数不超过 125 头时有效。

五、优化管理以评估基因型

例如，优化牛群的净利润，考虑母牛替换、年龄分布及在不同年龄进行淘汰。本例优化了一个牛群，其收入基于犊牛断奶体重。所有的公犊牛和不需要替换的母犊牛都被出售。优化的内容包括：淘汰母牛的年龄以及出售与保留犊牛的母牛的年龄（注意：如果生产者希望改良牛群中的遗传基因，这种做法可能并不可取）。犊牛的断奶体重、繁殖能力和死亡/疾病率都会随着母牛年龄的变化而有所不同。母牛的年龄和死亡率对线性规划问题的规模都有影响。与奶牛的例子类似，所有的母牛在 8 岁末期都会被淘汰。

小牛在每个周期的开始出生，母牛仍然留在初始周期的群体中。所有公牛犊都被售出，不需要作繁殖替换的母牛在适当的年龄进行售卖。费用（饲料、服务、繁殖）适用于周期开始时群体中的母牛。处于最后年龄组的母牛不再参与繁殖。自愿淘汰在非自愿淘汰（包括死亡、生病以及不孕＝非怀孕）之前进行。

请注意，每个年龄组中的相同比例可以通过 Leslie 矩阵法推导。公牛犊的净收入计入小牛成本，母牛犊的收入不包括成本。

收益：

x_1：总断奶公牛犊的体重，售价为 35 元/kg。

x_2：总断奶母牛犊的体重，售价为 35 元/kg。

x_3：售出的 0~12 个月龄的母牛犊，售价为 0 元/头。

x_4：售出的怀孕母牛（12-24 个月），售价为 4200 元/头。

x_5：售出的 2~3 岁怀孕母牛，售价为 4200 元/头。

x_6：售出的 3~4 岁怀孕母牛，售价为 4200 元/头。

x_7：售出的 4~5 岁怀孕母牛，售价为 4200 元/头。

x_8：售出的 5~6 岁怀孕母牛，售价为 4200 元/头。

x_9：售出的 6~7 岁怀孕母牛，售价为 4200 元/头。

x_{10}：售出的 7~8 岁未繁殖的母牛，售价为 2100 元/头。

成本：

x_{11}：犊牛的饲料和服务成本，每头 1750 元。

x_{12}：母牛的饲料、服务和人工授精成本，10500 元/头。

x_{13}：2~3 岁母牛的饲料、服务和人工授精成本，7000 元/头。

x_{14}：3~4 岁母牛的饲料、服务和人工授精成本，7000 元/头。

x_{15}：4~5 岁母牛的饲料、服务和人工授精成本，7000 元/头。

x_{16}：5~6 岁母牛的饲料、服务和人工授精成本，7000 元/头。

x_{17}：6~7 岁母牛的饲料、服务和人工授精成本，7000 元/头。

x_{18}：7~8 岁母牛的饲料和服务成本，5600 元/头。

x_{19}：售出的 6~7 岁怀孕母牛，售价为 4200 元/头。

x_{20}：售出的 7~8 岁未繁殖母牛，售价为 2100 元/头。

变量：

x_{21}：2~3 岁母牛所生的公牛犊。

x_{22}：3~4 岁母牛所生的公牛犊。

x_{23}：4~5 岁母牛所生的公牛犊。

x_{24}：5~6 岁母牛所生的公牛犊。

x_{25}：6~7 岁母牛所生的公牛犊。

x_{26}：7~8 岁母牛所生的公牛犊。

x_{27}：2~3 岁母牛所生的母牛犊。

x_{28}：3~4 岁母牛所生的母牛犊。

x_{29}：4~5 岁母牛所生的母牛犊。

x_{30}：5~6 岁母牛所生的母牛犊。

x_{31}：6~7 岁母牛所生的母牛犊。

x_{32}：7~8 岁母牛所生的母牛犊。

此外，还考虑了以下额外成本与收益：

额外成本：x_{33} 代表每头死亡或患病动物的处理成本，设定为每头 700 元。

额外收益：x_{34} 表示非孕母牛或牛的售价，每头为 2100 元。

我们假设死亡犊牛的处理成本为零。

线性规划问题定义如下：最大化净收益

净收益 $= 35 \times x_1$（售出的公牛犊总体重）

$+ 35 \times x_2$（售出的母牛犊总体重）

$+ 4200 \times x_4$（售出妊娠母牛，12~24 个月）

$+ 4200 \times x_5$（售出妊娠母牛，2~3 年）

$+ 4200 \times x_6$（售出妊娠母牛，3~4 年）

$+ 4200 \times x_7$（售出妊娠母牛，4~5 年）

$+ 4200 \times x_8$（售出妊娠母牛，5~6 年）

$+ 4200 \times x_9$（售出妊娠母牛，6~7 年）

$+ 2100 \times x_{10}$（售出奶牛，7~8 岁，该年龄组内未繁殖的奶牛）

$- 1750 \times x_{11}$（牛犊的饲养与服务费用）

$- 10500 \times x_{12}$（母牛的饲养与服务费用）

$- 7000 \times x_{13}$（2~3 岁奶牛的饲养与服务费用）

$- 7000 \times x_{14}$（3~4 岁奶牛的饲养与服务费用）

$- 7000 \times x_{15}$（4~5 岁奶牛的饲养与服务费用）

$- 7000 \times x_{16}$（5~6 岁奶牛的饲养与服务费用）

$- 7000 \times x_{17}$（6~7 岁奶牛的饲养与服务费用）

$- 5600 \times x_{18}$（7~8 岁奶牛的饲养与服务费用）

$- 700 \times x_{33}$（死牛和病牛的处置费用）

$+ 2100 \times x_{34}$（未妊娠母牛或售出的奶牛收益）

约束条件：

x_1 代表售出的公犊总重量，由以下公式计算得出：

x_1 = 1750× x_{21}（2~3 岁母牛所生的公犊重量）
　　+1890× x_{22}（3~4 岁母牛所生的公犊重量）
　　+1960× x_{23}（4~5 岁母牛所生的公犊重量）
　　+1995× x_{24}（5~6 岁母牛所生的公犊重量）
　　+2030× x_{25}（6~7 岁母牛所生的公犊重量）
　　+2030× x_{26}（7~8 岁母牛所生的公犊重量）

x_2 =（出售的母犊总断奶体重）
　　= 1750× x_{27}（2~3 岁母牛所生的母犊出售）
　　+1890× x_{28}（3~4 岁母牛所生的母犊出售）
　　+1960× x_{29}（4~5 岁母牛所生的母犊出售）
　　+1995× x_{30}（5~6 岁母牛所生的母犊出售）
　　+2030× x_{31}（6~7 岁母牛所生的母犊出售）
　　+2030× x_{32}（7~8 岁母牛所生的母犊出售）

x_{33} =（死亡或患病的母牛和小母牛的数量）
　　= 0.01 ×（$x_{12} - x_4$）（小母牛-被淘汰小母牛）
　　+ 0.01 ×（$x_{13} - x_5$）（2~3 岁的老牛-2~3 岁的牛被淘汰）
　　+ 0.01 ×（$x_{14} - x_6$）（3~4 岁的老牛-3~4 岁的牛被淘汰）
　　+ 0.02 ×（$x_{15} - x_7$）（4~5 岁的老牛-4~5 岁的牛被淘汰）
　　+ 0.02 ×（$x_{16} - x_8$）（5~6 岁的老牛-5~6 岁的牛被淘汰）
　　+ 0.02 ×（$x_{17} - x_9$）（6~7 岁的老牛-6~7 岁的牛被淘汰）

注意：所有 7~8 岁的老牛都将被淘汰。

x_{34} =（非妊娠母牛和小母牛的数量）
　　= 0.04×（$x_{12} - x_4$）（小母牛-小母牛被淘汰）
　　+0.04×（$x_{13} - x_5$）（2~3 岁的母牛-2~3 岁的牛被淘汰）
　　+0.04×（$x_{14} - x_6$）（3~4 岁的母牛-3~4 岁的牛被淘汰）
　　+0.08×（$x_{15} - x_7$）（4~5 岁的母牛-4~5 岁的牛被淘汰）
　　+0.13 ×（$x_{16} - x_8$）（5~6 岁的母牛-5~6 岁的牛被淘汰）
　　+0.18 ×（$x_{17} - x_9$）（6~7 岁的母牛-6~7 岁的牛被淘汰）

x_{11} =（新生的母犊）
　　= 0.35× x_{13}（2~3 岁的母牛）
　　+0.4× x_{14}（3~4 岁的母牛）
　　+0.45× x_{15}（4~5 岁的母牛）
　　+0.4× x_{16}（5~6 岁的母牛）
　　+0.35× x_{17}（6~7 岁的母牛）
　　+0.3× x_{18}（7~8 岁的母牛）

x_{12}（小母牛）= 0.9×（$x_{11} - x_3$）（母犊-被淘汰的母犊）

x_{13}（2~3 岁的母牛）= 0.95×（$x_{12} - x_4$）（小母牛-被淘汰的小母牛）

x_{14}（3~4 岁的母牛）= 0.95×（$x_{13} - x_5$）（2~3 岁的牛-被淘汰的 2~3 岁的牛）

x_{15}（4~5岁的母牛）= 0.95×（$x_{14} - x_6$）（3~4岁的牛-被淘汰的3~4岁的牛）

x_{16}（5~6岁的母牛）= 0.95×（$x_{15} - x_7$）（4~5岁的牛-被淘汰的4~5岁的牛）

x_{17}（6~7岁的母牛）= 0.95×（$x_{16} - x_8$）（5~6岁的牛-被淘汰的5~6岁的牛）

x_{18}（7~8岁的母牛）= 0.95×（$x_{17} - x_9$）（6~7岁的牛-被淘汰的6~7岁的牛）

x_{21}（2~3岁母牛出售的公牛犊）= 0.35×x_{13}（2~3岁的母牛）

x_{22}（3~4岁母牛出售的公牛犊）= 0.4×x_{14}（3~4岁的母牛）

x_{23}（4~5岁母牛出售的公牛犊）= 0.45×x_{15}（4~5岁的母牛）

x_{24}（5~6岁母牛出售的公牛犊）= 0.4×x_{16}（5~6岁的母牛）

x_{25}（6~7岁母牛出售的公牛犊）= 0.35×x_{17}（6~7岁的母牛）

x_{26}（7~8岁母牛出售的公牛犊）= 0.3×x_{18}（7~8岁的母牛）

x_{27}（从2~3岁母牛出售的母牛犊）≤ 0.35×x_{13}（2~3岁的母牛）

x_{28}（从3~4岁母牛出售的母牛犊）≤ 0.4×x_{14}（3~4岁的母牛）

x_{29}（从4~5岁母牛出售的母牛犊）≤ 0.45×x_{15}（4~5岁的母牛）

x_{30}（从5~6岁母牛出售的母牛犊）≤ 0.4×x_{16}（5~6岁的母牛）

x_{31}（从6~7岁母牛出售的母牛犊）≤ 0.35×x_{17}（6~7岁的母牛）

x_{32}（从7~8岁母牛出售的母牛犊）≤ 0.3×x_{18}（7~8岁的母牛）

x_3，（总计淘汰的母牛犊）

= x_{27}（从2~3岁母牛出售的母牛犊）

+ x_{28}（从3~4岁母牛出售的母牛犊）

+ x_{29}（从4~5岁母牛出售的母牛犊）

+ x_{30}（从5~6岁母牛出售的母牛犊）

+ x_{31}（从6~7岁母牛出售的母牛犊）

+ x_{32}（从7~8岁母牛出售的母牛犊）

x_{13}（2~3岁母牛）+ x_{14}（3~4岁母牛）+ x_{15}（4~5岁母牛）+ x_{16}（5~6岁母牛）+ x_{17}（6~7岁母牛）+ x_{18}（7~8岁母牛）= 100

为解决该线性规划问题所使用的R程序以及解决方案显示在本书附录中。请注意，该解决方案详细说明了牛群的最佳运作方式。该问题的解决方案表明，在最佳情况下，生产者的年净亏损为452935元。根据最佳方案，收入将来自出售的公牛犊的断奶重（x_1）为10485kg，以及14.2头母牛犊的断奶重（x_2）为4099.6kg，外加11.3头7~8岁哺乳期的淘汰牛。没有其他年龄段的牛会被淘汰。总共将有52.3头母牛犊（x_{11}）；其中包括年末淘汰的14.2头，21.5头小母牛（x_{12}），20.3头2岁母牛（x_{13}），19.4头3岁母牛（x_{14}），18.4头4岁母牛（x_{15}），16.6头5岁母牛（x_{16}），14.1头6岁母牛（x_{17}）和11.3头7岁母牛（x_{18}），这些牛将在年末被淘汰。2岁牛会生7.1头公牛犊，3岁牛会生7.7头，4岁牛会生8.3头，5岁牛会生6.6头，6岁牛会生5.9头，7岁牛会生3.4头（$x_{21} \sim x_{26}$）。没有2岁、3岁或4岁的母牛犊会被出售，但会出售5.9头5岁牛犊，4.9头6岁牛犊，以及3.4头9岁牛犊（$x_{27} \sim x_{32}$）。需要处理1.4头死亡或患病的牛（x_{33}），每头处置成本为700元，8.6头未怀孕的牛将被淘汰（x_{34}）。实际上，净亏损的解决方案为讨论提供了一个非常有趣的切入点。生产者将无法持续亏损运营，因此必须对分析进行详细审查。本例中的解决方案仅提供了最小化损失的决策，从长期来看，尤其从遗传学的角度来看，这并没有多大帮助。提高收入或降低成本必须进行。也许可以找到新的市场，或降低某些成本。由于当前分析只包括家畜分析，可能有必要扩展分析的边界。我们还可以包括其他分析，例如种植农作物以生产饲料，而不是仅仅购买饲料，从而降低饲料成本。无论如何，为了在未来拥有可持续的生产系统，并能够在一个可行的项目中比较基因型，重新审视生产和市场系统是至关重要的。

六、生物经济模型与优化管理

可以将线性规划（LP）的优化视为一种生物经济模型。生物经济建模既可以用于有管理优化的场合，也可以用于没有管理优化的场合。在许多建模案例中，实际上管理变量通常被隐含地假定为处于最优水平，并且未使用任何显式优化技术。一个没有进行显式同时优化管理的生物经济建模的例子是Wilton等（1998）给出的案例，正如我们在上一章中提到的那样。简言之，这个应用描述了一个利润函数和一系列方程，用于预测不同性状的公畜后代表现，这些性状由估计的育种值和相关性状得出。在这个应用中，管理系统被认为是隐式优化的，意味着使用的行业平均值是基于生产者的经验得出的。

然而，复杂的系统模型有时可以通过线性模型来近似。生物经济模型通常包括价格、成本和生产水平，所有这些都会随着时间的推移而随机波动。在受限变量范围内，生物经济模型的线性近似是可能的；例如，生产动物表达的性状可能会被限制在生物学上有意义的范围内。虽然线性系统是一种简化，但这种方法也有其优势。线性系统的解通常对输入变量的细微波动更为稳定和稳健。此外，可以使用线性规划中的敏感性分析来确定数值范围，例如价格和成本、生产水平或资源限制，以保持解的最优性。

最早的生物经济模型明确优化的例子之一是利用线性规划选择牛肉生产中的杂交计划，Wilton等（1974）以及Wilton和Morris（1976）进行了描述。该模型包括一个目标函数（收入和成本的描述），一组描述输出源和输入需求的方程，以及一组资源约束条件。目标函数为不同杂交计划在管理变量优化下的平衡状态提供了农场毛利。然后，杂交计划根据农场毛利进行比较。一种方法是同时优化杂交计划的选择和管理变量水平，从而使结果成为一个优化的杂交和管理计划组合。另一种方法则是对多年管理计划进行建模，在时间框架内创建新的杂交育种计划的动态已被考虑。主要目的是比较单一杂交育种计划（而不是多个计划的组合），并强调每个计划在平衡状态下的最终结果。

LP（线性规划）方法的描述是由Wilton（1982）提出的，用于优化特定公畜的使用。遗传效应估计（估计的育种值）被加入性状Wilton模型中。这种方法通过依次提高每个性状的遗传水平，计算收入变化，扣除成本，同时保持其他所有性状的水平不变，可以扩展为经济价值的导出。这种方法相当于对单一方程利润函数进行一阶导数计算。

线性规划还被用于优化非线性定价情境下的配种选择（Jansen和Wilton，1985）。然而，我们将在以后章节以更一般的方式讨论配种选择，通过为特定配种选择排名公畜（基因型），假设管理得到了优化。

七、案例研究

案例研究中的情况并没有明确的优化。所有的管理实践以及收入和成本的价格都来源于行业标准，因此存在隐性优化。行业标准在某种程度上可以被认为是最佳的，因为生产者目前的运营效率已经尽可能地提高了。在下一章中将讨论单个农场的特定数值的使用，后续章节将讨论在行业中确立聚合基因型时使用的行业数值。

现在已经将利润函数的开发扩展为单一方程或多方程的生物经济模型，并将其引入优化模型中。如本章所示，线性规划技术为系统优化提供了一种强有力的工具。这通过几个实例进行了说明：在给定定价和管理情境下评估基因型；在特定定价和基因型情境下的管理变量；基因型和管理变量的组合；进一步理解固定和可变成本的收入和成本。通过一个优化的系统，我们可以为群体中的遗传选择提供最具利润的管理方式，从而为比较和经济排名基因型打下坚实的基础。

第六章 经济评价与基因型排名

本章将深入探讨经济评估与基因型排名的核心议题，其中"基因型"一词广泛涵盖了个体、品种、杂交育种体系，乃至替代 QTL、标记或 SNP 等概念。

在利用收益函数与优化手段对基因型进行排名时，详尽掌握收益函数中涉及的各类性状信息至关重要。这一需求同样贯穿于生产模型中的各项活动及选择标准的制定过程。基因型对净收益影响的准确性，直接关联到我们对净收益差异估计的精确度。提升这一准确性的途径多种多样，包括增加亲属记录的使用以及采用基因组评估方法。值得注意的是，即便某些性状的直接基因型效应估计尚未获得，它们依然是信息集不可或缺的一部分，其值可通过相关遗传效应或群体平均值来估算。随着家畜研究领域积累起更为精确的表型测量数据与丰富的基因组信息，经济模型中各性状的基因型评估也将日益完善。

本章开篇，我们将聚焦于净收益的简单单方程描述，这一讨论是对前一章经济与生产参数描述及优化管理内容的延续。随后，我们将通过一系列实例，展示不同物种与情境下的评估计算，特别强调商业生产层面上的基因型评估。进而，我们将探讨利用多方程描述净收益的方法，对基因型进行有无优化的对比分析。

一、基因型排名与评估：单方程方法

在动物遗传改良的文献中，不乏单方程收益（protie 函数）函数表达式的实例。这些函数有的基于繁殖雌性计算，有的基于市场动物，还有的基于单位产品。前几章已详细阐述了这些收益方程的开发原则，并给出了具体示例。本章的核心在于评估与排名基因型。简而言之，就是将基因型效应的估计值直接代入收益函数，这一过程与生物经济模型的运用如出一辙，从而为我们提供了来自特定遗传源的预期收益估算，无论是交叉育种计划的效果、种畜或母畜的育种值（EBV）、品种效应，还是标记效应等。为了获得尽可能准确的收益估计，我们必须在收益函数中全面考虑任何基因型对所有性状的影响。在更精确的估计出现之前，我们可以借助相关性状或群体平均值来估算这些性状的值。

在评估奶牛遗传类型时，盈利函数应直接反映预期生产动物的实际表现。当前阶段，无须拘泥于线性加和的盈利函数形式，关于线性与加和性的具体条件将在后续章节中详细探讨。我们可以通过考虑具有盈利函数的配对来评估不同基因型。例如，公牛（sires）的排名可以基于其女儿的平均表现，这一平均表现则来自具有平均生产性能的母牛（dams）。此外，基因型之间的比较和选择标准也可采用不同的平均值进行，如利用牛群或群体的平均值加上每头母牛针对各性状的估计育种值（EBV），作为新的性能衡量基准，从而进行公牛间的比较。这种比较实质上为计划配种提供了一种形式。接下来，我们通过几个简单实例来阐述这一方法。奶牛基因型与盈利方程的直接比较。为说明这一点，我们采用盈利方程。在此例中，盈利针对奶牛群体定义，包括来自牛奶和蛋白质的收入，以及饲料、劳动和健康治疗等支出（分别对应第1、第2、第3、第4和第5项），在简化的市场情境下，不考虑各农场牛奶销售的配额限制。

$$NP = e'y = (e_1 \quad e_2 \quad e_3 \quad e_4 \quad e_5) \begin{pmatrix} \mu_1 \\ \mu_2 \\ \mu_3 \\ \mu_4 \\ \mu_5 \end{pmatrix} + \begin{pmatrix} g_1 \\ g_2 \\ g_3 \\ g_4 \\ g_5 \end{pmatrix}$$

其中，NP 代表每头奶牛每年的净利润，e 为价格和成本向量，y 为观测值向量。观测值包括各变量的平均值及基因型信息。假设繁殖群体的平均表现为：1600L 牛奶、30kg 蛋白质、20h 劳动、2400kg 饲料和 6 个单位的健康治疗。在比较奶牛基因型时，最佳估计值是估计育种值（EBV）。乐观地假设，我们已对每个变量进行了 EBV 估算。例如，饲料摄入量可能基于与牛奶产量的遗传相关性进行估算，而健康成本则可能基于体细胞计数来评估。对于两头奶牛#805 和#901，其 EBV 值分别为：奶牛#805 在牛奶、蛋白质、劳动、饲料和健康方面的 EBV 分别为+100L、+10kg、+2h、+600kg 和-2 单位；而奶牛#901 的相应 EBV 值则为+10L、+15kg、-5h、+10kg 和+2 单位。基于这些 EBV 值，我们可以计算出两头奶牛的净利润值。

$$NP_{805} = e'y = (1.26 \quad 35 \quad -56 \quad -0.7 \quad -70) \begin{pmatrix} 1600 \\ 30 \\ 20 \\ 2400 \\ 6 \end{pmatrix} + \begin{pmatrix} 100 \\ 10 \\ 2 \\ 600 \\ -2 \end{pmatrix} = 217 \ 元$$

$$NP_{901} = e'y = (1.26 \quad 35 \quad -56 \quad -0.7 \quad -70) \begin{pmatrix} 1600 \\ 30 \\ 20 \\ 2400 \\ 6 \end{pmatrix} + \begin{pmatrix} 10 \\ 15 \\ -5 \\ 10 \\ 2 \end{pmatrix} = 448 \ 元$$

牛#805 和#901 可以根据它们每年的预期净利润进行比较，牛#901 在排名上会优于#805。当存在网格定价时对肉牛品种的直接比较。我们将继续上例，这是关于肉牛价格网格的，其中收入以每千克动物的市场价格表示，每千克的价格根据 3 个胴体重量类别确定：过轻（<200kg），可接受（200~450kg），过重（>450kg）。每千克的预期收入是根据每个价格类别中胴体的每千克价格（e_i）乘以胴体落入该价格类别的概率（Pr_i）来计算的：

$$R_{grid} = e_1 \cdot Pr(\leqslant 200kg) + e_2 Pr(>200kg, <450kg) + e_3 Pr(\geqslant 450kg)$$
$$= e_1 Pr_1 + e_2 Pr_2 + e_3 Pr_3$$

假设这里要比较的基因型是品种，品种 A 估计相对于种群平均胴体重量有-10kg 的品种效应。如果种群平均胴体重量为 350kg，表型标准差为 80kg，那么品种 A 动物的平均胴体重量为 340kg。品种 A 胴体在每个网格段的比例是通过将品种 A 胴体的分布转换为标准正态分布来计算的：

$$Pr_{1A} = 0.04, \ using \ z_{1A} = \frac{200 - 340}{80} = -1.75,$$

$$Pr_{3A} = 0.08, \ using \ z_{2A} = \frac{450 - 340}{80} = 1.375,$$

因此，$Pr_{2A} = 0.88$。

假设 1kg 的基础市场价格设定为基础价格，过轻的胴体重量设定为 65% 的基础价格，过重的胴体重量设定为 40% 的基础价格。品种 A 胴体每千克的平均市场价值为：

$$\begin{aligned} R_{grid(A)} &= e_1 Pr_{1A} + e Pr_{2A} + e_3 Pr_{3A} \\ &= [(0.65)(0.04) + (1.0)(0.88) + (0.4)(0.8)] \times base \\ &= 0.938 \times base \end{aligned}$$

与品种 B 进行比较，重复上述计算，使用品种 B 的估计效应。例如，如果品种 B 相对于种群平均有 +20kg 的效应，品种 B 动物的平均胴体重量将是 370kg。将品种 B 胴体的分布转换为标准正态分布，品种 B 胴体在每个网格段的比例为：

$$Pr_{1B} = 0.02, \ using \ z_{1B} = \frac{200 - 370}{80} = -2.125,$$

$$Pr_{3B} = 0.16, \ using \ z_{2B} = \frac{450 - 370}{80} = 1.00,$$

因此，$Pr_{2B} = 0.82$。

因此，品种 B 胴体每千克的平均市场价值为：

$$\begin{aligned} R_{grid(B)} &= e_1 Pr_{1B} + e_2 Pr_{2B} + e_3 Pr_{3B} \\ &= [(0.65)(0.02) + (1.0)(0.82) + (0.4)(0.16)] \times base \\ &= 0.897 \times base \end{aligned}$$

因此，品种 A 胴体每千克的收入大于品种 B。或者，假设收入按市场动物（而非每千克）来表达，品种 A 胴体的平均市场价值为：在决定胴体每千克价格时，价格根据胴体的重量类别确定（类似于第 3 章例 6 中给出的猪网格定价）。品种 A 胴体的平均市场价值为：

$$\begin{aligned} R_{grid(A)} &= e' w_A \\ &= e_1 w_{A1} + e_2 w_{A2} + e_3 w_{A3} \\ &= [(0.65)(13.53) + (1.0)(297.56) + (0.4)(28.91)] \times base \\ &= 317.92 \times base \end{aligned}$$

其中，e 是按重量类别 i，$i = 1, 2, 3$ 每千克胴体价格的向量；w_A 是根据所有后代在重量类别中的均值胴体重量向量，按比例缩放：

$$w_A = \begin{pmatrix} -80\varphi(-1.75) + 340\Phi(-1.75) \\ 80[\varphi(-1.75) - \varphi(1.375)] + 340[\Phi(1.375) - \Phi(-1.75)] \\ 80\varphi(1.375) + 340[1 - \Phi(1.375)] \end{pmatrix} = \begin{pmatrix} 13.53 \\ 297.56 \\ 28.91 \end{pmatrix}$$

其中，$\varphi(c_i)$ 是在 $(c_i - 340)/80$ 和 $\Phi(c_i)$ 处评估的标准 (0, 1) 正态密度函数，$\Phi(c_i)$ 是在 $(c_i - 340)/80$ 处评估的累积标准正态分布。

对于品种 B，同样，

$$\begin{aligned} R_{grid(B)} &= e' w_B \\ &= e_1 w_{B1} + e_2 w_{B2} + e_3 w_{B3} \\ &= [(0.65)(6.17) + (1.0)(304.88) + (0.4)(58.94)] \times base \\ &= 332.47 \times base \end{aligned}$$

其中，

$$w_B = \begin{pmatrix} -80\varphi(-2.125) + 370\Phi(-2.125) \\ 80[\varphi(-2.125) - \varphi(1.00)] + 370[\Phi(1.00) - \Phi(-2.125)] \\ 80\varphi(1.00) + 370[1 - \Phi(1.00)] \end{pmatrix} = \begin{pmatrix} 6.17 \\ 304.88 \\ 58.94 \end{pmatrix}$$

在这种情况下，品种 B 胴体的预期收入大于品种 A 胴体（注意，这些计算仅考虑了收入。在更完整的利润函数中，还应考虑两种品种每千克或每胴体的相对成本）。上述收入计算基于假设两种品种具有相同的方差，这一假设应在具体研究中进行检查。如果考虑种公牛作为遗传差异的来源，后代表型分布将基于胴体重量的种内方差，

$$\sigma^2_{P_{withinsire}} = \sigma^2_P\left(1 - \frac{h^2}{4}\right)$$

其中，σ^2_p 是表型方差，h^2 是胴体重量的遗传力。

本章继续深入探讨了奶牛育种中的经济效益评估，特别是通过非线性利润模型来直接比较不同奶牛品种的经济表现。前面章节，我们介绍了一个基于奶牛个体表现的年度净利润非线性方程，该方程考虑了牛奶脂肪（mf）、牛奶蛋白质（mp）、牛奶固体物（ms）、淘汰概率（pc）、产犊间隔（ci）、饲料摄入量（fi）以及维护和服务成本比例（pm）等多个因素。

$$NP = 9.12\, y_{mf} + 6.96\, y_{mp} + 1.42\, y_{ms} + 600\, y_{pc} + 2000\left[\left(\frac{12}{y_{ci}} \times \frac{1}{2}\right) - y_{pc}\right] + 100\left(\frac{12}{y_{ci}} \times \frac{1}{2}\right)$$
$$- 800\left(\frac{12}{y_{ci}} \times \frac{1}{2} \times 2\right) - 0.20\, y_{fi} - 600\, y_{pm}$$

这个非线性函数可以用来直接比较基因型。可以通过在方程中用（$\mu_i + g_i$）替换 y_i 来将遗传影响纳入利润函数（注意 g_i 代表动物、品种、SNP 等的估计基因型效应），从而得到每头奶牛每年的利润（NP/奶牛·年）。

$$NP = 9.12(\mu_{mf} + g_{mf}) + 6.96(\mu_{mp} + g_{mp}) + 1.42(\mu_{ms} + g_{ms}) + 600(\mu_{pc} + g_{pc})$$
$$+ 2000\left[\left(\frac{12}{\mu_{ci} + g_{ci}} \times \frac{1}{2}\right) - (\mu_{pc} + g_{pc})\right] + 100\left(\frac{12}{\mu_{ci} + g_{ci}} \times \frac{1}{2}\right)$$
$$- 800\left(\frac{12}{\mu_{ci} + g_5} \times \frac{1}{2} \times 2\right) - 0.20(\mu_{fi} + g_{fi}) - 600(\mu_{pm} + g_{pm})$$

品种 A 与品种 B 的特征数据：

	群体平均	g_A	g_B
y_{mf} = 牛奶脂肪产量 [kg/（奶牛·年）]	321	+4	-1
y_{mp} = 牛奶蛋白质含量 [kg/（奶牛·年）]	275	+3	-1
y_{ms} = 牛奶固体物含量 [kg/（奶牛·年）]	305	-5	-9
y_{pc} = 淘汰概率（/奶牛/年）	0.1	—	—
y_{ci} = 产犊间隔（月）	14.5	-0.5	-1.5
y_{fi} = 饲料摄入量 [kg/（奶牛·年）]	5400	+100	-50
y_{pm} = 维护和服务成本比例（/奶牛/年）	1.0	—	—

请注意，在本例中，所有产量和摄入量均基于年度生产计算，未详细考虑产犊间隔对经济效益的具体影响，而是简化为每年出生的小牛数量。此外，还忽略了不同品种在淘汰率、性别比例以及后备母牛和成年母牛的服务活动方面的遗传差异。

通过将 μ、g_A 或 g_B 代入方程，估计种群均值和每个基因型的净收益。在种群均值处，

$NP(\mu)$ = 25634 元/（头奶牛·年）。对于基因型 A，$NP(\mu + g_A)$ = 25893 元/（头奶牛·年），对于基因型 B，$NP(\mu + g_B)$ = 25669 元/（头奶牛·年）。因此，基于比较每头奶牛每年的预期收益，该生产者会选择基因型 A。

二、生产动物父母本的排名和评估

例子中的收益方程用于基于它们自身的生产能力对基因型进行排名。在某些情况下，基因型作为父母本被排名是基于其后代预测净收益。例如，猪生产者可能想要对母猪群中的不同基因型进行排名，以生产市场后代。当利润函数是非线性时，基于它们自身预测的净收益对动物作为父母本进行排名是不合适的。这是因为如果我们假设遗传是可加的，那么后代表达的每个性状是其父母性状的平均值，但这并不意味着其预期净收益是其父母净收益的平均值。为了说明这一点，假设基因型 A 的动物的净收益是 $P_A = x_A \times y_A$，基因型 U 的动物的净收益是 $P_U = x_U \times y_U$，那么它们后代的预期净收益是：

$$P_o = \left(\frac{x_A + x_U}{2}\right) \times \left(\frac{y_A + y_U}{2}\right) = \frac{x_A y_A + x_A y_U + x_U y_A + x_U y_U}{4} \neq \frac{P_A + P_U}{2}$$

这意味着不能基于它们自身预测的净收益对动物作为父母本进行个体排名。

例如，直接比较两种猪基因型，其中利润基于预测的后代表现。

一位猪生产者想要比较两种母猪基因型用于母猪群。净收益基于母猪群生产的市场后代的销售。每个市场后代产生的净收益取决于胴体重量（cw）和瘦肉产率（ly）的平方：

$$NP = (y_{cw} y_{ly}^2) \times base - costs$$

其中，y_{cw} 代表市场上胴体的重量，y_{ly} 代表市场上的瘦肉产率，$base$ 是当前市场基础价格。所有母猪都与同一公猪基因型交配，该基因型在胴体重量和瘦肉产率百分比方面均处于种群均值。假设母猪基因型 A 和基因型 B 的种群均值和遗传效应如下：

	群体平均	g_A	g_B
胴体重量	95	+3	-8
瘦肉率	0.58	-0.1	-0.07

在种群均值下，一个市场动物的净收益将是：

$$NP_\mu = (\mu_{cw} \mu_{ly}^2) \times base - costs$$
$$= (95 \times 0.58^2) \times base - costs$$
$$= 31.96 \times base - costs$$

基因型 A 的一个市场动物的净收益将是：

$$NP_A = [(\mu_{cw} + g_{Acw})(\mu_{ly} + g_{Aly})^2] \times base - costs$$
$$= [(95 + 3)(0.58 - 0.1)^2] \times base - costs$$
$$= 22.58 \times base - costs$$

基因型 B 的一个市场动物的净收益将是：

$$NP_B = [(\mu_{cw} + g_{Bcw})(\mu_{ly} + g_{Bly})^2] \times base - costs$$
$$= [(95 - 8)(0.58 - 0.07)^2] \times base - costs$$
$$= 22.63 \times base - costs$$

如果我们简单地平均预测的父母（公猪和母猪）基因型的净收益，那么：

NP_μ 和 NP_A 的平均值为 = $27.27 \times base - costs$

NP_μ 和 NP_B 的平均值为 = $27.29 \times base - costs$

请注意，与基因型 B 相比，平均预测利润更高。然而，如上所述，基于这些平均值比较母猪基因型是不正确的。为了正确比较母猪基因型，我们需要找到市场后代的基因型（作为父母的平均基因型）并计算后代基因型的收益。从基因型 A 母猪预测的一个后代的净收益是：

$$\begin{aligned} NP_{A(offspring)} &= \left[\left(\mu_{cw} + \frac{g_{\mu cw} + g_{Acw}}{2}\right)\left(\mu_{ty} + \frac{g_{\mu ly} + g_{Aly}}{2}\right)^2\right] \times base - costs \\ &= \left[\left(95 + \frac{0+3}{2}\right)\left(0.58 + \frac{0-0.1}{2}\right)^2\right] \times base - costs \\ &= [(96.5)(0.53)^2] \times base - costs \\ &= 27.11 \times base - costs \end{aligned}$$

并且，从基因型 B 母猪的后代预测的利润为：

$$\begin{aligned} NP_{B(offspring)} &= \left[\left(\mu_{cw} + \frac{g_{\mu cw} + g_{Bcw}}{2}\right)\left(\mu_{ly} + \frac{g_{\mu ly} + g_{Bly}}{2}\right)^2\right] \times base - costs \\ &= \left[\left(95 + \frac{0-8}{2}\right)\left(0.58 + \frac{0-0.07}{2}\right)^2\right] \times base - costs \\ &= [(91)(0.545)^2] \times base - costs \\ &= 27.03 \times base - costs \end{aligned}$$

因此，使用基因型 A 的母猪的后代的预测净利润实际上会更高。生产者理论上可以在考虑的时间框架内（通常是几年），预测每一次可能的配种的净利润，前提是预期在这段时间内产生的雌性后代数量。这需要当前畜群中所有动物的基因型以及基因型 A 和基因型 B 的基因型。想要为畜群中的特定个体选择配偶的生产者可能拥有该动物和任何潜在配偶的多个性状 EPD 或 EBV。在这种情况下，生产者可以通过评估每种可能配种的后代的利润函数，并比较预期的净利润来简单地选择配偶。然而，通常的方法是使用利润函数的线性近似（一阶泰勒级数展开），称为聚合基因型。

在这个例子中对基因型的评估和排名显然取决于感兴趣的时间框架和我们的观点（最终的利润函数以不同基因型母猪的后代在平均商业市场的平均利润来表示，当与种群平均的公猪交配时）。如果我们假设了一个与母猪种群的平均值不同的终端杂交结构，我们会得到不同的评估。如果我们考虑了多年和多代，例如引入导致基因型 A 和基因型 B 差异的特定 SNP，我们也会得到不同的评估。

三、基因型排名和评估：多方程方法

如前所述，已为许多物种开发了生物经济模型。这些开发的一个目的是评估不同的基因型，包括杂交计划、品种、种公、标记等。另一个目的是评估改变性状遗传水平的经济效应，这是我们不久将返回讨论的主题。

在前面章节中介绍了牛肉生产的生物经济模型的开发。关于这种建模进一步发展的更多细节在 Van Groningen 等（2006）中给出。简而言之，该模型是一个年度模型，包括受市场重量和质量参数影响的收入，以及市场动物和繁殖雌性的成本。使用详细的预测方程来预测表现型水平，使用品种和种公效应的差异估计（跨品种比较）。所有建模都基于使用行业基线。

这个模型的一个应用是评估和排名可用于牛肉产业的种公（多个品种）。将配偶的遗传水平视为该地区肉牛群的群体平均值。Van Groningen 等（2006）的应用包括对这种通用方法的修改，以考虑特定畜群中雌性的特定平均遗传水平。主要观点是品种和种公可以（并且正在）直接评估用于产业。

这种生物经济建模的一个特点是，应用被扩展到两个不同的可能市场。如排名显然可能受到市场条件的影响。这个例子的另一个特点是，模型的结构导致了定制的可能性，以至于可以使用相对于个别农场的特定价格。然后，排名可以是生产者特定的。

四、同时优化管理和基因型排名以及育种系统的排名

我们应用线性规划（LP）进行基因型和管理的同时优化，给定一些资源约束。我们使用净收益（优化时目标函数的值）对基因型（品种）进行排名，依次使用一个品种或另一个品种，每个品种的管理都进行了优化。当考虑品种差异、种公差异或 SNP 差异时，排名方法相同。例如，种公差异将基于模型中所有性状的预期后代表现来表达。对于种公比较，可以在目标函数中包括精液成本，以计算净收益。

在存在品种混合的情况下进行排名和优化，主要对农场层面的决策具有特定兴趣。对一系列生产系统中种公的评估和排名进行概括将很困难。这种困难实际上是基因型-环境互作的一个挑战。选择用于一般用途的基因型面临的挑战与我们将看到的聚合基因型和选择标准相同。

我们也可以将整个育种系统进行比较。使用利润函数和通过线性规划（LP）明确优化管理决策的早期杂交系统比较的例子包括 Wilton 等（1974）、Morris 和 Wilton（1975）以及 Wilton 和 Morris（1976）。方法是开发一个利润函数，如前两章所述，确定收入和成本。包括了几个管理变量，并考虑了对其中一些的限制。建模是在农场层面进行的，利润由年度农场毛利润（收入减去成本）定义。认为杂交计划处于平衡状态。当为每个杂交计划设置最优管理实践时，杂交计划的排名被发现取决于资源约束。当确定每个杂交计划的农场毛利润时，这种排名对资源约束的依赖性是定义市场和生产系统重要性的一个例子。

一般来说，管理因素通常规定一个农场只能运行一个杂交计划。因此，上述研究中的比较是一次进行一个杂交计划，而不考虑杂交计划的混合。如前所述，在考虑千克动态时，比较处于平衡状态的计划可以避免包括从任何现行计划中过渡到育种计划的复杂性。

基于农场层面的比较对杂交计划的排名具有直接的商业影响。农场经营者显然是决策者。此外，选择杂交计划显然会影响随后在品种和品种内的动物选择。将杂交计划的排名应用于整个行业或几个类似农场的一般性，是随后对品种和动物进行排名以及对标记和 SNP 进行经济分析时的一个重要考虑。

五、利润函数相对于选择指数的基因型排名比较

刚才描述的方法为评估基因型的经济价值提供了直接的方法，无论是杂交系统、品种、种公、母系、个体、QTL 还是 SNP。使用这些方法的一个主要挑战是开发一个适当的利润模型，无论是涉及许多方程还是只是一个利润函数。这当然是任何遗传评估或选择计划的基本挑战。一个人对任何生产计划的经济和生物学了解得越多，他就越能有效地进行遗传改良。我们所经历的系统过程，希望能提供一个有组织的方式来有效地考虑遗传评估，特别是当考虑许多性状时。

应用讨论方法的主要挑战是获得准确的遗传评估。SNP 效应必须尽可能准确，品种和动物的评估也必须尽可能准确。当其他性状的加性遗传效应未知时，最严重的不足是缺乏（加性遗传）效应。通常，估计只针对单一性状，而其他性状的相关效应未知。然而，最严重的不足是缺乏对一些经济重要性状的表现型测量。没有表现型，就无法测量 SNP 效应、基因组或数量遗传评估。正如前面讨论的，如果没有测量到基因型效应（直接或通过遗传相关性），预期的表现型均值是唯一可以使用的值（假设至少有足够的表现型测量来获得性状的均值）。对个体的测量不足并不意味着可以忽略该性状。例如，如果饲料摄入量没有测量，与饲料摄入量相关的主要成本仍然存在。可以使用遗传相关性至少获得估计的饲料摄入量。饲料摄入量的 QTL 最终可能提供饲料摄入量的估计。

对于缺乏特定性状信息的聚合基因型和选择指数的定义，有类似于刚才讨论的方法，我们将在以后章节讨论。我们还将处理指标性状，即那些没有直接经济重要性，但提供有关具有经济重要性的性状的遗传信息的性状。在直接使用利润函数和模型方法时，这些指标性状可以作为相关信息，以获得模型中每个性状的基因型估计。

建模的另一个挑战是考虑多个时间段。一个例子，我们之前讨论过的，是实施杂交计划随时间（年）的情况，与评估处于平衡状态的杂交计划相对。另一个例子是将 SNP 效应纳入群体，这取决于群体中的等位基因频率和每年的世代更替。所有这些多时间段情况的建模方法是使用多时间段模型，包括从一个时间段过渡到下一个时间段。转换频率将考虑群体结构相对于杂交或相对于等位基因频率的变化。以后章节描述了考虑这种情况的模型，包括等位基因随时间的纳入率、群体均值的变化、品种纳入等位基因流的方法。多时间段建模方法处理包括群体均值变化在内的变化。这些模型也可以每年更新，以考虑市场或生产实践和成本的经济变化，注意选择亲本是基于预期生产计划中后代的预期表现型值。这种方法涉及的标准是最大化模型化时间段内的净利润。

六、案例研究

在绵羊案例研究中，由于两个原因，不能直接使用母系和终端利润函数对亲本进行排名。首先，利润函数中的所有性状都没有可用的多性状遗传评估（EBV）。动物没有进行肌肉评分或脂肪深度的评估；相反，EBV 是针对超声波测量的脂肪厚度计算的，并且没有用于母系和终端利润函数。其次，母系和终端系的盈利能力取决于他们杂交羔羊市场后代的预计收入。如第二节所讨论的，当利润函数是非线性时，生产者根据他们自己预计的净利润来排名动物作为父母是不合适的。为了直接使用他们后代产生的利润对公羊和母羊进行排名，我们需要他们潜在配偶的基因型信息，以计算后代的表现。

我们现在已经历了开发利润函数（包括多方程生物经济模型）的过程，以及基因型的评估和选择。本章中的技术介绍了比较特定生产环境中基因型的商业价值的方法，从短期来看。这些程序可以直接用于配偶选择或为下一代选择父母。

从遗传改良的角度来看，我们不仅要最优地使用特定的基因型，而且对群体的长期变化也感兴趣。最佳的长期遗传改良依赖于本章所使用的盈利能力模型的开发，继续定义群体的聚合基因型，开发选择指数，并预测总价值和组成性状的年度遗传变化。这些主题将在后续章节中考虑。

第七章　定义和使用聚合基因型

我们现在来看一种开发改进基因型的方法，其中育种目标被表达为一个线性加性函数，代表感兴趣的性状（通常是经济利益）的价值。这个函数通常被称为"聚合基因型""总遗传价值"或简单地称为"总价值"。聚合基因型的一个主要用途是开发改进的遗传群体。我们关注的是长期选择计划以改善我们的群体，而不是配种计划或短期选择。假设我们正在改进的群体将被用来产生商业雄性或雌性或两者，有时通过一个结构化的杂交计划进行商业（最终产品）销售。在第六章给出的一些例子中，在短期选择和配种计划中，动物是通过将表现型动物水平的基因型估计值代入利润函数来评估的。通过定义聚合基因型和随后的选择标准，至少在适当的条件下，可以获得相同的动物排名，本章将讨论这些条件。

然而，第六章给出的所有例子并非都是如此。当利润函数是非线性时，根据它们自己预测的净利润来排名动物作为父母是不合适的。这一点在上一章得到了说明，该例描述了一个母猪群，其中选择母猪作为商业猪的父母，从中获得收入。在这种情况下，聚合基因型应以当前商业平均值的商业生产来定义。定义线性聚合基因型也有实际原因。一个原因是，在有多个生产者参与选择繁殖动物的情况下，更容易应用选择。一个聚合基因型（育种目标）可以由一个品种协会定义，并且可以被该协会的成员在他们的改进工作中使用。开发线性加性育种目标的另一个原因是为比较繁殖（遗传改良）策略提供基础，无论这些策略是基于数量的，还是基因组数据，或两者兼有。在本章中，我们专注于建立聚合基因型本身，以及在选择中的一些基本用途。我们首先定义聚合基因型，给出所涉及计算类型的示例。其次，我们展示了聚合基因型在选择中的使用示例，讨论了可以将基因型值估计代入聚合基因型方程并用作选择标准的条件。

一、聚合基因型的定义

聚合基因型的定义是提高种群的关键步骤。在这里，我们使用前几章讨论的所有经济和建模信息。这将导致详细的选择标准、遗传增益的预测以及遗传改良策略的优化，这些将在后续章节中讨论。聚合基因型的古典定义，通常称为育种目标，是一个线性加性模型，由 Smith（1936）和 Hazel（1943）发展而来。该方法基于一种数学技术，即基于泰勒级数展开，在给定点找到一个函数的线性近似。聚合基因型定义如下：

$$T = v'g$$

其中，T（总价值）是聚合基因型，v 是经济价值的向量，g 是加性遗传效应的向量（如在商业生产动物中表达的）。这里将遵循这种表示法，但读者应意识到其他常见的表示法，特别是 H 代表聚合基因型，a 代表经济价值的向量。

经济价值的向量（v）提供了种群选择下性状遗传水平变化的重要性。经济价值被定

义为向量 g 中每个性状的加性遗传效应变化 1 个单位时，该性状的净经济效应变化，而其他性状的变化无关。

只有当育种目标中的所有性状的基因型加性效应（EBV）的估计值在种群中可用，并且这些估计值考虑了性状之间的遗传相关性（即结果定价效应）时，聚合基因型才能直接用于选择。效应可以表示为偏差，因为方程是线性加性的（尽管基本的底层经济和生产系统包括非线性或乘法定价效应）。基因型估计值可以表示为偏差，因为方程是线性加性的（尽管基本的底层经济和生产系统包括非线性或乘法定价效应）。从多性状评估中得出模型，并将基因型估计值代入模型。基因型效应的估计可以表示为偏差，因为方程是线性加性的（尽管基本的底层经济和生产系统包括非线性或乘法定价效应）。

二、从利润函数构建聚合基因型

在前几章中，描述了各种利润函数，从简单的线性加性方程到非加性、非线性和更复杂的多方程函数（生物经济模型）。本节描述了从这些不同类型的利润函数中派生聚合基因型的经济价值，描述了各种利润函数，从简单的线性加性方程到非加性、非线性和更复杂的多方程函数（生物经济模型）。本节描述了从这些不同类型的利润函数中派生聚合基因型的经济价值。

1. 从线性利润函数计算的经济价值

在简单的线性加性情况下，育种目标的经济价值 $T = vg'$ 简单地是 $v' = e'$，其中 e' 来自 $NP = ey'$。

示例 1：使用线性利润函数改进乳牛种群的经济价值。

前几章中，为奶业系统定义了一个简单的线性利润函数，其中，y 是性能表现，e 是与各种性状性能水平相关的经济变量（价格和成本）：

$$y_1 = 牛奶产量（L），e_1 = 1.26 元/L,$$
$$y_2 = 蛋白质（kg），e_2 = 35.0 元/kg,$$
$$y_3 = 劳动（h），e_3 = 52.5 元/h,$$
$$y_4 = 饲料（kg），e_4 = 0.7 元/kg,$$
$$y_5 = 健康治疗次数，e_5 = 70.0 元/标准治疗。$$

利润函数可以写为：

$$NP = 1.26 y_1 + 35.0 y_2 - 52.5 y_3 - 0.7 y_4 - 70.0 y_5$$
$$= e'y$$
$$= e'\mu + e'g$$

其中，μ 是代表每种性能性状的种群平均值的向量，g 是代表给定基因型的每种性状的遗传效应（表示为与种群平均值的偏差）。在前几章中，我们讨论了这个利润函数如何代表收入和支出的重要组成部分，特别注意到这些收入和支出中有遗传组分。在本章中，我们使用利润函数的经济和遗传组分来建立我们希望改进的总体基因型。

在这种情况下，

$$v' = e' = [1.26 \quad 35.0 \quad -52.5 \quad -0.7 \quad -70.0]$$

并且育种目标是 $sT = v'g$，或者用方程表示：

$$T = v_1 g_1 + v_2 g_2 + v_3 g_3 + v_4 g_4 + v_5 g_5$$
$$= 1.26 g_1 + 35.0 g_2 - 52.5 g_3 - 0.7 g_4 - 70.0 g_5$$

其中，T 表示为每头泌乳牛每年相对于种群平均值的美元偏差。

这个简单的例子说明了影响收入或成本的变量与我们对总基因型定义的直接联系。收入方面有产品数量（牛奶产量）和产品质量组成部分（蛋白质）。成本方面包括劳动成本（可能与挤奶速度有关）、饲料消耗（尽管通常不直接测量）、健康成本（可能与乳腺炎有关，尽管通常不直接测量），以及健康成本（可能与乳腺炎易感性有关）。当然，还有许多其他遗传性状影响收入和成本，如其他牛奶成分的收入，或与健康易感性相关的成本，乳腺炎或足部问题的治疗方案。从更复杂的利润模型中得到的聚合基因型将包括所有这些性状。

2. 非线性利润函数中的经济价值

如第六章所讨论的，当利润函数是非线性时，生产者根据其自身预测的净利润来排名动物作为父母是不合适的。

当利润函数是非线性的，并且假设基因型与种群平均值相当接近时，方法是将净利润线性化，即利用当前种群平均值的一阶泰勒级数展开来派生线性聚合基因型 T。如果种群平均值保持接近当前平均值，线性近似 T 是净利润的一个合理近似。

如前几章所见，对于一个定义好的管理系统，利润可以写为 $NP = f(y_1, y_2, \cdots, y_n)$，其中考虑了 n 个表型性状，$y_i = \mu_i + g_i$。如果这个函数在当前种群平均值处连续，并且所有一阶导数都存在，则基于泰勒级数展开的净利润的线性近似为：

$$NP = f(y_1, y_2, \cdots, y_n)$$
$$\approx f(\mu_1, \mu_2, \cdots, \mu_n) + \frac{\partial NP}{\partial y_1}|_{(\mu_1, \cdots, \mu_n)}(y_1 - \mu_1)$$
$$+ \frac{\partial NP}{\partial y_2}|_{(\mu_1, \cdots, \mu_n)}(y_2 - \mu_2) + , \cdots, + \frac{\partial NP}{\partial y_n}|_{(\mu_1, \cdots, \mu_n)}(y_n - \mu_n)$$

由于 $y_i = \mu_i + g_i$，这可以重写为：

$$\Delta NP = f(y_1, y_2, \ldots, y_n) - f(\mu_1, \mu_2, \ldots, \mu_n)$$
$$\approx \frac{\partial NP}{\partial y_1}|_{\mu_1, \mu_2, \cdots, \mu_n}(g_1) + \frac{\partial NP}{\partial y_2}|_{\mu_1, \mu_2, \cdots, \mu_n}(g_2) + \cdots, + \frac{\partial NP}{\partial y_n}|_{\mu_1, \cdots, \mu_n}(g_n)$$
$$= v_1 g_1 + v_2 g_2, \cdots, v_n g_n, \text{ where } v_i = \frac{\partial NP}{\partial y_i}|_{\mu_1, \cdots, \mu_n}$$
$$= T$$

其中，每个 g_i 代表从平均值 μ_i 的小变化（偏差）。

例如，假设市场动物的净利润取决于它的体重（y_w）以及除了采食量（y_{ly}）之外的瘦肉比例（y_{fi}）：

$$NP = f(y_w, y_{ly}, y_{fi}) = 0.25 \times y_w y_{ly} - 0.01 \times y_{fi}$$

在 3 个性状的平均值 $\mu_w, \mu_{ly}, \mu_{fi}$ 附近的 NP 的线性近似是：

$$NP = f(y_w, y_{ly}, y_{fi})$$
$$\approx f(\mu_w, \mu_{ly}, \mu_{fi}) + \left[\frac{\partial NP}{\partial y_w}\bigg|_{\mu_w, \mu_{ly}, \mu_{fi}} (y_w - \mu_w)\left[\left(\frac{\partial NP}{\partial y_{ly}}\bigg|_{\mu_w, \mu_{ly}, \mu_{fi}} (y_{ly} - \mu_{ly})\right]\right.$$
$$+ \left[\left[\frac{\partial NP}{\partial y_{fi}}\bigg|_{\mu_w, \mu_{ly}, \mu_{fi}} (y_{fi} - \mu_{fi})\right]\right.$$
$$= f(\mu_w, \mu_{ly}, \mu_{fi}) + \left[\frac{\partial NP}{\partial y_w}\bigg|_{\mu_w, \mu_{ly}, \mu_{fi}} g_w\right] + \left[\frac{\partial NP}{\partial y_{ly}}\bigg|_{\mu_w, \mu_{ly}, \mu_{fi}} g_{ly}\right]$$

$$+ \left[\left. \frac{\partial NP}{\partial y_{fi}} \right|_{\mu_w, \mu_{ly}, \mu_{fi}} g_{fi} \right]$$

假设 $\mu_w = 100$，$\mu_{ly} = 0.5$，$\mu_{fi} = 30$，使得种群平均值 $NP(\mu_w, \mu_{ly}, \mu_{fi}) = 4.7$

$$\left. \frac{\partial NP}{\partial y_w} \right|_{\mu_w, \mu_{ly}, \mu_{fi}} = 0.25 y_{ly} |_{\mu_w, \mu_{ly}, \mu_{fi}} = 0.25 \mu_{ly} = 0.25(0.50) = 0.125$$

$$\left. \frac{\partial NP}{\partial y_{ly}} \right|_{\mu_w, \mu_{ly}, \mu_{fi}} = 0.25 y_w |_{\mu_w, \mu_{ly}, \mu_{fi}} = 0.25 \mu_w = 0.25(100) = 25$$

$$\left. \frac{\partial NP}{\partial y_{ff}} \right|_{\mu_w, \mu_{ly}, \mu_{fi}} = 0.01$$

因此，由于 $y_i = \mu_i + g_i$，

$$\begin{aligned} NP &= f(y_w, y_{ly}, y_{fi}) \\ &= f(\mu_w + g_w, \mu_{ly} + g_{ly}, \mu_{fi} + g_{fi}) \\ &\approx f(100, 0.50, 30) + 0.125 g_w + 25 g_{ly} + 0.01 g_{fi} \\ &= 4.7 + 0.125 g_w + 25 g_{ly} + 0.01 g_{fi} \end{aligned}$$

从当前平均值起，NP 的一个小的正向变化由以下给出：

$$\begin{aligned} \Delta NP &= f(\mu_w + g_w, \mu_{ly} + g_{ly}, \mu_{fi} + g_{fi}) - 4.7 \\ &\approx 0.125 g_w + 25 g_{ly} + 0.01 g_{fi} \\ &= T \end{aligned}$$

因此，对于 T 中的每个性状，其经济价值是利润函数 NP 对该性状的当前商业种群平均值的变动率，同时保持所有其他性状不变。经济价值 v_i 是从 NP 对每个 y_i 的偏导数中获得的，这些偏导数是在当前种群平均值下评估的，即：

$$v_i = \left. \frac{\partial NP}{\partial y_i} \right|_{\mu = \mu_1, \cdots, \mu_n} = \left. \frac{\partial f(y_1, \cdots, y_n)}{\partial y_i} \right|_{\mu = \mu_1, \cdots, \mu_n}$$

注意，适当的平均值是在定义的管理体制下商业生产动物的平均值（包括母系和直接效应）。这些平均值可能与选择群体的平均值大不相同，而这种情况经常发生，特别是当商业后代是公系和母系杂交的结果时。

示例：使用非线性利润函数改进乳牛群体的经济价值。

在前几章中，每头牛每年的净利润是 7 个性状的非线性函数：乳脂（mf）、乳蛋白（mp）、乳固体（ms）、淘汰概率（pc）、产犊间隔（ci）、饲料摄入量（fi）以及所发生的维护和服务成本比例（pm）：

$$NP = 63 y_{mf} + 49 y_{mp} + 7 y_{ms} + 4200 y_{pc} + 14000 \left[\left(\frac{12}{y_{ci}} \times \frac{1}{2} \right) - y_{pc} \right] + 700 \left(\frac{12}{y_{ci}} \times \frac{1}{2} \right)$$

$$- 5600 \left(\frac{12}{y_{ci}} \times \frac{1}{2} \times 2 \right) - 1.4 y_{fi} - 4200 y_{pm}$$

目标是基于这个函数评估和排名基因型。性状的平均值是：

$$\mu_{ms} = 321 \text{kg 乳脂}/(\text{奶牛} \cdot \text{年})$$
$$\mu_{mp} = 275 \text{kg 牛奶蛋白}/(\text{奶牛} \cdot \text{年})$$
$$\mu_{ms} = 305 \text{kg 乳固体}/(\text{奶牛} \cdot \text{年})$$
$$\mu_{pc} = 0.1 \text{扑杀概率}/(\text{奶牛} \cdot \text{年})$$
$$\mu_{ci} = 14.5 \text{产犊间隔}$$

$\mu_{fi} = 5400$ kg 饲料摄入量/（奶牛·年）

$\mu_{pm} = 1.0$ 使用的维护和服务比例/（奶牛·年）

性状的经济价值是 NP 相对于每个性状的变动率，在群体平均值下评估，同时保持所有其他性状不变。这是通过使用利润对每个性状的偏导数来计算的。

$$\frac{\partial NP}{\partial y_{mf}}\bigg|_{\mu} = 63, \quad \frac{\partial NP}{\partial y_{mp}}\bigg|_{\mu} = 49, \quad \frac{\partial NP}{\partial y_{ms}}\bigg|_{\mu} = 7, \quad \frac{\partial NP}{\partial y_{pc}}\bigg|_{\mu} = 4200 - 14000 = -9800$$

$$\frac{\partial NP}{\partial y_{ci}}\bigg|_{\mu} = 14000\left(\frac{1}{2}\right)\frac{-12}{\mu_{ci}^2} + 700\left(\frac{1}{2}\right)\frac{-12}{\mu_{ci}^2} - 5600\frac{-12}{\mu_{ci}^2} = 1750\frac{-12}{\mu_{ci}^2},$$

$$\frac{\partial NP}{\partial y_{fi}}\bigg|_{\mu} = -1.40, \quad \frac{\partial NP}{\partial y_{pm}}\bigg|_{\mu} = -4200$$

除了产犊间隔外，NP 对每个性状的变动率是恒定的。NP 对产犊间隔的变动率是通过在群体平均值下评估 $\partial NP/\partial y_{ci}$ 得到的：

$$\frac{\partial NP}{\partial y_{ci}}\bigg|_{\mu} = 1750\frac{-12}{\mu_{ci}^2} = 1750\frac{-12}{14.5^2} = -99.8809$$

因此，在群体平均值下，经济价值是：

$v = \begin{pmatrix} 63 \\ 49 \\ 7 \\ -9800 \\ -99.88 \\ -1.4 \\ -4200 \end{pmatrix}$	每千克脂肪的价格 每千克蛋白质的价格 每千克固体物的价格 被淘汰的概率 分娩间隔的月数 每千克饲料消耗的成本 服务使用的比例

聚合基因型（每头牛每年相对于平均值的偏差）是由加性遗传效应的总和构成的，每个效应乘以相应的经济价值：

$T = V'g$

$T = 63 g_1 + 49 g_2 + 7 g_3 - 9800 g_4 - 99.88 g_5 - 1.4 - 4200 g_7$

如果每个性状的基因型（例如多性状 EBV）在 T 中可用，我们可以使用这些估计值在 T 的方程中对动物进行排名，即每个性状的估计育种值乘以该性状的经济价值，作为聚合基因型的估计（Henderson，1963）。

3. 二次利润函数中性状的经济价值

利润函数可能在一个或多个性状上是二次的，例如，具有中间最优值的蛋大小或肉质性状，或者是随着胴体脂肪水平增加而折扣率增加的育肥程度。这些经济价值，如上所述，是利润相对于 g 在当前群体平均值下的偏导数。

例子：乳牛二次利润函数的经济价值。

本章示例 1 中的利润方程包含了饲料摄入量的线性效应。然而，如果每头牛的总饲料成本随着每额外千克饲料的消耗而以增加的速率增加，那么方程可以修改为包含饲料摄入量（性状 4）的二次效应。在这种情况下，利润方程变为：

$$NP = 1.4 y_1 + 35 y_2 - 56 y_3 - 0.49 y_4 - 0.000175 y_4^2 - 70 y_5$$

在这种情况下，牛奶产量、蛋白质产量、劳动力和健康治疗（y_1，y_2，y_3，y_5）的经济价值保持与示例 1 中所示相同。然而，饲料摄入量 y_4 的经济价值变成了当前群体平均饲料摄入量（μ_4）的函数。如果 $\mu_4 = 2400$kg，则饲料摄入量的经济价值为：

$$v_4 = \frac{\partial NP}{\partial y_4}\bigg|_\mu = -0.49 - 0.00035\mu_4 = -0.49 - 0.00035(2400) = -1.4$$

在这个例子中，由于在这个群体的饲料消耗水平下饲料成本更高，饲料摄入量的经济价值比示例 1 中更强（更负）。然后，这个修改后的利润模型的聚合基因型为：

$$T = 1.4g_1 + 35g_2 - 56g_3 - 1.4g_4 - 70g_5$$

这个特定的例子展示了具有二次效应的输入性状（饲料摄入量）如何影响得出的聚合基因型的经济价值。输出性状的价格也可能发生二次效应。最优蛋大小是一个经典的例子，在这种情况下，蛋大小的定价效应可以用二次函数近似。

4. 乘法利润函数中性状的经济价值

另一个例子可以用来说明乘法性状。这可能出现在基于质量的定价差异的产品上，如牛肉胴体重量和大理石花纹，猪肉胴体重量和肥度，或鲑鱼收获重量和非幼鱼比例。

在肉牛群中，我们可以有一个简化的利润函数：

$$NP = R - C$$
$$= y_{cw}(1.50 + 0.05y_{mb}) - 0.10y_{fi}$$

其中，NP 以每头上市动物每个时间段（年）的钱表示，cw 代表胴体重量，mb 代表大理石花纹，f_i 代表饲料摄入量。我们可以确定这 3 种性状的经济价值为：

$$v_{cw} = \frac{\partial NP}{\partial y_{cw}}\bigg|_\mu = 1.50 + 0.05\mu_{mb} = 1.60S/\text{kg}$$

$$v_{mb} = \frac{\partial NP}{\partial y_{mb}}\bigg|_\mu = 0.05\mu_{cw} = 1.50S/\text{unit}$$

$$v_{fi} = \frac{\partial NP}{\partial y_{fi}}\bigg|_\mu = -0.10S/\text{kg}$$

其中群体平均大理石花纹 μ_{mb} 为 2 单位，群体平均胴体重量 μ_{cw} 为 30kg。因此，胴体重量和大理石花纹的经济价值取决于商业生产水平上另一方的平均值。

育种目标（以每头上市动物的人民币计）很简单：

$$T = v'g = (1.60 \quad 1.50 \quad -0.10)\begin{pmatrix}g_{cw}\\g_{mb}\\g_{fi}\end{pmatrix}$$

示例：从尼罗罗非鱼的乘法利润方程导出的聚合基因型。

Ponzoni 等（2007）通过与尼罗罗非鱼合作，给出了从乘法利润方程导出聚合基因型的简单示例。对于这个系统，利润是 3 个性状的函数：收获时的体重（w，$\mu_w = 300$g），存活百分比（sv，$\mu_{sv} = 85\%$），和饲料摄入量（fi）。收入来自售出的鱼的价格（0.007 元/g），以及饲料消费的价格（0.0028 元/g）和固定成本。因此，对于 1000 条鱼的生产单元，利润方程为：

$$NP = 1000\left[(w)\left(\frac{sv}{100}\right)(\text{单位重量鱼的价格}) - f_i(\text{单位重量饲料的价格})\right] - \text{固定成本}$$

$$NP = 1000[(w)(sv)(0.007) - f_i(0.0028)] - \text{固定成本}$$

每个性状的经济价值被计算为相对于该性状的利润方程的偏导数，同时保持其他性状不变。

$$v_w = \frac{\partial NP}{\partial w}|_\mu = (1000)(0.85)(0.007) = 6.3 \text{元}/g$$

$$v_{sv} = \frac{\partial NP}{\partial sv}|_\mu = (1000)(300)(1/100)(0.007) = 21 \text{元}/g$$

$$v_{fi} = \frac{\partial NP}{\partial fi}|_\mu = -(1000)(0.028) = -4.2 \text{元}/g$$

因此，聚合基因型或育种目标（每条鱼每年元）是：

$$T = 0.85 \times g_w + 3.00 \times g_{sv} - 0.56 \times g_{fi}$$

5. 在分类尺度上测量的性状的经济价值

如前几章所讨论的，许多具有潜在连续生物学基础的性状仅在某个阈值水平上表达，或仅在某种序数量表评分系统上测量。难产易度就是一个例子，尽管难产易度有连续程度，但表型通常通过评分系统来测量。计算难产易度（或反过来表达的难产困难）的潜在性状经济价值的方法是：找出每个难产易度类别的成本，假设存在一个均值为0、方差为1的正态分布，找出每个类别的概率，并找出通过提高1个单位难产易度所带来的经济效应。当繁殖亲本的成本与每个类别相关的成本和每个类别的后代数量有关时，成本可以表示为：

$$Cost = n_o \times C_{grid}$$
$$= n_o \times (e'_{grid} p)$$

其中，n_o 是平均后代数量，C_{grid} 是一个后代预期成本，e_{grid} 是每个类别的成本向量，而 p 是后代在每个类别中的比例向量（或后代在每个类别中的概率）。

如前所述，序数量表评分的性状可以在利润函数中表示为连续正态分布的"易感性"变量 y_s，它模拟了每个类别的群体比例。序数量表评分性状的经济价值也是从利润函数相对于该性状的部分导数中计算的，评估时以群体平均值为基准。易感性的平均值 μ_s 最初设为零，经济评分性状，难产易度评分的比例 $(p_1, p_2, \ldots, p_n)$ 用一组阈值（截止值）$c_1, c_2, \cdots, c_{n-1}$ 表示，使得：

$$Pr(score \leq x_i) = Pr(y_s \leq c_i)$$

易感性平均值的变化代表评分性状每个类别比例的变化。假设管理固定了利润的其他组成部分，

$$\rightarrow \frac{\partial Cost}{\partial \mu_s} = n_o \frac{\partial C_{grid}}{\partial \mu_s} = n_o \frac{\partial (e'_{grid} p)}{\partial \mu_s}$$

用于计算序数量表上测量性状的经济价值的 R 程序在本章的附录中。以下示例说明了如何推导序数量表性状的经济价值。

示例：分类性状乳牛难产易度的经济价值。

在前几章中，奶牛的难产易度是通过一个4分类尺度来描述的，包括手术、硬拉、易拉和无助力，在一个群体中，每个类别的分娩比例相等 (p_i)。难产易度由一个连续变量"难产易度易感性"(y_s) 表示，被认为是一个正态分布的性状，易感性平均值 $\mu_s = 0$ 和标准差 $\partial_s = 1$，根据 y_s 的阈值分为4组。阈值由当前群体在每个类别中的比例决定。

目前，每个类别中有25%的群体，所以 $\mu_{ce} = (0.25, 0.25, 0.25, 0.25)$，并且 y_s 有3个阈值或截止值 $c_1 = -0.675$，$c_2 = 0$，和 $c_3 = 0.675$。与难产易度相关的每头牛的总成本为：

$$Cgrid = e'_{grid}p$$

$$= \begin{pmatrix} e_S & e_H & e_E & e_U \end{pmatrix} \begin{pmatrix} Pr(-\infty < y_s \leq c_1) \\ Pr(c_1 < y_s \leq c_2) \\ Pr(c_2 < y_s \leq c_3) \\ Pr(c_3 < y_s < \infty) \end{pmatrix}$$

$$= \begin{pmatrix} e_S & e_H & e_E & e_U \end{pmatrix} \begin{pmatrix} Pr(-\infty < y_s \leq -0.675) \\ Pr(-0.675 < y_s \leq 0) \\ Pr(0 < y_s \leq 0.675) \\ Pr(0.675 < y_s < \infty) \end{pmatrix}$$

其中，e_{grid} 是每个类别的成本向量，p 是每个难产易度类别的比例向量。y_s 平均值的变化代表难产易度的变化，因此每个类别中群体的比例会发生变化。难产易度易感性的经济价值 v_s 是净利润相对于易感性平均值 μ_s 的变化率，在当前平均值下评估。

假设难产易度易感性的平均值 μ_s 为零，并且阈值固定，由当前每类分娩情况的比例决定。这可以通过计算 NP 相对于 y_s 的导数来计算：

$$v_s = \frac{dNP}{dy_s}\bigg|_{\mu_s} = \frac{d}{dy_s} \sum_{i=1}^{4} e_{grid(i)} \ p_i \bigg|_{\mu_s=0} = -\sum_{i=1}^{4} e_{grid(i)} \frac{d}{d\mu_s}(p_i)\bigg|_{\mu_s=0}$$

其中，

$$p_S = \int_{-\infty}^{c_1} \phi(y_s)\,dy_s, \quad p_H = \int_{c_1}^{c_2} \phi(y_s)\,dy_s, \quad p_E = \int_{c_2}^{c_3} \phi(y_s)\,dy_s, \quad p_U = \int_{c_3}^{\infty} \phi(y_s)\,dy_s,$$

并且 ϕ 是标准正态密度函数：

$$\phi(y_s) = \frac{1}{\sqrt{2\pi}\,\sigma_s} e^{-\frac{1}{2}\left(\frac{y_s - \mu_s}{\sigma_s}\right)^2}, \quad \mu_s = 0, \ \sigma_s = 1$$

由于

$$\frac{d}{d\mu_s}\int_a^b \phi(y_s\mid\mu_s,\ \sigma_s)\,dy_s = \int_a^b \frac{d}{d\mu_s}\phi(y_s\mid\mu_s,\ \sigma_s)\,dy_s = \phi(a\mid\mu_s,\ \sigma_s) - \phi(b\mid\mu_s,\ \sigma_s)$$

因此

$$V_S = \frac{dNP}{d\mu_s}$$
$$= \sum_{i=1}^{4} e_{grid(i)} \frac{d}{d\mu_s}(p_i)$$
$$= e_S[\phi(-\infty) - \phi(c_1)] + e_H[\phi(c_1) - \phi(c_2)] + e_E[\phi(c_2) - \phi(c_3)]$$
$$+ e_U[\phi(c_3) - \phi(\infty)]$$

对于阈值 $c_1 = -0.675$，$c_2 = 0$，$c_3 = 0.675$，根据标准正态分布表（或使用软件）：

$$\phi(-\infty) = \phi(\infty) = 0$$
$$\phi(-0.675) = 0.3177$$
$$\phi(0) = 0.3989$$
$$\phi(0.675) = 0.3177$$

因此，难产易度易感性的经济价值为：

$$v_s = e_S(0 - 0.3177) + e_H(0.3177 - 0.3989) + e_E(0.3989 - 0.3177) + e_U(0.3177 - 0)$$

$$= -0.3177 e_S - 0.0812 e_H + 0.0812 e_E + 0.3177 e_U$$

请注意，尽管单次分娩的成本函数不是连续的，但代表特定亲本后代预期成本的函数是连续的，并且具有一阶导数。

示例：不同猪群中分娩困难的经济价值。

假设猪的分娩困难（f_d）通过一个 3 分类尺度来测量：无助力（U）、容易（E）（最小协助），和困难（H）；与这些类别相关的成本分别是 35 元、105 元和 245 元。

在母系 A 中，U、E 和 H 类别的分娩比例分别是 90%、7.5% 和 2.5%。因此，分娩困难易感性（y_s）有两个截止值 c_1 和 c_2，其中：

$$p_U = 0.90 = Pr(-\infty < y_s \leq c_1),$$
$$p_E = 0.075 = Pr(c_1 < y_s \leq c_2),$$
$$p_H = 0.025 = Pr(c_2 < y_s < \infty)$$

根据标准正态分布表，$c_1 = 1.28$，$c_2 = 1.96$。

母系 A 中由于分娩困难导致的每头母猪的成本（即对 NP 的贡献）目前是：

$$C_{fd(A)} = e_U p_{U(A)} + e_E p_{E(A)} + e_H p_{H(A)}$$
$$= (-35 \times 0.90) + (-105 \times 0.075) + (-245 \times 0.025)$$
$$= -49S$$

分娩困难的经济价值是：

$$V_{fd(A)} = \frac{dNP}{d\mu_s}$$
$$= -\sum_{i=1}^{4} e_{grid(i)} \frac{d}{d\mu_s}(p_i)$$
$$= (-35)[\phi(-\infty) - \phi(1.28)] + (-105)[\phi(1.28) - \phi(1.96)]$$
$$+ (-245)[\phi(1.96) - \phi(\infty)] = -21S\%$$

其中，φ 是密度函数。

在母系 B 中，U、E 和 H 类别的分娩比例分别是 50%、25% 和 25%。对于母系 B，由于分娩困难导致的每头母猪对 NP 的成本贡献是：

$$C_{fd(B)} \& = e_U p_{U(B)} + e_E p_{E(B)} + e_H p_{H(B)}$$
$$= (-35 \times 0.50) + (-107 \times 0.25) + (-245 \times 0.25)$$
$$= -105.00S$$

在标准正态分布表中，对于母系 B，$c_1 = 0$，$c_2 = 0.675$。母系 B 中分娩困难的经济价值是：

$$V_{fd(B)} = \frac{dNP}{d\mu_s}$$
$$= (-35)[\varphi(-\infty) - \varphi(0)] + (-107)[\varphi(0) - \varphi(0.675)]$$
$$+ (-245)[\varphi(0.675) - \varphi(\infty)]$$
$$= -70S\%$$

请注意，在分娩困难比例较高的母系 B 中，经济价值更大。因此，每个母系会有不同的聚合基因型。

三、分类定价性状的经济价值

肉类动物通常根据价格网格按胴体重量单位定价，这取决于 1 个或多个性状的类别。

例如，在猪生产中，每千克的价格取决于重量等级和瘦肉率或胴体质量等级。类似的梯度也用于定价肉牛、羔羊和鱼。

生产者将牲畜饲养到其畜群的最佳市场年龄，并在固定年龄时选择体重、肉质等亲本，或者将牲畜饲养到最佳重量或质量，并在固定重量或质量时选择年龄等亲本（Wilton 和 Goddard，1996）。为了最大化不同梯度的净收入，可能需要采取不同的管理实践，例如，在不同价格梯度下，按固定年龄出售牲畜的生产者可能需要在更轻的重量或更年轻的年龄出售。每个生产者的最佳策略应根据每个梯度的最佳管理预期净收入来选择。

例如，根据 Quinton 等（2010），我们最初假设市场年龄（天数）是固定的。终端公猪或母猪产生的净利润是：

$$NP = n_o[(R_{grid} \times w) - 成本]$$

其中，n_o 是从该亲本产生的上市后代数量，R_{grid} 是每头上市动物预期支付的价格，w 是预期后代（胴体）重量，成本包括饲料和服务成本。请注意，尽管网格价格是离散的，但在预期后代性状值中，NP 是连续的。

附录包括用于计算具有单性状和双性状价格梯度的分类定价性状的经济价值的 R 程序。

案例 1：市场后代使用基于非体重性状的价格梯度进行定价。

作为这种类型价格梯度的例子，假设市场动物每千克的价格由体重以外的某些性状值决定，例如瘦肉率。瘦肉率本身并不直接出现在利润函数中，但类似于"易感性"变量 y_s。然而，在这种情况下，瘦肉率实际上是被测量的，因此其当前均值和方差是已知的，阈值由网格定义。目标是增加在每千克更高价格的瘦肉率类别中的后代比例，以及总体胴体重量。

假设市场动物亲本的净利润 NP 可以表示为：

$$NP = n_o(R_{grid} \times w - costs) = n_o[(e'_{grid} p_{ly}) \times w - 成本]$$

其中，n_o 是公猪或母猪平均产生的市场后代数量；R_{grid} 是一个后代预期收入；w 是后代（胴体）的重量（kg）；e_{grid} 是每个瘦肉率类别的价格向量，由上限 c_1 到 c_{n-1} 和 $> c_{n-1}$ 定义；p_{ly} 是后代瘦肉率在每个价格类别中的概率向量：

$$p_{ly} = \begin{pmatrix} \int_{-\infty}^{c_1} \phi(x: \mu_{ly}, \sigma_{oly}) dx \\ \vdots \\ \int_{c_{l-1}}^{c_l} \phi(x: \mu_{ly}, \sigma_{oly}) dx \\ \vdots \\ \int_{c_{n-1}}^{\infty} \phi(x: \mu_{ly}, \sigma_{oly}) dx \end{pmatrix}$$

其中，$\phi(x: \mu_{ly}, \sigma_{oly})$ 是均值为 μ_{ly}、方差为后代 σ_{oly}^2 的瘦肉率正态密度函数。

请注意，特定亲本后代的净利润取决于其后代的瘦肉率方差（σ_{oly}^2），而不是畜群中的方差（σ_{ly}^2）。如果畜群中市场动物的瘦肉率表型方差为 σ_{oly}^2，且瘦肉率的遗传力为 h_{ly}^2，则某个特定亲本的后代瘦肉率的方差将是：

$$\sigma_{oly}^2 = \sigma_{ly}^2 \left(1 - \frac{h_{ly}^2}{4}\right)$$

当前市场后代在每个价格类别中的比例的变化由瘦肉率均值的变化决定。因此，瘦肉率的经济价值是：

$$v_{ly} = \frac{\partial NP}{\partial \mu_{ly}}\Big|_\mu = n_o \left(\frac{\partial\ e'_{grid} p_{ly}}{\partial\ \mu_{ly}} \times w \right)\Big|_\mu = \mu_{n_o}(e'_{grid} u \times \mu_w)$$

其中，u 是瘦肉率正态密度函数中的区域向量：

$$u = \begin{pmatrix} -\varphi(c_1:\mu_{ly},\ \sigma_{oly}) \\ \vdots \\ \varphi(c_{i-1}:\mu_{ly},\ \sigma_{oly}) - \varphi(c_i:\mu_{ly},\ \sigma_{oly}) \\ \vdots \\ \varphi(c_{n-1}:\mu_{ly},\ \sigma_{oly}) \end{pmatrix}$$

重量的经济价值是：

$$v_w = \frac{\partial NP}{\partial w}\Big|_\mu = n_o(R_{grid})\Big|_\mu = \mu_{n_o}(e'_{grid} p_{\mu_{by}})$$

产生的市场后代数量的经济价值是：

$$v_{n_o} = \frac{\partial NP}{\partial n_o}\Big|_\mu = (R_{grid}) \times w\Big|_\mu - costs = (e'_{grid} p_{\mu_{ly}}) \times \mu_w - costs$$

所有 3 个表达式都在当前商业畜群的平均值和方差下进行评估。

网格价格也可能取决于由两个或更多性状定义的类别。程序类似，只是价格现在是根据一个由第一个性状的上限定义的 n 行值矩阵，以及由第二个性状的上限定义的 m 列值矩阵来确定的。Quinton 等（2010）中提供了在这种情况下计算经济价值的更详细方法。

案例 2：每千克价格取决于胴体重量类别的梯度。

对于这种类型的网格，市场动物的重量类别也决定了它的每千克价格，因此重量除了作为利润函数中的连续变量外，还扮演类似于分类定价变量的角色。在这种情况下使用了由不同性状决定的价格网格的修改版本。

假设价格网格有 n 个重量类别，由上限 c_1 到 c_{n-1} 和 $> c_{n-1}$ 定义的重量，决定了 n 个每千克价格：$e_{grid(1)}$，…，$e_{grid(n)}$。

如果商业后代的重量均值和方差是 μ_w 和 σ_w^2，每头动物的预期收入是：

$$R_{grid} = e'_{grid} p_w$$

其中，p_w 是后代处于每个重量类别的概率向量，

$$p_w = \begin{pmatrix} \int_{-\infty}^{c_1} x\phi(x:\mu_w,\ \sigma_w)dx \\ \vdots \\ \int_{c_{i-1}}^{c_i} x\phi(x:\mu_w,\ \sigma_w)dx \\ \vdots \\ \int_{c_{n-1}}^{\infty} x\phi(x:\mu_w,\ \sigma_w)dx \end{pmatrix} = \begin{pmatrix} -\sigma_w \phi(c_1) + \mu_w \Phi(c_1) \\ \vdots \\ \sigma_w[\phi(c_{i-1}) - \phi(c_i)] + \mu_w[\Phi(c_i) - \Phi(c_{i-1})] \\ \vdots \\ \sigma_w \phi(c_{n-1}) + \mu_w[1 - \Phi(c_{n-1})] \end{pmatrix}$$

其中，$\phi(c_i)$ 是在 $(c_i - \mu_w)/\sigma_w$ 处评估的标准正态密度函数，而 $\Phi(c_i)$ 是在 $(c_i - \mu_w)/\sigma_w$ 处评估的累积标准正态分布。与之前一样，适当的方差应来自特定亲本的后代，而不是整个畜群的方差。

由于

$$\frac{\partial \phi(x:\mu, \sigma)}{\partial x} = -\frac{\partial \phi(x:\mu, \sigma)}{\partial \mu}$$

交换积分和微分的顺序,并通过部分积分,重量的经济价值为:

$$v_w = \frac{\partial NP}{\partial y_w}|_\mu = n_o \frac{\partial R_{grid}}{\partial \mu_w}|_\mu = \mu_{n_o}(e'_{grid}z), \quad where$$

其中,

$$z = \begin{pmatrix} -c_1\phi(c_1:\mu_w, \sigma_w) + \Phi(c_1) \\ \vdots \\ -c_i\phi(c_i:\mu_w, \sigma_w) + \Phi(c_i) + c_{i-1}\phi(c_{i-1}:\mu_w, \sigma_w) - \Phi(c_{i-1}) \\ \vdots \\ c_{n-1}\phi(c_{n-1}:\mu_w, \sigma_w) - \Phi(c_{n-1}) + 1 \end{pmatrix}$$

在当前商业畜群的平均值和方差下评估。

加拿大的生猪胴体价格基于一个双性状分级网格,其中每千克价格取决于 k 个重量类别和 n 个瘦肉率类别。在这种类型的网格中计算两个性状的经济价值的方法与前两个示例类似。

示例:优质大西洋三文鱼价格的经济价值。

在这个示例中,根据两个重量类别确定的价格来推导重量的经济价值。

优质大西洋三文鱼的价格取决于鱼的重量。重量小于或等于 3.6kg 的鱼每千克价格为 32.9 元,超过 3.6kg 的鱼每千克价格为 34.3 元。平均重量在 3.4~4kg,后代标准差为 0.1kg 或 0.7kg 的市场销售鱼的每条鱼预期收入。

假设生产者销售的鱼的平均重量为 $\mu_w = 4kg$,$\sigma_p = 0.108$,$h^2 = 0.3$,因此特定亲本的所有后代的表型标准差为 $\sigma = 0.1kg$。

预期后代平均重量在市场(3.4~4kg)销售的鱼的每条鱼预期收入,标准差为 0.1kg 或 0.7kg。

假设适用于该生产者的利润函数为:

$$NP = n_o \times R_{grid} - 成本$$

其中,NP 代表一个亲本产生的所有市场后代的净利润,n_o 代表每个后代的收入,计算如下:

$$R_{grid} = e'_{grid} p_w$$
$$= (32.9 \quad 34.3) \begin{pmatrix} -\sigma_w\varphi(3.6) + \mu_w\Phi(3.6) \\ \sigma_w\varphi(3.6) + \mu_w[1-\Phi(3.6)] \end{pmatrix}$$
$$= (32.9 \quad 34.3) \begin{pmatrix} 0.00 \\ 4.00 \end{pmatrix}$$
$$= 140.0/ 鱼的后代$$

其中,p_w 是后代处于每个重量类别的概率向量。

在本案例中,体重的经济价值计算如下:

$$v_w = \frac{\partial NP}{\partial y_w}|_\mu = n_o \frac{\partial R_{grid}}{\partial \mu_w}|_\mu = \mu_{n_0}(e'_{grid}z)$$

$$= \mu_{n_0}\left[(4.70 \quad 4.90)\begin{pmatrix} -3.6\varphi(3.6; \mu_{wt}, \sigma_{wt}) + \Phi(3.6) \\ 3.6\varphi(3.6; \mu_{wt}, \sigma_{wt}) - \Phi(3.6) + 1 \end{pmatrix}\right]$$

$$= \mu_{n_0}\left[(4.70 \quad 4.90)\begin{pmatrix} -0.0083 \\ 1.0083 \end{pmatrix}\right]$$

$$= \mu_{n_0} \times 4.90/kg$$

其中，μ_{no} 表示当前亲代平均产生的市场后代数量，z 是一个向量，定义了标准正态和累积标准正态分布函数。对于繁殖数量的经济价值，计算为：

$$v_{n_o} = e'_{grid} p_w = 140 \text{ 元}/\text{鱼}$$

种群均值和方差的量级，描述了后代在不同类别中的分布情况，影响着每个后代的预期支付价格以及这两个性状的经济价值。例如，如果 $\sigma = 0.7kg$，来自该父母代的单个后代的预期收入为：

$$R_{grid(\sigma=0.7)} = e'_{grid} p_{w(\sigma=0.7)}$$

$$= (4.70 \quad 4.90)\begin{pmatrix} 0.80 \\ 3.20 \end{pmatrix}$$

$$= 140 \text{ 元}/\text{幼鱼}$$

而繁殖数量的经济价值为：

$$v_{w(\sigma=0.7)} = \mu_{n_o}(e'_{grid} z_{(\sigma=0.7)})$$

$$= \mu_{n_o}\left[(4.70 \quad 4.90)\begin{pmatrix} -1.46 \\ 2.46 \end{pmatrix}\right]$$

$$= \mu_{n_o} \times 5.19 \text{ 元}/kg$$

$$v_{n_o(\sigma=0.7)} = e'_{grid} p_{w(\sigma=0.7)} = 140 \text{ 元}/\text{鱼}$$

本案例中，较高的方差导致体重的经济价值增加，而繁殖数量的经济价值降低。

四、转化性状的聚合基因型

在遗传学研究中，存在多种情况可以通过数学变换来定义遗传性状。例如，生长率（kg/d）这一遗传性状，可以转换为达到特定体重所需的时间（d）或特定天数内的体重（kg）。这些转换之间，生长率、时间和体重实际上是相互的数学变换。当已知某一性状表达形式的经济价值时，我们可以直接计算出相关转化性状的经济价值。

若性状 y 是性状 x 的函数（或转换），即 $y=f(x)$，则 y 的经济价值（v_y）可以通过 x 的经济价值（v_x）以及该函数关于 x 在群体均值处的导数来计算。具体公式为：

$$v_y = v_x \div \frac{\partial y}{\partial x}|_{\mu_x}$$

例如市场体重固定时，猪的生长率和市场年龄的经济价值

假设一家养猪公司希望提升其销售给客户的猪的盈利能力。市场猪的利润主要取决于两个性状：屠宰体重（cw, kg）和瘦肉率（ly,%）。

利润计算公式为：

$$NP = 0.0288 \times cw \times ly - \text{成本}$$

其中，0.0288 是基于过去 5 年市场猪价格和瘦肉率百分比的回归分析得出的系数。生

产者倾向于购买更盈利的动物，因此假设育种公司能据此获得相应回报。生产者通常选择在市场猪达到固定活重110kg时出售，并假设屠宰体重为活重的80%，即$cw=0.8w$。市场体重作为管理变量，生长率（gr，g/d）或市场年龄（d）均可视为遗传性状。首先，我们考虑生长率为遗传性状。若当前市场平均屠宰年龄为169.23d，则按生长率重新表达的净收益为：

$$NP = 0.0288 \times cw \times ly - 成本$$
$$= 0.0288 \times 0.8w \times ly - 成本$$
$$= 0.0288 \times 0.8(0.001)(gr)(age) \times ly - 成本$$
$$= 0.0288 \times 0.8(0.001)(gr)(169.23) \times ly - 成本$$
$$= 0.0039 \times gr \times ly - 成本$$

当前平均生长速率预计为 $\mu_{gr} = \dfrac{w}{\mu_{age}} = \dfrac{110kg}{169.23d} \times \dfrac{1000g}{kg} = 650g/d$。当前平均净收益率为 $\mu_{ly} = 52\%$ 生长速率的经济价值为：

$$v_{gr} = \dfrac{\partial NP}{\partial gr}\Big|_{\mu_b} = 52 = 0.0039\mu_{by} = 0.0039 \times 52 = \dfrac{0.20/g}{d}$$

对于精益产量而言

$$v_{ly} = \dfrac{\partial NP}{\partial ly}\Big|_{\mu_{gr}} = 650 = 0.0039\mu_{gr} = 0.0039 \times 650 = 2.54/\%$$

繁殖公司的育种目标是：

$$T = v'g = 0.20 g_{gr} + 2.54 g_{ly}$$

此育种目标也可结合遗传特性——市场年龄来表达。市场上的年龄是生长速率的一个函数，如：

$$age(d) = \dfrac{w(kg)}{gr\left(\dfrac{g}{d}\right)} = \dfrac{110kg \times 1000g/kg}{gr} = \dfrac{110000}{gr}$$

市场年龄（v_{age}）的经济价值可通过v_{gr}和年龄相对于群体均值的导数来计算：

$$v_{age} = v_{gr} \times \dfrac{\partial (age)}{\partial gr}\Big|_{\mu_{gr}} = 650 = 0.20 \times \left(-\dfrac{110000}{650^2}\right) = -0.77/d$$

因此，替代育种目标为：

$$T = v'g = -0.77 g_{age} + 2.54 g_{ly}$$

五、同时优化管理与育种目标

在前几节中，经济价值的确定基于使用利润函数，其中假设管理是最优的。管理实践的优化可以通过生产者主观或客观地分析适当的营销和管理环境来实现。优化可以通过之前描述的生物经济模型来实现，这相当于使用线性规划（LP）进行最低成本配方的制定。在优化管理系统中，通过比较每个遗传变量中连续小变化的价值，可以获得经济价值。

在利润函数中优化管理变量也可以通过将利润函数对每个管理变量的偏导数集合置为零并求解来实现。对于可能包括网格定价的复杂利润函数，数值优化方法可能更为实用。

示例：使用利润函数同时优化肉牛的管理和经济价值。

在前几章的肉牛饲养场利润方程示例中，收入来自体重，体重是日增重率和天数的线性函数。与增肥相关的成本是脂肪沉积率和天数的二次函数。其他成本假设与天数成线性关系。因此，净利润可以表示为：

$$NP = 1.2w - 2.5bf - 0.5d$$

其中，w 是市场肉牛的活重（kg），bf 是上市时的背膘厚度（mm），d 是屠宰时的天数。

以日增重和增肥率表示，净利润则为：

$$NP = 1.2(gr \times d) - 2.5(fr \times d^2) - 0.5d$$

其中，gr 是市场肉牛的日增重率（kg/d），fr 是日增肥率（mm/d）。

与市场天数相关的管理水平优化，通过对利润函数关于天数 d 的一阶导数在当前遗传变量均值处求值来实现（参见 Wilton 和 Goddard，1996）。

$$\left.\frac{\partial NP}{\partial d}\right|_\mu = 1.2(\mu_{gr}) - 2(2.5)(\mu_{fr})d - 0.5$$

最优天数 d_o 通过将此方程置为零并代入种群均值来计算。如果商业种群的均值 $\mu_w = 1\text{kg/d}$ 和 $\mu_f = 0.001\text{mm/d}$，则可通过求解得到最优天数。

$$0 = (1.2)(1) - 2(2.5)(0.001)d_o - 0.5$$
$$d_o = 140d$$

先优化了管理天数后，可以确定重量和背膘沉积率的综合基因型。在该优化下，可以确定重量和背膘沉积率的经济值，如前所述，经济值是通过对 NP 的一阶导数得到的，然后将 d_o 代入公式中。

$$NP = 1.2(gr \times d_o) - 2.5(fr \times d_o^2) - 0.5d_o$$
$$= 1.2(gr \times 140) - 2.5(fr \times 140^2) - 0.5(140)$$
$$= 168gr - 49000fr - 70$$

$$v_{gr} = \left.\frac{\partial NP}{\partial gr}\right|_\mu = 168\text{kg/d}$$

$$v_{fr} = \left.\frac{\partial NP}{\partial fr}\right|_\mu = -49000\text{mm/d}$$

因此育种目标 [元/（家畜·单位时间）] 为：

$$T = v'g$$
$$= v_{gr}g_{gr} + v_{fr}g_{fr}$$
$$= 168g_{gr} - 49000g_{fr}$$

六、为替代性终点定义综合基因型

同时优化管理和基因型，市场是整体管理系统的一部分。例如，牛肉可以在某个特定时间（例如 15 个月龄）进行销售，或者以特定重量销售（通常用于猪和家禽），或在某个特定的肥度水平销售。这里提出的问题是，是否我们的综合基因型定义受到市场标准下的管理决策的影响。

下例表明，当利润函数是连续的并且在优化管理下时，不同终点的育种目标是相同的。在每种情况下，都有一些条件需要满足才能确保这种等价性。关键是在每种情况下管理都必须是优化的，且育种目标的底层生物变量与育种性状相同。最后需要注意的是，我们定义的育种目标是为了相对于当前的平均水平，改善群体中的某些性状。

在评估家畜（如肉牛）的经济价值时，我们可以考虑多种性状的参数化方式。例如，特定年龄下的体重、特定体脂水平下的体重、特定年龄下的体脂含量，或是直接以体重作为评估标准。每种参数化方式都可能导致动物排名的不同。为了对动物进行"利润"排名，我们需要仔细定义利润函数以及影响该函数的基本生物学性状。

示例：在固定体重终点下同时优化管理和经济价值。

在之前的示例中，我们将上市天数（d）作为管理变量，以推导出提高生长速度（gr）和育肥率（fr）的育种目标（其中生长速度具有正经济价值，而育肥率具有负经济价值）。现在，我们考虑另一种管理终点的定义方式，即将体重作为管理变量。遵循 Wilton 和 Goddard（1996）的方法，我们将利润函数表达为体重（而非天数）的函数，并据此优化体重。

已知净利润（NP）的计算公式为：

$$NP = 1.2w - 2.5bf - 0.5d$$
$$= 1.2(gr \times d) - 2.5(fr \times d^2) - 0.5d$$

但在此情境下，d 是市场体重 w 和生长率 gr 的函数，即 $d = w/gr$。因此，我们可以将利润函数重新表达为：

$$NP = 1.2w - 2.5fr\left(\frac{w}{gr}\right)^2 - 0.5\left(\frac{w}{gr}\right)$$

重量优化是通过计算利润函数关于遗传变量当前均值的 w 的一阶导数来实现的。最优重量 w_o 通过将该方程设为零，并代入群体均值 $\mu_{gr} = 1$ kg/d 和 $\mu_{fr} = 0.001$ mm/d 来计算得出。

$$\frac{\partial NP}{\partial w} = 1.2 - 5\mu_{fr}\left(\frac{w}{\mu_{gr}^2}\right) - 0.5\left(\frac{1}{\mu_{gr}}\right)$$

$$0 = 1.2 - 5(0.001)\left(\frac{w_o}{1^2}\right) - 0.5\left(\frac{1}{1}\right)$$

$$w_o = 140\text{kg}$$

每个性状的重量和背脂沉积率的经济价值，通过从 NP 关于每个特性的一阶导数中计算得出，并将 w_o 代入方程中，在商业群体均值 $\mu_{gr} = 1$kg/d 和 $\mu_{fr} = 0.001$mm/d 的条件下进行评估。

$$\frac{\partial NP}{\partial gr} = \frac{2(2.5)(fr)w_o^2}{gr^3} + \frac{0.5 w_o}{gr^2} = \frac{2(2.5)(0.001)140^2}{1^3} + \frac{0.5(140)}{1^2} = 168\text{kg/d}$$

$$\frac{\partial NP}{\partial fr} = \frac{-2.5 w_o^2}{gr^2} = \frac{-2.5(140)^2}{1^2} = -49.000\text{mm/d}$$

这些经济价值与在屠宰天数优化中利润函数的情况相同。同样，这种等价性也适用于肥育目标。在育种目标中，这种等价性至关重要，因为它确保了无论市场时间的定义如何变化，育种策略都能保持一致性。相同的目标可以应用于所有市场时间的定义，这有助于育种者在不同市场条件下制订有效的育种计划。

七、从生物经济模型中构建聚合基因型

本章节详细探讨了如何从生物经济模型中推导出聚合基因型的构建方法。在优化目标函数的过程中，生物经济模型展现出了其独特的优势，不仅使收益与成本直接关联到商业

生产，还通过直接纳入表达率和表达时间等因素，提供了更为全面的经济评估框架。

与单一方程模型相似，生物经济模型同样基于一个基本原则，即计算每个性状相对于当前种群均值发生一个单位变化时的净经济效应，同时保持其他所有性状在其当前均值水平不变。这一方法使我们能够更准确地评估不同性状变化对整体经济性能的影响。

生物经济模型的一个显著优势在于，它能够直接反映所有收入和支出，消除了在决定哪些性状应纳入考量时可能存在的主观性。此外，当并非所有性状都能直接测量时，生物经济模型还能通过基于遗传而非表型相关性的重新参数化，来构建仅基于可测量性状的育种目标，即使这些性状仅仅是具有间接经济价值的指示性状。

例如，Wilton 等（2002）的研究便展示了如何从生物经济模型中推导出线性育种目标。他们基于 Wilton 等（1998）的报告所描述的生物经济模型，特别针对使用终端公畜品种（如夏洛来牛）在母畜品种上的情况进行了应用。这一研究不仅验证了生物经济模型在构建聚合基因型中的有效性，还进一步强调了其在实现育种目标优化中的重要作用。

在家畜育种学中，经济学与生物学的交叉研究显得尤为重要。本章详细探讨了经济学模型在育种目标设定及优化策略中的应用。以夏洛来牛（Charolais）为例，其育种目标被明确为作为终端父系品种使用。针对不同母系品种的不同性状水平，制定了不同的育种目标。这些目标的设定依据是终端品种与不同交配群体的匹配度，正如前一章所讨论的，这影响了根据配偶选择而变化的种公牛排名。

基于线性育种目标指数得出的种公牛排名，与直接由生物经济模型得出的排名紧密相关，但由于线性化经济效应时涉及的近似值，两者并不完全相同。如前所述，计算线性育种目标的优势在于为众多生产者提供了一个简单的方程式，并为计算预期遗传变化和确定最佳育种策略提供了基础。

Koots 和 Gibson（1999）在牛肉生产模型中也采用了生物经济建模方法，其中遗传变量以剩余遗传效应来定义。每个遗传变量的经济价值是通过在保持其他遗传变量恒定的情况下，每个变量单位变化所导致的净经济价值（以农场毛利润表示）的差异来确定的。然而，由于遗传变量定义的复杂性，所计算经济价值的应用受到限制，但该技术是对计算经济价值概念的一种直接应用。

在芬兰，还采用了生物经济模型方法来制定养殖欧洲白鱼的全国育种目标。对整个行业供应链进行了经济分析，并建立了生物经济模型（Kankainen 等，2007）。该模型定义了影响供应链中初级生产、加工和零售层面成本和收益的白鱼生产和质量性状，包括体重、饲料效率、存活率、体型、胴体和鱼片百分比、成熟年龄、鱼片脂肪含量和颜色，以及肉质开裂和质地。利用生物经济模型，计算了每个性状相对于单位性状变化（以欧元为单位）的供应链利润变化的经济价值。

具体计算方法如下：首先，使用所有基础水平性状均值运行生物经济模型，并记录整个供应链的基准利润。其次，对于每个性状，将性状均值增加或减少一个遗传标准差，同时保持其他性状均值不变，重新运行模型并记录新利润。每个性状的经济价值计算为利润总变化与性状均值总变化的比率。这种方法与之前的例子略有不同，因为它假设经济价值在一个遗传标准差范围内是线性的，而不仅仅是单一单位的变化。

此外，Wolfová 等（2005a，b；2007a，b；2009a，b）在肉牛、奶牛（包括牛肉销售）和产奶绵羊中也应用了生物经济建模。其中一些模型考虑了杂交结构、种群结构和基因流动。对于奶牛，还纳入了与泌乳曲线相关的参数。将泌乳曲线相关参数纳入的概念可以扩展到使用随机回归（无论是通过数量遗传还是基因组估计方法）估计的各种胎次的相关参数。随机回归参数将直接关联到感兴趣的生物学性状，无须重新参数化性状。

在固定泌乳期（如305d）的产奶量预测中，或作为持久性特征，其预测基于估计参数的某种函数。此外，从经过优化管理的生产单位数据库中估计得到的特征，将是当前优化生产中每年相关的基础。所有特征的经济价值均按年度计算，如之前所述。类似的方法也可用于蛋产量曲线和生长曲线（针对瘦肉、脂肪和骨骼）的建模。这种建模方式符合在遗传改良中识别感兴趣特征时，特异性不断提高的趋势。

我们在此讨论的例子展示了开发生物经济模型并推导经济价值观所需的详尽细节。生物经济模型的开发需要产业金融专家和遗传学家的共同技能，并且最适合在垂直整合系统中进行，其中信息可以从育种者追踪到零售商层面。这种生物经济建模方法对于大型遗传公司或国家项目尤为有效，这些项目能够随时间维护和更新系统模型，以适应不断变化的市场和生产情况。同样，遗传变化以及新的遗传和基因组工具和技术也可以被纳入模型中。在理想情况下，经济学家和动物育种者应密切合作，定期构建和更新生物经济模型。

八、聚合基因型的重参数化

在育种实践中，经常遇到利润函数中并非所有性状都常规测量的情况，导致这些性状的遗传评估数据缺失。例如，饲料摄入量就是一个重要的成本因素，但在实际生产中却很少被常规测量。尽管真实的利润函数和相应的聚合基因型并不依赖于我们是否能获得遗传参数的估计，但遗传学家有时倾向于重新定义聚合基因型，排除那些无法测量的性状。我们称这种定义上的变化为"重参数化"。

在奶牛育种的一个例子中，原本聚合基因型包含了4个性状：3个产出性状，牛奶（m）、脂肪（f）和蛋白质（p），以及1个投入性状，饲料摄入量（fi）。按照常规方法，聚合基因型可以表示为：

$$T_1 = \nu_m g_m + \nu_f g_f + \nu_p g_p - \nu_{fi} g_{fi}$$

其中，经济价值是单位产出或投入的简单价格。然而，在饲料摄入量难以测量的情况下，我们可以重新参数化聚合基因型的定义，将其调整为：

$$T_2 = \nu_m g_m + \nu_f g_f + \nu_p g_p$$

这里的新经济价值是扣除饲料投入成本后的产出收益。需要注意的是，我们不能简单地从总收益中减去饲料成本，而必须考虑饲料摄入量与牛奶、脂肪和蛋白质等产出性状之间的遗传相关性。重参数化的方法有助于在数据缺失或测量困难的情况下，依然能够构建有效的生物经济模型，为家畜育种提供科学的决策依据。这种方法不仅适用于奶牛育种，同样可以应用于其他家畜种类，以及蛋鸡生产曲线和生长曲线的建模中。

每个输出单位遗传变化所导致的收入减少，正是与饲料摄入量相关的遗传变化在经济价值上的体现。新经济价值的计算，是基于对聚合基因型原始成分遗传值的调整，这些调整基于遗传回归，从而排除了从聚合基因型中剔除的特定成分（或一般组件）的影响。

在简化聚合基因型定义的过程中，我们通常采用性状间的遗传关联，而非表型关联，如饲养标准等。这种方法与直接使用聚合基因型的原始定义，并基于多性状遗传评估来确定从定义中剔除的性状（如本例中的饲料摄入量）的遗传价值，是相辅相成的。当然，这种多性状遗传评价仅当存在遗传相关性时才有效，若某些性状缺乏表型数据，则无法进行。

值得注意的是，经济价值的调整与通过生物经济模型确定经济价值的过程存在有趣的相似性。若我们试图从包含收入和成本的模型中移除某些性状，就必须重新界定所有性状单位遗传变化的经济贡献。随后，还须计算每个性状在考虑与已删除性状遗传关联后的总经济效应。

再参数化过程必须谨慎进行。随着可经济测量的性状数量增加，以及通过基因组评估评估的性状数量增多，再参数化的需求将逐渐减少。

九、聚合基因型定义中的视角等价性

在定义聚合基因型时，存在多种视角来看待利润函数，并利用这些函数来制定育种目标。我们可以考虑每头市场动物的利润、每头繁殖动物的利润、每个生产企业的利润，或每单位市场产品的利润。在本章及前几章中，我们努力精确表述利润函数，将利润（收入减去支出）以诸如每头泌乳牛每年的利润、每头市场肉牛每年的利润等术语来表示。这些不同的利润函数考虑方式常被称为遗传改良的视角。在设定选择目标时，这些视角一直是讨论的重点。

幸运的是，在特定条件下，这些不同的视角会导致聚合基因型中特征的经济权重相同。这两个关键条件是：管理因素已被优化，且所有成本均被视为变动成本而非固定成本。我们在本章早些时候看到，在优化管理下，基本的生物学特征无论市场终点如何，都具有相同的经济价值。在第五章中，我们也看到了管理优化在基因型排序和资源水平识别中的重要性。

现在，当我们审视聚合基因型的定义时，我们采取的是长期视角。此时，将所有成本视为变动成本而非固定成本是恰当的。单位遗传变化对每种输出收入的减少，与饲料摄入量的遗传变化相关联。新的经济价值是通过基于这些元素在聚合基因型中被消除的组分（或一般组分）上的遗传回归，修改聚合基因型原始组分价值的结果。

如果我们在定义聚合基因型时"简化"，那么应使用特征之间的遗传关联，而非如饲养标准等表型关联。这种方法实际上与使用聚合基因型的原始定义并行，并基于从聚合基因型定义中去除的特征（本例中为饲料摄入量）的遗传价值估计，进行多特征遗传评估。当然，如果某些特征没有表型，则此类多特征评估仅基于遗传相关性。

调整经济价值与通过生物经济模型确定经济价值之间存在有趣的相似性。如果我们从涉及收入和成本的模型中删除某些特征，我们必须重新定义所有价格以考虑这种删除。然后，我们必须计算每个特征中一单位遗传变化的净经济效应，同时考虑与任何已删除特征的遗传关联。重新参数化必须谨慎进行。随着更多特征可以经济地测量，以及更多特征通过基因组评估进行评估，重新参数化的需求将减少。

必须认识到圈舍成本应视为可变成本，因为随着未来圈舍的进一步购买，其供应量理论上无上限。为了证明不同视角下经济权重的等价性，已采用多种方法，具体讨论可参见Smith等（1986）和Dekkers（2001）的著作。在此，我们将聚焦于其中一种方法——定义正常或零利润法。该方法基于竞争市场中产品生产的正常利润水平是必需的假设。这一"正常利润"被纳入成本方程中，从而得出零利润（即收入减去成本）的概念。这也可以理解为市场处于均衡状态。

我们计算出的经济价值反映了在竞争生产环境中采用改进基因型所带来的经济优势。从各个视角来看，这些经济价值本质上是相互关联的数学函数，且相对经济价值在不同视角间保持一致。对于具有一定规模的肉类生产企业（假设拥有 n 头雌性动物），我们可以构建一个简单的利润函数。基于每头雌性的利润函数是企业总利润方程除以 n。基于每头市场动物的利润函数则是每头雌性的利润方程除以每年每头雌性动物的市场后代数量。最后，基于每单位产品的利润函数则是市场后代方程除以每头市场动物的平均产量。

特别地，在存在配额制度的情境下，某些产品的生产受到法律限制。这些限制可视为线性规划中对动物排名的约束条件，并可能对排名产生显著影响。即便如此，我们仍可将配额购买视为长期成本纳入利润函数，这一成本可能对输出产品的经济价值（如每千克牛奶脂肪）产生重大影响。

无论从哪个视角出发，确定经济价值的关键在于构建尽可能准确的利润函数，确保在长期视角下全面考虑所有成本，并在条件相对优化的环境下进行生产。

十、经济价值的稳健性与风险分析

我们始终假设能够准确反映聚合基因型成本的价格，但实际上，价格估计存在误差，这会影响经济价值的计算。幸运的是，多项研究表明，价格的小幅变动对经济价值的影响相对较小，且选择决策在价格变动方面表现出较强的稳健性。经济价值的稳健性可通过计算选择响应对指数权重变化的敏感性来检验，如 Smith（1983）所述。选择反应，作为衡量个体特性及经济价值变动的重要指标，在经济学性状选择中占据核心地位。研究表明，经济价值的显著误差往往导致效率的大幅下降，尤其是当某一或少数特性在育种目标中占据主导地位时。然而，值得注意的是，经济权重的微小调整对效率的影响相对有限，且无须因市场或管理的小幅波动而重新计算。

Henryon 等（1999）采用类似方法，预测了经济价值观中潜在误差对特定育种目标（如螯虾育种）的影响，并得出结论：基于利润函数的经济价值观对生产和市场条件的变化展现出较强的稳健性。

为更全面地考量经济价值的潜在波动，风险分析成为不可或缺的工具。其核心在于，根据未来价格变动的预测概率，动态调整经济权重。例如，Kulak 等（2003）在制定牛肉种群选择标准时，便纳入了粮食价格与牛肉价格间较低方差的影响。

最佳实践在于，通过细致识别并优化市场、管理及交配结构，以最大限度地减少经济价值误差。在此基础上，可进一步探讨价格变动对特定选择计划的具体影响。

十一、聚合基因型的替代定义

在探讨聚合基因型的定义时，除传统的线性加性模型外，还可引入更为复杂且精确的二次模型。Wilton 等（1968）及后续研究（如 Wilton 和 Van Vleck, 1969）在奶牛育种中成功应用了此类模型，其基于奶牛群体中牛奶脂肪组成变化值，直接评估聚合基因型的变动。该模型不仅涵盖了单一性状的二次效应，还涉及性状对之间的交叉效应，为遗传优势的评估提供了更为全面的视角。

相较于基于一阶近似的线性模型，聚合基因型的二次模型在描述遗传优势时更为精确。它明确地将所有相关基因型的均值纳入考量，使得评估结果更加贴近实际生产情况。在后续章节中，我们将进一步探讨如何结合适当的均值和选择技术（如二次指数），以优化聚合基因型的评估与应用。

1. 期望的变化

育种目标的一种定义方式，是明确每个性状期望达到的遗传改变均值。这通常要求至少对变化的重要性有主观了解。此外，还须明确实现期望遗传增益所需的时间周期（以年或世代计），以确立选择标准。育种目标因此关联到未来某个时间点的基因型，而不考虑中间时间（年份）的基因型价值。改进基因型表达的时间问题至关重要，我们将在后续章节中探讨表达速率及与改进遗传相关的具体时间，包括特定标记或 SNP。此时，定义育种目标时须决定遗传材料的使用时间，以及目标是短期还是长期。我们还可根据特定时间段（如 10 年）内的累积效应来设定目标，如 Dekkers（2001）所述的控制理论。这种方法与生物经济模型方法并行，通过该方法，我们现在可以对动物进行排序，以评估其在特定时间段内的遗传影响。

2. 新产品

育种目标可能基于开发独特或新颖产品，这些产品将在市场上脱颖而出。在某些情况下，育种者可能希望发展具有特定性状水平的动物，如培育出市场上独特的极高体型绵羊品种，或高度大理石纹的肉牛品种，或具有独特肉色的鱼类品种，而不必过多考虑其他性状。另一个例子是免疫遗传学领域，我们可能希望增加赋予特定病原体抗性的特定等位基因的频率。这些替代目标通常与短期市场考虑相关，而非长期整体变化。

3. 遗传变异

从更广阔的视角看待育种目标时，还须考虑遗传方差以及遗传均值。人们普遍担忧，仅通过提高遗传均值（如通过 SNP 选择固定有利等位基因）可能会减少遗传多样性。如果 SNP 与具有正或负效应的另一 SNP 紧密连锁，或者存在重要的等位基因互作效应，则这种担忧尤为合理。未来，我们可能希望定义包含遗传方差和均值效应的扩展育种目标方程。在许多物种中，维持遗传多样性的挑战还可能包括维持甚至创建不同的种群，因此需要为这些种群定义考虑这一更大目标的育种目标。我们将在以后章节中进一步讨论选择与遗传方差维持之间的平衡。

本章将探讨我们种群中等位基因频率可能的变化。我们将从下一章的简单选择指数入手，进而使用复杂的数量性状和基因组评估函数。

十二、案例研究

关于制定绵羊选择标准的案例研究，为终端系和母系种群聚合基因型（育种目标）模型的发展提供了详细示例。如前所述，这些育种目标的制定是在密集管理下的终端杂交育种计划背景下进行的。目标是为每个种群（终端系如萨福克羊）制定育种目标和选择指数。种群内的公羊和母羊都将基于提高定义的育种目标进行选择。

我们已展示了为希望改良的种群制定聚合基因型定义的过程。在前面的章节中，我们从不同的角度（如生产动物、农场或整个行业）对利润进行了建模。在本章中，我们从这些不同角度推导出了经济权重，以在标准化的动物单位时间基础上生成聚合基因型模型。我们为一系列线性和非线性利润函数中定义的聚合基因型的特征推导出了经济价值，涵盖了连续和离散测量以及定价结构。这些经济价值被纳入聚合基因型的定义中，为商业生产中用于改良种群的遗传选择提供了基础。

第八章 多性状选择反应预测

　　响应的预测对于育种规划和制定最佳遗传改良策略至关重要。我们旨在明确以下几点：一是根据多种选择策略（如用于表型测量的动物数量、后代群体大小及基因型测定动物数量等）的预期进展和利润及组成性状的预期进展；二是当某些性状未测量或测量动物数量少于其他性状时的预期利润；三是基于非聚合基因型性状的指标进行选择时的预期进展；四是当聚合基因型中包含的某些性状未测量或未评估时的预期进展。这些确定因素在选择记录和评价项目中的决定性作用不容忽视。

　　选择指数（SI）方法能够预测育种目标（总育种值、聚合基因型）的整体响应以及该育种目标中各性状的选择响应。基于选择指数的选择反应预测，为基于混合模型（BLUP）多重性状动物评估的预期响应提供了有用的近似值。随后，可进行详细的成本-效益分析，综合考虑测量、评估和记录性状的成本以及基因型改良的潜在利益。

　　SI 预测的反应还有助于我们理解多性状育种计划中各性状相对重要性的差异。在比较不同项目时，如比较加拿大和欧洲奶牛改良项目中生产和健康性状的相对重要性时，测量相对强调显得尤为重要。存在两种方法来比较不同育种目标中不同性状的相对强调：一是通过经济价值与遗传标准差的乘积进行比较；二是使用个体性状反应的选择指数预测值作为总指数反应的比例。在多层次产业中，我们可以预测选择计划为各产业层面带来的利益。这种 SI 预测是短期经济预测的主要工具。此后，将介绍用于长期预测的等位基因流方法。

　　值得注意的是，SI 已不再普遍用于单个性状的遗传评估。然而，SI 为将加性遗传值的估计值代入聚合基因型的简单线性加性模型以获得总育种值（聚合基因型）的估计值提供了有趣的基础。这种替代方法提供了一种灵活的多性状选择标准，能够适应经济价值的变化以及如动物模型或基因组技术所获得的遗传评估的改进。

　　我们将运用 SI 方法，对诸如"如果我们测量了 10 个半同胞的饲料摄入量，并测量了 50 个子女的产奶量"等具体问题进行比较分析。

　　我们测量了 5 个全同胞的饲料摄入量和 15 个子代的牛奶产量遗传参数。本章内容可以视为对平衡状态下不同选择方案表现的一种比较。SI 方法允许我们比较多种测量和改良方案的选择。然而，实际预测的变化往往偏于乐观，因为这种方法忽略了同时估计固定效应的影响（采用最佳线性无偏预测，即 BLUP 方法）。混合模型方程（BLUP）为现有种群的育种值和遗传变化提供了更为精确的估计。为了简化预期变化的比较，我们将忽略固定效应，以便更广泛地关注未来可能的测量和测试场景。

　　在本章中，我们将通过几个实例来阐述遗传变化的预测。首先，我们考虑单性状的预测，以简化分析过程，并随着讨论的深入逐渐增加复杂性。我们将分别考虑每代和每年的变化，为后续基于成本效益的方案比较奠定基础。更多详细内容和本章所用方法的理论基础,请参阅附录部分。

一、遗传预测方法和公式

1. 单性状选择反应预测

对于单性状截断选择,预测的选拔反应基于标准线性回归理论。预测遗传值($b_{g,\hat{g}}$)与真实遗传值之间的回归方程为:

$$b_{g,\hat{g}} = \frac{\sigma_{g,\hat{g}}}{\sigma_{\hat{g}}^2} = r_{g,\hat{g}} \frac{\sigma_g}{\sigma_{\hat{g}}}$$

其中,g、$\hat{g}$、σ_g^2、$\sigma_{\hat{g}}^2$、$\sigma_{g,\hat{g}}$、$r_{g,\hat{g}}$ 分别代表真实遗传值、预测遗传值、加性遗传方差、预测遗传值的方差、真实与预测遗传值之间的协方差以及真实与预测遗传值之间的相关性(通常称为预测指数的准确度)。选择强度(i)的计算方式如下:

$$i = \frac{\varphi(x)}{p}$$

在截断点处的标准正态分布函数为 $\varphi(x)$,而 p 代表所选人口的比例。结合这些参数,对于截断选择下单个性状的预测响应可以表述为:

$$\Delta g = b_{g,\hat{g}}(i\,\sigma_{\hat{g}}) = r_{g,\hat{g}} i\,\sigma_g$$

对于两个相关的性状 X 和 Y,由于直接对 X 进行选择,每代 g 的相关响应可以表示为:

$$\Delta g_{Y|X} = b_{g_Y \cdot \hat{g}_X} i_X \sigma_{g_Y} = r_{g_Y \cdot g_X} r_{g_X \cdot \hat{g}_X} i_X \sigma_{g_X}$$

其中,$r_{g_Y \cdot g_X}$ 是 X 和 Y 之间的遗传相关系数,i_X 实际上是 X 上选择的强度,σ_{g_X} 是 X 的遗传标准偏差。$r_{g_X \cdot \hat{g}_X}$ 是 X 的选择准确性。

在经济规划中,为了每年评估选择响应的遗传效果,须将上述响应除以世代间隔 L(以年为单位),得到每年的遗传响应:

$$\frac{\Delta g}{yr} = \frac{r_{g,\hat{g}} i\,\sigma_g}{L}$$

$$\Delta g_{Y|X}/yr = \frac{r_{g_X \cdot g_Y},\ r_{g_X \cdot \hat{g}_X}\ i_X\ \sigma_{g_X}}{L}$$

因此,可以针对不同的繁殖价值准确性、相关性状、选择强度和世代间隔,预测一个或两个性状的选择响应。已开发出多种这些方程的变体,以预测不同选择强度和世代间隔下雄性和雌性亲本的响应(例如,布尔登,2000)。

2. 预测多性状选择响应

上述原理同样适用于多性状选择指数方法,用于预测多性状遗传响应。在此情况下,目标是预测由于直接对某一综合观察或遗传信息指数进行选择,而产生的总体基因型("综合基因型"或"利润")的经济响应。这些响应取决于性状之间的相关性、基因型估计的准确性、选择强度以及遗传方差。对于多性状计算,通常使用矩阵符号来描述一般公式。在第七章中,综合基因型(育种目标)被定义为:

$$T = v_1 g_1 + v_2 g_2 + v_3 g_3 + \cdots + v_n g_n = v'g$$

其中,v 是经济价值的向量,g 是基因型的向量。T 中的性状可能被称为经济性状(在选择指数文献中,T 通常表示总收益或真实价值)。在多性状选择中,动物根据选择指数进行排名和选择。

在多性状选择中，动物依据选择指数 I 进行排序与筛选。

$$I = b_1 y_1 + b_2 y_2 + b_3 y_3 + \cdots + b_m y_m = b'y'$$

其中，b 是指数权重向量，y 是可用性状信息的向量。在 I 中可能指的是测量的或指数性状。T 和 I 中的性状可以是相同的，但在许多实际情况下，测量的性状并不等同于经济性状。

指数性状信息

在家畜选择指数方法学中，传统上动物的表型测量信息被用作评估的基础。这些表型测量可以是对个体性状的直接测量，也可以是对相关亲属（如后代或全同胞）的测量值的平均值。在这些情况下，表型数据必须根据当代群体效应进行适当调整。Van Vleck（1993）对这种经典的选择指数方法进行了详尽的描述。

当前，许多育种计划已采用基因评估技术，如单性状或多性状 EBV（估计育种值）、基因组估计育种值（GEBV）等，用于育种目标和/或指示性状的评估。BLUP（最佳线性无偏估计）方法通过利用所有相关亲属的数据，能够计算出更为准确的 EBV，同时考虑当代群体效应、选择和非随机交配。此外，多性状 BLUP EBV 还能解释性状之间的遗传相关性。这些基因评估数据可以像表型数据一样，被用于选择指数中，以预测遗传反应。新加入的基因组信息和评估方法同样可以纳入选育计划，作为观察值处理。

如果所有经济性状的 EBV 都具备较高的准确性，并且是通过考虑协方差的多性状模型计算得出的，那么这些 EBV 可以直接用于总育种价值性状的评估（如第七章所述）。随着多性状 BLUP 的广泛应用，这种理想情况已成为可能。此时，选择指数仅由经济性状构成，可直接用于动物排名和遗传反应预测。

然而，并非所有情况下都能直接替代 EBV。首先，并非所有经济性状都有对应的 EBV，尤其是当性状无法测量时。另一个例子是使用指示性状，这些性状本身并不具有经济意义，因此指数性状与经济性状可能不同。此外，经济性状的 EBV 可能来源于不同的评估方法（如单性状 BLUP），这些方法可能未充分考虑所有性状之间的遗传相关性。无论 EBV 或基因组值是否针对非经济性状，或是否基于未考虑性状间协方差的单性状分析得出，我们仍可使用选择指数方法学来构建指数，以反映这些值。

选择指数方法学

在选择指数方法学中，无论可用信息是表型、EBV 还是基因组评估结果，构建指数以排名动物和预测遗传反应都是首要任务。

遗传对选择的响应。在所有情况下，目标都是计算指数权重，以最小化指数与"真实"聚合基因型之间的差异方差。以下是所需的初始协方差参数：

遗传协方差在所有 n 个经济性状 T 之间

$$G = \begin{pmatrix} \sigma_{g1}^2 & \sigma_{g12} & \cdots & \sigma_{g1n} \\ \sigma_{g21} & \sigma_{g2}^2 & \cdots & \sigma_{g2n} \\ \vdots & \vdots & & \vdots \\ \sigma_{gn1} & \sigma_{gn2} & \cdots & \sigma_{gn}^2 \end{pmatrix}$$

表型协方差在所有 m 个 I 测量之间

$$P = \begin{pmatrix} \sigma_{p1}^2 & \sigma_{p12} & \cdots & \sigma_{p1m} \\ \sigma_{p21} & \sigma_{p2}^2 & \cdots & \sigma_{p2m} \\ \vdots & \vdots & & \vdots \\ \sigma_{pm1} & \sigma_{pm2} & \cdots & \sigma_{pm}^2 \end{pmatrix}$$

协方差（遗传）在 m 个测量（I）和 n 个经济性状 T 之间，维度 $m \times n$

$$C = \begin{pmatrix} \sigma_{g11} & \sigma_{g12} & \cdots & \sigma_{g1n} \\ \sigma_{g21} & \sigma_{g22} & \cdots & \sigma_{g2n} \\ \vdots & \vdots & & \vdots \\ \sigma_{gm1} & \sigma_{gm2} & \cdots & \sigma_{gmn} \end{pmatrix}$$

优化指数通过特定的权重 b 来最小化其与"真实"聚合基因型之间的差异方差。尽管可以采用其他指数权重，但这些指数通常被视为次优选择。值得注意的是，最优指数与繁殖目标之间的协方差恰好等于该最优指数的方差，这一特性在次优指数中并不成立。

以下公式可灵活应用于一般情况（包括最优及次优指数）或特定针对最优指数的情况：

项目	一般指数	最优指数
选择指数权重	b_0	$b = P^{-1}Cv$
育种目标变异	$\sigma_T^2 = v'Gv$	$\sigma_T^2 = v'Gv$
指数的方差	$\sigma_I^2 = b_0'Pb_0$	$\sigma_I^2 \& = b'Pb$ $= b'P(P^{-1}Cv) = b'Cv$
T 和 I 的协方差	$\sigma_{TI} = b_0'Cv$	$\sigma_{TI} = b'Cv$
指数的准确性	$r_{TI} = \dfrac{\sigma_{TI}}{\sigma_I \sigma_T} = \dfrac{b_0'Cv}{\sqrt{(b_0'Pb_0)(v'Gv)}}$	$r_{TI} = \dfrac{\sigma_{TI}}{\sigma_I \sigma_T} = \dfrac{b'Cv}{\sqrt{(b'Pb)(v'Gv)}}$ $= \dfrac{\sigma_I}{\sigma_T} = \sqrt{\dfrac{b'Pb}{v'Gv}}$
选择响应	$\Delta T = r_{TI} i \sigma_T = \dfrac{b_0'Cv}{\sqrt{(b_0'Pb_0)(v'Gv)}} i \sigma_T$	$\Delta T = r_{TI} i \sigma_T = \sqrt{\dfrac{b'Cv}{v'Gv}} i \sigma_T$

作为开发最优指数的一个简单示例，我们将考虑两种性状，每种性状仅通过单性状信息来评估。每个性状的信息来源假定为通过标准单性状育种值（EBV）估计方法获得。这些单性状 EBV 用于构建总指数 I，定义为 $b'y$，其中 y 是 EBV 向量，b 是每个观测值（单个个体或均值）的标准化重要性（SI）权重向量。

性状 1 EBV 基于动物自身的单个记录 y_1。性状 2 EBV 基于动物 n 个后代记录 y_2 的均值（关系系数 $a_{12} = 1/2$），且假设这些后代间无共同环境效应。对于性状 1 和性状 2 的 EBV，其数学表达分别为：

$$y_1^* = b_1 y_1 = h^2 y_1$$

$$y_2^* = b_2 \bar{y}_2 = \frac{n h_2^2}{1 + (n-1) a_{22} h_2^2} a_{ij} \bar{y}_2 = \frac{2n h_2^2}{4 + (n-1) h_2^2} \bar{y}_2$$

上述表达式用矩阵形式表示为

$$y^* = \begin{pmatrix} h_1^2 & 0 \\ 0 & \dfrac{2n\,h_2^2}{4+(n-1)h_2^2} \end{pmatrix} \begin{pmatrix} y_1 \\ \bar{y}_2 \end{pmatrix} = By$$

因为

$$\mathrm{var}(y_1^*) = \mathrm{var}(h_1^2\, y_1) = \left(\frac{\sigma_{g_1}^2}{\sigma_{p_1}^2}\right)^2 \sigma_{p_1}^2 = h_1^2\, \sigma_{g_1}^2 = r_{g_1,g_1}^2\, \sigma_{g_1}^2$$

$$\mathrm{var}(y_2^*) = \mathrm{var}\left(\frac{2n\,h_2^2}{4+(n-1)h_2^2}\bar{y}_2\right) = \left(\frac{2n\,h_2^2}{4+(n-1)h_2^2}\right)^2 \frac{\sigma_{p_2}^2}{n} = r_{g_1,g_2}^2\, \sigma_{g_2}^2$$

假设家畜和后代之间没有共同的环境效应，EBV 间的协方差为：

$$\mathrm{cov}(y_1^*, y_2^*) = \mathrm{cov}\left(h_1^2\, y_1,\ \frac{2n\,h_2^2}{4+(n-1)h_2^2}\bar{y}_2\right)$$

$$= \frac{h_1^2\, 2n\, h_2^2}{4+(n-1)h_2^2}\mathrm{cov}(y_1, \bar{y}_2)$$

$$= r_{g_1,g_1}^2\, r_{g_2,g_2}^2\, a_{12}\, \sigma_{g_{12}}$$

a_{12} 代表动物与其后代之间的加性关系，其值为 0.5。使用矩阵符号，EBV（估计育种值）的表型方差可以表示为：

$$P^* = \begin{pmatrix} r_{g_1,g_1}^2\, \sigma_{g_1}^2 & r_{g_1,g_1}^2\, r_{g_2,g_2}^2\, a_{12}\, \sigma_{g_{12}} \\ r_{g_1,g_1}^2\, r_{g_2,g_2}^2\, a_{12}\, \sigma_{g_{12}} & r_{g_2,g_2}^2\, \sigma_{g_2}^2 \end{pmatrix}$$

同样地，由于性状 1 是直接针对动物本身进行测量，而性状 2 则是基于动物的繁殖后代性状来评估，因此，在 I 中估算的育种值（EBV）与经济性状在 T 中的协方差关系为：

$$\mathrm{cov}(y_1, g_1) = \sigma_{g_1}^2$$

$$\mathrm{cov}(y_1, g_2) = \sigma_{g_{12}}$$

$$\mathrm{cov}(\bar{y}_2, g_1) = a_{12}\, \sigma_{g_{12}}$$

$$\mathrm{cov}(\bar{y}_2, g_2) = a_{12}\, \sigma_{g_2}^2$$

以矩阵形式表达

$$C^* = \begin{pmatrix} \sigma_{g_1}^2 & \sigma_{g_{12}} \\ a_{12}\, \sigma_{g_{12}} & a_{12}\, \sigma_{g_2}^2 \end{pmatrix}$$

上式展示了遗传估计育种值（EBV）准确性在按指数加权总价值评估中的关键作用。同样，对于各个体性状的基因组育种值估计的准确性，将是利用基因组 EBV 进行指数选择策略时的决定性因素。在接下来的示例中，我们将详细探讨计算 P 和 C 矩阵、指数等的方法，以进一步阐明这一过程。

选择过程中的遗传反应

遗传目标 T 对选择指数 I 的反应遵循之前描述的单性状选择模式。每代在繁殖目标中的预期反应可由以下公式表示：

$$\Delta T = b_{TI}(i\, \sigma_I) = \frac{\sigma_{TI}}{\sigma_I^2}(i\, \sigma_I) = r_{TI}\frac{\sigma_T}{\sigma_I}(i\, \sigma_I) = r_{TI}\, i\, \sigma_T$$

其中，b_{TI} 代表 T 对 I 的回归系数，σ_I 是 I 的标准差，σ_{TI} 表示 T 与 I 之间的协方差，r_{TI} 是

指数的准确度（等同于 T 和 I 的相关系数），σ_T 则是 T 的标准差。如上所述，T 的响应也可能基于年度进行表示：

$$\Delta T/yr = \frac{r_{TI} i\, \sigma_T}{L}$$

L 代表世代间隔（以年为单位）。个体经济性状每代的相关反应为：

$$\Delta g = C'b \frac{i}{\sigma_I}$$

所有这些公式均基于最小方差和个体性状回归的标准统计属性。上述方差和协方差均建立在平方和交叉乘积的期望值这一统计概念之上。本章附录详细阐述了理论背景和附加统计背景。对于涉及直接和母体遗传成分变异的性状方差和协方差，请参阅 Van Vleck (1993) 的详细论述。此外，本章附录还提供了执行这些矩阵代数计算的 R 脚本。

扩展至两条路径（公母）和四路径（祖代）的计算。基于各条路径选择反应和代际间隔的平均值，两条路径（公母）和四路径（祖代）的计算方法清晰明了。以奶牛为例，可能存在 4 条选择路径，每条路径应用不同的选择强度：公牛（SB）的体尺选择、公牛（DB）的乳牛胎次选择、母牛的体尺选择，以及乳牛胎次选择，其预测选择反应分别为 ΔT_{SB}，ΔT_{DB}，ΔT_{SC}，ΔT_{DC}。群体中每年的预测选择反应可概述如下：公牛（SB）：体尺选择；公牛（DB）：乳牛胎次选择；母牛：体尺选择；乳牛胎次。

$$\Delta T = \frac{\Delta T_{SB} + \Delta T_{DB} + \Delta T_{SC} + \Delta T_{DC}}{L_{SB} + L_{DB} + L_{SC} + L_{DC}}$$

二、预测选择响应与替代信息来源

选择指数公式被广泛应用于预测经济性状的选择响应，这些预测基于多种选择策略，其中涉及不同性状的测量（经济性状和/或指示性状），以及测量或基因分型动物数量的变化，还有后代群体规模的不同。选择指数计算不仅能预测作为种群性状均值变化的遗传增益，还能预测由选择带来的经济收益。通过比较不同的策略，我们可以优化遗传改良方案。大多数育种公司除了记录多种性状外，还保存了系谱记录。

单一性状的动物遗传评估通常基于最佳线性无偏预测（BLUP）/动物模型，当所有固定效应无误且所有亲属都包含在指数中时，该方法可简化为基于选择指数的方法进行评估。多性状 BLUP/动物模型评估经过调整，以考虑遗传相关性，同时去除性状间的环境相关性。这些多性状评估结果可直接用于经济指数中，以排名父母，计算方式为各经济性状评估值的总和，按各自的经济价值加权。

基于选择指数方法的预测选择响应为基于混合模型多性状动物评价指数计算结果的预期值提供了有用的近似。这些预测对于规划非常有用，因为育种者可以比较在（1）某些性状未测量或测量动物数量较少时；和/或（2）未包含在经济指数中的情况下，与所有性状均测量时的最优情况相比的预期利润。

在以下示例中，我们将展示在猪育种计划中的遗传预测变化，这些变化基于不同的经济权重。使用选择指数计算来预测由表型信息来源变化引起的指数准确性的变化，并预测对选择响应（遗传变化）的影响。遗传变化基于整体育种目标（ΔT）和单个经济性状（Δg）的经济权重进行预测。

Mwansa 等（2002）通过基于聚合基因型的选择说明了预测成分性状遗传变化的实际重

要性。该模型针对的是母系肉牛群体，并简化为忽略断奶后生长和胴体性状，因为这些性状的测量成本较高。断奶体重是主要的收入性状，同时考虑了断奶体重的直接和母体成分，使用 Van Vleck（1993）中详细介绍的方差和协方差期望值来预测体重和母体体重的遗传变化。与预测成熟母牛体重的遗传变化相比，最有趣的是成熟母牛体重的预期变化。由于将母牛饲料摄入量纳入母牛体重的经济权重中进行再参数化，导致母牛体重具有较大的负经济权重。然而，由于母牛体重与断奶体重之间的遗传相关性，预测出的母牛体重变化呈轻微正相关。在母系肉牛育种者的经济指标中，母牛体重的轻微正增长被视为"合理"的选择结果。

本案例研究展示了在猪的单头选择中，如何利用超声波测量等指标性状来选定育种目标，如脂肪厚度和肌肉评分。这一策略旨在通过优化猪只的生产力和盈利能力，从而提升猪育种公司的整体经济效益。

猪育种公司可能采用多种策略，以增强其提供给生产者的遗传材料（即家畜）的盈利能力。在设定此类策略时，首要任务是清晰界定生产环境和市场环境，进而明确育种目标（如基于聚合基因型的模型）。

可能有多种信息来源需要考虑，这些也可能与育种公司的费用范围紧密相关。最初，我们假设育种公司会测量其所有种猪从出生到市场年龄的生长率（以 gr，g/d 表示）和估计的瘦肉率（以 ly，%表示），并致力于提升它们销售给客户的种猪（即遗传材料）的盈利能力，用于表示市场猪的每头收入，该收入由生长率（gr，g/d）和瘦肉率（ly，%）共同决定，具体公式为：

$$R = 0.0039 \times y_{gr} \times y_{by}$$
$$= 0.0039 \times (\mu_{gr} + g_{gr}) \times (\mu_{ly} + g_{ly}).$$

0.0039 是基于市场价格和瘦肉率对商业猪市场价格进行回归分析所得的回归系数。当前市场猪的平均增长率预计：粮食产量目标为每日 650g/kg，当前平均产量率为 52%。因此，育种目标是：

$$T = v'g = 0.20\, g_{gr} + 2.54\, g_{ly}$$

增长率与估计的瘦肉率百分比假定遵循双变量分布，且每头猪仅测量 1 次。经济性状与测定性状在经济学上视为相同，因此，经济性状与测定性状之间的协方差由遗传（协）方差矩阵给出。对于增长率，其表型方差为 $\sigma^2_{p(gr)} = 4900$，遗传方差为 $\sigma^2_{g(gr)} = 1270$，遗传力 $h^2_{gr} = 0.26$。对于瘦肉率，表型方差为 $\sigma^2_{p(ly)} = 4$，遗传方差为 $\sigma^2_{g(ly)} = 2$，遗传力 $h^2_{ly} = 0.5$。增长率与瘦肉率之间的表型协方差为 21，遗传协方差为 8.13，表型与遗传相关系数分别为 $r_p = 0.15$ 和 $r_g = 0.16$。此外，假定每头市场猪从生产者处获得的当前收入为 924 元。请注意，这些示例中显示的数字已四舍五入至原始计算中使用的至少 6 位小数。

1. 使用表型记录的选择指数

表型（协）方差矩阵（P）、经济性状与测量性状之间的协方差矩阵（C）和经济权重向量（v）为：

$$P = \begin{pmatrix} 4900 & 21 \\ 21 & 4 \end{pmatrix},\ C = G = \begin{pmatrix} 1270 & 8.13 \\ 8.13 & 2 \end{pmatrix},\ v = \begin{pmatrix} 0.20 \\ 2.54 \end{pmatrix}$$

选择指数权重为 $b = P^{-1}Cv = \begin{pmatrix} 0.0508 \\ 1.4153 \end{pmatrix}$

因此选择指数为 $I = 0.0508\, y_{gr} + 1.4153\, y_{ly}$

指数的方差为：

$$I = 0.0508 y_{gr} + 1.4153 y_{ly}$$

育种目标（综合基因型）的方差（以元^{2}为单位）为：

$$Var(I) = \sigma_I^2 = b'Pb = (0.0508 \quad 1.4153)\begin{pmatrix} 4900 & 21 \\ 21 & 4 \end{pmatrix}\begin{pmatrix} 0.0508 \\ 1.4153 \end{pmatrix} = 23.66$$

$$Var(T) = \sigma_T^2 = v'Gv = (0.20 \quad 2.54)\begin{pmatrix} 1270 & 8.13 \\ 8.13 & 2 \end{pmatrix}\begin{pmatrix} 0.20 \\ 2.54 \end{pmatrix} = 73.63$$

在遗传学领域，繁殖目标与指数之间的关系至关重要。这一关系，包括遗传目标与指数的协方差、准确性，以及通过选择父母来预测下一代指数值的方法。

$$Cov(TI) = \sigma_{TI} = b'Cv = (0.0508 \quad 1.4153)\begin{pmatrix} 1270 & 8.13 \\ 8.13 & 2 \end{pmatrix}\begin{pmatrix} 0.20 \\ 2.54 \end{pmatrix} = 23.66$$

首先，当指数最优时，繁殖目标与指数之间的协方差等于该指数的方差。

$$r_{TI} = \frac{\sigma_{TI}}{\sigma_T \sigma_I} = \frac{23.66}{\sqrt{73.63}\sqrt{23.66}} = 0.5669$$

其次，指数的准确性是繁殖目标与指数之间的相关系数，其值通过特定公式计算得出，如$i = 1.4$所示。这一准确性对于评估指数的有效性至关重要。

$$s = i \times \sigma_I = 1.4 \times \sqrt{23.66} = 6.8103$$

在选择父母时，如果选取两性中表现最好的前5%作为下一代父母，选择强度i为1.4。此时，被选父母的平均指数值（选择差s）可通过公式$s = i \times \sigma$计算得出，其中σ为指数的标准差。在本例中，该值为：

$$\Delta T = b_{T.I}(i\sigma_I) = \frac{\sigma_{TI}}{\sigma_I^2}(i\sigma_I) = r_{TI}\frac{\sigma_T}{\sigma_I}(i\sigma_I) = r_{TI} i \sigma_T$$

$$\therefore \Delta T = r_{TI} i \sigma_T = 0.5669 \times 1.4 \times \sqrt{73.63} = 6.8103$$

每代在繁殖目标上的预期响应是繁殖目标对指数的斜率（回归系数）乘以被选父母的平均指数值。由于指数最优，这一预期响应等于被选父母的平均指数值。

此外，生长率和收益率与指数之间的相关响应。生长率的相关响应是生长率对指数的斜率乘以被选父母的平均指数值，结果为所表示的值（以 g/d 为单位）。同样地，收益率的相关响应也是通过类似方式计算得出。

请注意，如果雄性和雌性的选择强度或世代间隔不同，我们需要扩展预测方程，采用标准的双途径计算，以分别计算雄性和雌性每代的平均遗传进展和平均世代间隔。由于利润函数是非线性的，利润的变化并不等于繁殖目标的变化。因此，我们需要通过预测每个经济性状的响应来计算利润的增加，以获得新的性能绝对水平。

$$b_{g(gr)-I} = \frac{\sigma_{g(gr)*I}}{\sigma_I^2} = \frac{\sum b_i C(i,1)}{\sigma_I^2} = \frac{76}{\sigma_I^2}$$

$$\Delta g_{gr} = b_{g(gr)*I}(i\sigma_I) = 21.87(g/day)$$

$$b_{g(ly)*I} = \frac{\sigma_{g(ly)*I}}{\sigma_I^2} = \frac{\sum b_i C(i,2)}{\sigma_I^2} = \frac{3.24}{\sigma_I^2}$$

$$\Delta g_{(ly)} = b_{g(ly)*I}(i\sigma_I) = 0.9334\%$$

对于选择后的预期响应,为我们提供了一些视角,了解我们希望我们的种群如何因我们的选择计划而发生变化。从所选亲本的市场后代中获得的预期收入为:

$$\text{猪的收入} = 0.0039 \times (\mu_{gr} + \Delta g_{gr}) \times (\mu_{ly} + \Delta g_{ly})$$
$$= 0.0039 \times (650 + 21.87) \times (52 + 0.9334)$$
$$= 138.90 \text{ 元}$$

因选择而产生的预期收入增加为 138.90−132.00 = 6.90,每头市场猪。

2. 使用单性状遗传评估的选择指数

单性状遗传评估是预测的育种值,通过每个信息源的单变量多元回归方程计算得出,即个体及其不同亲属的表型记录。选择指数理论给出了适用于不同类型和数量亲属的公式。假设只有关于猪的生长和瘦肉率的单性状遗传评估可用。在这种情况下,单性状 EBV(估计育种值)不考虑生长和瘦肉率之间的遗传相关性。

对于每个性状,利用所有信息源(g_{gr} 或 g_{ly})评估或预测每个个体的育种值:

$$EBV_{gr} = b'_{gr} y_{gr} = P_{11}^{-1} C_{11} y_{gr}$$
$$EBV_{ly} = b'_{ly} y_{ly} = P_{22}^{-1} C_{22} y_{ly}$$

其中,b_{gr} 和 b_{ly} 代表计算单特质估计育种值(EBV)时所使用的信息源回归系数向量。P_{11} 和 P_{22} 分别代表每个性状的信息源之间的方差协方差矩阵。而 C_{11} 和 C_{22} 则表示信息源与对应性状的育种值之间的协方差矩阵。若在计算过程中未使用候选家畜的亲属信息,则上述所有矩阵和向量均简化为标量。

$$EBV_{gr} = b_{gr} y_{gr} = \frac{\sigma^2_{g(gr)}}{\sigma^2_{p(gr)}} y_{gr} = h^2_{gr} y_{gr} = 0.26 y_{gr}$$

$$EBV_{ly} = b_{ly} y_{ly} = \frac{\sigma^2_{g(ly)}}{\sigma^2_{p(ly)}} y_{ly} = h^2_{ly} y_{ly} = 0.5 y_{ly}$$

为了在预测遗传增益时考虑生长和瘦肉率之间的遗传相关性,可以使用选择指数方法将单性状评估合并为经济指数,就像对表型信息所做的那样。单性状评估的方差为

$$\sigma^2_{EBV_{gr}} = b'_{gr} P_{11} b_{gr}$$
$$\sigma^2_{EBV_{ly}} = b'_{ly} P_{22} b_{ly}$$

在这种情况下,

$$\sigma^2_{EBV_{gr}} = b^2_{gr} \sigma^2_{P_{gr}} = b^2_{gr} \frac{\sigma^2_{g(gr)}}{h^2_{gr}} = 329.16$$

$$\sigma^2_{EBV_{ly}} = b^2_{ly} \sigma^2_{P_{ly}} = b^2_{ly} \frac{\sigma^2_{g(ly)}}{h^2_{ly}} = 1$$

由于每个性状的评估指数是最优的,所以

$$Cov(EBV_{gr}, g_{gr}) = \sigma^2_{EBV_{gr}}$$
$$Cov(EBV_{ly}, g_{ly}) = \sigma^2_{EBV_{ly}}$$

在这种情况下,生长评估的 EBV_{gr} 与 g_{gr} 生长评估的准确性之间的相关性为

$$r_{EBV_{gr}, g_{gr}} = \frac{Cov(EBV_{gr}, g_{gr})}{\sqrt{\sigma^2_{EBV_{gr}}} \sqrt{\sigma^2_{g_{gr}}}} = \sqrt{h^2_{gr}} = 0.509$$

瘦肉率评估的准确性为 $r_{EBV_{by}, g_{by}} = \dfrac{Cov(EBV_{ly}, g_{ly})}{\sqrt{\sigma^2_{EBV_{ly}}} \sqrt{\sigma^2_{g_{ly}}}} = \sqrt{h^2_{ly}} = 0.707$

第八章　多性状选择反应预测

评估的方差及其与性状真实育种值的协方差可以用评估的准确性（平方）重新表示：

$$Cov(EBV_{gr}, g_{gr}) = \sigma^2_{EBV_{gr}} = r^2_{EBV_{gr}, g_{gr}} \sigma^2_{g_{gr}}$$

$$Cov(EBV_{ly}, g_{ly}) = \sigma^2_{EBV_{ly}} = r^2_{EBV_{ly}, g_{ly}} \sigma^2_{g_{ly}}$$

假设评估遵循双变量分布，它们之间的协方差为 $Cov(EBV_{gr}, EBV_{ly}) = b'_{gr} P_{12} b_{ly}$，其中 P_{12} 是用于评估生长的信息来源与用于评估瘦肉产量的信息来源之间的协方差矩阵。在这种情况下，

$$Cov(EBV_{gr}, EBV_{ly}) = b'_{gr} P_{12} b_{ly} = h^2_{gr} h^2_{ly} \sigma_{p(gr, Jy)} = 2.72$$

且 P_{stEBV} 是经济信息源（即单性状经济波动 EBV 评估）之间的方差/协方差矩阵。

$$P_{stERV} = \begin{pmatrix} r^2_{gr} \sigma^2_{g_{gr}} & b'_{gr} P_{12} b_{ly} \\ b'_{b} P_{21} b_{gr} & r^2_{ly} \sigma^2_{g_{ly}} \end{pmatrix} = \begin{pmatrix} 329.16 & 2.72 \\ 2.72 & 1 \end{pmatrix}$$

单一性状 EBV 与经济性状育种值之间的协方差 C_{stEBV} 为

$$C_{stEBV} = \begin{pmatrix} cov(EBV_{gr}, g_{gr}) & cov(EBV_{gr}, g_{ly}) \\ cov(EBV_{ly}, g_{gr}) & cov(EBV_{ly}, g_{ly}) \end{pmatrix}$$

$$= \begin{pmatrix} r^2_{EBV_{gr}} 1270 & r^2_{EBV_{gr}} 8.13 \\ r^2_{EBV_{ly}} 8.13 & r^2_{EBV_{ly}} 1 \end{pmatrix}$$

$$= \begin{pmatrix} 329.16 & 2.11 \\ 4.07 & 1 \end{pmatrix}$$

经济选择指数中，使用单一性状 EBV 的权重是

$$b = P^{-1}_{stEBV} C_{stEBV} v = \begin{pmatrix} 0.1959 \\ 2.8305 \end{pmatrix}$$

经济指数的方差、该指数与繁殖目标之间的协方差，以及因此经济指数的准确度，与表型指数的这些相应指标是完全相同的。

$$Var(I) = \sigma^2_1 = b'Pb$$

$$= (0.1959 \quad 2.8305) \begin{pmatrix} 329.16 & 2.72 \\ 2.72 & 1 \end{pmatrix} \begin{pmatrix} 0.1959 \\ 2.8305 \end{pmatrix} = 23.66$$

$$Cov(TI) = \sigma^2_{TI} = b'Cv$$

$$= (0.1959 \quad 2.8305) \begin{pmatrix} 329.16 & 2.11 \\ 4.07 & 1 \end{pmatrix} \begin{pmatrix} 0.20 \\ 2.54 \end{pmatrix} = 23.66$$

$$r_{TI} = \frac{\sigma_{TI}}{\sigma_T \sigma_I} = \frac{23.66}{\sqrt{73.63}\sqrt{23.66}} = 0.5669$$

而且，由于没有使用额外的信息，选择响应与表型指数完全相同，正如预期那样。

$$\therefore \Delta T = r_{TI} i \sigma_T = 0.5669 \times 1.4 \times \sqrt{73.63} = 6.8103$$

因此，增长率和净收益率之间的相关性反应与先前保持一致。

$$b_{g_{gr}, J} = \frac{\sigma_{g_{gr}, J}}{\sigma^2_l} = \frac{\sum b_l C(i, 1)}{\sigma^2_l} = \frac{76}{\sigma^2_l}, \quad \Delta g_{g_{gr}, J} = b_{g_{gr}, J}(i \sigma_l) = \frac{21.87\text{g}}{\text{day}}$$

$$b_{g_{ly}, J} = \frac{\sigma_{g_{ly}, J}}{\sigma^2_l} = \frac{\sum b_l C(i, 2)}{\sigma^2_l} = \frac{3.24}{\sigma^2_l}, \quad \Delta g_{ly} = b_{g_{ly}, J}(i \sigma_l) = 0.9334\%$$

在遗传育种中，多性状遗传评估扮演着至关重要的角色。以下展示了如何通过多性状回归方程来计算选择指数，以预测繁殖值。当面临选择候选者的某些性状信息缺失时，多性状遗传评估显得尤为重要。对于任一性状，选择候选者的亲属信息均可用于多性状评估。这意味着，即便某些直接数据不可得，我们仍能通过系谱信息来估算候选家畜的遗传潜力。

$$\begin{pmatrix} E\dot{B}V_{gr} \\ EBV_{ly} \end{pmatrix} = P^{-1}G \begin{pmatrix} y_{gr} \\ y_{ly} \end{pmatrix}$$

$$= \begin{pmatrix} 0.2562 & -0.0005 \\ 0.6872 & 0.5026 \end{pmatrix} \begin{pmatrix} y_{gr} \\ y_{ly} \end{pmatrix} = \begin{pmatrix} 0.2562 y_{gr} - 0.0005 y_{ly} \\ 0.6872 y_{gr} + 0.5026 y_{ly} \end{pmatrix}$$

G 代表遗传方差-协方差矩阵

$$P_{mtEBV} = [P^{-1}G]'P[P^{-1}G] = G'P^{-1}G = \begin{pmatrix} 331.01 & 3.46 \\ 3.46 & 1.00 \end{pmatrix}$$

这也等同于评估与真实繁殖值之间的协方差矩阵（C_{mtEBV}），因为该指数是最佳的多性状评估指数。每个多性状评估的准确性为：

$$r_{mt(gr)} = \frac{(G'P^{-1}G)_{1,1}}{\sqrt{(G'P^{-1}G)_{1,1} G_{1,1}}} = 0.5105$$

$$r_{mt(ly)} = \frac{(G'P^{-1}G)_{2,2}}{\sqrt{(G'P^{-1}G)_{2,2} G_{2,2}}} = 0.7075$$

在遗传学研究中，尽管两个性状的遗传可遗传性均较高，但由于它们之间的遗传相关性较小，因此，在这种情况下，通过单个性状评估来提高准确性的效果非常有限。

使用多性状 EBV（经济性育种值）的经济选择指数权重为：

$$b = P_{miEBV}^{-1} C_{miEBV} v = P_{miEBV}^{-1} P_{miEBV} v = v = \begin{pmatrix} 0.20 \\ 2.54 \end{pmatrix}$$

一般而言，当所有经济性状均可进行多性状评估时，经济指数简化为所有经济性状经济值与其相应评估值的乘积之和。经济指数的方差及其与育种目标的协方差为：

$$Var(I) = \sigma_I^2$$

$$= b'Pb = (0.20 \quad 2.54) \begin{pmatrix} 331.01 & 3.46 \\ 3.46 & 1 \end{pmatrix} \begin{pmatrix} 0.20 \\ 2.54 \end{pmatrix} \doteq 23.66$$

$$= Cov(TI) = \sigma_{TI} = b'Cv$$

因此，经济指数的准确度为 $r_{TI} = \dfrac{\sigma_{TI}}{\sigma_T \sigma_I} = \dfrac{23.66}{\sqrt{73.63}\sqrt{23.66}} = 0.5669$

育种目标及每个性状的选择响应为：

$$\therefore \Delta T = r_{TI} i \sigma_T = 0.5669 \times 1.4 \times \sqrt{73.63} = 6.8103$$

$$\Delta g_{gr} = 21.87 g/d$$

$$\Delta g_{ly} = 0.9334\%$$

这些计算结果与使用表型指数时完全相同。这些计算仅涉及被评估个体的单性状或多性状 EBV 信息。如果我们有关于亲属在任一或两个性状上的信息，则还会涉及加性遗传关系。

在遗传学研究中，尽管两个性状的遗传可遗传性均较高，但由于它们之间的遗传相关性较小，因此，在这种情况下，通过单个性状评估来提高准确性的效果非常有限。

$$P = \begin{pmatrix} \sigma_{p(1,1)}^2 & a_{nr}\sigma_{g(1,2)} \\ a_{nr}\sigma_{g(1,2)} & \sigma_{p(2,2)}^2 \end{pmatrix} = \begin{pmatrix} 4900 & 4.065 \\ 4.065 & 4 \end{pmatrix}$$

$$C = \begin{pmatrix} \sigma_{g(1,1)}^2 & \sigma_{g(1,2)} \\ a_{nr}\sigma_{g(1,2)} & a_{nr}\sigma_{g(2,2)}^2 \end{pmatrix} = \begin{pmatrix} 1270 & 8.13 \\ 4.065 & 1 \end{pmatrix}$$

选取指标权重为

$$b = P^{-1}Cv = \begin{pmatrix} 0.0562 \\ 0.7838 \end{pmatrix}$$

选取指标为

$$I = 0.0562 y_{gr} + 0.7838 y_{ly}$$

当选择强度 $i = 1.4$ 时，所选父母的平均指数值以及该指数的准确性是

$$\Delta I = i \times \sigma_I = 1.4 \times \sqrt{b'Pb} = 1.4 \times \sqrt{18.2869} = 5.99$$

$$r_{TI} = \frac{\sigma_{TI}}{\sigma_T \sigma_I} = \frac{18.2869}{\sqrt{73.6325}\sqrt{18.2869}} = 0.4984$$

相关生长率与瘦肉率的响应为：生长率 = 24.4g/d，瘦肉率 = 0.41%。预计收益来自所选亲本的市场后代

$$\begin{aligned} R &= 0.0039 \times (\mu_{gr} + \Delta g_{gr}) \times (\mu_{ly} + \Delta g_{ly}) \\ &= 0.0039 \times (650 + 24.41) \times (52 + 0.4062) \\ &= 138.01 \end{aligned}$$

当在个体猪上测量生长情况，并在5头猪上测量瘦肉率和瘦肉产量时，通过选择策略，每代猪群的预期收入将增加42元/头。此外，这5头猪之间的加性关系系数为0.5。

$$P = \begin{pmatrix} O_{p(1,1)} & a_{nr}\sigma_{g(1,2)} \\ a_{nr}\sigma_{p(1,2)} & \left(\frac{\sigma_{p(2,3)}^2}{5}\right)(1 + (5-1)a_{nr}h_2^2) \end{pmatrix} = \begin{pmatrix} 4900 & 4.065 \\ 4.065 & 1.6 \end{pmatrix}$$

$$C = \begin{pmatrix} \sigma_{g(1,1)}^2 & \sigma_{g(1,2)} \\ a_{nr}\sigma_{g(1,2)} & a_{nr}\sigma_{g(2,2)} \end{pmatrix} = \begin{pmatrix} 1270 & 8.13 \\ 4.065 & 1 \end{pmatrix}$$

选择指数权重是

$$b = P^{-1}Cv = \begin{pmatrix} 0.0552 \\ 1.9620 \end{pmatrix}$$

选取指标为

$$I = 0.0552 y_{gr} + 1.9620 y_{ly}$$

当选择强度 i 设定为 1.4 时，该公式关注的是所选父母的平均指数值以及该指数的准确性。简而言之，它描述了在这一特定选择强度下，如何评估所选样本的指数质量及其准确性：

$$\Delta I = i \times \sigma_I = 1.4 \times \sqrt{b'Pb} = 1.4 \times \sqrt{21.9779} = 6.5633$$

$$r_{TI} = \frac{\sigma_{TI}}{\sigma_T \sigma_I} = \frac{21.9779}{\sqrt{73.6325}\sqrt{21.9779}} = 0.5463$$

增长率与利润率的相关响应是

$$\Delta g_{growthrate} = \frac{23.32\text{g}}{\text{day}}$$

$$\Delta g_{leanyield} = 0.72\%$$

预期来自所选亲本市场的收入是：

$$R = 0.0039 \times (\mu_{gr} + \Delta g_{gr}) \times (\mu_{ly} + \Delta g_{ly})$$
$$= 0.0039 \times (650 + 23.32) \times (52 + 0.72)$$
$$= 138.62$$

市场猪因选择而产生的收入增长预测。预计每头市场猪的收入将增加 6.62 元，这是通过计算 138.62 元与 132 元的差值得出的。此外，还提到了除了遗传信息外，还有其他多种信息来源可用于进一步分析，如某些或所有性状的亲本信息。这些信息的方差和协方差可以通过相同的方法计算得出。详细的预期增长分析和计算方法，可以参考 Van Vleck (1993) 的著作。

在本文所使用的例子中，我们假设不存在非加性遗传效应、母体效应或共同窝效应。若存在非加性遗传效应、共同窝仔效应或母体效应，则我们对方差、协方差或两者的预期将更为复杂，如 Van Vleck (1993) 所示。

示例：在未测量瘦肉率的情况下对猪群的选择

在此情况下

$$P = (4900),\ C = G = (1270\ \ 8.13),\ v = \begin{pmatrix} 0.20 \\ 2.54 \end{pmatrix}$$

选择指数的权重为：

$$b = P^{-1}Cv = (0.05684)$$

选择指数为：

$$I = 0.05684\ y_{gr}$$

该指数的准确度为：

$$r_{TI} = \frac{\sigma_{TI}}{\sigma_T \sigma_I} = \frac{15.8316}{\sqrt{73.6325}\ \sqrt{15.8316}} = 0.4637$$

若再次从两性中各选择前 5% 作为下一代的亲本，则选择强度 i=1.4，且

$$\Delta T = r_{TI} i\ \sigma_T = 0.4637 \times 1.4 \times \sqrt{73.6325} = 5.57$$

预期的生长率和瘦肉率响应分别为：

$$\Delta g_{growthrate} = \frac{25.4\text{g}}{\text{day}}$$

$$\Delta g_{leanyield} = 0.1626\%$$

从所选亲本的市场后代中获得的预期收益为：

$$R = 0.0039 \times (\mu_{gr} + \Delta g_{gr}) \times (\mu_{ly} + \Delta g_{ly})$$
$$= 0.0039 \times (650 + 25.4) \times (52 + 0.1626)$$
$$= 137.58$$

每代选择所带来的收入增加预期为 137.58−132 = 5.58 元每头猪。与前述例子相比，使用的信息较少，导致指数准确性下降，选择反应降低。

三、次优选择指数

上述例子描述了最佳选择指数，其中指数权重 b 是通过使用 $b = P^{-1}Cv$ 从聚合基因型 T 导出的（最佳的意思是根据 T 的定义以及已有信息得出最好的可能指数）。然而，在实际操作中，选择指数可能会更加任意地加权。

这种次优选择指数的预测计算公式在第一节中给出，主要基于对实际使用的指数进行回归，不论它是什么样的。使用的公式的详细信息将在本章的附录中给出。

例如，使用次优指数对猪群进行选择。

假设计算的指数未被使用，育种公司的经理决定以每个性状的经济权重作为选择父母猪时的权重，而不是使用选择指数权重。此时，选择指数变为：

$$I = 0.203\, y_{gr} + 2.538\, y_{ly}$$

现在指数的方差变为：

$$Var(I) = \sigma_I^2 = b'_0 P b_0 = (0.203 \quad 2.538) \begin{pmatrix} 4900 & 21 \\ 21 & 4 \end{pmatrix} \begin{pmatrix} 0.203 \\ 2.538 \end{pmatrix} = 249.46$$

育种目标的方差（聚合基因型）与之前相同：

$$Var(t) = \sigma_T^2 = vGv = (0.203 \quad 2.538) \begin{pmatrix} 1270 & 8.13 \\ 8.13 & 2 \end{pmatrix} \begin{pmatrix} 0.203 \\ 2.538 \end{pmatrix} = 73.63$$

育种目标与指数之间的协方差现在等于育种目标的方差：

$$Cov(TI) = \sigma_{TI} = b_0 Cv = (0.203 \quad 2.538) \begin{pmatrix} 1270 & 8.13 \\ 8.13 & 2 \end{pmatrix} \begin{pmatrix} 0.203 \\ 2.538 \end{pmatrix} = 73.63$$

注意，由于育种目标中性状之间的相关性很小，育种目标和指数之间的协方差与最佳指数的协方差差异不大。

如果像以前一样，选择5%作为下一代的父母，选择强度为 $i = 1.4$，所选亲本的平均指数值为：

$$\Delta I = i \times \sigma_I = 1.4 \times \sqrt{249.46} = 22.1121$$

选择的准确性和育种目标的预期反应为：

$$r_{TI} = \frac{\sigma_{TI}}{\sigma_T \sigma_I} = \frac{73.63}{\sqrt{73.63}\sqrt{249.46}} = 0.5433$$

$$\therefore \Delta T = r_{TI} i \sigma_T = 0.5433 \times 1.4 \times \sqrt{73.63} = 6.53$$

选择的准确性和预期反应低于通过最优指数所达到的值。然而，在这种情况下，育种目标中的较低反应并不简单地归因于这两种性状反应的降低。这一点可以从每个性状的个体反应中看出。

生长速率的相关反应是生长速率在所选父母的平均指数上的斜率：

$$\Delta g_{growthrate} = \frac{\sum b_0(i)\, C(i, 1)}{\sigma_I^2} i\, \sigma_I = \frac{278.52(1.4)}{\sigma_I} = 24.688 \text{ g/d}$$

这实际上比上例中使用最优指数时预期的生长速率反应要大。瘦肉率的相关反应为：

$$\Delta g_{leanyield} = \frac{\sum b_0(i)\, C(i, 2)}{\sigma_I^2} i\, \sigma_I = \frac{6.72(1.4)}{\sigma_I} = 0.5963\%$$

这低于最优指数。因此，即使使用次优指数预期会有更大的生长速率增益，性状中的反应在经济上却是不平衡的，导致育种目标整体收益的降低。

从使用此指数选择的父母所生的后代的市场预期收入为：
$$R = 0.0039 \times (\mu_{gr} + \Delta g_{gr}) \times (\mu_{ly} + \Delta g_{ly})$$
$$= 0.0039 \times (650 + 24.688) \times (52 + 0.5963)$$
$$= 138.57$$

因此，在一代选择后，收入预期增加 138.57 - 132.00 = 6.58 元每头猪，这比使用最优指数时的 6.90 每头市场猪要低。

在利润函数中，性状之间的相关性较低，因此，使用最优指数权重与使用经济权重进行选择的反应差异不大。在相关性更强或具有评估的准确性不同，观察到最优和次优反应之间的差异会更大。

四、关于个体真实总繁殖价值的概率

"可靠性"的概念是针对单性状评估以及某些多性状评估的育种值估计中的一个公认概念，适用于多种物种。

类似地，我们可以检查为个体计算的指数值的可靠性。我们使用平均准确性来计算预期的遗传变化，但使用个体的特定准确性来确定我们对使用某个特定动物作为亲本的信心。

例如，我们可以假设某一群体竞技马的总繁殖价值是盛装舞步评分、场地障碍评分、越野障碍评分以及足部健康评分（实际上可能还有更多因素）的函数。这会给我们一个 T 的定义。如果我们知道可用的信息（例如它的所有性状的评分及其 10 个半同胞兄弟姐妹的评分），我们可以计算某匹种马估计的 T 的准确性。我们可以为该种马计算一个 T 的估计值，并且可以计算关于实际 T 的置信区间（概率）。估计越准确，T 的置信区间越窄，我们对使用该种马结果的确信度就越高。

这里讨论的概率的概念涉及特定个体的使用，而不是用于通过截断选择来改良群体。我们正在做关于总繁殖价值（T）的概率，就像我们对单性状所做的那样。做出这些关于聚合基因型的概率声明的依据是给定我们已在某个个体上计算了一个估计（指数）的"真实"聚合基因型的分布。

计算是基于聚合基因型（总繁殖价值）的，并且通常以元（通常是货币）表示。顺便提一下，术语"可靠性"和"准确性"在实际应用中经常使用，尽管正确的统计术语应是"精确度"。

在实际应用中，该概念在多个物种中使用，采用了更完整的统计模型，考虑了固定效应和所有亲缘关系。这里展示的方法仅仅是对该方法的一个说明，提供了有用的近似值，这些近似值在我们考虑 T 而不是单一性状时最为有用。

我们在这里还可以注意到，选择准确值来计算某些遗传改良的预测遗传变化的策略通常是基于期望的平均信息水平。继续使用竞技马的例子，雄性选择在平均情况下可能基于一定数量的包同胞兄弟和母亲的记录进行，而雌性选择的准确性可能基于对年轻雌性进行的选择。

记录每个性状的母马（或一年的测量记录集）如果选择计划基于在稍大年龄选择母马。我们需要仔细定义每个案例的选择策略，以确定适当的平均准确度及其对应的世代间隔，用于我们对遗传变化的预测。

五、替代选择指数

在第七章中,我们讨论了使用线性模型评估综合基因型的适用性,以及在线性模型作为近似值时的条件(尤其是在每代群体均值变化较小时)。我们还强调了根据商业群体当前均值定义经济价值的重要性,以便我们的综合基因型和后续的选择标准与该商业群体相关。

本章讨论的线性指数涉及提高综合基因型中每个性状的群体平均值。在第六章中,我们基于个体动物在商业群体中的使用情况对其进行评估。在这些评估中,我们纳入了性状的平均值,因为基因型的差异可能很大,而且性状的绝对水平在非加性或非线性情况下是至关重要的。性状的均值和方差非常重要。我们可以简单地使用这些非线性评估来选择下一代的亲本,"选择指数"就是预期亲本的净利润。

我们还可以直接考虑非线性利润方程作为综合基因型的非线性模型。至少已经为二次(第二阶)非线性综合基因型模型开发了非线性选择指数(Wilton等,1968)。这些指数基于最小化综合基因型与二次指数之间差异的方差。模型和指数中包含的群体均值是商业生产群体的均值,在这些群体中会表现出非线性。最小方差准则确保了下一代亲本的最佳选择,尽管它可能不会产生最快的进展来达到给定性状的中间最佳水平。然而,实际上,商业群体的均值可以每年调整,以确保亲本的选择始终能够产生在当前均值下最具利润的后代。

二次指数的另一个理想特征是,该指数在统计上等同于将估计的基因型效应直接替换到综合基因型模型中,就像线性情况一样。然而,在大多数实际情况下,线性模型中收益的近似已足够,非线性收益模型和非线性选择标准并非必要,我们可以使用更简化的线性指数方法来制定我们的多性状选择标准,并比较可能的选择方案。

已经开发了各种其他指数,一般来说,这些指数匹配了各种遗传变化定义。期望收益指数是一个线性指数,旨在优化定义为"最期望"的变化。限制性指数用于限制一种或多种性状的变化,特别应用于将性状维持在当前的最佳状态。

在使用这些指数时,应谨慎考虑与采用详细的经济分析方法相比,尽可能准确地制定出总体优异性模型(包括性状的非线性和最佳水平)并随之进行线性选择指数。

第六章描述的经济评估方法(生物经济模型)提供了一种直接结合最准确的多性状定量和基因组评估的方法,用于在商业层面对公畜和母畜进行排序,这与单方程利润函数的情况相并行。如果在特定的交配水平上应用,这些评估方法会引入修正交配(组合效应)。在应用于商业群体时,这些评估方法已被证明与基于线性模型的公畜排序相似,线性模型是基于在适当的群体平均基因型上定义的(Wilton等,2002)。同样,这些线性近似方法适用于回答有关各种遗传改进策略相对选择效率的问题。

六、案例研究

我们一直在跟进的绵羊案例研究的主要目标是为终端父系系和母系系开发选择标准。我们已经遵循了这些系的利润函数的发展以及由此产生的育种目标(聚合基因型),以改进终端系或母系种群。

该案例研究提出了两个明确的利润函数以及由此产生的育种目标,用于终端杂交育种项目中的终端或母系种群。根据已确立的育种目标,开发了选择指数,并进行了预期遗传变化的预测。

该案例研究详细描述了开发和预测步骤，尽管在应用层面上略超出简单应用。复杂性在于，选择指数基于估计的育种值（EBV），而不是基于个体或子代平均值的单次测量。采用这种方法的实际原因是，行业记录保存程序提供了多性状 EBV。这些 EBV 考虑了性状之间的遗传相关性、环境效应（如群体、母畜年龄等）以及随时间推移的遗传进展，并且是目前可用的基因型的最佳估计值。未来，随着基因组信息的引入，这些估计值可能会进一步提高，所描述的方法在将来也会更加合适。

案例研究中处理的另一个复杂问题是，某些指数性状是指标性状。例如，在记录程序中，会对公羔的脂肪超声波测量，而出售市场的羔羊的胴体脂肪是具有直接经济重要性的性状。确定 EBV "表型" 权重的关键在于使用指标性状与育种目标中性状之间的协方差。为了简化准确性，进行了某些近似，且遗传评估与本章中提出的近似进行了比较。

最终开发的指数方程简单易用，基于可获得的育种值（EBV）。这些方程使用的方法类似于前一章和本章之前讨论的将 EBV 代入总基因型方程的替换方法，区别在于，除了使用总基因型中性状的 EBV 外，还使用了指标性状的 EBV。

最后，案例研究中的一个有趣方面是对总价值和组成性状的遗传变化预测。一个意外的结果是，由于与具有高经济重要性性状的遗传相关性，脂肪度可能实际上会增加，并且脂肪度的微小变化可能不会显著改变市场动物的等级（价格）。案例研究的这一部分是需要监控并可能随着遗传改良的实施而更新育种目标的一个有趣例子。

我们现在已经制定了改进第七章中推导出的总基因型的选择标准。我们讨论并说明了动物及其亲属的不同信息量对各种性状的重要性。我们还讨论了基于特定用途模型开发指数的重要性，例如案例研究中的母系和终端公系模型。

选择指数方法在预测来自不同信息源的总基因型和组成性状的潜在增益方面进行了研究，并指出选择指数已被更复杂的统计分析（如 BLUP 和基因组分析）所取代，用于评估特定动物的特定性状。这些对总基因型预期遗传进展的预测对于确定最佳的遗传改良计划至关重要。

我们还说明了将基因型效应估计值直接替换到总基因型模型中的使用方法，以及在何种情况下这种方法等同于基于可用信息源的适当权重的选择指数使用。替换方法为选择下一代父母以改进总基因型提供了非常实用的标准。

第九章 遗传改良策略的限制与成本

最终优化考虑中的遗传变化与实际应用紧密相关。尽管遗传改良策略可能预示着巨大的收益，但在实际操作中，每项策略都受到生物和经济因素的双重限制。因此，优化遗传改良计划的核心在于如何高效利用现有资源，并认识到在实施过程中必然存在的权衡与取舍。

在探索最佳实施路径时，我们须全面考量多个维度。遗传改良计划面临的生物、经济和社交限制是什么？该策略在短期或长期内是否具备成本效益？其经济收益能否覆盖初始投资及后续的持续管理成本？同时，我们须探索何种交配与种群结构能在加速遗传变化的同时，保持足够的遗传多样性，以支持持续改良并避免近交衰退。

基于前面章节关于利润函数与基因型选择的深入研究，以及第八章中对性状变化与整体优势预测的精准把握，我们将进一步融合基因流技术，并引入成本考量，以完善遗传改良策略的构建。我们已充分评估了不同信息源对准确性、选择强度及世代间隔的影响，并计划将这些分析扩展至额外性状测量的成本效益，以及增加动物基因型检测数量所带来的影响。

此外，我们还将采用相同的方法论，探讨基因组评估的潜在优势，这些评估相较于仅基于定量信息的评估，可能展现出更高的准确性和更短的世代间隔。同时，我们也将预测在家畜中实施 SNP 或标记基因型检测的成本效益。

最后，维持封闭种群中遗传变异的重要性不容忽视。强烈的选择与遗传漂移可能导致有利等位基因的意外丢失，这应被视为遗传改良计划的潜在成本。因此，长期遗传改良计划的目标在于寻求遗传增益与遗传成本之间的最佳平衡点。

一、实施遗传变化的成本与效益

遗传变化的成本与效益平衡原理相对直观，但其复杂性在于具体实施的细节。我们将首先聚焦于遗传差异所带来的成本效益分析，随后深入探讨不同遗传变化策略的成本与效益。

1. 成本-效益分析比较基因型

（1）将"基因型"成本纳入利润函数。基于以前章节的研究，我们开发了基于收益与成本的利润函数，并据此对基因型进行了成本效益分析。我们认识到，对收益与成本的全面考量能够使我们更准确地比较不同基因型。基本比较类似于"如果"假设，比如我们拥有基因型 A 或基因型 B 时的情况。若进一步考虑获取这些基因型的成本，我们便能在成本效益的基础上进行更为深入的比较分析。

这些计算的核心与第六章中的方法相似，均涉及对基因型成本的量化，包括新合成遗传种群、精液、卵子或特定 SNP（单核苷酸多态性）及标记鉴定动物的成本。

例如，已有研究确认特定 SNP 对牛肉嫩度具有显著影响（Schenkel 等，2005；2006）。使用这些 SNP 的成本效益取决于它们所影响的性状，以及这些性状在收益与成本方面的表现，正如第六章所讨论的。此外，还须考虑获取含有这些 SNP 的精液或动物的成本。Weaber 和 Lusk（2010）已就利用新型基因测试改善牛肉嫩度的经济影响进行了深入探讨。

（2）将"基因型"成本纳入长期成本-效益分析。基于等位基因流动计算，我们现在可以进一步分析 SNP 或标记基因型在长期内的成本效益。Wood 等（2004）采用类似方法，量化了商业牛肉生产中针对影响大理石花纹的隐性甲状腺球蛋白基因进行基因型测定的经济效益。

我们介绍了在奶牛育种中引入 SNP 的两种策略：一是长期重复使用携带该 SNP 的公牛（策略 1），二是在第一年仅使用携带该 SNP 的公牛，随后年份则使用标准公牛（策略 2）。尽管预测的经济收益通常较高，但合理的经济比较还须考虑成本差异。若精英公牛的年度精液成本额外增加 50 元/头，则策略 2（一次性使用）在 20 年内的总额外成本为 500 元。对于策略 1，即在整个周期内持续使用优秀公牛，其贴现后的总成本（按年利率 5% 计算）为：

$$50\sum_{i=1}^{20}\left(\frac{1}{1+.05}\right)^t$$

（3）长期成本与收益的生物经济模型。我们还可以从利润函数扩展到多年函数的角度，进行更长期的成本效益分析。从概念上讲，我们的成本效益分析就是一个多年生物经济模型，正如我们之前所讨论的。多年方法使我们能够考虑引入（有时反复）基因型时产生的成本，以及基因型后续表达的时间和速率。活动简单地逐年进行。例如，我们可以为感兴趣的动物建立生产模型，引入新的单核苷酸多态性（SNP）、标记或具有高育种值（EBV）的公牛，并考虑成本。如果像肉牛那样存在年度周期，第二年将有 50% 的该基因型小牛出生。如果该基因型影响分娩难易程度或早期存活率，这种影响将在那一年表现出来。具有这种"改进"基因型的小牛将转入第三年，并表现出如市场特性或 1 岁母牛受孕率等特征。然后，我们继续计算感兴趣年份内，何时以及多少特征被表达。例如，我们可以计算 10 年内的总收入和成本，包括第一年的基因型成本。我们还可以使用每年重复使用基因型的成本，计算 10 年期间的收入减去成本。在简单的 SNP 或标记基因型的情况下，我们将考虑杂合子和纯合子频率的变化。

在多年模型中，通过假设所有经济活动每年保持一定的通货膨胀率，可以有效应对因通货膨胀导致的价格持续变动。由于通货膨胀，无论是收入还是成本（包括基因型的成本）都会随时间增长。因此，在进行贴现等位基因流量计算时，我们可以采用"无通胀"贴现率。

2. 选择策略的成本效益分析

第八章已探讨了基因改良策略的比较。本章则聚焦于这些改良策略的净效益。决定这些策略是否经济有效的信息同样决定了各种基因型的净效益。这涵盖了产品收益、成本以及涉及的生物学变量。此外，还须考虑改良计划中的额外成本，如特定性状（如饲料摄入量、特定疾病易感性）的测量成本，以及基因分型成本。

一种简化的方法是评估总收益和总成本中的年度变化。这种方法基于"均衡"状态的假设，即收益和成本稳定、遗传变异稳定、测试与测量计划稳定。尽管实际中这些条件难以完全满足，但这种简化方法有助于在考虑成本的同时，对选择策略进行有用的成本效益分析。

以下将通过3个示例探讨成本效益分析的具体程序。首先，我们将纳入成本因素。随后，将分析鱼类育种的优化计划，并探讨奶牛基因组选择中的成本效益。后两部分将侧重于策略比较而非计算细节。

示例：交叉品种猪群中单轮与连续选择的成本。

具有6个月繁殖间隔的猪群中，单轮选择策略下10年的累积折现收益，但未考虑选择性繁殖的成本。现假设一轮选择性繁殖的成本为700元。在单轮选择策略中，仅在第0代基于生长性能进行选种。而在连续选择策略中，每代都进行选种。两种策略下的首次回报均在选择开始后2代显现，且约15代后收益趋于稳定。

在启动阶段，每6个月周期的成本为1195元。用于折现的年利率为5%，因此6个月的折现因子（d）为0.9759。对于单轮选择，预测20代后的累积折现回报（$R_{cd}(t)$）为17517元。假设单次初始选择性繁殖的成本为700元，并忽略第20代及之前各代的回报，则预测的净累积折现回报为17417元。

在连续选择策略中，预测20代后的累积折现回报（$R_{cd;\,cont}$）为162392元。在连续选择中，每年的选择成本均会应用，但不同年份的经济回报不相互累加。假设成本在任意时期t内保持不变（除通货膨胀外），则总成本为：

$$C_{cd;\,cont}(t) = C(1 + d + d^2 + \cdots + d^{t-1}) = C\frac{1 - d^t}{1 - d}$$

其中，C为每轮选择的成本。若每6个月的选择成本C为700美元，则预测20代后的总折扣成本为：

$$C_{cd;\,cont}(20) = 100\frac{1 - 0.9759^{20}}{1 - 0.9759} = 1602$$

连续选择的预测净累积折现回报为160790元。因此，在此情景下，连续选择是更具盈利性的方法。

示例：鱼类繁殖计划的成本效益研究。

在芬兰白鱼核内繁殖计划的研究中，研究旨在确定最佳的选择策略和群体结构。本例对此进行了总结。

表型选择，也称为个体选择，是基于动物自身表型特征（即性能记录）的选择。尽管在小型规模的水产养殖中，这种选择方法相对简单，但由于物种的高繁殖力，质量选择在大规模水产养殖中仍很常见。由于无须进行后裔鉴定，且个体可在生命早期被集中至大型养殖池中，因此这是一种相对廉价的方法。然而，在养殖规模的水产养殖中，质量选择的个体通常不被标记，其后裔信息也未知。质量选择对于提高生长等经济性状特别有效，但存在显著缺点，即只能在环境中测量生活特性。

在动物育种领域，若亲本与后代处于不同的饲养环境，则关于经济重要性状、产量或产品质量的数据往往难以直接应用于选育过程。这是因为缺乏这些数据，我们无法准确评估这些性状在选育中的遗传潜力。

集体选择的局限性：在集体选择策略中，固定效应（如环境或管理条件的变化）难以被有效控制。这导致我们难以区分性状变化是源于遗传变异还是环境因素的影响。因此，在没有设置控制行（即未经过选育的对照组）的情况下，评估遗传进展变得尤为困难。

繁殖价值选择（EBV）的优势：EBV是一种基于动物估计繁殖价值的选择方法，它综合了动物自身的表型数据及其亲属（如兄弟姐妹和父母）的数据。这种选择方法具有以下显著优势。

提高选择准确性：通过纳入更多数据，EBV 能够显著提高选择的准确性。

扩大数据范围：即使对于非父母候选者，其经济重要性状的生产数据和质量数据也能被记录并用于计算 EBV，包括产量、产品质量等关键性状。

最佳线性无偏预测（BLUP）：BLUP EBV 能够综合考虑环境、管理和其他非遗传效应，从而更准确地监测遗传进展和性状变化，无须依赖控制行。

水产养殖中的应用与挑战：在水产养殖中，尽管 EBV 选择具有诸多优势，但也面临着成本增加的挑战。由于需要了解每个候选者的血统，这通常需要将家系分开饲养，直至可以对个体进行标记。然而，跟踪家系也带来了额外的好处，如能够准确掌握真实的种群结构和有效种群规模，从而更精确地监测遗传变异和繁殖率，并有效控制近亲繁殖的累积。

芬兰白鱼计划：该计划将候选父母在淡水核电厂进行饲养，并与产业中常用的海水养殖环境进行比较。鉴于繁殖目标性状的经济重要性，对海水养殖的繁殖目标和质量性状进行了详细的经济价值计算。通过预测不同选择策略和群体结构的成本和经济回报，发现了一种简单且成本效益较高的策略，即不对无亲缘关系的候选者进行复杂的环境选择，而仅在淡水环境中记录其性能。然而，在更复杂的 EBV 选择策略中，亲本候选家畜被分别标记、评估，并根据其 EBV 进行选种，以比较淡水养殖和海水养殖环境下的繁殖目标性状。

成本计算：为了计算每个选择策略的总成本，我们将测试群体中动物的数量与测试群体结构的成本相乘，并考虑了遗传专长成本（如 EBV 计算、选择和交配决策）的支出策略、总成本以及按性状分类的遗传和经济响应预测，同时分析了每代近交增加的成本。正如预期，基于经济性状记录的选择（EBV）显著提高了选择准确性，从而促进了经济收益的增长。然而，随着选择方案的复杂化及成本的上升，出现了回报递减的现象：生产性状数据的记录显著提升了回报，而昂贵的肉质量数据对整体利润的影响较小，仅带来轻微的经济收益增长。

示例：奶牛基因组选择成本效益研究。

Schaeffer（2006）对经典后裔测定与基因组选择进行的成本效益分析，为这一领域提供了宝贵的参考。两种选择方案预期遗传变化的计算采用了第八章中所述的四路径预测方法。在评估传统后裔测定方案时，采用了当前行业中的选择压力、时间线和成本参数（假定已达到平衡状态）。随后，基于假设的基因组选择可能面临的选择压力、时间线和成本，探讨了这一替代方案的潜力。值得注意的是，基因组选择方案的成本也基于平衡状态计算，未计入新方案启动的初期成本。从制订计划和选择决策的 AI 中心的经济视角出发，比较结果显示，在假设条件下，基因组选择方案相较于当前方法具有显著的经济优势，为新技术引入提供了有力支持。

在讨论结果时，强调了实施新技术需考虑的多个重要因素。其中，一个值得注意的观点是，在多性状改良计划中，全面测量经济重要性状的必要性。此外，还提出了一个有趣的概念，即重构选择群体以纳入核心群体，这些群体针对通常难以或昂贵获取的性状进行额外测量。针对核心群体的成本效益研究，须额外收集与性状相关的经济参数、测量成本以及用于高精度基因组评估的单倍型区间估计成本等信息。为实现长期经济优化，还须持续考虑性状测量、基因分型、统计分析及计算成本。

对于多性状选择，随时间变化的总经济收益和成本可通过建模进行预测。Taubert 等（2011）在比较传统奶牛后裔测定、基因组选择以及结合后裔测定与基因组的方案时，便采用了选择指数和贴现等位基因流技术。他们使用的 ZPLAN+软件还允许进行包括两阶段选择在内的额外计算。

二、实施遗传改良计划的实际限制

遗传改良策略的逻辑考量是实施有效育种计划不可或缺的一环。例如，我们能否在大型商业养殖中有效记录动物的表型数据？测量过程对动物产生的压力有多大？是否有足够的训练有素的人员在需要时记录数据或执行定量及/或分子遗传学分析？通常，遗传改良计划必须在一定程度上妥协，因为受到生物学或财务限制的影响。以下是一些具体的限制实例。

1. 生物学限制

基因型与环境之间的相互作用是遗传改良计划的核心要素，正如在建立聚合基因型时信息丢失的重要性一样。然而，商业层面可用的表型信息往往有限，这限制了我们的选择范围。

在水产养殖领域，许多计划因无法确定幼年动物的性别而受到限制。许多物种没有性染色体，且性别标记的遗传测试尚未开发。此外，一些物种的性别由环境因素决定，如海鹦目动物（Devlin 和 Nagahama，2002）。对于这类繁殖计划，亲本候选者必须饲养至成熟后才能进行准确的遗传评估（如 EBV 计算）。

2. 资源可用性

除了货币成本外，劳动力、土地、技术和资本的可用性也是实施遗传改良计划时必须考虑的关键因素。在理论上，资源限制可以通过比较不同资源约束下的基因型来部分克服，但某些资源的获取可能极为困难，其限制对优化计划具有重大影响。

James（2002）描述了澳大利亚美利奴绵羊的一个实例，由于劳动力限制和对动物处理造成的压力，传统的两阶段表型测量和选择过程变得不切实际。因此，开发了一种实时选择算法，允许在一次处理过程中根据积累的表型数据选择动物。尽管这种实时选择可能不如两阶段方法准确，但它显著减少了劳动力和动物处理压力，具有实际优势。

3. 技术挑战

数据库中的技术挑战包括特定性状的详细性、计算规模以及评估的时间敏感性。随着技术的进步，我们感兴趣的遗传性状可能变得更加具体。例如，我们可能希望选择对特定病原体具有抵抗力的奶牛基因型，而非对所有病原体具有普遍抵抗力的基因型。这种特异性要求更详细的数据收集、存储和处理。同样，在考虑饲料摄入量时，对蛋白质和能量的具体考量也带来了挑战，而不仅仅是简单的干物质摄入量。数据库规模也是一个需要考虑的限制因素。

在遗传改良项目中，遗传评估的及时性以及它们如何被整合到总体基因型估计中，是常被忽视但至关重要的方面。除了维持和更新整体基因型中各个特征的经济重要性这一难题外，软件系统在关键选择阶段提供即时在线更新的能力，对于遗传改良项目的成功实施至关重要。

4. 社会与运输限制

此外，遗传材料的运输和跨地区、跨国转移也面临诸多限制。政府生物安全法规可能限制完整动物、胚胎和配子的运输。当交配方式由行业或品种协会规定时，这些法规将决定能否进行自然或人工授精，进而影响遗传改良的范围。例如，北美纯种马注册机构（Jockey Club）禁止人工授精，因此遗传转移仅限于能够运输活成年马匹的地区。

5. 社会接受度与转基因限制

社会因素同样重要，转基因产品（即引入其他物种等位基因的产品）在许多地区受到严格限制。动物福利要求可能带来额外的非货币性考量，增加了遗传改良的复杂性。

三、选择与近交的遗传成本

为确保长期育种项目的成功，必须维持种群中的遗传多样性。遗传多样性是选择工作的基础，也是避免近交衰退的关键。一般经验法则是将每代的近交累积率限制在1%以下。然而，优化选择项目的真正挑战在于避免遗传多样性的丧失，而非单纯的近交问题。较少的遗传多样性意味着较少的遗传潜力。

在无系谱记录的大规模选择群体中，近交累积是一个特别值得关注的问题。由于缺乏系谱信息，无法应用交配限制来减少近交（如避免近亲交配）。有效群体大小可以通过配种公母畜的数量来预测，但许多大规模选择模拟的关键假设是群体结构在选择时是平衡的，即所有家庭在选择时都有相同的代表性。然而，在实际中，如果家庭间的生存率不同，那么在选择时家庭将呈现不同的代表性，这可能导致选择近亲，从而降低有效群体大小并增加近交率。在没有系谱数据的情况下，只能通过基因分型来估计核心种群的遗传变异。

在小型且封闭的繁殖计划中，尤其需要找到选择强度、种群替换和近交累积之间的平衡。在高繁殖力的物种中，虽然可以高强度地选择少数替换亲本，但这会减小有效种群规模，并加速近交累积。相反，通过增加父母数量进而增加家族数量，可以扩大有效种群规模，从而减缓近交累积，但这会降低选择强度，进而减缓育种进展。

EBV（最佳线性无偏预测）选择策略可能导致近交累积的速度快于群体选择策略，因为BLUP（最佳线性无偏预测）评估往往使亲属间排名相近，从而倾向于选择它们。Quinton等（1992）的模拟研究表明，在固定的低近交水平下，表型选择通常比EBV选择产生更大的遗传反应。然而，在固定的较高近交水平下，EBV选择方案则更为优越。

最优贡献选择（OCS）方法（Wray和Goddard，1994；Meuwissen，1997；Grundy等，1998）可用于在能够控制选择和交配决策时，平衡选择强度和近交累积。OCS通过限制父母的繁殖贡献来最大化遗传增益，同时限制后代的近交率。该方法已在芬兰虹鳟鱼育种计划（Kause等，2005）中得到应用，并最近也被研究用于基因组选择（Sonesson等，2010）。

在保护育种计划中，维持遗传多样性可能比提高生产性状更为重要，特别是在小型封闭种群中，如珍稀品种、野生动物重新引入项目以及渔业增殖放流计划。

在大规模育种计划中，如家禽育种，可以通过保持多个近交系或具有更高遗传多样性的"源种群"来维护遗传多样性。这些源种群甚至可能具有产生收入的市场潜力，如珍稀品种。

四、案例研究

关于羊选择指数的研究并未包含成本效益分析,但这一分析可以从繁殖者/生产者的角度以及大规模遗传改良计划(如《安大略省羊育种改良计划》)的层面进行。个体生产者在决定是否加入如 SFIP《安大略省羊育种改良计划》这样的大规模计划时,可能会考虑额外的运营成本,包括计划参与费和与加强繁殖记录和管理相关的劳动力成本。对于希望改善羔羊肉质评分和脂肪深度的生产者来说,还会考虑超声波测量的额外成本。然而,如果买方不根据肉质或脂肪量支付更高价格,生产者可能会认为超声波测量对其运营而言并不具有成本效益。

在大规模遗传改良计划的背景下,我们可以进一步探讨选择指数的完善,包括引入新性状及其相关成本和收益,以评估参与者的得失。这一理念在 SFIP(假设的育种项目名称)开发超声波评估时得到了体现。项目管理者须决定哪些记录是参与者必须提交的,并可能考虑采用替代选择指数方案,以平衡不同成本和回报。

除了案例研究中讨论的终端和母体指数外,SFIP 还为不采用超声波测量的生产者提供了"生长指数"(Kennedy,2004)。此外,案例研究还深入探讨了某些生物学和实际操作上的限制。例如,母体选择指数旨在加速繁殖系统,实现全年产羔,因此更适合非季节性繁殖的品种。然而,在遗传改良计划中,一个主要的实际限制是商业生产者和育种者难以获得加工商反馈的胴体数据。即便在合同价格网格系统中,如案例研究所述,市场羊肉的胴体测量(如肌肉评分、GR 部位脂肪深度)也很少能追溯到具体动物个体。另一个影响大多数家畜遗传改良计划的实际限制是,在商业层面难以记录和评估个体的饲料摄入量。

本章详细讨论了优化遗传改良计划的最终步骤。我们展示了在决定哪些基因型可以纳入改良计划以改善畜群时,如何综合考虑成本因素。我们探讨了将成本纳入改良计划的方法,包括新性状的成本收益分析、数据管理以及分析成本,以期从各种改良策略中获得最佳的遗传进展。

此外,我们还讨论了除成本效益分析外的多种因素,如生物学因素、资源可用性和社会学因素,这些因素都可能对遗传改良计划的优化产生深远影响。最后,我们强调了遗传成本的重要性,指出在追求经济效益的同时,还须维护遗传多样性和遗传潜力,确保家畜育种的可持续发展。

第十章 未来遗传改良的机遇与挑战

为了在未来最大限度地利用潜在的等位基因变化,并全面优化遗传差异与改进,我们需要进行深入的洞察与分析。在之前的讨论中,我们已经强调了定义市场定位、管理计划及环境的重要性,这些因素对于优化我们的计划和行动以应对未来挑战至关重要。未来的市场要求可能更加具体,经济环境也可能发生显著变化,如粮食价格的上涨。同时,从动物福利的角度出发,物理环境也可能发生变化,如住房需求的增加。在制定长期育种目标或考虑引入或固定当前认为理想的等位基因时,我们必须认真考虑所有与建立利润函数相关的挑战。

预见未来充满了挑战,但其中一些挑战可以通过长期风险评估来应对。当然,遗传改良也带来了机遇与奖励。在本章的最后部分,我们将概述一些重要的挑战,并深入探讨成功实施遗传改良策略所需的要素。

一、市场与环境的变迁

我们已提及产品价格(如脂肪与蛋白质的相对价格)在遗传选择中的重要性。未来,我们可能会看到更具体、更精细的产品定价策略。例如,针对人类营养特性的脂肪酸,如欧米伽-3 或欧米伽-6 脂肪酸,可能会成为选择等位基因(SNP)的新方向。然而,这些多态性是否真的会与产品的定价体系相关联?市场定位是否足以支撑覆盖基因分型成本的价格?此外,不同市场的变化可能不一致,这可能导致在不同市场中 SNP 变化的价值评估存在差异。

任何环境方面的变化都可能对当前的基因型排名产生影响,或者如果基因型与环境(G×E)之间存在相互作用,则可能导致期望的变化。这些环境变化可能包括物理变化(如全球变暖)或社会经济变化(如与更严格的动物福利要求相关的住房成本增加)。

1. 病原体

随着环境的变化,病原体也可能发生变化。在提高疾病抵抗力方面,不同策略的效果可能有所不同,这既涉及免疫抵抗力,也涉及特定病原体的抵抗力。在某些动物种群中,未来病原体抵抗力的提升可能会借鉴植物遗传学中的发展,其中基因选择已成功增强了多种特定病原体的免疫力。具有高繁殖率的物种更适合进行疾病挑战测试,以评估其特定病原体的遗传抵抗力。例如,在鲑鱼养殖中,针对鲑鱼幼体期的传染性鲑鱼贫血症(ISA)和感染性胰腺坏死(IPN)等疾病,经常进行挑战测试;类似的方法也适用于其他水产养殖物种(Gjedrem 和 Baranski,2009)。然而,疾病挑战测试成本高、耗时长,且不适用于低繁殖率物种。另一种方法是标记辅助选择,如鲑鱼中针对 IPN 抵抗力的选择(Moen,2010)。然而,这些方法仍然是对当前已知病原体的应对,而新的或未知的病原体不断涌现。因此,育种计划也可能通过选择增强一般(非特定)疾病抵抗力的基因来取得进展。

例如，与白细胞介素-12 和白细胞介素-23 受体相关的单核苷酸多态性（SNP）与 Holstein 奶牛的健康状况有关（Skelding 等，2010）。此外，在基因组或 SNP 选择中，还须关注免疫系统的平衡：如果不考虑其他等位基因或免疫途径，仅增加某些等位基因的频率，可能会对免疫反应产生何种影响或失衡？

2. 营养

在考虑因环境和遗传变化所需的营养时，应关注营养物质的迭代性质及其与基因变化的相互作用。例如，由于猪在生长和产肉性能方面的遗传变化，可能会启动新的育种计划（Van der Werf 等，2010）。在这些新基因型中，饲料成分与基因组的相互作用可能催生新的饲料策略，如基于植物成分的鱼类饲料。目前，鲑鱼种群的选择已经发现，在基于大豆的饮食中，生长和饲料利用与基于鱼粉的饮食呈正相关，因此在当前的饮食环境中选择的基因型，在未来饮食中也可能表现出积极的相关响应（Quinton 等，2007a，b）。

3. 商业结构

家畜养殖环境的改变还可能涉及商业结构的调整，包括遗传公司。在许多国家，家禽生产（无论是鸡蛋还是肉类）已经越来越依赖于大规模运营，遗传学（育种）公司的规模也随之扩大。基因改良策略涉及定义明确的育种系统（如线交叉），对种群（家系）的特定基因型进行更具体的定义，以及遗传公司与商业生产的紧密整合，从而实现一系列性状的直接经济反馈。相比之下，小型群体，如竞技马爱好者，可能仍处于较为初级的阶段。

在合作数据收集和基因组分析的初期阶段，将为各种物种群体的未来遗传变化提供重要信息。这些变化将高度依赖于合作组织、国家及地区政府、育种协会、联盟或个体育种者的有效组织和目标设定。

二、不断变化的知识与技术

1. 基因组评估

当前，多个领域的知识正经历着重大变革。Wilton（2003）对肉牛基因组评估的开创性讨论，揭示了这些变化对基因组学与计算科学的重要性。在奶牛育种中，基因组评估已纳入乳产品性状的育种值估算中。然而，值得注意的是，当前的基因组评估仍主要基于定量数据的特征。由于基因组评估尚未改变聚合基因型的定义，新 SNP（单核苷酸多态性）的发现有望带来更加精细的基因型定义，包括对产品（如脂肪酸）、生产（能量和蛋白质代谢而非干物质摄入）和健康（特定病原体抗性）的深入理解。这些新的基因型定义将催生新的选择标准和遗传改良策略。一个关键挑战在于，如何最优地将不同来源的遗传信息整合到整体的遗传改良计划中，以及如何在新信息、数据或评估中权衡，以制定更优的遗传改良方案。此外，固定等位基因的风险及未来特定等位基因选择策略的变化，也是值得深入探讨的问题。

2. 新特征

随着新生物学知识的不断涌现，更具体的生产模型成为可能。以乳制品行业牛奶产量持久性为例，随机回归模型中的多个特征参数可直接用于经济建模和聚合基因型的定义。同时，新的生物学模型（如生长模型）也被视为潜在的新特征（如 Doeschl-Wilson 等，2007 年的研究所示）。此外，营养研究中能量途径的详细建模，可结合特定的 SNP 或定量信息，实现更直接的生物经济学建模。

3. 新技术

新技术的发展使得将新的基因组信息纳入多特征改良计划成为可能。随着 SNP 数据和表型数据量的不断增加，数据库将日益庞大，涵盖更广泛的特征。SNP 对特征影响的潜在交互作用，将需要大规模的数据存储和计算能力来支持。

4. 自动化测量

自动化测量在实现遗传改良中扮演着重要角色。例如，利用扫描仪检测动物产品中的氨基酸和脂肪酸含量，自动饲料摄入系统，以及用于其他关键指标的自动化测量设备，都将极大地推动遗传改良的进程。

在家畜育种中，对于生殖激素水平的监测与调控，技术的实施往往不仅涉及技术本身，还涵盖了使用这些技术的系统。例如，利用移动电话或平板电脑在田间实时记录数据，以评估竞技马匹的性能，若结合先进的软件策略进行数据存储与分析，将极大提升数据处理的效率与准确性。James（2002）所描述的美利奴羊实时选择策略，正是利用简单技术在单次处理中优化选择增益，同时减少了劳动强度和处理过程中的应激反应，为遗传改良提供了高效且实用的范例。

5. 在线资源的潜力

随着互联网接入的普及和用户友好型网络界面的发展，数据收集与定制化遗传改良策略的开发迎来了前所未有的机遇。澳大利亚的 Breed Object 技术便是其中的佼佼者，它为肉牛饲养者提供了与国家遗传评估服务的直接互动平台，使用户能够基于自身品种、生产系统及市场需求，开发并应用定制化的选择指数（Barwick 和 Henzell，2005）。

6. 多性状改良策略

我们始终聚焦于探讨多性状改良的最优策略。随着育种实践的深入，表型选择已逐渐转向更为复杂、综合的评估体系，这其中包括了更丰富的表型、基因组信息以及多种影响变化速度的因素。

7. 生产规模的影响

育种程序的规模变化对选择程序具有深远影响。在多个物种中，育种策略已不再局限于单一种群，而是从整个行业的战略视角出发，考虑更为广泛的遗传资源。这一趋势预计将在更多物种中持续，导致对聚合表型、基因型及合成品种的定义发生深刻变化。

8. 经济因素的考虑

经济因素在决定育种策略及程序规模方面扮演着重要角色。在竞争激烈的市场环境中，企业可能会选择短期靶向选择策略，以在特定时间内实现具体目标，或适时引入 SNP 技术，以替代传统的全面改良概念。此外，短期经济模型的重要性日益凸显，从生物经济模型的角度出发，直接选择动物可能比长期定义选择目标的方法更为高效且符合实际需求。

三、动物福利与育种策略的融合

近年来，动物福利问题逐渐成为全球畜牧业发展的重点。消费者越来越关注畜牧产品的生产条件，包括动物的生活环境、饲养方式和健康状况。提高动物福利已成为市场上家畜产品的重要竞争力之一。因此，未来的家畜遗传改良计划需要将动物福利因素纳入其中，制定更符合伦理和可持续发展目标的育种策略。

在育种过程中，某些基因型可能影响家畜的应激反应和行为特征。例如，家禽中的某些基因可能与啄羽行为相关，而啄羽行为会对其他个体造成伤害，影响家禽群体的整体福利。通过基因选择和行为评估，育种者可以降低群体中具有攻击性行为的个体比例，从而改善整体的动物福利水平。

此外，环境友好型的饲养模式也越来越受到重视。未来的育种目标可能不仅限于提高生产性能，还将着重于减少环境负担。例如，育种者可以选择那些具有较高饲料利用率的基因型，从而减少饲料消耗和废弃物的排放。通过选择这些环保型的家畜基因型，不仅可以提高生产效率，还能减少畜牧业对环境的负面影响，提升整个产业的可持续性。

四、未来育种技术的潜在突破

尽管目前的基因组评估和选择技术已经在家畜遗传改良中取得了显著成效，但未来仍有许多未解锁的潜在技术可以进一步推动这一领域的发展。未来可能的技术突破如下。

1. 表观遗传学

表观遗传学的研究揭示了基因表达的可遗传性，而不仅仅是 DNA 序列本身。这意味着即使不改变基因序列，也可以通过调控基因表达来影响家畜的性状表现。表观遗传技术可以用于在繁殖周期中调节特定基因的表达，从而优化生产性能或疾病抵抗力。

2. 合成生物学

合成生物学有望为家畜遗传改良带来颠覆性变革。通过人工设计并合成新的基因组，育种者可以定制化地构建具有特定特征的家畜。例如，研究人员已经在实验室中创造出能够合成特定营养物质的微生物，这类技术未来可能被应用于家畜育种中，以提高其营养代谢能力或抗病能力。

3. 精准育种

随着基因组编辑技术的进步，精准育种（precision breeding）将成为未来家畜遗传改良的主要方向之一。精准育种结合了基因编辑和基因组选择的优势，可以对家畜个体的基因组进行精确修饰，从而快速实现遗传优化。这一技术可以极大地提高育种效率，缩短育种周期，并显著减少因随机选择带来的不确定性。

五、大数据与人工智能在家畜遗传改良中的应用

随着信息技术的飞速发展，大数据和人工智能（AI）已经成为家畜遗传改良中不可或缺的工具。通过对大规模基因组数据、表型数据和环境数据的整合分析，育种者可以更准确地预测家畜的遗传潜力，制定出更加精准的育种决策。

在大数据分析中，AI 算法能够快速处理大量复杂的遗传信息，帮助育种者发现影响性状表现的关键基因。通过机器学习，AI 还可以对家畜的健康状况、生产性能和繁殖能力进行实时监控，及时识别可能的风险因素并做出相应的调整。

此外，智能化的育种平台可以帮助农户根据自身的生产条件和市场需求，设计最优的育种方案。例如，某些在线平台已经能够为农户提供个性化的选择指数，帮助他们根据自己牧场的实际情况，选择最适合的基因型和育种组合。这种智能化的育种方式不仅提高了遗传改良的效率，还能帮助中小农户更好地参与到现代化的育种过程中。

六、生态友好型畜牧业的遗传改良路径

随着环境保护意识的增强，生态友好型畜牧业成为了未来发展的重要方向。遗传改良作为畜牧业生产系统的一部分，必须为减少环境负担和资源浪费贡献力量。在未来，育种

者可以通过以下几种途径推动生态友好型家畜育种的实现。

提高饲料转化率：通过遗传改良，选择那些能够更高效地将饲料转化为肉类、奶制品或其他产品的家畜，不仅可以提高生产效率，还能减少对饲料的需求，进而减少土地和水资源的使用。

降低温室气体排放：家畜特别是反刍动物在生产过程中会排放大量的温室气体（如甲烷）。通过基因选择和繁殖，育种者可以减少家畜的甲烷排放量。例如，某些牛的基因型与较低的甲烷排放相关，通过选择这些基因型，可以降低整个畜牧业的碳足迹。

增强抗病能力：家畜疾病的暴发不仅对动物健康构成威胁，还可能对环境和公共卫生带来负面影响。通过提高家畜的抗病能力，育种者可以减少抗生素和其他药物的使用，降低环境污染风险。

发展低投入生产系统：低投入生产系统依赖于减少外部投入，如饲料、药品和能源，以实现可持续的生产方式。未来的育种计划可以通过选择适应性强、耐环境压力的家畜基因型，来发展这些低投入的生产系统。

七、未来发展

尽管遗传改良技术不断取得突破，但未来家畜育种仍然面临许多挑战。首先，技术的复杂性和高昂的成本可能会限制中小型农户的参与。因此，如何使这些先进技术更加普及，并降低应用门槛，是未来育种者和政策制定者需要解决的问题。

其次，社会对基因编辑等新技术的伦理争议可能会影响其在畜牧业中的应用。公众对食品安全、动物福利和生态保护的关注日益增加，未来的育种计划需要更加透明，并与消费者保持良好的沟通，以消除不必要的恐慌和误解。

然而，家畜遗传改良的前景仍然充满机遇。随着基因组学、人工智能和生物技术的融合，育种者将能够更加精确地设计遗传改良计划，实现多性状的同步优化。同时，国际合作和政策支持将为全球家畜遗传资源的保护和利用提供更多可能性。

在遗传改良的征途中，深刻理解其背景与上下文是采取行动的关键。我们需要明确谁将受到遗传改良计划的影响，以及谁将负责作出关于遗传变化的决策。正如我们在前几章中所述，生产系统中的遗传情况受到经济、环境、分析边界、分析层次及决策者等多重因素的影响，这些因素的变化将直接引导我们制定更为精准、高效的育种策略。

未来，我们将构建有效改善遗传的基础，为涵盖所有重要特征的光谱提供坚实的支撑。深入理解生产和营销信息，是激发新进展不可或缺的关键。这种知识的广度和深度，在不同行业间乃至同一行业内的不同组织间，均存在显著差异。

在快速适应和实施新信息方面，发展生物、生产和营销知识库展现出巨大的潜力。结合与构建生产模型和盈利功能相关的概念和技术，如基因型在遗传潜力中的作用、遗传利益和经济影响的定义与预测，以及优化策略，并辅以必要的组织基础设施，我们得以奠定制定最佳策略的基础。

当然，对机遇的敏锐洞察至关重要。与多领域专家的持续合作，能够助力我们及时发现并把握新机遇。这种合作关系可能带来新基因组信息的早期识别、生物建模的新可能性，以及优化和建模技术的新突破。

最后，我们期望通过提供这些概念、技术和实例，为未来优化多性状遗传改良策略奠定坚实的基础。

附录 程序脚本

一、第四章程序

R 程序 "cullingrate2"，该程序旨在计算并维持各年龄类别家畜数量恒定的牧群减少率。以下是程序的具体说明及操作步骤：

程序运行步骤：

1. 将此 R 程序脚本保存为文本文件。

2. 将程序（函数）加载到 R 工作区。可以通过命令 source（file. choose（））

在文件浏览器中选取文件，或者直接输入文件名及路径，如 source("/Users/me/Documents/cullingrate2. txt")。

输入参数：

f：一个向量，表示每个年龄类别雌性在下一周期开始时产生新生雌性的概率。

p：一个向量，表示除最后一个年龄类别外，每个年龄类别雌性存活至下一个年龄类别的概率。

age：指定需要淘汰的年龄类别。

脚本内容：

```
cullingrate2 <-function(f, p, age) {
  # 计算年龄类别1或类别2中需淘汰的比例,以维持种群规模稳定
  pp <-cumprod(p)
  d <- sum(f[2:length(f)] * pp)
  c <- (1 - (1 -f[1]) / d)
  if (age == 2) {
    p[2] <- p[2] * (1 - c)
    f[2] <- f[2] * (1 - c)
    L <-rbind(f, cbind(diag(p), rep(0, times = length(p))))
    vl <- cumprod(c(1, p))
    lst <- list(culling_rate = c, transition_matrix = L, proportions = vl) }
  if (age == 1) {
    p[1] <- p[1] * (1 - c)
    L <-rbind(f, cbind(diag(p), rep(0, times = length(p))))
    vl <- cumprod(c(1, p))
```

```
            lst <- list(culling_rate = c, transition_matrix = L, proportions = v1) }
            lst<-list(culling rate=c,transition matrix=L,proportions=v1) }
lst
}
```

奶牛种群动态与捕获率计算

主要目标：找出在年龄类别 1 或 2 时所需的屠宰率，以维持每个年龄类别中动物数量的恒定。

R 语言程序运行

```
> source(file.choose())    # 加载上述脚本
> f <-c(0, .475, .475, .475, .475, .475, .475, 0)
> p <- c(.9, .95, .95, .95, .90, .85, .80)    # 输入比例向量 p 和 f
> cullingrate2(f, p, 2)
$culling_rate
[1] 0.5446764
# 转移矩阵
```

	[,1]	[,2]	[,3]	[,4]	[,5]	[,6]	[,7]	[,8]
f	0.0	0.2162787	0.475	0.475	0.475	0.475	0.475	0
	0.9	0.0000000	0.000	0.000	0.000	0.000	0.000	0
	0.0	0.4325574	0.000	0.000	0.000	0.000	0.000	0
	0.0	0.0000000	0.950	0.000	0.000	0.000	0.000	0
	0.0	0.0000000	0.000	0.950	0.000	0.000	0.000	0
	0.0	0.0000000	0.000	0.000	0.900	0.000	0.000	0
	0.0	0.0000000	0.000	0.000	0.000	0.850	0.000	0
	0.0	0.0000000	0.000	0.000	0.000	0.000	0..800	0

[1] 1.0000000 0.9000000 0.3893017 0.3698366 0.3513447 0.3162103 0.2687787 0.215023

如果在年龄类别 2 结束时进行捕获，并希望维持年龄类别 3~8 中共有 100 头奶牛。
```
> prop <- cullingrate2(f, p,2) $ proportions
>prop_adjusted <- (100 / sum(prop[3:8])) * prop[3:8]
```
[1] 52.34246 47.10821 20.37701 19.35815 18.39025 16.55122 14.06854 11.25483

如果在年龄类别 1 结束时进行捕获，并希望维持年龄类别 3~8 中共有 100 头奶牛。
```
> cullingrate2(f, p, 1)
$culling_rate
[1] 0.5446764
# 转移矩阵
```

	[,1]	[,2]	[,3]	[,4]	[,5]	[,6]	[,7]	[,8]
f	0.0000000	0.475	0.475	0.475	0.475	0.475	0.475	0
	0.4097912	0.000	0.000	0.000	0.000	0.000	0.000	0
	0.0000000	0.950	0.000	0.000	0.000	0.000	0.000	0
	0.0000000	0.000	0.950	0.000	0.000	0.000	0.000	0
	0.0000000	0.000	0.000	0.950	0.000	0.000	0.000	0
	0.0000000	0.000	0.000	0.000	0.900	0.000	0.000	0
	0.0000000	0.000	0.000	0.000	0.000	0.850	0.000	0
	0.0000000	0.000	0.000	0.000	0.000	0.000	0.800	0

" $ proportions

[1] 1.000000 .40979 0.38930 0.36984 0.35134 0.31621 0.26878 0.21502

> prop2<-cullingrate2(f,p,1) $ proportions
> prop2 * (100/sum(prop[3:8]))

[1] 52.34246 21.44948 20.37701 19.35815 18.39025 16.55122 14.06854 11.25483"

二、第五章代码

本附录展示了一个 R 程序 runlp3，该程序用于执行线性规划以实现优化。

要在 R 中运行此程序，请按照以下步骤操作：

1. 将程序脚本保存为文本文件。

2. 将程序（函数）加载到 R 的工作区，使用命令 source（file.choose（））。

若解决方案中使用了 lp 函数，该函数位于 lpSolve 包中，您可能需要先安装此包。lp 函数要求设置以下参数：

- 优化方向（max 表示最大化，min 表示最小化）
- 目标函数中所有变量的系数向量（c）
- 约束矩阵（A），其中列代表变量，行代表约束
- 所有约束的方向向量（<, >, =）
- 所有约束的右手边值向量（b）

如果找到了最优解，lp 函数将计算在该最优解下所有变量的值，并执行敏感性分析。

由于线性规划问题往往规模较大，因此从外部文本文件（如 Excel 电子表格导出的文件）读取目标函数的系数、约束矩阵和右手边值到 R 的表中可能更为便捷。

3. R 脚本用于线性规划问题。

以下 R 脚本 runlp3 用于读取一个外部输入文本文件，该文件包含目标函数的系数、优化方向（max 或 min）、一组约束条件、每个约束条件的方向（<, <=, =, >=, >）以及对应的右侧值。脚本提取这些输入参数，通过 lpSolve 库运行线性规划程序，并打印带有解释性标题的结果。

```
runlp3 <- function(filename) {
    input <-read.table(file.choose(), header = TRUE, row.names = 1, sep = "",
stringsAsFactors = FALSE)
    library(lpSolve)
```

```
        objective <-t(input[1, 1:(ncol(input) - 2)])
        optdir <- input[1, (ncol(input) - 1)]
    vars<-length(objective)
        cols<-colnames(input)
        names<-cols[1:(ncol(input)-2)]
        constraints<-input[(2:nrow(input)),(1:(ncol(input)-2))]
        direction<-input[(2:nrow(input)),(ncol(input)-1)]
        rhs<- as.numeric(input[(2:nrow(input)),ncol(input)])
        optimum<-lp(optdir, objective, constraints, direction, rhs, compute.sens=1)
    prices_to <- lp(optdir, objective, constraints, direction, rhs, compute.sens=1)$sens.coef.to
    prices_from <- lp(optdir, objective, constraints, direction, rhs, compute.sens=1)$sens.coef.from
    solutions <- lp(optdir, objective, constraints, direction, rhs, compute.sens=1)$solution
        price_sensitivity<- data.frame(objective, solutions, prices_from, prices_to)
        dual_soln<-lp("max", objective, constraints, direction, rhs, compute.sens=1)$duals
    rhs_from <- lp("max", objective, constraints, direction, rhs, compute.sens=1)$duals.from
    rhs_to<- lp("max", objective, constraints, direction, rhs, compute.sens=1)$duals.to
        restriction_sensitivity<- cbind(dual_soln, rhs_from, rhs_to)
        cmatrix<- as.matrix(constraints)
        used<-as.vector(solutions)
        restriction_sensitivity1 <- cbind((cmatrix%*%used), restriction_sensitivity[1:nrow(constraints),])
        colnames(restriction_sensitivity1)<-c('rhs used', colnames(restriction_sensitivity))
        rownames(restriction_sensitivity1) <- rownames(constraints)
        restriction_sensitivity2<-
        restriction_sensitivity[(nrow(constraints)+1):(nrow(constraints)+vars),]
        rownames(restriction_sensitivity2) <- names
        results<-list(optimum=optimum, solution=price_sensitivity, constraint_sensitivity=restriction_sensitivity1, variable_sensitivity=restriction_sensitivity2)
        results
}
```

4. 线性规划解决方案示例。

确定在乳制品生产中，给定约束条件下，A 基因型和 B 基因型奶牛的最佳混合比例，以最大化净利润。

方案 1. 系统变量的隐含规范

目标：最大化净收益

$$1067.50x_1 + 1160x_2$$

约束条件：

$$x_1 + 1.05x_2 \leq 45（圈舍）$$

$$5000x_1 + 6000x_2 \leq 250000（配额）$$

$$21x_1 + 24x_2 \leq 1000（用工）$$

R 解决方案

输入文件（另存为 Ipxample_12.txt）：

	基因 A	基因 B	目录	右段项
利润	1067.5	1160.	'max'	-
圈舍	1.0	1.05	'<='	45
配额	5000	6000	'<='	250000
用工	21	24	'<='	1000

命令

  source(file.choose()) # 选择文本文件"runlp3.txt"

  runlp3()   # 在浏览器窗口中打开文件"lpexample_12.txt"

$ optimum

[1] 343987（目标函数最优值）

  $ solution

	利润	解决方案	起始价格	终止价格
基因 A	7472.5	107.8	7105	7733.6
基因 B	8120	197.4	7846.3	8540

  $ constraint_sensitivity

	已用右端项	对偶解	右端项起始	右端项终止
圈舍	45.0	646.15385	4.375e+01	4.761905e+01
配额	246153.8	0.00000	-1.000e+30	1.000000e+30
用工	1000.0	20.06410	9.450e+02	1.010000e+03

  genotypeA 0 -1e+30   1e+30

  genotypeB 0 -1e+30   1e+30

在最优情况下，目标函数的值（净收益）为343987。

解决方案明确指出了在最优配置下，基因型 A 的奶牛数量为15.38头，基因型 B 的奶牛数量为28.21头，这是实现最大利润的最佳组合。同时，给出了价格范围（即目标函数中的系数），这些价格范围确保了此解决方案的最优性。

约束敏感性提供了关于限制（RHS）对目标函数影响的见解，即当某一限制条件增加1个单位（称为"阴影价格"）时，净利润将如何变化，而所有其他限制条件保持不变。这反映了在最优状态下，每个限制的边际价格。例如，若住房限制增加至46个单位，则利润将增加 4523.4 元。

rhs_ from 和 rhs_ to 列标明了此最优解所适用的 RHS 值的范围。

变量敏感性则揭示了为将某一变量纳入解决方案中，目标函数中每个系数所需的变化。由于解决方案中同时使用了 A 和 B 两种基因型，因此这两种基因型的值均为零。

配方 1，SASlp 程序解决方案

在家畜育种学中，使用 SAS 软件对线性规划问题进行求解是一项重要且实用的技术程序：

data s1；

input _id 140

	基因_ A	基因_ B	类型	右端
cards；				
利润	1067.5	1160	max.	
圈舍	1	1.05	le	45
定额	5000	6000	le	250000
劳动力	21	24	le	1000

proc lp rangeprice rangerhs；

目标函数最大值

Rhs 变量	_ rhs_
类型变量	类型_
问题密度（%）	60.00
变量	数字
非负变量：	2
Slack 变量：	3
总数：	5
约束条件	数字
LE 约束：	3
目标约束：	1
总数：	4

存在 3 个松弛变量（slack variables），因为存在 3 个不等式约束。

解决方案总结：

解决方案总结明确指出了问题已成功求解，并给出了目标函数在最优值（343987 元）处的具体数值，同时指出了求解过程中所需的迭代次数。（注意：迭代次数部分以数学公式占位符表示。）

变量摘要：

变量名称		状态	类型	价格	活动	减少的成本
1	genotype_ A	BASIC	NON-NEG	1067.5	15.384615	Cost
2	genotype_ B	BASIC	NON-NEG	1160	28.205128	0
3		SLACK		0	0	-646 15380
4		BASIC	SLACK	0	3846.1538	0
5		SLACK		0	0	-20 0541

变量汇总表展示了在最优（活动）条件下各变量的值，明确指出我们拥有 15.4 头 A 型基因型奶牛和 28.21 头 B 型基因型奶牛。

鉴于每头 A（B）型基因奶牛每年能产出 5000（6000）L 牛奶，并且按每升牛奶含有 200（210）kg 蛋白质来计算，我们可以估算出销售的牛奶总量为 246153.85L（比配额少了 3346L），以及 9000kg 的蛋白质产量。

同时，A（B）型基因奶牛每年分别消耗 5500（6500）kg 饲料，并需要 10（11）次健康治疗。基于这些数据，我们还能进一步计算出所需的饲料总量和必要的健康治疗次数。

约束总结：

行	名称	类型	Col	Rhs	S/S 活动	Dual 活动
1	目标	.	0	49141.026	—	—
2		LE	3	45	45	646.15385
3		LE	4	250000	246153.85	-0
4		LE	5	1000	1000.	20.064103

约束汇总表给出了在最优解下，每个右侧变量（约束）的使用量，以及双变量（Dual Activity）或阴影价格，后者表示当右侧变量增加一单位时，目标函数（如利润）的预期增加量。我们使用了全部 1000h 的劳动力和所有圈舍，但配额使用量仅为 246153.85L。

若标准尺寸的摊位数量增加 1 个，利润将增加 646；若劳动力增加 1h，利润将增加 20 元。

RES 范围分析：

	最小 Phi			最大 Phi	
行	Rhs	离开对象		Rhs	离开对象
43.75	48333.333	47.619048		genotype_ B	50833.333
246153.85	49141.026	INFINITY			
945	genotype_ B	48037.5		1010	49341.667

RHS 范围分析表列出了在假设所有其他价格和约束条件保持不变的情况下，每行 RHS 的最小值和最大值，此时该解决方案为最优。在这些点上，目标值保持不变，且若 RHS 变化超过此范围，则会有变量离开基础。例如，若最大数量位于 43.75 与 47.62 之间，则此解决方案为最优。若可用数量大于 47.62，我们将仅购买 A 型基因型的牛。

家畜育种学价格范围分析：

变量		最小值 Phi		最大值 Phi	
Col	Name	Price Enter	Objective	Price Enter	Objective
1	基因型 A	1015	48333.333	1104.7619	49714.286
2	基因型 B	1120.875	48037.5	1220.50833	333
3		-INFINITY	49141.026	646.153854	49141.026
4		-0.21	48333.333	0.0521667	49341.667
5		-INFINITY	49141.026	20.064103	49141.026

问题 2. 系统变量的显式规范

目标：最大化净利润

$$0.175x_1 + 5.0x_2 - 7.5x_3 - 0.1x_4 - 10.0x_5 + 0x_6 + 0x_7$$

其中，净利润的数学表达式为：

$$1.0x_6 + 1.05x \leq 45 (圈舍)$$

$$x1 \leq 250,000 (配额)$$

$$X3 \leq 1000 (Labour)$$

$$x_1 - 5000x_6 - 6000x_7 = 0$$

$$x_2 - 200x_6 - 210x_7 = 0$$

$$x_3 - 21x_6 - 24x_7 = 0$$

$$x_4 - 5500x_6 - 6500x_7 = 0$$

$$x_5 - 10x_6 - 11x_7 = 0$$

公式 2, R 解决方案

输入文件（保存为 lpexample_ 12/form2. txt）：

	牛奶	蛋白质	劳动力	饲料	健康	基因型 A	基因型 B	约束条件	
利润	0.175	5	-7.5	-0.1	-10	0	0	max'	
圈舍	0	0	0	0	0	1	1.05	'<='	45
配额	1	0	0	0	0	0	0	'<='	250000
劳动力	0	0	1	0	0	0	0	'<='	1000
牛奶	1	0	0	0	0	-5000	-6000	'='	0
蛋白质	0	1	0	0	0	-200	-210	'='	0
劳动力	0	0	1	0	0	-21	-24	'='	0
饲料	0	0	0	1	0	-5500	-6500	'='	0
健康	0	0	0	0	1	-10	-11	'='	0

命令：

>source（file. choose（））

>runlp3（）

	利润	解决	prices_ from	prices_ to
牛奶	0.175	246153.84615	0.1228333	3.850000e-01
蛋白质	5.000	9000.00000	1.7692308	1.000000e+30
劳动力	-7.500	1000.00000	-27.5641026	1.000000e+30
饲料	-0.100	267948.71795	-0.1539655	1.800000e-01
健康	-10.000	464.10256	-88.2500000	1.000000e+30
基因 A	0.000	15.38462	-52.5000000	3.726190e+01
基因 B	0.000	28.20513	-39.1250000	6.000000e+01

	rhs_ used	dual_ soln	rhs_ from	rhs_ to
圈舍	4.500000e+01	646.15385	4.375000e+01	4.761905e+01
定额	2.461538e+05	0.00000	-1.000000e+30	1.000000e+30
劳动力	1.000000e+03	20.06410	9.450000e+02	1.010000e+03
牛奶	0.000000e+00	0.17500	-2.461538e+05	3.846154e+03
蛋白质	0.000000e+00	5.00000	-9.000000e+03	1.000000e+30
劳动	1.136868e-13	-27.56410	-1.000000e+01	5.500000e+01
饲料	-2.910383e-11	-0.10000	-2.679487e+05	1.000000e+30
健康	0.000000e+00	-10.00000	-4.641026e+02	1.000000e+30

	dual_ soln	rhs_ from	rhs_ to
牛奶	0	-1e+30	1e+30
蛋白质	0	-1e+30	1e+30
劳动力	0	-1e+30	1e+30
饲料	0	-1e+30	1e+30
健康	0	-1e+30	1e+30
基因_ A	0	-1e+30	1e+30
基因_ B	0	-1e+30	1e+30

最优解对应的净利润为343987元，其生产参数如下：产奶量达到246153.85L（$x1$），蛋白质产量为9000kg（$x2$），投入劳动力1000工时（$x3$），消耗饲料267948.72kg（$x4$），并进行了464.10次健康治疗。此优化方案涉及15.38头A型奶牛和28.21头B型奶牛。

为维持此最优解，牛奶价格应维持在每升0.84~2.73元，蛋白质价格至少为每千克12.39元，饲料价格须低于每千克1.05元，劳动力成本须控制在每小时192.92元以下，健康治疗成本则不应超过每次617.75元。

约束敏感性分析显示，所有45个牛舍空间和1000工时劳动力均得到充分利用，但仅使用了246153.8L牛奶的生产配额。进一步分析表明，若增加牛舍数量（由45增至46），预期净利润将增加4523.4元。同样，若增加1工时劳动力，预期净利润将增加（140元）。

三、第七章代码

本附录详细展示了如何使用 R 程序来计算在分类标度上测量的性状的经济价值，以及针对具有分类或梯度定价特性的性状进行经济价值评估。这些 R 脚本为家畜育种学中的经济评估提供了强大的工具。

要在 R 环境中运行这些程序，请遵循以下步骤：

1. 将程序脚本保存为文本文件。确保文件扩展名为 .R 或 .r，以便于在 R 中识别和执行。

2. 使用 source（file.choose（））命令将程序（函数）加载到 R 的工作区中。执行此命令后，R 将弹出一个文件选择对话框，从中选择您之前保存的脚本文件。

分类尺度上特征经济价值的计算

以下 R 程序中的 categorical（props，price）函数用于计算个体在特定分类尺度上表达的特征（如分娩难易度）的经济价值。请注意：此函数基于潜在的负债规模假设，并不适用于按分类定价的定量特征。

输入参数

categorical（props，price）

参数说明

props：一个向量，包含每个分类特征中的人群比例。

price：一个向量，包含每个分类的每单位价格。

```
categorical<-function（props，price）{
# 经济权重，针对阈值性状在责任尺度上，N（0，1）
# props 是各类别人口比例的向量
# price 是每类价格/成本的向量
  np<-(t(props)%*%price)
  cumprops<- cumsum(props)
  thresholds<-qnorm(cumprops[1:(length(props)-1)])
  values<-c(0,dnorm(thresholds),0)
  parts<-c(values[1:(length(values)-1)]-values[2:length(values)])
  ecwt<- sum(price*parts)
    results<-
      list(economic_value=ecwt,expected_revenue=np,thresholds_liabilityscale=thresholds)
    results
}
```

使用分类或网格定价计算特征的经济价值

以下程序 categoricalprices_wt 用于计算在动物种群中，基于活体动物重量范围的价格梯度上，每千克活体动物重量的预期价格。

输入参数

categoricalprices_wt(grid, baseprice, wt, live_wt, sd_livewt, conversion)

类别	说明
grid	重量类别的价格单位（每单位重量的价格）

baseprice	如果不为1，则网格中的条目为基础价格的比例
wt	重量类别的截止值（网格列数减1）
live_wt	群体平均活重
sd_livewt	活重的标准差
conversion	活重比例；若未特别指定，则设为1

```
categoricalprices_wt <-
    function(grid, baseprice, wt, live_wt, sd_livewt, conversion){
# 计算根据体重范围价格网格定价的每头动物的平均价格，如果按单位重量定价，则根据体重范围设置价格网格
# 网格中的条目是每个重量类别的单位价格
# 如果基础价格不等于1，则网格条目是基础价格的比例
# wt 中的条目是重量类别的截断值（网格列数减1）
# 如果 grid 和 wt 是胴体重量，设置 conversion 为活体重量的比例；否则，设置为1
cols = length(grid)
    grid <- grid * baseprice
# 计算平均活体重量和标准差
    mn_wt <- live_wt * conversion
    sd_wt <- sd_livewt * conversion
# 计算单个市场动物在平均体重下的价格
    wclass <- length(wt[mn_wt > wt]) + 1
    forlpig = grid[wclass] * mn_wt
    Wbeg <- mn_wt * pnorm((wt[1] - mn_wt)/sd_wt) -
    sd_wt * dnorm(wt[1], mean = mn_wt, sd = sd_wt)
    Wend <- mn_wt * (1 - pnorm((wt[cols-1] - mn_wt)/sd_wt)) + sd_wt * dnorm(wt[cols-1], mean = mn_wt, sd = sd_wt)
    if (cols > 2)
    {Wmid <- matrix(mn_wt * (pnorm((wt[2:(cols-1)] - mn_wt)/sd_wt) -
    pnorm((wt[1:(cols-2)] - mn_wt)/sd_wt)) +
    sd_wt * (dnorm(wt[1:(cols-2)], mean = mn_wt, sd = sd_wt) - dnorm(wt[2:(cols-1)], mean = mn_wt, sd = sd_wt)))
    W <- rbind(Wbeg, Wmid, Wend)}
    if (cols == 2)
    {W = rbind(Wbeg, Wend)}
# 计算所有动物的预期回报
    Rgrid <- grid %*% W
    stuffout <-
    list(mean_carcasswt = mn_wto, sd_carcasswt = sd_wt, revenue_lanimal_at_mean
    = forlpig, Expected_revenue_alloffspring = Rgrid, W, Wbeg, Wend)
    return(stuffout)}
```

根据梯度计算父母的经济价值

以下 3 个程序：pricegrid_wt()，pricegrid() 和 pricegrid_withoutwt() 用于计算终端公畜或母畜的经济价值，这些经济价值基于其市场后代的性状表现，其中市场动物的单位价格由价格梯度确定。价格梯度基于一个或多个性状的类别，这些类别可能包括动物的体重（通常为活重或屠宰体重）。这些程序根据性状的遗传力，将给定的性状表型方差从亲本调整到其后代。这与上述用于计算个体中表达的分类性状经济价值的程序（如 categorical）不同，后者不调整方差。

pricegrid_wt()（单性状梯度）和 pricegrid()（双性状梯度）计算经济价值时，考虑了当市场后代的每单位价格（元/kg）由屠宰后胴体重量类别决定，或由屠宰后胴体重量类别和另一个性状（如瘦肉率）的类别共同决定时，亲本的体重（活重或屠宰体重）。该方法假定利润函数基于在指定时间框架内，亲本与种群中平均动物交配产生的所有后代，且每单位（kg）胴体重量的价格取决于胴体重量的类别。

第三个程序 pricegrid_withoutwt()（双性状梯度）计算经济价值时，考虑了当市场后代的每单位价格（元/kg）由两个非体重性状（如肌肉深度和瘦肉率）的类别决定时，亲本的体重和另外两个附加性状。

注意：这些程序计算的经济价值不包括所产后代的数量。（当使用此方法计算种猪的经济价值时，利润函数中的每后代收入乘以窝产仔数，因此程序给出的经济价值按群体平均窝产仔数进行了调整。）

仅由重量类别决定的定价

输入参数

pricegrid wt(grid,baseprice,wt,live_wt,sd_livewtp,h2wt,conversion)

grid 一个向量，包含针对每个体重类别（从最低到最高）的每单位价格或加权因子（即基础价格的比例）。

基准价格：若基准价格非-1，则网格中的条目视为基准价格的比例。

贴现值：用于界定体重类别的临界值——价格网格中的条目应比剪贴值少 1 个。

市场活重：指群体在市场上的平均活体重量。

市场活重标准差：表示群体在市场上活体重量的表型标准差。

重量可遗传性：指重量的遗传比率。

转换：活重与体重之间的比率。若平均值和标准偏差为胴体重量，或体重类别依赖于活重，则在此处标记。

```
pricegrid_wt <-
function(grid, baseprice, wt, live_wt, sd_livewtp, h2wt, conversion){
# 计算根据体重范围价格网格定价的每头动物的平均价格，如果按单位重量定价，则根据体重范围设置价格梯度
# 网格中的条目是每个重量类别的单位价格
# 如果基础价格不等于1，则梯度条目是基础价格的比例
#wt 中的条目是重量类别的截断值（梯度列数减1）
# 如果 grid 和 wt 是胴体重量，设置 conversion 为活体重量的比例；否则，设置为1
cols=length( grid)
grid<- grid * baseprice
```

```
# 计算平均活体重量和标准差
  mn_wt <- live_wt * conversion
  sd_wtp <- sd_livewtp * conversion
  sd_wt<- sqrt((1-h2wt/4) * ( sd_wtp * sd_wtp))
# 计算单个市场动物在平均体重下的价格
  wclass<- length( wt[mn_wt> wt])+1
  forlpig = grid[ wclass] * mn_wt
  Wbeg<- mn_wt * pnorm((wt[1]- mn_wt)/ sd_wt) -
  sd_wt * dnorm(wt[1], mean= mn_wt, sd= sd_wt)
  Wend<-mn_wt * (1-pnorm((wt[cols-1]-mn_wt)/sd_wt)) + sd_wt * dnorm(wt[cols-1], mean= mn_wt, sd= sd_wt)
  Zbeg<- pnorm((wt[1]- mn_wt)/sd_wt) - wt[1] * dnorm( wt[1], mn_wt, sd_wt)
  Zend<-1-pnorm((wt[cols-1]- mn_wt)/ sd_wt) + wt[cols-1] * dnorm(wt[cols-1], mn_wt, sd_wt)
  if( cols>2)
  {Wmid<- matrix( mn_wt * (pnorm((wt[2:( cols-1)]- mn_wt)/ sd_wt)-
  pnorm((wt[1:( cols-2)]- mn_wt)/ sd_wt) )+ sd_wt * (dnorm(wt[1:(cols-2)], mean= mn_wt, sd= sd_wto)- dnorm( wt[2:( cols-1)], mean= mn_wt, sd= sd_wt)))
  W<-rbind( Wbeg, Wmid, Wend)
  Zmid<- matrix(prorm((wt[2:( cols-1)]- mn_wt)/sd_wt)-poorm((wt[1:( cols-2)]- mn_wt)/ sd_wt)+wt[1:( cols-2)] * dnorm( wt[1:( cols-2)], mm_wt, sd_wt)- wt[2:( cols-1)] * dnorm(wt[2:(cols-1)], mn_wt, sd_wt))
  z<-rbind( Zbeg, Zmid, Zend)}
  else {W<-rbind( Wbeg, Wend); Z<- rbind( Zbeg, Zend)}
# 计算后代期望收益和经济价值
  Rgrid <- grid %*% W
  ecwtcwt <- grid %*% Z
# 转换为活体重
  ecwt_lwt <- ecwtcwt * conversion
  stuffout <-
    list(mean_carcasswt = mn_wt, sd_carcasswt = sd_wtp, revenue_lanimal_at_mea = forlpig, n = forlpig, Expected_revenue_alloffspring = Rgrid, economic.value_carcassweight = ecwtcwt, economic.value_liveweight = ecwt_lwt, W = W, Z = Z)
  return( stuffout)
  }
```

例子

对于猪群而言，市场后代的每单位价格（元/kg）仅由胴体的重量类别决定。该猪群有以下指标：

市场活体重：平均值 = 120kg，表型标准差 = 12kg，遗传力 = 0.3；

胴体与活体重的比值：0.8；

胴体基础价格：10.5 元/kg。价格梯度有 10 个胴体重量类别。
经济价值按以下方式计算：

```
> source(file.choose())
> grid2 <-c(0.50, 0.95, 1.06, 1.12, 1.15, 1.15, 1.12, 1.09, 1.03, 0.99)
>wtcat <- c(70, 75, 80, 85, 90, 95, 100, 105, 110, 118)
>pricegrid_wt(grid2, 1.545, wtcat, 120, 12, .3, .8)
 $ mean_carcasswt
[1] 96

 $ sd_carcasswt
[1] 9.6

 $ revenue_1animal_at_mean
[1] 166.1184

 $ Expected_revenue_alloffspring
[1,] 163.5442

 $ economic.value_carcassweight
[1,] 1.2144

 $ economic.value_liveweight
[1,] 0.97152
```

基于双性状网格的加权与偏倚产犊价值确定
输入参数
pricegrid(grid, baseprice, wt, yd, live_wt, sd_livewt, h2wt, mn_yd, sd_ydp, days, conversion)

详细说明：

grid：一个矩阵，包含每单位价格或权重因子（即基础价格的比例），针对每个胴体重量和第二性状（如瘦肉率）类别的组合。矩阵的列代表不同体重类别的单位价格，行则代表不同第二性状类别的单位价格。

baseprice：若未特别指定，网格中的条目被视为基础价格的比例。

wt：胴体重量类别的临界值向量，其数量应少于价格网格的列数。

yd：第二性状（如瘦肉率）的临界值向量，其数量应少于价格网格的行数。

live_wt:市场上活重的平均值。

sd_livewt：市场上活重的表型标准差。

h2wt：活重的遗传力。

mn_yd:市场上第二性状（如瘦肉率）的平均值。

sd_ydp:市场上第二性状（如瘦肉率）的表型标准差。

h2yd：第二性状的遗传力。

days：市场上家畜的平均日龄。

conversion：胴体重与活重的转换比率。若均值和标准偏差基于胴体重或依赖于活重，则须特别注明。

价格梯度函数定义

pricegrid <- function(grid, baseprice, wt, yd, live_wt, sd_livewt, h2wt, mn_yd, sd_ydp,

```
h2yd, days, conversion) {
    # grid 的列代表不同重量类别的单位价格，行代表不同第二特征类别的单位价格
    # 如果 baseprice 不等于 1，则 grid 中的条目表示基准价格的百分比
    # wt 的条目定义了重量类别的界限（grid 列数减 1）
    # yd 的条目定义了第二特征类别的界限（grid 行数减 1）
    # 如果 grid 和 wt 指的是胴体重量，则转换比例应设置为活体重量的比例；否则，转换比例设为 1
    rows = nrow(grid)    # 获取 grid 的行数
    cols = ncol(grid)    # 获取 grid 的列数
    # 固定天数
    mn_wt <- live_wt * conversion
    sd_wtp <- sd_livewtp * conversion
    growthrate <- live_wt/ days
    cgrowthrate <- mn_wt/ days
    sd_wt <- sqrt((1-h2wt/4) * (sd_wtp * sd_wtp))
    sd_yd <- sqrt((1-h2yd/4) * (sd_ydp * sd_ydp))
    # 计算单一市场猪的平均回报率
    wclass <- length(wt[ mn_wt > wt ])+1
    yclass <- length(yd[ mn_yd > yd ])+1
    forlpig = grid[ yclass, wclass ] * mn_wt
    Wbeg <- mn_wt * pnorm((wt[1] - mn_wt)/ sd_wt) -
    sd_wt * dnorm(wt[1], mean = mn_wt, sd = sd_wt)
    Wend <- mn_wt * (1-pnorm((wt[cols-1]-mn_wt)/ sd_wt)) + sd_wt * dnorm(wt[cols-1], mean = mn_wt, sd = sd_wt)
    Sbeg <- pnorm((yd[1] - mn_yd)/ sd_yd)
    Send <- (1-pnorm((yd[rows-1] - mn_yd)/ sd_yd))
    Zbeg <- pnorm((wt[1] - mn_wt)/ sd_wt) - wt[1] * dnorm(wt[1], mn_wt, sd_wt)
    Zend <- 1-pnorm((wt[cols-1] - mn·wt)/ sd_wt) + wt[cols-1] * dnorm(wt[cols-1], mn_wt, sd_wt)
    Vend <- dnorm(yd[rows-1], mean = mn_yd, sd = sd_yd)
    Vbeg <- - dnorm(yd[1], mean = mn_yd, sd = sd_yd)
    if(cols>2)
        {Wmid <- matrix(mn_wt * (pnorm((wt[2:(cols-1)] - mn_wt)/ sd_wt) - pnorm((wt[1:(cols-2)]-mn_wt)/sd_wt)) + sd_wt * (dnorm(wt[1:(cols-2)], mean=mn_wt, sd=sd_wt) - dnorm(wt[2:(cols-1)], mean = mn_wt, sd = sd_wt)));
        W <- rbind(Wbeg', Wmid, Wend);
        Zmid <- matrix(pnorm((wt[2:(cols-1)] - mn_wt)/sd_wt) - pnorm((wt[1:(cols-2)]-mn_wt)/sd_wt) + wt[1:(cols-2)] * dnorm(wt[1:(cols-2)], mn_wt, sd_wt) - wt[2:(cols-1)] * dnorm(wt[2:(cols-1)], mn_wt, sd_wt));
        z <- rbind(Zbeg, Zmid, Zend)}
```

else {W<-rbind(Wbeg, Wend); Z<- rbind(Zbeg, Zend)}
if (rows>2).
　　{Smid<-matrix((pnorm((yd[2:(rows-1)]-mn_yd)/sd_yd)-pnorm((yd[1:(rows-2)]-mn_yd)/sd_yd)));
　　S<-rbind(Sbeg, Smid, Send);
　　Vmid<- matrix(dnorm(yd[1:(rows-2)], mean= mn_yd, sd= sd_yd)-
　　　dnorm(yd[2:(rows-1)], mean= mn_yd, sd= sd_yd));
　　V<-rbind(Vbeg, Vmid, Vend)}
else{ S<- rbind(Sbeg, Send); V<- rbind(Vbeg, Vend)}
计算后代的预期回报和经济价值
　Rgrid<-(t(S) %*% grid) %*% W
　ecwtcwt<-(t(S) %*% grid) %*% Z
　ecwtyd<-(t(V) %*% grid) %*% W
转换为 live wt
　ecwt_lvwt = ecwtcwt * conversion
转换 growthrate
　ecwt_cgr= ecwtcwt * days
　ecwt_gr= ecwt_lvwt * days
单位为 g ecwt_grg = ecwt_gr / 1000
如果活体重量固定为 live_wt, 按照此生长速度
转换为年龄
　ecwt_age= ecwt_gr /((- live_wt)/(growthrate * growthrate))
stuffout<-
　list(grid = grid, growth_rate_day = growthrate, revenue_lanimal_at_mean = forplig, Expected_revenue_all_offspring = Rgrid, economic.value_carcassweight = ecwtcwt, economic.value_liveweight = ecwt_lvwt, economic.value_growthrate = ecwt_gr, economic.value_marketage = ecwt_age, economic.value_2ndtrait = ecwtyd)
　　return(stuffout)
　}

定价基于不包含重量的双性状梯度

pricegrid_withoutwt (grid, baseprice, md, yd, mn_md, sd_md, h2md, mn_yd, sd_yd, h2yd, mn_livewt, conversion)

grid：一个按单位价格或权重系数排列的矩阵（即基准价格的比例）。两性状分类的列：梯度的列代表增加第一性状类别的单位价格，行表示增加第二性状类别的单位价格。

baseprice：如果baseprice≠1，则假定梯度中的所有项为基准价格的比例。

md：第一性状类别的分界值向量，分界值的数量应比价格网格的列数少1。

yd：第二性状类别的分界值向量，分界值的数量应比价格网格的行数少1。

mn_md：群体在市场上的第一性状平均值。

sd_livewt：群体在市场上的第一性状表型标准差。

h2wt：第一性状的遗传力。

mn_yd：群体在市场上的第二性状平均值。

sd_ydp：群体在市场上的第二性状表型标准差。

h2yd：第二性状的遗传力。

mn_livewt：群体在市场上的活体重平均值。

conversion：屠宰体重与活体重的比率。如果mn_livewt是屠宰体重，则设置为1；如果价格应用于活体重而非屠宰体重，则设置为其他值。

```
pricegrid_withoutwt <- function (grid, baseprice, md, yd, mn_md, sd_mdp, h2md,
mn_yd, sd_ydp, h2yd, mn_livewt, conversion) {
    #梯度的列表示随着第一性状类别增加，每单位的价格
    #梯度的行表示随着第二性状类别增加，每单位的价格
    # 如果baseprice不等于1，梯度中的条目是基准价格的比例
    # md的条目是第一性状类别的分界值（梯度列数减1）
    # yd的条目是第二性状类别的分界值（梯度行数减1）
    # 如果价格是按每单位屠宰重量计算的，则屠宰重量与活体重量的比率为1，否则取其他值
    rows <- nrow(grid)
    cols <- ncol(grid)
    sd_md <- sqrt((1 - h2md / 4) * (sd_mdp^2))
    sd_yd <- sqrt((1 - h2yd / 4) * (sd_ydp^2))
    # 计算单只市场猪的平均回报
    mclass <- length(md[mn_md > md]) + 1
    yclass <- length(yd[mn_yd > yd]) + 1
    forplipe <- grid[yclass, mclass] * mn_wt
    Sbeg <- pnorm((yd[1] - mn_yd) / sd_yd)
    Sendx <- (1 - pnorm((yd[rows - 1] - mn_yd) / sd_yd))
    Tend <- (1 - pnorm((md[1] - mn_md) / sd_md))
    Vendx <- dnorm(yd[rows - 1], mean = mn_yd, sd = sd_yd)
    Uendx <- dnorm(md[cols - 1], mean = mn_md, sd = sd_md)
    Vbeg <- dnorm(yd[1], mean = mn_yd, sd = sd_yd)
    Ubeg <- dnorm(md[1], mean = mn_md, sd = sd_md)
if (cols >= 2)
{Tmid<-matrix((pnorm((md[2:(cols-1)]-mn_md)/sd_md)-pnorm((md[1:(cols-2)]-mn_md)/sd_md)));
    T<-rbind(Tbeg,Tmid,Tend);
    Umid<- matrix(dnorm(md[1:(cols-2)],mean=mn_md,sd=sd_md)-dnorm(md[2:(cols-1)],mean=mn_md,sd=sd_md));
    U<-rbind(Ubeg,Umid,Uend);
    else{ T<-rbind(Tbeg,Tend); U<-rbind(Ubeg,Uend);}
if (rows>2)
{Smid<-matrix((pnorm((yd[2:(rows-1)]-mn_yd)/sd_yd)-pnorm((yd[1:(rows-2)]
```

```
-mn_yd)/sd_yd)));
    S<-rbind(Sbeg,Smid,Send);}
    Vmid<- matrix(dnorm(yd[1:(rows-2)],mean=mn_yd,sd=sd_yd)-dnorm(yd[2:(rows
-1)],mean=mn_yd,sd=sd_yd));
    V<-rbind(Vbeg,Vmid,Vend);}
    else{ S<-rbind(Sbeg,Send); V<-rbind(Vbeg,Vend);}
# 计算后代的预期回报和经济价值
    Rgrid<-(((t(S) %*% grid) %*% T) * mn_wt * conversion)
    ecwtmd<-(((t(U) %*% grid)) %*% S) * mn_wt * conversion
    ecwtyd<-(((V) %*% grid) %*% T) * mn_wt * conversion
    ecwtwt<-(((t(S) %*% grid) %*% T) * conversion)
    stuffout<-
list(grid=grid,revenue_1animal_at_mean=forlipg,Expected_revenueperanimal_all_offspring
=Rgrid,
    economic.value_1sttrait=ecwtmd,economic.value_2ndtrait=ecwtyd,economic.value_liveweight=ecwtwt)
    return(stuffout)
    }
```

市场后代的单位价格（元/kg）由两个性状类别决定，而不是重量，例如肌肉深度和瘦肉率。

第一个性状（肌肉深度）：均值=9 单位，表型标准差=0.5 单位，遗传力=0.25；

第二个性状（产量）：均值=59 单位，表型标准差=1 单位，遗传力=0.45；

市场体重的均值=115kg；

胴体重量与活体重的比率=0.8；

胴体的基准价格为 7 元/kg。价格梯度包含 8 个第一性状类别和 7 个第二性状类别。价格梯度存储在文本文件中，并使用 read.table 读取。

```
> source(file.choose())
> md <-c(7.0, 7.7, 8.2, 8.2, 9.2, 9.7, 10.0, 10.5)
> yd <-c(54.7, 56.1, 57.7, 59.6, 61.8, 64.3)
>baseprice <- 7
>mnmd <- 9
>sdmd <- 0.5
> h2wt <- 0.25
> yield <- 59
>sdyield <- 1
> h2yd <- 0.45
>mnlive_wt <- 115
> conversion <- 0.8
>pricegrid_withoutwt(grid, baseprice, md, yd, nmnd, sdmd, h2md, yield, sdyield, h2yd, mnwt, conversion)
```

$ revenue_1animal_at_mean
   V4
  124.2
$ Expected_revenue_all_offspring
        [,1]
[1,] 125.8381
$ economic.value_1sttrait
        [,1]
[1,] 0.3176226
$ economic.value_2ndtrait
        [,1]
[1,] 1.660256
$ economic.value_liveweight
        [,1]
[1,] 1.094244

参考文献

Alemneh T, 2020. Genetic engineering and its application in animal breeding: Review. Archives in Biomedical Engineering & Biotechnology.

Andres-Toro B, Girón-Sierra J, López-Orozco J A, et al., 1999. A genetic optimization method for dynamic processes. IFAC Proceedings Volumes, 32: 3035-3040.

Bhat S, Malik A, Ahmad S M, et al., 2017. Advances in genome editing for improved animal breeding: A review. Veterinary World, 10: 1361-1366.

Bichard M, 1971. Dissemination of genetic improvement through a livestock industry. Animal Production, 13: 401-411.

Bing-chun L, 2005. Optimization algorithm based on genetics. Journal of Kashgar Teachers College.

Bruce B R, Petke J, Harman M, 2015. Reducing energy consumption using genetic improvement. Proceedings of the 2015 Annual Conference on Genetic and Evolutionary Computation.

Chorafas D, 2007. Optimization through genetic algorithms. In Engineering Optimization. Elsevier: pp. 179-198.

Curteanu S, Leon F, 2007. Optimization strategy based on genetic algorithms and neural networks applied to a polymerization process. International Journal of Quantum Chemistry, 108: 617-630.

Dekkers J C M, Gibson J P, Bijma P, et al., 2004 Design and optimisation of animal breeding programmes. Lecture notes. Wageningen.

Dekkers J, Hospital F, 2002. Multifactorial genetics: The use of molecular genetics in the improvement of agricultural populations. Nature Reviews Genetics: 3: 22-32.

Drezner Z, Misevičius A, 2013. Enhancing the performance of hybrid genetic algorithms by differential improvement. Computers & Operations Research, 40: 1038-1046.

Elsayed S, Sarker R, Essam D, 2014. A new genetic algorithm for solving optimization problems. Engineering Applications of Artificial Intelligence, 27: 57-69.

Fahrenkrug S, Blake A, Carlson D, et al., 2010. Precision genetics for complex objectives in animal agriculture. Journal of Animal Science, 88: 2530-2539.

Gibson J, Wilton J, 1998. Defining multiple-trait objectives for sustainable genetic improvement. Journal of Animal Science, 76 (9): 2303-2307.

Goldberg D, Kuo C H, 1987. Genetic algorithms in pipeline optimization. Journal of Computing in Civil Engineering, 1 (2): 128-141.

Gollub C, Vivie-Riedle R, 2009. Modified ant-colony-optimization algorithm as an alternative to genetic algorithms. Physical Review A, 79: 021401.

Gupta S, Garg S, 2013. Multiobjective optimization using genetic algorithm. Advances in Chemical Engineering, 43: 205-245.

Heiss F, 2016. Using R for Introductory Econometrics. CreateSpace Independent Publishing Platform.

Houdebine L, 2002. Transgenesis to improve animal production. Livestock Production Science, 74: 255-268.

Immanuel S D, Chakraborty U K, 2019. Genetic algorithm: An approach on optimization. Proceedings of the 2019 International Conference on Communication and Electronics Systems (ICCES): 701-708.

Jenkins W M, 1991. Towards structural optimization via the genetic algorithm. Computers & Structures, 40: 1321-1327.

Land R B, 1985. Knowledge for animal breeding. Philosophical Transactions of the Royal Society B, 310: 243-257.

Leite J, Topping B, 1998. Improved genetic operators for structural engineering optimization. Advances in Engineering Software, 29: 529-562.

Lin C Y, Hajela P, 1994. Design optimization with advanced genetic search strategies. Advances in Engineering Software, 21: 179-189.

Link H, Weuster-Botz D, 2006. Genetic algorithm for multi-objective experimental optimization. Bioprocess and Biosystems Engineering, 29: 385-390.

Lohuis M, 1995. Potential benefits of bovine embryo-manipulation technologies to genetic improvement programs. Theriogenology, 43: 51-60.

McLaren D, Fernando R, Lewin H, et al., 1990. Integrated strategies and methodologies for the genetic improvement of animals. Journal of Dairy Science, 73: 2647-2656.

Michalewicz Z, Janikow C, 1991. Genetic algorithms for numerical optimization. Statistics and Computing, 1: 75-91.

Misevicius A, Rubliauskas D, 2008. Enhanced improvement of individuals in genetic algorithms. Information Technology and Control, 37.

Mishra S, Mishra C, Datta S, et al., 2018. Selection procedure towards genetic improvement of animals: A overview. Journal of Entomology and Zoology Studies, 6: 599-608.

Montaldo H, 2006. Genetic engineering applications in animal breeding. Electronic Journal of Biotechnology, 9.

Moore K, 1999. Algorithm for global optimization of optical systems based on genetic competition. Proceedings of SPIE, 3780.

Nicholas F, 1996. Genetic improvement through reproductive technology. Animal Reproduction Science, 42: 205-214.

Onnen C, Babuška R, Kaymak U, et al., 1997. Genetic algorithms for optimization in predictive control. Control Engineering Practice, 5: 1363-1372.

Painton L, Campbell J, 1995. Genetic algorithms in optimization of system reliability. Microelectronics Reliability, 3: 537.

Pravesjit S, Kantawong K, 2017. An improvement of genetic algorithm for optimization problem. Proceedings of the 2017 International Conference on Digital Arts, Media and Technology (ICDAMT): 226-229.

Pravesjit S, Kantawong K, 2017. An improvement of genetic algorithm for optimization problem. Proceedings of the 2017 International Conference on Digital Arts, Media and Technology (ICDAMT): 226-229.

Ran T, Shaoyong G, 2008. The application of improved genetic algorithm in optimization of function. Proceedings of the 2008 4th International Conference on Wireless Communications, Networking and Mobile Computing: 1-4.

Ran T, Shaoyong G, 2008. The application of improved genetic algorithm in optimization of function. Proceedings of the 2008 4th International Conference on Wireless Communications, Networking and Mobile Computing: 1-4.

Sumida B, Houston A, McNamara J, et al., 1990. Genetic algorithms and evolution. Journal of Theoretical Biology, 147 (1): 59-84.

Tang W, Man K, Kwong S, He Q, 1996. Genetic algorithms and their applications. IEEE Signal Processing Magazine, 13 (6): 22-37.

Tsoulos I, 2009. Solving constrained optimization problems using a novel genetic algorithm. Applied Mathematics and Computation, 208: 273-283.

van der Werf J V D, 2022. Sustainable animal genetic improvement. E3S Web of Conferences.

VanEenennaam A L, 2017. Genetic modification of food animals. Current Opinion in Biotechnology, 44, 27-34.

Wang X Y, Yang Y H, Li S, et al., 2014. Research on improved genetic algorithm. Applied Mechanics and Materials, 635-637: 1760-1763.

Wilson D, 1992. Application of ultrasound for genetic improvement. Journal of Animal Science, 70 (3): 973-983.

Wilton J W, Quinton, V. M., & Quinton, C. D., 2013. Optimizing animal genetic improvement. Centre for Genetic Improvement of Livestock, University of Guelph.

Yang J, Soh C, 1997. Structural optimization by genetic algorithms with tournament selection. Journal of Computing in Civil Engineering, 11 (3): 195-200.